“十四五”职业教育计算机类专业新形态一体化系列教材

人工智能时代 Python 项目实战

刘　丹　周艳萍◎主　编
吴　雷　陶　静　焦中琳◎副主编
雷正光◎主　审

中国铁道出版社有限公司
CHINA RAILWAY PUBLISHING HOUSE CO., LTD.

内 容 简 介

本书是对中高职贯通的计算机网络技术专业中 Python 编程技术的全面介绍及总结。本书的编写得到了上海神州数码企业实践基地和上海物联网行业协会及其下属企业工程师的大力支持，本书的编写模式体现了“做中学，学中做”的做学教一体职业教育教学特色，内容上采用了“理论部分、实践部分、综合部分”及“项目—任务—综合实训”的理实一体结构体系，从软件编程的实际开发需求与实践应用引入教学项目，从而培养学生能完成总体的项目设计、具体的工作任务实施及举一反三的解决实际问题的技能。

本书包含 10 个项目，44 个软件编程任务，10 个项目综合实训。其中 10 个项目分别是：实现 Python 基础编程，运用数据类型、运算符和表达式进行编程，实现数学函数、字符串和对象的编程，搭建程序的基本控制结构，运用函数、模块与程序包进行编程，运用高级数据类型进行编程，设计面向对象程序，实现异常处理和文件操作，实现 GUI 的编程，实现数据库编程与网络爬虫。书中全部项目及具体的每个任务都紧密贴近现代软件编程中常用的 OOP 语言，并与真实的工作过程相一致，完全符合企业的需求，贴近软件开发的实际。

本书内容翔实，结构新颖，实用性强，可用作中专、高职、中高职贯通的计算机网络技术专业和非计算机专业的软件编程项目实践教材，也可作为全国“1+X”证书试点考试的培训教材，还可作为各类全国及市级技能大赛软件编程模块 Python 项目的训练教材。

图书在版编目（CIP）数据

人工智能时代 Python 项目实战 / 刘丹，周艳萍主编 .—北京：中国铁道出版社有限公司，2023.2（2023. 12 重印）
“十四五”职业教育计算机类专业新形态一体化系列教材
ISBN 978-7-113-29662-9

Ⅰ. ①人…　Ⅱ. ①刘…②周…　Ⅲ. ①软件工具 - 程序设计 - 职业教育 - 教材　Ⅳ. ① TP311.561

中国版本图书馆 CIP 数据核字 (2022) 第 174234 号

书　　名：人工智能时代 Python 项目实战
作　　者：刘　丹　周艳萍

策　　划：王春霞　　　　　　　　　　**编辑部电话：**（010）63551006
责任编辑：王春霞　张　彤
封面设计：刘　颖
责任校对：安海燕
责任印制：樊启鹏

出版发行：中国铁道出版社有限公司（100054，北京市西城区右安门西街 8 号）
网　　址：http://www.tdpress.com/51eds/
印　　刷：北京联兴盛业印刷股份有限公司
版　　次：2023 年 2 月第 1 版　2023 年 12 月第 2 次印刷
开　　本：880 mm×1 230 mm 1/16　**印张：**20　**字数：**648 千
书　　号：ISBN 978-7-113-29662-9
定　　价：59.80 元

序

国发〔2017〕35号《国务院关于印发新一代人工智能发展规划的通知》中提出，“到2030年人工智能理论技术与应用总体达到世界领先水平，成为世界主要人工智能创新中心，智能经济、智能社会取得明显成效”。而为实现这个目标，从小学、中学到大学，会逐步新增人工智能课程，建设全国人才梯队。因为谁能引领人工智能，谁就掌握了人类的未来。通过国内外的研究发现：人工智能人才有以下分层，最高层次是大学研究人工智能的专家、教授，这是金字塔的顶层，不过这类人才数量偏少；第二层是能懂、会做算法、模型的人才；第三层是工程应用型的人才，具体来说就是把算法变成在某些场景下工程化应用，这类人才的数量会多一些；第四层是能将这些应用写成API或结构化模块的人才；第五层就是我们常见的会写代码的软件编程人才，这层的人才数量相对来说是最多的，是可以批量培养的。所以针对人工智能未来的发展，要培养大量的软件工程师作为储备人才。而要想成为优秀的软件工程师就必须熟练掌握Python语言。

人工智能时代下软件开发所涉及的编程语言众多，又各有其特点：C++语言可以直接访问硬件但上手慢。Java语言在移动应用、金融行业、网站、嵌入式领域应用广泛。C#语言在开发Windows终端、企业级桌面应用有较大优势。Python语言在IEEE 2017年编程语言的排行榜中高居首位。其实Python早在1991年就出现了，在人工智能、数据科学、Web应用、用户交互界面、自动化任务、统计等方面，都处于领先地位。Python还是面向新手非常友好的语言之一。

我国要加快制造强国的建设，推动集成电路、第五代移动通信等产业发展，推进智能制造，发展工业互联网平台，创建示范区。2020年公布的新专业中，出现了人工智能技术服务专业，2021年改为人工智能技术应用专业。人工智能技术应用专业可行性论证报告分析指出，人工智能作为新兴产业，高层、中层和低层的人才都有大量的社会需求，且呈现出金字塔结构。如果将能够把人工智能理论模型技术化的人工智能高级工程师所占比例设定为1，那么其上层做人工智能基础理论研究的科学家所占比例为0.01，而人工智能产业实用人才的需求比例则为100，而后者是高职院校培养的重点。

正是在此背景下，纵观多种编程语言，如果运用传统的教材及教法，一般都要1至2年才能完成，另外还会让学生对课程的学习产生恐惧和迷惑，逐渐地失去学习兴趣，甚至造成厌学情绪，何谈把他们培养成企业和社会发展所需要的高素质劳动者和技能型人才。所以该教材的出现使学生在学习理论的同时学会分析、解决问题的方法和途径，增强自主学习能力、创新意识和团队合作精神，在人工智能的各个领域胜任程序员的岗位工作要求。本教材在内容及形式上有以下特色：缩短读者学习时间，激发学习兴趣，并快速提升其对各种语言特性的把握；在教材开发中运用理实一体的方法，并通过任务引领，将相关任务串接成一个完整的项目，以小见大，从项目到任务，再从任务到项目；读者在课

前可以预习理论部分，课中学习实践部分，课后练习综合部分，此外教师还可以在教与学中根据学生程度自由选择对应难度的任务，因材施教，分层教学，使学生真正掌握所学内容，并能举一反三，在今后的工作中灵活运用 Python 编程语言。

当然，任何事物的发展都有一个过程，职业教育的改革与发展也是如此。相信本书的出版，能为我国中高职贯通计算机网络技术专业及相关专业的人才培养，探索职业教育教学改革做出贡献。

上海市教育科学研究院职成教所研究员
中国职业技术教育学会课程开发研究会副主任
高等职业技术教育发展研究中心副主任
同济大学职教学院兼职教授
中国当代职业技术教育名人

2022 年 9 月

前　言

在21世纪的今天，人工智能技术快速向前发展，而且正慢慢融入人们的学习、工作和生活中，并以前所未有的发展速度渗透到社会的各个领域。通过人工智能技术来获取大量的信息，是人们每天工作和学习必不可少的活动。这对现有的中专、高职、中高职贯通计算机网络技术专业的教学模式提出了新的挑战，同时也带来了前所未有的机遇。深化教学改革，寻求行之有效的育人途径，培养高素质计算机软件编程人员，已是当务之急。

本书针对中专、高职、中高职贯通教育的特点，在总结多年教学和科研实践经验的基础上，针对精品课程资源共享课程建设和“十四五”职业教育国家规划教材建设要求而设计。以知识点分解并分类来降低学生学习理论的难度。以项目形式、由浅入深、逐步分解的案例来提高学生对Python编程语言实践的掌握。

本书针对中高职贯通计算机网络技术专业的主干Python编程课程，根据教学大纲要求，通过研习各类项目的分析与设计，使读者能通过各种项目及任务的实践，全面、系统地掌握Python编程的基本知识与技能，提高独立分析与解决问题的能力。另外采用了“项目导向、任务驱动、案例教学”方式编写，具有较强的实用性和先进性。

全书共10个软件编程大项目，分别是：实现Python基础编程，运用数据类型、运算符和表达式进行编程，实现数学函数、字符串和对象的编程，搭建程序的基本控制结构，运用函数、模块与程序包进行编程，运用高级数据类型进行编程，设计面向对象程序，实现异常处理和文件操作，实现GUI的编程，实现数据库编程与网络爬虫。

本书在开发时有目的、有计划严格按照“调查筛选、案例论证、制订任务、实践研究、交流总结、代码调试”的程序进行。先对现状作全面了解，明确研究的内容、方法和步骤，再组织本教材开发组教师学习相关的内容、任务和具体的操作研究步骤。通过一系列的应用研究活动，了解Python语言的基本语法，建立了Python语言的教学路径体系，依托校企合作实验研究平台，完成教材开发，以此推动教师、教材、教法的“三教”改革。

本书每个项目中的任务的开始部分均通过软件公司的实际培训需求入手来引出本单元的学习目标。每个项目由理论部分、实践部分、综合部分三部分构成，分别对应课前、课中、课后。项目下每一个任务由任务描述、任务分析、任务实施、任务小结、任务拓展、任务思考六部分组成。每个项目后有一个由项目描述、项目分析、项目实施、项目小结、项目实训评价表构成的项目综合实训。书中所有任务及项目综合实训都为其设计了二维码微课，方便教师及学生扫描观看微课使用。另外，源代码可以到http://www.tdpress.com/51eds下载。

本书的编排特点如下:

(1)采用情境式分类教学,再辅以项目导向、任务驱动、案例、理实一体教学,符合“以就业为导向”的职业教育原则。

(2)充分体现了“做中学,学中做”的职业教育理念,强调以直接经验的形式来掌握融于各项实践行动中的知识和技能,方便学生自主训练,并获得实际工作中的情境式真实体验。

(3)书中所有实战任务均已在Python 3.8开发环境上调试通过,能较好地对实际工作中的项目和具体任务进行实战。在内容上由基本到扩展,由简单到复杂,由单一任务到综合项目设计,符合学生由浅入深的学习习惯,并能掌握系统规范的计算机软件编程知识。

本书全面而系统地介绍了Python编程的关键技能,使用本书建议安排72学时,其中建议讲授12学时、实训52学时、复习4学时、考试4学时,每个项目及任务具体学时建议安排如下:

学时分配表

项目内容	学时分配		
	讲授(%)	实训(%)	学时
项目一	20	80	10
项目二	20	80	6
项目三	20	80	6
项目四	20	80	6
项目五	20	80	6
项目六	20	80	6
项目七	20	80	6
项目八	20	80	6
项目九	20	80	6
项目十	20	80	6
复习及考试	50(复习)	50(考试)	8
总计			72

本书由刘丹完成10个项目的编写和全部微课视频的讲解及录制,周艳萍负责本书的开发管理与资源调配,上海神州数码的吴雷高级工程师提供大量的实践素材,并配合相应案例的调试与修改,陶静负责所有PPT和大部分教案的制作,焦中琳负责本书的文字校对和部分教案的制作与修改,雷正光教授负责主审,在此向他们表示深深的感谢。由于编者水平有限,书中难免存在缺点和不足之处,欢迎广大读者批评指正,联系邮箱:peliuz@126.com。

刘　丹

2022年9月

目 录

项目一

实现 Python 基础编程

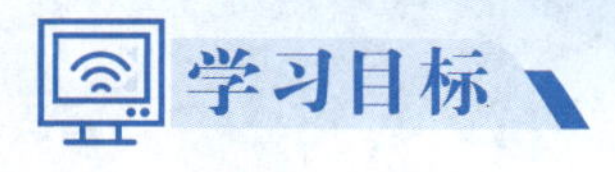

学习目标

【知识目标】

1. 了解如何搭建 Python 的开发环境
2. 掌握 Python 常用的编写工具
3. 了解如何编写简单的 Python 程序
4. 掌握程序设计风格的规范
5. 掌握软件开发流程

【能力目标】

1. 能够根据企业的需求选择合适的 Python 开发环境
2. 能够编写简单的 Python 程序
3. 能够使用 Python 进行简单的算术运算
4. 能够使用 Python 绘制基础图形
5. 能够使用控制台进行输入与输出
6. 能够排除 Python 程序中常见的错误

【素质目标】

1. 树立创新意识、创新精神
2. 能够和团队成员协商，共同完成实训任务
3. 能够借助网络平台搜集 Python 基础编程信息
4. 具备数据思维和使用数据发现问题的能力

思维导图

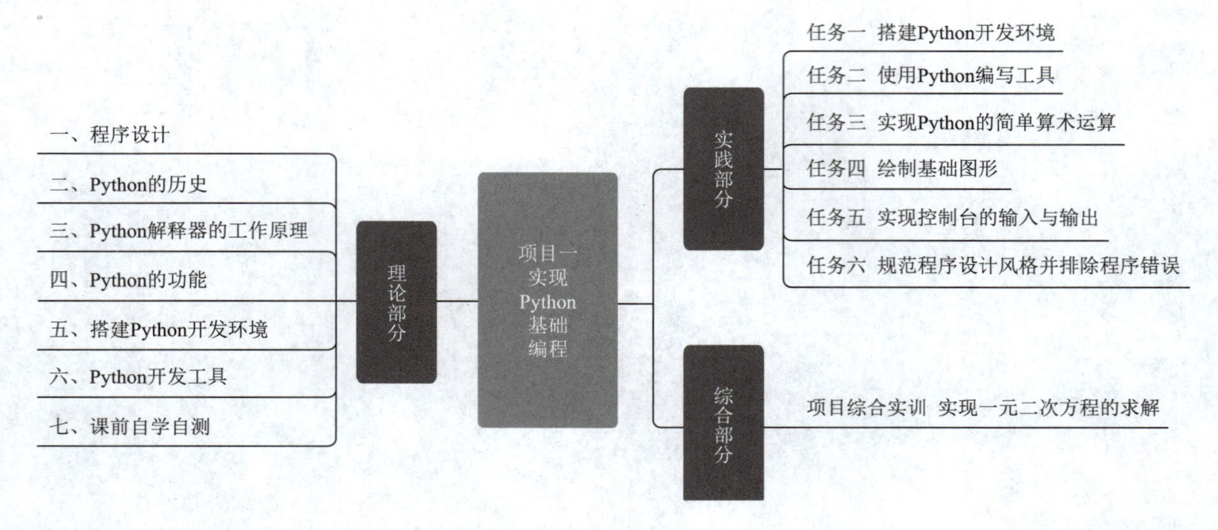

理论部分

一、程序设计

（1）程序设计是指开发软件，软件也称为程序，它是指令的集合，这些指令告诉计算机应该怎么做。

（2）软件开发者借助程序设计语言这一强大工具来创建软件。

（3）程序设计语言包括机器语言（一套内嵌在计算机内的原始指令集，以二进制代码的形式存在）；汇编语言（用简短的描述性助记符来表示机器语言指令）；高级语言（用高级语言编写的程序称为源代码，因为计算机不能理解源代码，所以要翻译成可执行的机器代码）。

（4）翻译源代码有两个工具，一个是解释器（读取一条，翻译一条，然后立即执行它），一个是编译器（它将整个源代码翻译成一个机器代码文件，然后执行这个机器代码文件），见表 1-1。

表 1-1　编译器与解释器的比较

说　明	类　别	
	编　译　器	解　释　器
定义	源程序执行之前，被编译成目标文件（机器语言），如：exe 文件，目标文件可以脱离语言环境，独立运行。下次运行的话，不需要再重新编译，直接运行目标文件即可	程序在运行时翻译成机器语言，每执行一次都要翻译一次。在运行程序的时候才翻译，专门有一个解释器去进行翻译，每个语句都是执行的时候才翻译
例如	C/C++、Pascal/Object、Pascal（Delphi）、Golang	Java、C#、PHP、JavaScript、VBScript、Perl、Python、Ruby、MATLAB
优缺点	优点：执行速度快、对硬件要求低、编译后的程序不可修改、保密性好 缺点：代码需要经过编译方可运行，可移植性差，只能在兼容的操作系统上运行	优点：使用灵活、部署容易、可移植性较好 缺点：运行速度慢、占用内存较多

想一想

Python语言是属于解释型语言还是编译型语言？

二、Python 的历史

（1）Python 是荷兰人吉多 · 范罗苏姆（Guido van Rossum）于 20 世纪 90 年代初创建的，它以英国流行喜剧 *Monty Python's Flying Circus*（蒙提 · 派森的飞行马戏团）命名，属于解释性的 OOP（Object Oriented Programming，面向对象程序设计）。Python 语言的优点有简洁、直观、可扩展等，如图 1-1 所示。

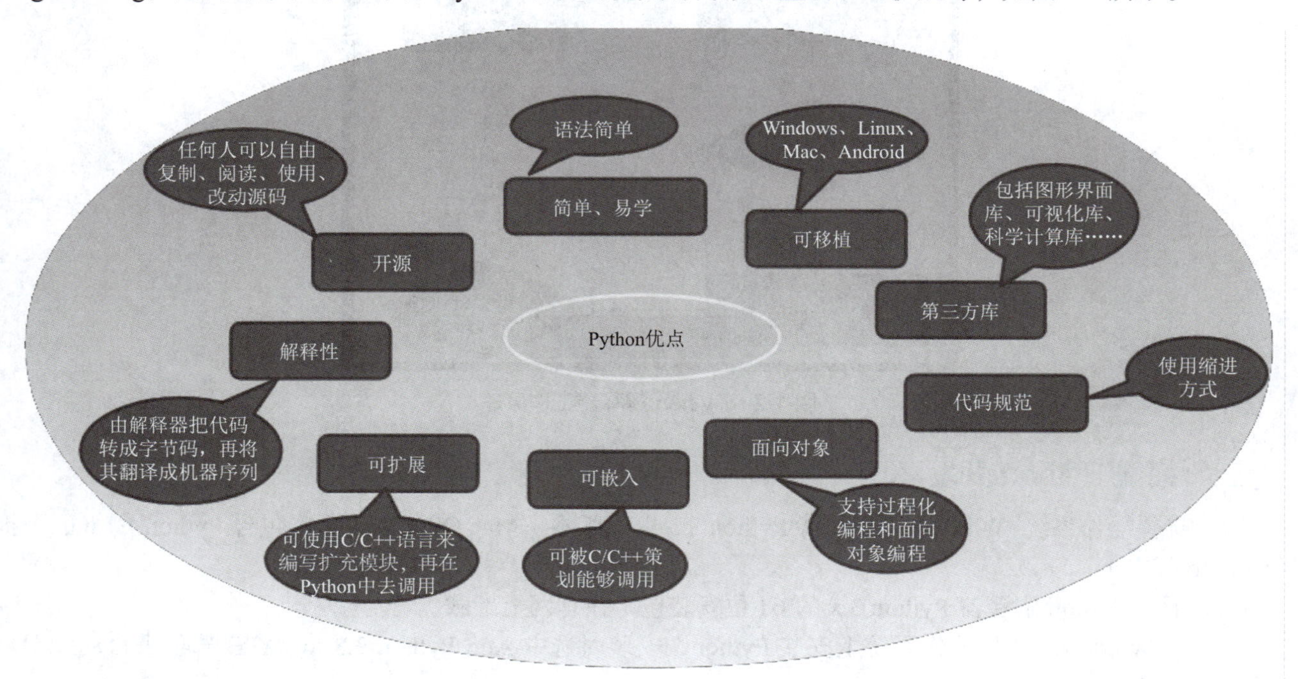

图 1-1　Python 语言的优点

（2）1991 年首次公开发行了 Python 0.9 版本，1994 年发布了 Python 1.0 版本，2000 年发布了 Python 2.x 版本（使用 print 语句、整数间相除结果是整数、默认编码是 ASCII），2008 年 12 月发布了 Python 3.x 版本（使用 print() 函数、整数间相除结果是浮点数、默认编码是 utf-8），Python 的各阶段版本见表 1-2。

表 1-2　Python 版本发展史

发布版本	发布时间	主要新功能
Python 1.0	1994 年 1 月	lambda, map, filter 和 reduce
Python 2.0	2000 年 10 月	内存管理和循环检测垃圾收集器以及对 Unicode 的支持
Python 3.0	2008 年 12 月	print 作为函数使用，改进字符串格式化，引入新式类

三、Python 解释器的工作原理

Python 解释器的具体的工作过程是从源码（.py）编译处理为中间字节码（.pyc），再由 Python 虚拟机编译成程序，如图 1-2 所示。

四、Python 的功能

（1）Web 开发：豆瓣、知乎、美团、饿了么、搜狐、YouTube 使用 Python 做基础设施或分享服务。
（2）大数据处理金融分析、量化交易、银行处理金融数据。
（3）人工智能 Python 作为脚本语言适合通过机器学习来实现 AI 的需求。
（4）自动化运维开发：对想学开发的运维工程师更易上手，满足大部分运维自动化需求。
（5）云计算：计算大型数据、矢量分析、神经网络、教育科研、NASA 发明了 OpenStack 云计算软件。
（6）爬虫：分析挖掘公司使用 Python 提供的标准支持库来随意获取不同来源的数据集合。

（7）游戏开发：Python 作为游戏脚本内嵌在游戏中，利用游戏引擎的高性能进行脚本化开发。

（8）其他功能：图形图像处理、编程控制机器人、数据库编程、自然语言分析、编写可移植维护工具。

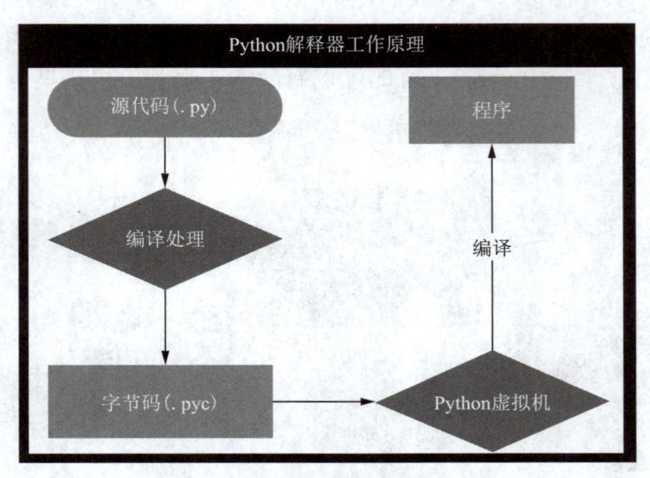

图 1-2　Python 解释器工作原理

五、搭建 Python 开发环境

（1）选择操作系统：Windows 7（支持 Python 3.5 以上版本）；Mac OS（10.3 版本包含 Python）；Linux（推荐 Ubuntu 版本）。

（2）下载 Python 解释器 Python 3.x 的 64 位安装包（在官网上下载）。

（3）在 Windows 64 位操作系统上安装 Python，安装时选中 Add Python 3.8 to PATH 选项来自动配置环境变量。

（4）在 cmd 窗口中输入 python.exe 命令，如果显示版本号和 >>> 命令提示符，表示进入 Python 解释器。

（5）在 cmd 窗口中输入 print("Hello World!") 后按【Enter】键，显示“Hello World!”字符串（注意 Python 是区分大小写的，另外所有标点符号要用英文半角输入）。

（6）在 Python 自带的开发工具（IDLE) 中新建 .py 源文件，输入 Python 程序，保存后按【F5】键运行。

练一练

在自己的计算机上下载并安装Python 3.x的安装包，然后编写一个简单程序进行调试。

六、Python 开发工具

（1）自带 IDLE 的操作方法是：单击开始（菜单），选择所有程序，选择 Python 3.6，选择 IDLE，单击【File】菜单，单击【New File】选项，输入代码使用【Ctrl+S】快捷键 ^ 保存文件，输入文件名为 demo.py，最后单击【Run】菜单，选择 Run Module 选项来运行程序。

补充：IDLE 快捷键包括：【F1】（帮助）、【Alt+/】（自动补全曾经出现过的单词）、【Alt+3】（注释）、【Alt+4】（取消注释）、【Alt+g】（转到某一行）、【Ctrl+]】（缩进）→【Ctrl+[】（取消代码块缩进）。

查看 IDLE 快捷键方式为 Options【菜单】，选择 Configure IDLE 选项，选择 Settings 选项，选择 Keys 选项。

（2）第三方开发工具 PyCharm：JetBrains 公司开发的工具，在官网网站中下载社区版或专业版（免费试用），具备语法高亮显示、智能提示、调试、单元测试等特性。

（3）第三方开发工具 Microsoft Visual Studio：Mircrosoft 公司开发的工具，安装 PTVS 插件后可进行 Python 应用开发。

（4）第三方开发工具 Eclipse：开源 Java 可扩展开发平台，安装 PyDev 插件可进行 Python 应用开发。

练一练

在自己的计算机上下载并安装PyCharm第三方开发工具，然后编写一个简单的程序进行调试。

七、课前自学自测

（1）编译与解释的区别是什么？
（2）Python 2.x 与 Python 3.x 的区别是什么？
（3）Python 解释器的工作原理是什么？
（4）Python 有哪八种常见功能？
（5）Python 的开发环境如何搭建？
（6）Python 都有哪些常用的开发工具？

实践部分

实训准备

【核心概念】

1. Python 开发环境、编写工具、算术运算
2. 绘制图形、Python 简单程序、控制台的输入与输出
3. 规范程序设计风格并排除程序错误、实现软件开发流程

【实训目标】

1. 了解如何创建 Python 开发环境
2. 掌握 Python 常用的编写工具
3. 了解如何编写简单的 Python 程序
4. 掌握程序设计风格的规范
5. 掌握软件开发流程

【实训项目描述】

1. 本项目有六个任务，从 Python 开发环境及常用编写工具开始，引出 Python 的算术运算、绘制图形、控制台的输入与输出等简单 Python 编程

2. 明白编程的基本思维模式，如何从面向过程的编程思路过渡到面向对象的编程思路

3. 最后学会软件的具体开发流程并学会规范程序设计的风格

【实训步骤】

1. 创建 Python 开发环境
2. 使用 Python 编写工具
3. 实现 Python 简单算术运算
4. 绘制基础图形
5. 实现控制台输入与输出
6. 规范程序设计风格并排除程序错误
7. 实现一元二次方程求解

任务一 搭建Python开发环境

一、任务描述

上海御恒信息科技有限公司接到客户的一份订单，要求用 Python 语言修改之前用 C++ 编写的程序。公司刚招聘了一名程序员小张，软件开发部经理要求他尽快熟悉 Python 的开发环境，并将之前用 C++ 编写的程序改为 Python 程序，小张按照经理的要求开始做以下的任务分析。

二、任务分析

首先要了解客户的C++程序是如何编写的，其次要熟悉Python语言的特点、Python 2与Python 3的不同、熟悉常用的文本编辑器和 Python 运行环境的安装，最后用 Python 语言重新编写客户的 C++ 程序。

三、任务实施

第一步：打开客户的 C++ 程序，观察 C++ 代码的特点。

```
//用C++程序求圆面积(用两个斜杠作为单行注释)
#include "iostream"                    //包含输入、输出流头文件
using namespace std;                   //使用标准库函数命名空间
int main()                             //主函数，整个程序的入口
{
    double r,s;                        //声明变量
    const double PI=3.14;                     //声明常量PI
    r=1.0;                                    //输入变量半径r的值
    s=PI*r*r;                                 //计算公式（处理过程）
    cout  <<  "半径为"  <<  r  <<" 的圆面积是"  <<  s  <<  endl; //输出结果
    return 0;                                 //主函数不能有返回值
}
```

第二步：熟悉 Python 语言的特点。

```
# 用Python程序求圆面积（用#号来表示注释）
#  -*-  coding: utf-8   -*-            #可以在程序中使用中文
import math                            #使用数学库函数
#初始化变量（Python的输入过程）
s=0.0
r=1.0
#计算公式（Python的处理过程）
s=math.pi*r*r
#Python的输出结果
print  "半径为"  +  str(r)  +  " 的圆面积是"  +  str(s)  + "\n"
#Python语言的特点: 简单、易学、开源、高级语言、跨平台、解释执行、面向对象
```

第三步：区分 Python 2.x 与 Python 3.x 的不同。

```
#以下为Python 2.x的主要用法
print "fish"
#屏幕上显示: fish
str = "我爱北京天安门"
str
#屏幕上显示: "\xce\xd2\xb0\xae\xb1\xb1\xbe\xa9\xcc\xec\xb0\xb2\xc3\xc5"（共14个字符）
str = u"我爱北京天安门"
str
#屏幕上显示: u'\u6211\u7231\u5317\u4eac\u5929\u5b89\u95e8'（共7个汉字）
1/2
#结果为0
1.0/2.0
```

```
#结果为0.5
#以下为Python3的主要用法
print  "fish"                      #显示语法错误SyntaxError: invalid syntax
print  ("fish")                    #注意print后面有个空格
print("fish")                      #print()不能带有任何其他参数
str = "我爱北京天安门"
str
#显示: '我爱北京天安门'
1/2
#显示结果为0.5
```

第四步：安装 Sublime Text（文本编辑器），如图 1-3 所示。

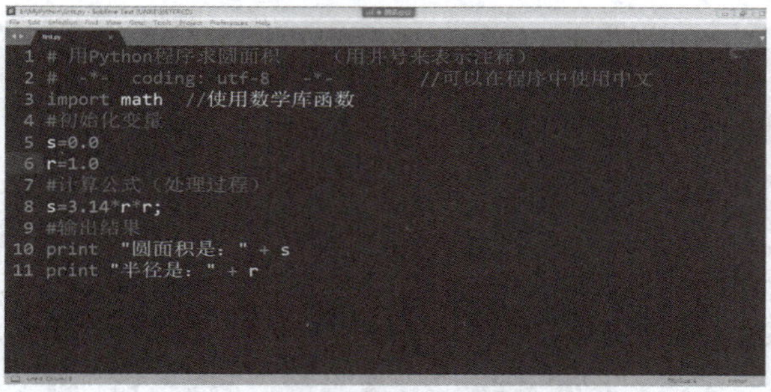

图 1-3　在 Sublime Text 中调试圆面积计算

注意：

单击【File】菜单，选择Save As选项，可以选择.py，.c，.java，.htm等不同的扩展名。

单击【View】菜单，选择Syntax选项，选择Python选项，可以设置Python的显示格式。

单击【Preferences】菜单，选择Font选项，可以选择Larger放大字体，也可以选择Smaller缩小字体。

第五步：熟悉 Python 2.x 运行环境的安装，如图 1-4 所示。

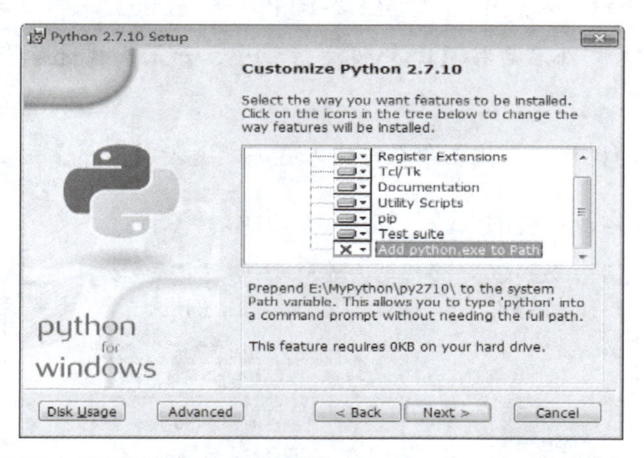

图 1-4　安装 Python 2.x 并选中 Add python.exe to Path

注意：

选择Add python.exe to Path（如果不用此版本，不用勾选）。

在Python的command line界面输入代码，能直接解释代码并输出结果。

在Python的IDLE界面中单击【File】菜单，选择New File选项，输入代码后单击选择Save As选项，输入文件名后按【F5】键运行程序。

#修改程序如下：

```
# -*- coding: cp936 -*-
import math
r=1.0
s=math.pi*r*r
print  "半径为" + str(r) +"的圆面积是: " + str(s) + "\n"
```

注意：

exit()可以退出命令行界面，以下为控制台显示结果，如图1-5所示。

```
If you want to ask for help on a particular object directly from the
interpreter, you can type "help(object)".  Executing "help('string')"
has the same effect as typing a particular string at the help> prompt.
>>> r=1.0
>>> s=3.14*r**
  File "<stdin>", line 1
    s=3.14*r**
             ^
SyntaxError: invalid syntax
>>> s=3.14*r*r
>>> print s
3.14
>>> print (s)
3.14
>>> print "Circle's area is "+s+"\n"
Traceback (most recent call last):
  File "<stdin>", line 1, in <module>
TypeError: cannot concatenate 'str' and 'float' objects
>>>
```

图 1-5　Python 控制台中调试程序

注意：

数字强制转换成字符串使用函数str()。

Python2（IDLE)的操作小结：在Python的IDLE界面中单击【File】菜单，选择New File选项，输入代码后选择Save As选项，输入文件名后按【F5】键运行程序，如果出错进行修改，然后再按【F5】运行程序。

Python2（command line)的操作：直接在命令行输入代码，并按【Enter】键进行调试。

第六步：熟悉 Python3.x 运行环境的安装，如图 1-6 所示。

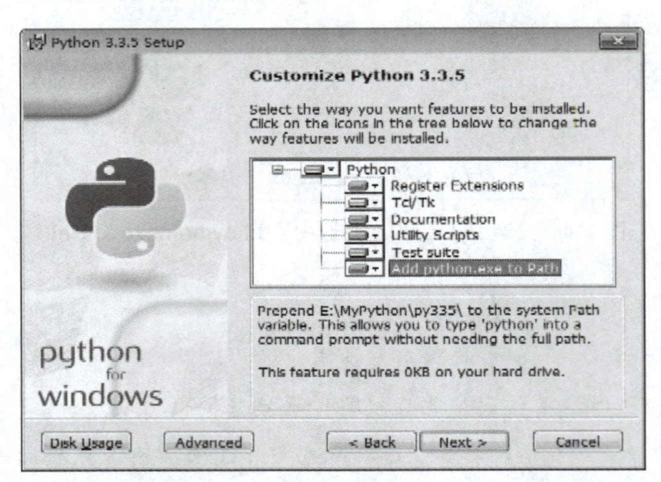

图 1-6　安装 Python3.x 并选中 Add python.exe to Path（选项）

注意：

要使用Python3.0，在安装时一定要选中Add python.exe to Path（选项）。

在Options（菜单）中选中Configure IDLE（选项），选择Fonts设置字体。

r的2次方可以表示为：math.pow(r,2)，或者r*r，或者r**2。

以下为在 Python3 的 IDLE 中输入的代码：

```
# -*- coding: cp936 -*-
r=1.0
s=3.14*r*r
print ("半径为" + str(r) +"的圆面积是: " + str(s) + "\n")
```

调试程序运行结果，如图 1-7 所示。

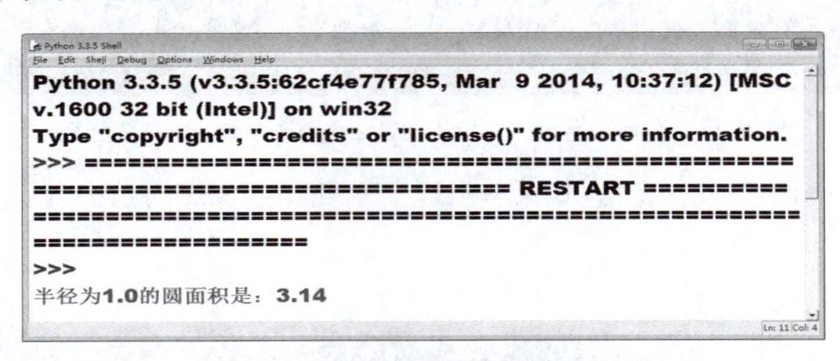

图 1-7　控制台上显示圆面积的结果

四、任务小结

（1）C++ 程序有头文件，主函数；主函数中包括输入、处理及输出部分。

（2）Python 语言有导入库函数部分，直接书写输入、处理及输出部分。

（3）Python2 的 print 可以用空格；Python3 的 print 要带一对圆括号。

（4）文本编辑器建议用 Sublime Text，如用 Sublime Text 调试 Python，一定要在安装 Python 时 Add Path，然后在 cmd 窗口用 python 命令和 where python 检查 Python 是否安装成功并复制 Python 的安装路径，粘贴到以下代码中的 * 号处。{ "cmd": ["********","-u","$file"], "file_regex": "^[ ]*File \"(...*?)\", line ([0-9]*)", "selector": "source.python",}。最后在 Sublime Text3 的 Tools 菜单中选中 Build System，再选中 New Build System，粘贴以上代码，保存在安装目录的 package 下的 users 中。

（5）Python2、Python3 的开发运行环境相似；PyCharm 一般绑定 Python3 调试运行；专业级的 Python 程序包可使用 Anaconda 程序包。

（6）用 Python 语言改写 C++ 的程序要注意格式上的区别，尤其是输出时注意使用 str() 函数进行强制转换。

五、任务拓展

1. Sublime Text3 安装与配置

（1）下载 Python 3.x（在 https://www.python.org/downloads/windows/ 下载自己适用的版本），如图 1-8 所示。

（2）选择 Add Python 3.7 to PATH 复选框和 Install Now 链接，如图 1-9 所示，然后单击【Finish】按钮。

- Download Windows help file
- Download Windows x86-64 embeddable zip file
- Download Windows x86-64 executable installer
- Download Windows x86-64 web-based installer
- Download Windows x86 embeddable zip file
- Download Windows x86 executable installer
- Download Windows x86 web-based installer

图 1-8　在 Python 官网上下载相应版本的 Python 3.x

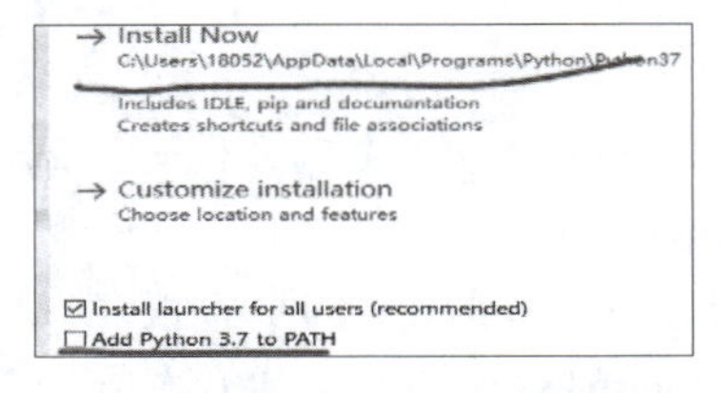

图 1-9　选择 Add Python 3.7 to PATH

（3）检测是否安装成功，在控制台输入 python，成功状态如图 1-10 所示。

```
Microsoft Windows [版本 10.0.16299.967]
(c) 2017 Microsoft Corporation。保留所有权利。

C:\Users\18052>python
Python 3.7.2 (tags/v3.7.2:9a3ffc0492, Dec 23 2018, 23:09:28) [MSC v.1916 64 bit (AMD64)] on win32
Type "help", "copyright", "credits" or "license" for more information.
>>>
```

图 1-10　在控制台输入 python 测试版本

（4）检测 Python 安装路径如图 1-11 所示。

```
C:\WINDOWS\system32\cmd.exe
Microsoft Windows [版本 10.0.16299.967]
(c) 2017 Microsoft Corporation。保留所有权利。

C:\Users\18052>where python
C:\Users\18052\AppData\Local\Programs\Python\Python37\python.exe

C:\Users\18052>
```

图 1-11　在控制台输入 where python 检测 Python 安装路径

（5）安装并打开 Sublime Text3，在 Tools 菜单中选中 Build System，再选中 New Build System，如图 1-12 所示。

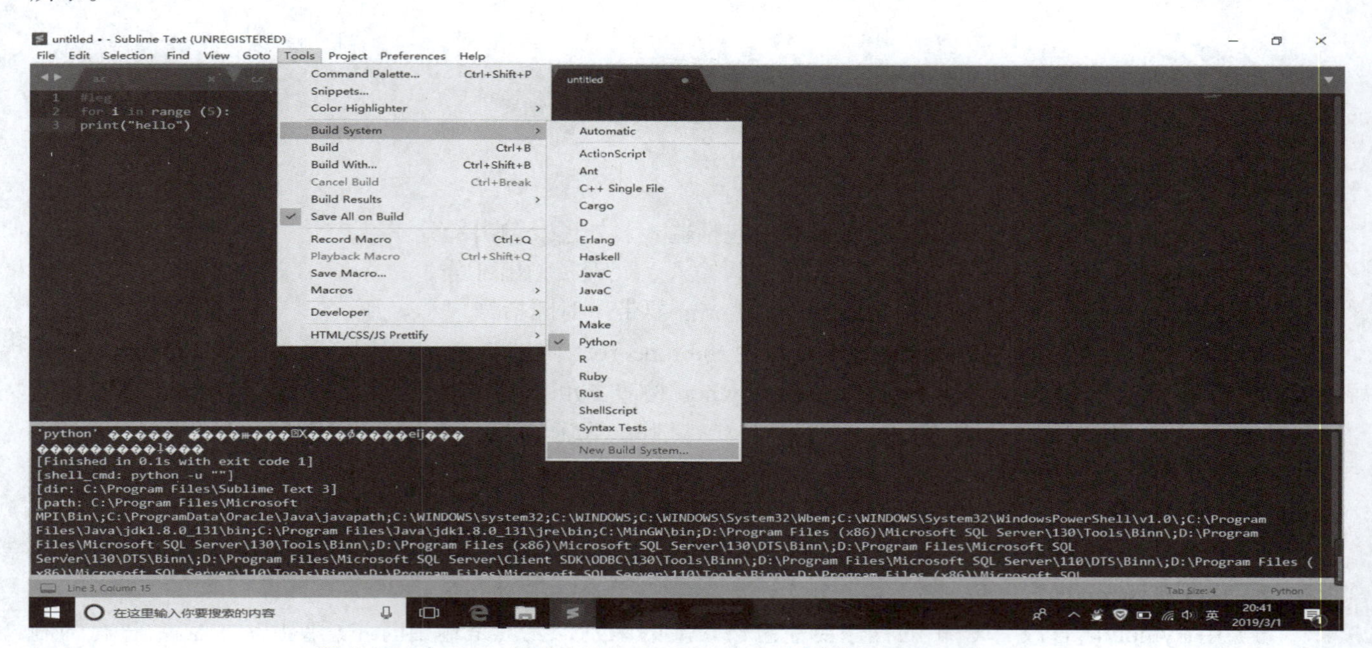

图 1-12　在 Tools 菜单中选中 Build System 再选中 New Build System

（6）在 Sublime Text3 的 Preferences 菜单中选择 setting 项，在其内输入以下内容，路径要改为 Python 安装路径。

```
{
    "cmd": ["d:/python370/python,"-u","$file"],
    "file_regex": "^[ ]*File \"(...*?)\", line ([0-9]*)",
    "selector": "source.python",
}
```

（7）在 Sublime Text3 中输入代码，调试程序运行，结果如图 1-13 所示。

2. math 的用法

（1）math.sqrt(x) 是求 x 的平方根。

（2）math.pow(x,y) 是求 x 的 y 次方。

（3）math.fabs(x) 是求 x 的绝对值。

（4）math.pi 表示常量 PI，PI 的值约是 3.1415926。

注意： math.pi和math.pow(r,2)的用法如图1-14所示。

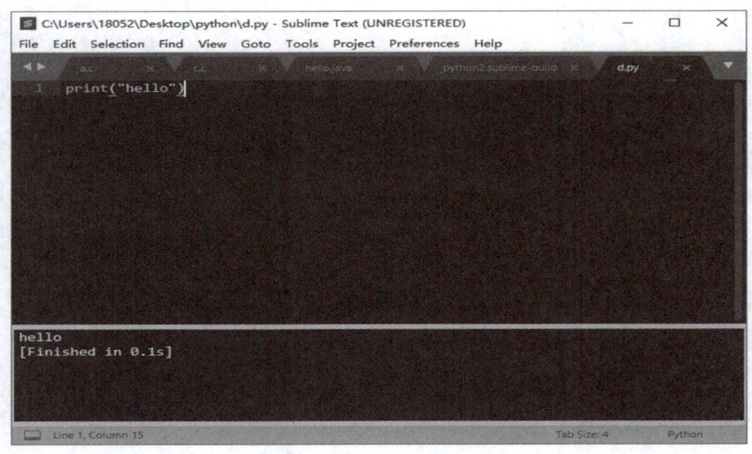

图 1-13　在 Sublime text 中测试代码的运行

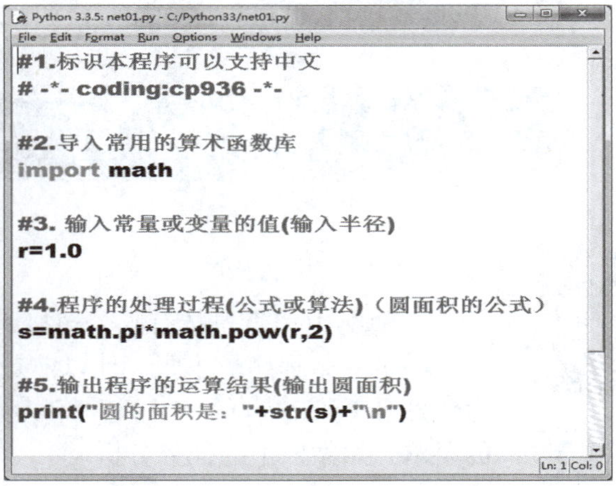

```
#1.标识本程序可以支持中文
# -*- coding:cp936 -*-

#2.导入常用的算术函数库
import math

#3. 输入常量或变量的值(输入半径)
r=1.0

#4.程序的处理过程(公式或算法)（圆面积的公式）
s=math.pi*math.pow(r,2)

#5.输出程序的运算结果(输出圆面积)
print("圆的面积是："+str(s)+"\n")
```

图 1-14　在 IDLE 中测试 math.pi 和 math.pow()

3. 在 IDLE 中调试代码

注意 str() 函数是将数值类型强制转换为字符串类型，如图 1-15 所示。

注意： 屏幕显示Can't convert 'float' object to str implicitly，这意味着小数要转为字符串，如图1-16、图1-17、图1-18所示。

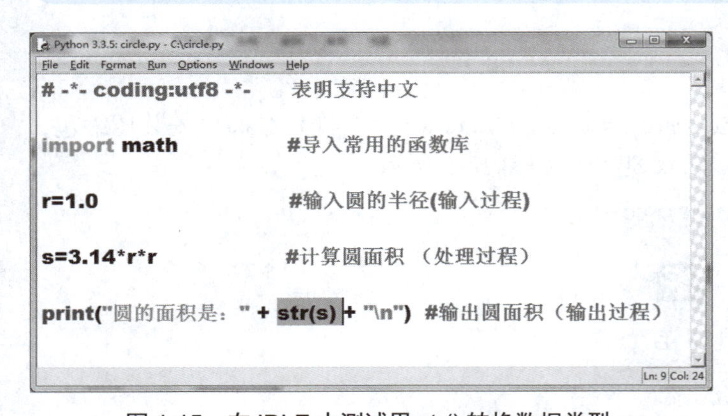

图 1-15　在 IDLE 中测试用 str() 转换数据类型

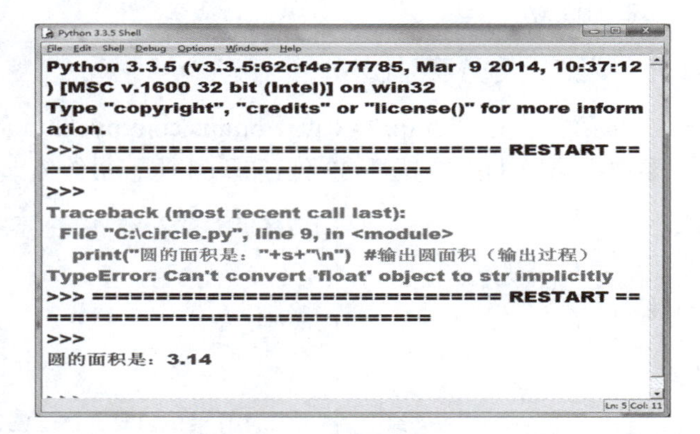

图 1-16　在 IDLE 中测试并分析 TypeError 的原因

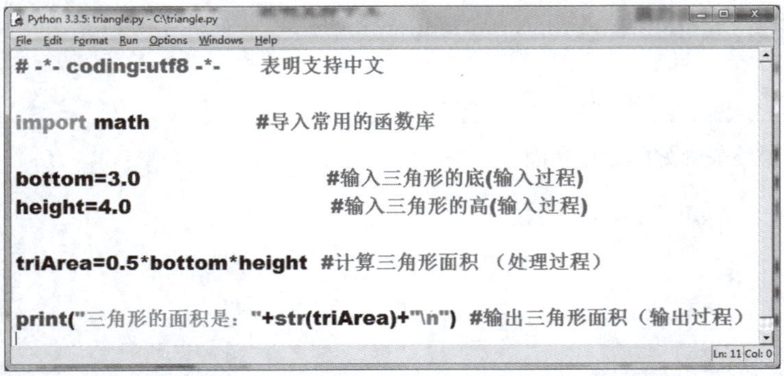

```
# -*- coding:utf8 -*-        表明支持中文

import math                 #导入常用的函数库

bottom=3.0                  #输入三角形的底(输入过程)
height=4.0                  #输入三角形的高(输入过程)

triArea=0.5*bottom*height #计算三角形面积（处理过程）

print("三角形的面积是："+str(triArea)+"\n") #输出三角形面积（输出过程）
```

图 1-17　在 IDLE 中编写代码求三角形面积

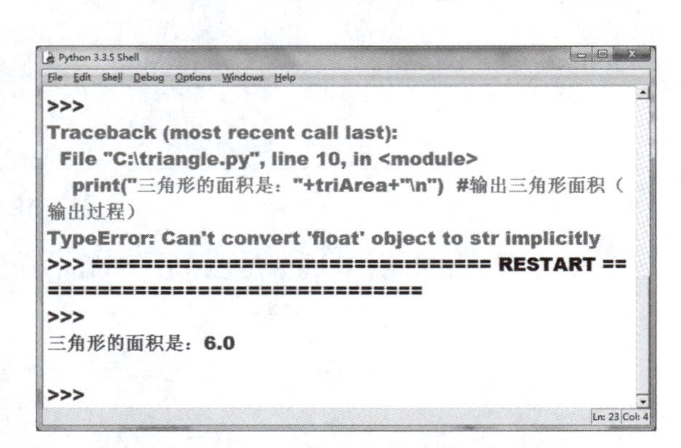

图 1-18　在 IDLE 中测试并分析小数和字符串能否一起运算

六、任务思考

（1）在 Sublime Text 3 中如何运行 Python 程序？

（2）math 中都有哪些常用的函数和常量？

（3）如何将数字转换为字符串？

（4）Python IDLE 调试程序和控制台调试程序的区别是什么？

任务二 使用Python编写工具

视频

使用Python编写工具

一、任务描述

上海御恒信息科技有限公司接到客户的一份订单，要求用 PyCharm 来开发 Python 项目。公司刚招聘了一名程序员小张，他以前是用 Python3 的 IDLE 编写 Python 程序，软件开发部经理要求他尽快熟悉 PyCharm 的特性，并将以前的 Python 项目用安装好的 PyCharm 进行调试，小张按照经理的要求开始做以下的任务分析。

二、任务分析

首先在网上下载 PyCharm 安装压缩包，解压并安装 PyCharm，选择本地的安装目录（不要选择 C 盘），依次单击【Next】按钮，直到出现 Completing the PyCharm Setup Wizard 画面后，单击【Finish】按钮，在安装目录中双击 Pycharm.exe 文件打开 PyCharm 程序，其次，选择 I do not have a previous version of PyCharm or I do not want to import my settings 选项，选择 Evaluate for free for 30 days，最后勾选 Accept all terms of the license，单击【OK】按钮，确定完成安装，在 PyCharm 中新建 .py 文件，输入圆面积程序，设置好字体后运行程序。

三、任务实施

第一步：在 http://www.jetbrains.com/pycharm/download/#section=windows 上下载 PyCharm 安装压缩包，要根据自己的系统选择 32 位还是 64 位，最终安装好的欢迎界面如图 1-19 所示。

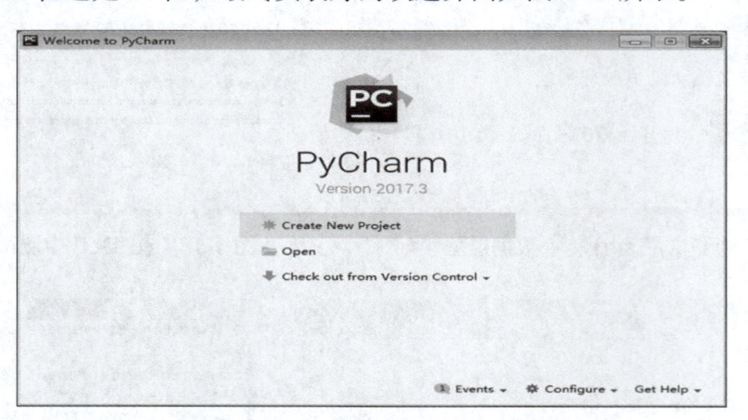

图 1-19　最终安装好的欢迎界面

第二步：解压并安装 PyCharm，下载的压缩文件如图 1-20 所示。

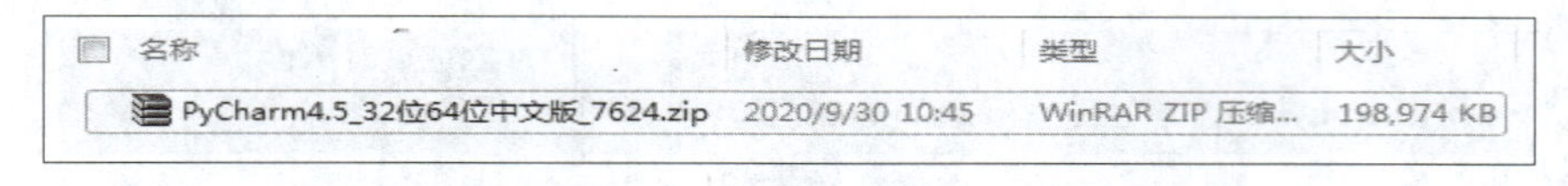

图 1-20　在本机解压并安装 PyCharm

第三步：选择本地的安装目录（不要选择 C 盘），如图 1-21 所示。

第四步：依次单击【Next】按钮，直到出现 Completing the PyCharm Setup Wizard 画面后，再单击【Finish】按钮，如图 1-22 所示。

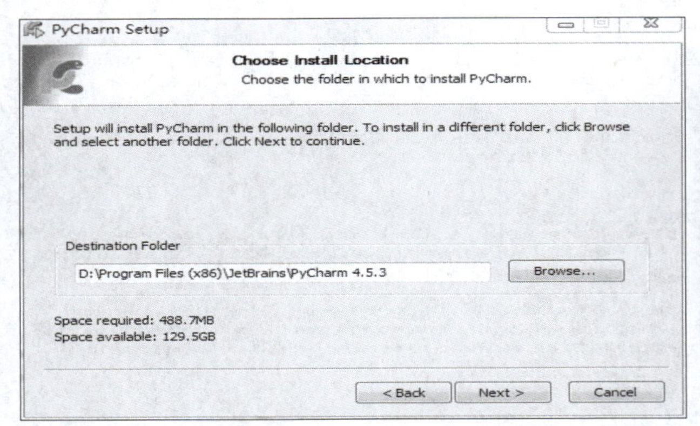

图 1-21　设置 Python 的安装目录

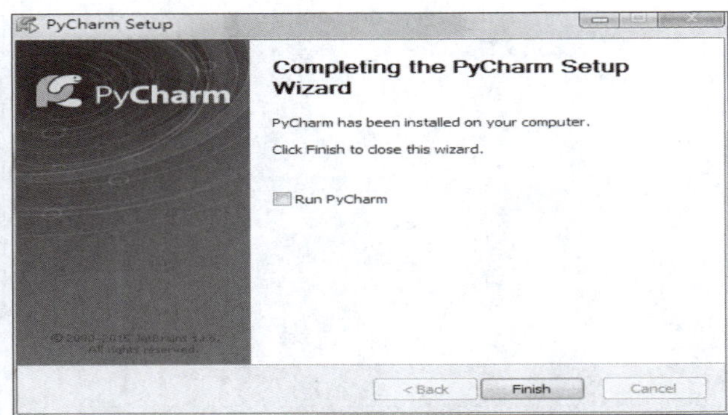

图 1-22　将汉化包文件放至 lib 目录

第五步：在安装目录中双击 pycharm.exe 文件打开 PyCharm 程序，如图 1-23 所示。

名称	修改日期	类型	大小
append.bat	2015/7/6 23:19	Windows 批处理...	1 KB
focuskiller.dll	2015/7/6 23:19	应用程序扩展	32 KB
focuskiller64.dll	2015/7/6 23:19	应用程序扩展	50 KB
fsnotifier.exe	2015/7/6 23:19	应用程序	97 KB
idea.properties	2022/7/30 20:25	PROPERTIES 文件	7 KB
IdeaWin32.dll	2015/7/6 23:19	应用程序扩展	36 KB
IdeaWin64.dll	2015/7/6 23:19	应用程序扩展	42 KB
inspect.bat	2015/7/6 23:19	Windows 批处理...	1 KB
jumplistbridge.dll	2015/7/6 23:19	应用程序扩展	54 KB
jumplistbridge64.dll	2015/7/6 23:19	应用程序扩展	61 KB
log.xml	2015/7/6 23:16	XML 文档	3 KB
pycharm.bat	2015/7/6 23:19	Windows 批处理...	4 KB
pycharm.exe	2015/7/6 23:19	应用程序	874 KB
pycharm.exe.vmoptions	2022/7/30 20:25	VMOPTIONS 文件	1 KB
pycharm64.exe	2015/7/6 23:19	应用程序	901 KB
pycharm64.exe.vmoptions	2022/7/30 20:25	VMOPTIONS 文件	1 KB
restarter.exe	2015/7/6 23:19	应用程序	52 KB
runnerw.exe	2015/7/6 23:19	应用程序	105 KB
Uninstall.exe	2022/7/30 20:24	应用程序	106 KB
vistalauncher.exe	2015/7/6 23:19	应用程序	62 KB
yjpagent.dll	2015/7/6 23:19	应用程序扩展	1,821 KB
yjpagent64.dll	2015/7/6 23:19	应用程序扩展	2,052 KB

图 1-23　运行 pycharm.exe

第六步：选择 I do not have a previous version of PyCharm or I do not want to import my settings 选项，如图 1-24 所示。

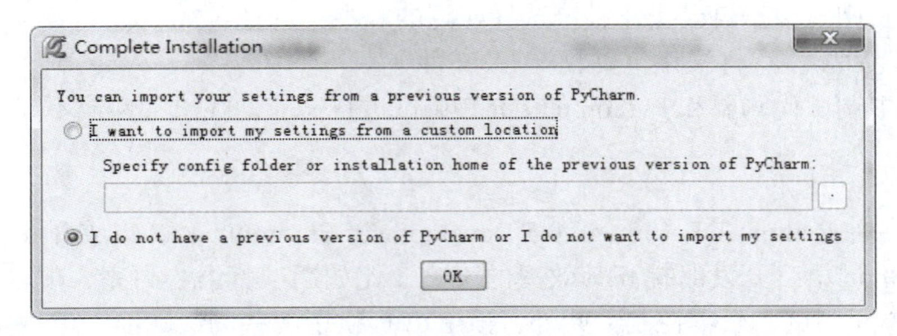

图 1-24　选择 I do not have a previous version of PyCharm or I do not want to import my settings

第七步：选择 Evaluate for free for 30 days，如图 1-25 所示。

第八步：勾选 Accept all terms of the license 复选框，然后单击两次【OK】按钮，确定完成安装，如图 1-26 所示。

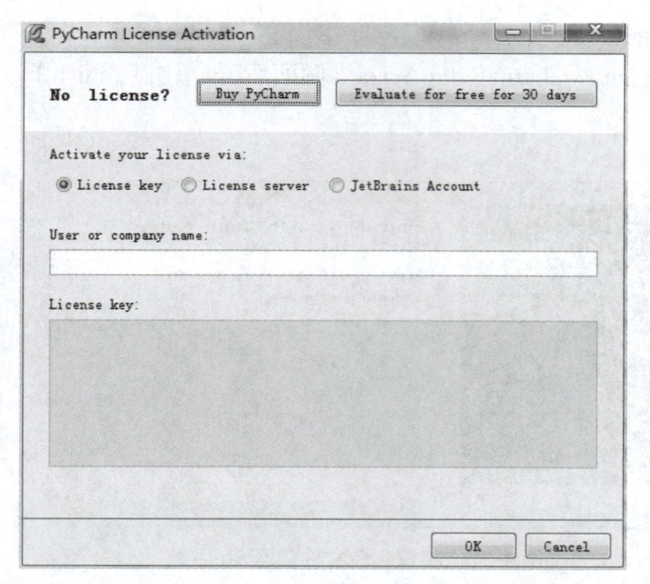

图 1-25　选择 Evaluate for free for 30 days

License Agreement for PyCharm 4.5.3

Please read the following license agreement carefully.
To proceed you must agree to all terms of this license by selecting the checkbox.

LICENSE AGREEMENT FOR PYCHARM
(Commercial and Personal License)

IMPORTANT! READ CAREFULLY: THIS IS A LEGAL AGREEMENT. BY DOWNLOADING, INSTALLING, COPYING, SAVING ON YOUR COMPUTER, OR OTHERWISE USING THIS SOFTWARE, YOU (LICENSEE, AS DEFINED BELOW) ARE BECOMING A PARTY TO THIS AGREEMENT AND YOU ARE CONSENTING TO BE BOUND BY ALL THE TERMS AND CONDITIONS OF THIS AGREEMENT.

IF YOU DO NOT AGREE TO THE TERMS AND CONDITIONS OF THIS AGREEMENT, YOU SHOULD NOT DOWNLOAD, INSTALL AND USE THE SOFTWARE.

1. PARTIES

(a) "Licensor" means JetBrains s.r.o., having its principal place of business at Na hrebenech II 1718/10, Prague, 14700, Czech Republic, registered with Commercial Register kept by the Municipal Court of Prague, Section C, file 86211, ID.Nr.: 265 02 275.

(b) "Licensee" means the individual or legal entity specified in the License Certificate. For legal entities, "Licensee" includes any entity which controls, is controlled by, or is under common control with Licensee. For purposes of this definition, "control" means (i) the power, direct or indirect, to

Accept all terms of the license

OK　Cancel

图 1-26　接受 license 并完成安装

第九步：在 PyCharm 中新建 .py 文件，输入圆面积程序，设置好字体后运行程序，如图 1-27 所示。

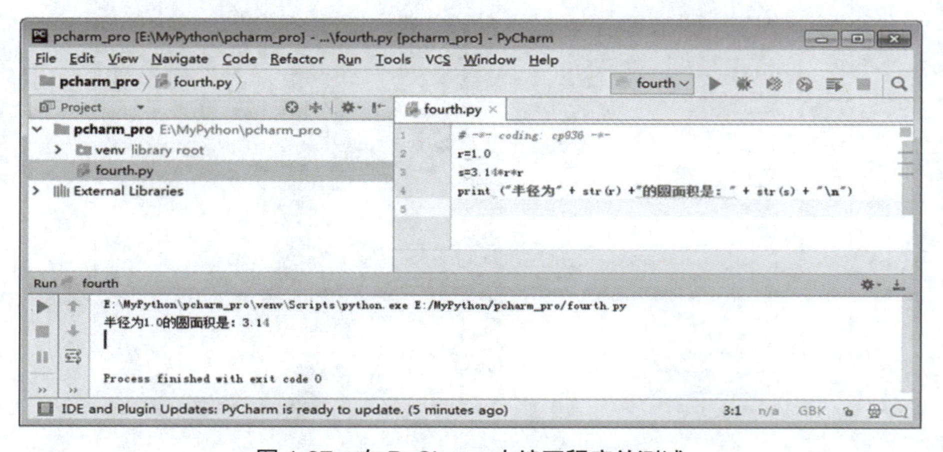

图 1-27　在 PyCharm 中编写程序并测试

四、任务小结

（1）在 PyCharm 官网上根据自己操作系统选择匹配的版本，选择 32 位或 64 位。

（2）PyCharm 安装后要注意将汉化包要放至 lib 文件夹。

（3）在 PyCharm 中调试代码要和 Python 的 IDLE 调试进行比较，找出共性或不同。

五、任务拓展

（1）PyCharm 是一种 Python IDE（Integrated Development Environment，集成开发环境），带有一整套可以帮助用户在使用 Python 语言开发时提高其效率的工具，比如调试、语法高亮、项目管理、代码跳转、智能提示、自动完成、单元测试、版本控制。此外，该 IDE 提供了一些高级功能，以用于支持 Django 框架下的专业 Web 开发。

（2）PyCharm 的常用快捷键。

【Ctrl + Q】：快速查看文档；

【Ctrl + F1】：显示错误描述或警告信息；

【Ctrl + /】：行注释（可选中多行）；

【Ctrl + Alt + L】：代码格式化；

【Ctrl + Alt + O】：自动导入；
【Ctrl + Alt + I】：自动缩进；
【Tab/Shift + Tab】：缩进、不缩进当前行（可选中多行）；
【Ctrl + C/Insert】：复制当前行或选定的代码块到剪贴板；
【Ctrl + Y】：删除当前行；
【Shift + Enter】：换行。

六、任务思考

（1）PyCharm 都有哪些常用的版本？
（2）PyCharm 中的快捷键你使用较高频率的是哪几个？
（3）请在网上搜索还有哪些常用的 Python 开发工具，并下载尝试安装。

任务三　实现Python的简单算术运算

一、任务描述

上海御恒信息科技有限公司接到客户的一份订单，要求用 PyCharm 来开发 Python 项目。公司刚招聘了一名程序员小张，他以前是用 Python 3 的 IDLE 编写 Python 程序，软件开发部经理要求他尽快熟悉 PyCharm 的特性，并将以前的 Python 项目用安装好的 PyCharm 进行调试，小张按照经理的要求开始做以下的任务分析。

视 频

实现Python的简单算术运算

二、任务分析

（1）设计求三角形面积的 Python 代码。
（2）处理程序中出现的错误。
（3）设计键盘输入来替代以上程序中的直接赋值。
（4）为以上程序设计注释部分来理清编程思路。
（5）为以上程序设计分支结构来解决输入数据为负数的情况。
（6）更改以上程序的算法，用海伦公式来实现三角形面积的计算。
（7）解决以上海伦公式中不满足三角形条件的问题。
（8）为以上程序设计循环结构来解决重复输入的问题。
（9）能根据以上内容独立设计一个包含分支及循环的求圆面积的算法。

三、任务实施

第一步：设计求三角形面积的 Python 代码，调试程序运行结果如图 1-28 所示。

```
bottom=3.0
height=4.0
triArea=(bottom*height)/2
print("三角形的面积是: "+triArea+"\n")
```

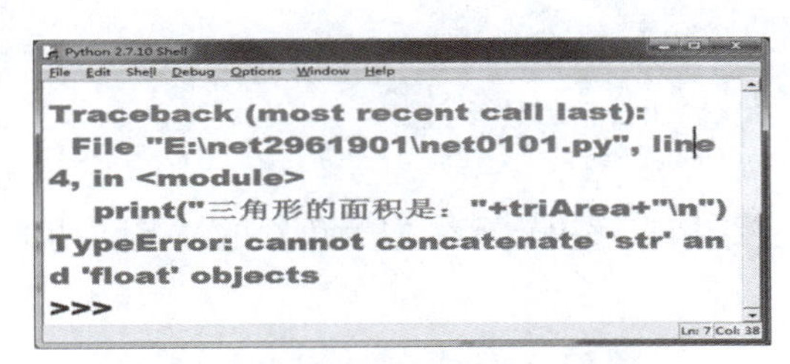

图 1-28　程序调试中出现的错误

第二步：处理程序中出现的错误，调试程序运行结果如图 1-29 所示。

```
# -*- coding:cp936 -*-
import math
bottom=3.0
height=4.0
triArea=(bottom*height)/2
print("三角形的面积是: "+str(triArea)+"\n")
```

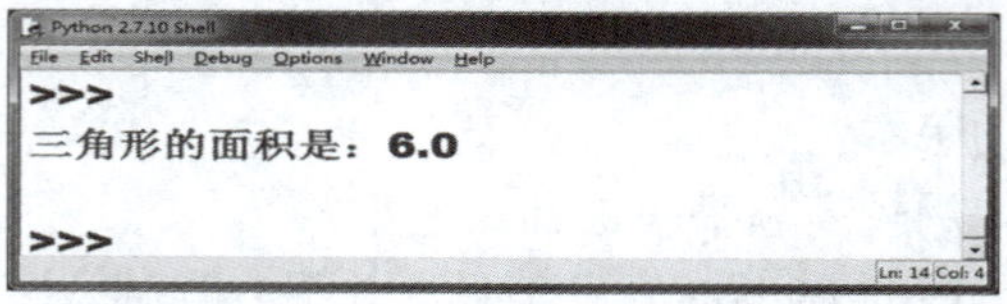

图 1-29　程序修改后显示正确的结果

注意：因为前后数据类型不一致，前面是字符串，后面是小数，所以要用str(triArea)进行强制转换。

第三步：设计键盘输入来替代以上程序中的直接赋值，调试程序运行结果如图 1-30 所示。

```
# -*- coding:cp936 -*-
import math
bottom=float(input("请输入三角形的底: "))
height=float(input("请输入三角形的高: "))
triArea=(bottom*height)/2
print("三角形的面积是: "+str(triArea)+"\n")
```

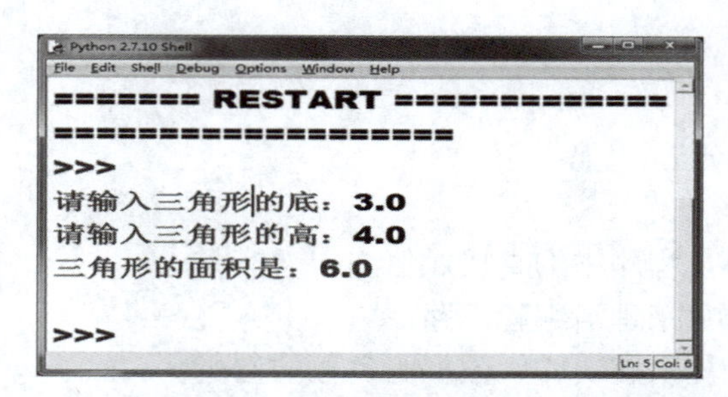

图 1-30　显示求三角形面积的键盘输入及输出结果

第四步：为以上程序设计注释部分来理清编程思路。

```
# 1.本程序支持中文
# -*- coding:cp936 -*-

# 2.导入常用数学函数库
import math

# 3.整个程序的输入部分（从键盘输入三角形的底和高）
bottom=float(input("请输入三角形的底: "))
height=float(input("请输入三角形的高: "))

# 4.整个程序的处理部分（算法是求三角形面积的公式）
triArea=(bottom*height)/2

# 5.整个程序的输出部分（在屏幕上输出三角形的面积）
print("三角形的面积是: "+str(triArea)+"\n")
```

第五步：为以上程序设计分支结构来解决输入数据为负数的情况，调试程序运行结果如图 1-31、图 1-32 所示。

```
# 1.本程序支持中文
# -*- coding:cp936 -*-

# 2.导入常用数学函数库
import math

# 3.整个程序的输入部分（从键盘输入三角形的底和高）
bottom=float(input("请输入三角形的底: "))
height=float(input("请输入三角形的高: "))

# 4.整个程序的处理部分（算法是求三角形面积的公式）
if (bottom>0 and height>0):
    triArea=(bottom*height)/2

# 5.整个程序的输出部分（在屏幕上输出三角形的面积）
    print("三角形的面积是: "+str(triArea)+"\n")
else:
    print("三角形的底和高必须大于零"+"\n")
```

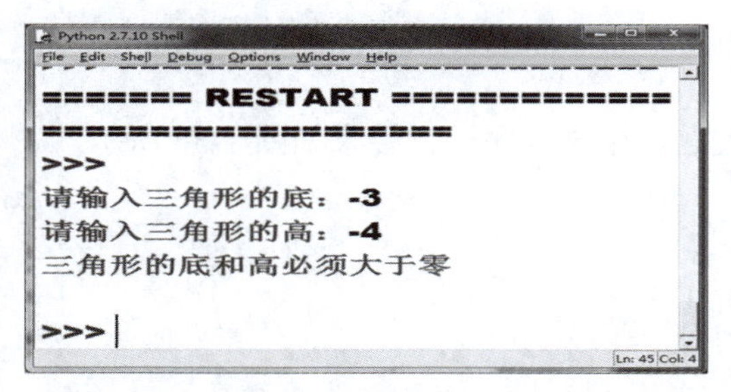

图 1-31　输入内容为负数的输出结果

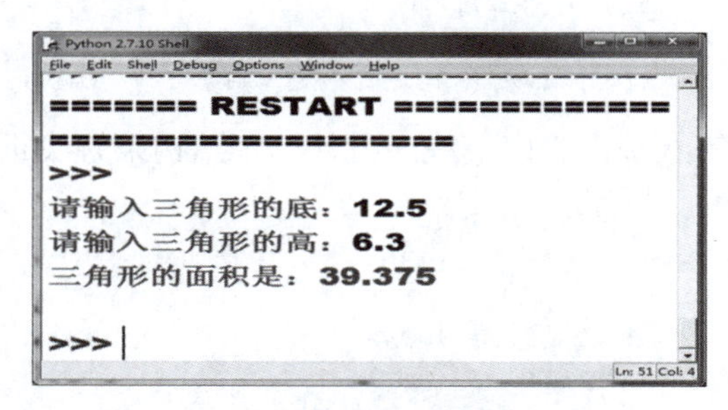

图 1-32　输入内容为正数的输出结果

第六步：更改以上程序的算法用海伦公式来实现三角形面积的计算，调试程序运行结果如图 1-33、图 1-34 所示。

```
# 1.本程序支持中文
# -*- coding:cp936 -*-

# 2.导入常用数学函数库
import math

# 3.整个程序的输入部分（从键盘输入三角形的三条边长）
sideA=float(input("请输入三角形的第一条边长: "))
sideB=float(input("请输入三角形的第二条边长: "))
sideC=float(input("请输入三角形的第三条边长: "))

# 4.整个程序的处理部分（算法是求三角形面积的公式）
s=(sideA+sideB+sideC)/2
triArea=math.sqrt(s*(s-sideA)*(s-sideB)*(s-sideC))

# 5.整个程序的输出部分（在屏幕上输出三角形的面积）
print("三角形的面积是: "+str(triArea)+"\n")
```

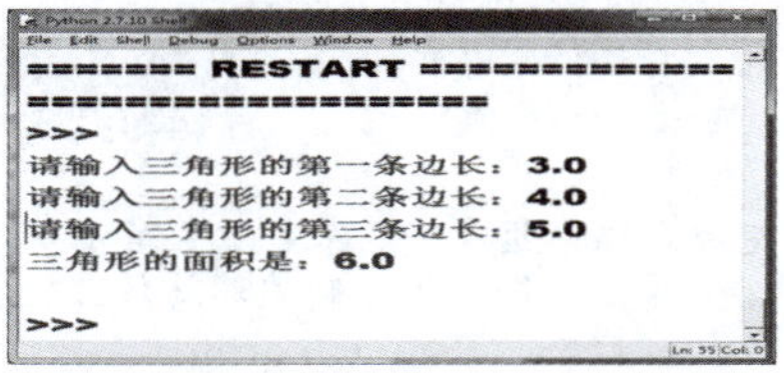

图 1-33　用海伦公式输入三角形的三条边长后显示的结果

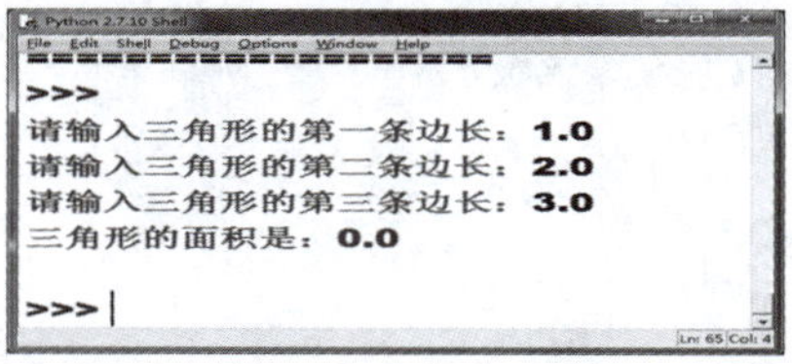

图 1-34　不符合三角形条件的输出结果

第七步：解决以上海伦公式中不满足三角形条件的问题，调试程序运行结果如图 1-35 所示。

```
# 1.本程序支持中文
# -*- coding:cp936 -*-

# 2.导入常用数学函数库
import math

# 3.整个程序的输入部分（从键盘输入三角形的三条边长）
sideA=float(input("请输入三角形的第一条边长: "))
sideB=float(input("请输入三角形的第二条边长: "))
sideC=float(input("请输入三角形的第三条边长: "))

# 4.整个程序的处理部分（算法是求三角形面积的公式）
if ((sideA+sideB)>sideC and (sideB+sideC)>sideA and (sideC+sideA)>sideB):
    s=(sideA+sideB+sideC)/2
    triArea=math.sqrt(s*(s-sideA)*(s-sideB)*(s-sideC))

# 5.整个程序的输出部分（在屏幕上输出三角形的面积）
    print("三角形的面积是: "+str(triArea)+"\n")
else:
    print("对不起，这不是三角形!"+"\n")
```

第八步：为以上程序设计循环结构来解决重复输入的问题，调试程序运行结果如图 1-36 所示。

```
# 1.本程序支持中文
# -*- coding:cp936 -*-

# 2.导入常用数学函数库
import math

number=0
while (number<3):

# 3.整个程序的输入部分（从键盘输入三角形的三条边长）
    sideA=float(input("请输入三角形的第一条边长: "))
    sideB=float(input("请输入三角形的第二条边长: "))
    sideC=float(input("请输入三角形的第三条边长: "))

# 4.整个程序的处理部分（算法是求三角形面积的公式）
    if ((sideA+sideB)>sideC and (sideB+sideC)>sideA and (sideC+sideA)>sideB):
        s=(sideA+sideB+sideC)/2
        triArea=math.sqrt(s*(s-sideA)*(s-sideB)*(s-sideC))

# 5.整个程序的输出部分（在屏幕上输出三角形的面积）
        print("三角形的面积是: "+str(triArea)+"\n")
    else:
        print("对不起，这不是三角形!"+"\n")
    number=number+1
print("整个程序结束")
```

第九步：根据以上内容设计一个包含分支及循环的求圆面积的算法，调试程序运行结果如图 1-37 所示。

```
# 1.本程序支持中文
# -*- coding:cp936 -*-

# 2.导入常用数学函数库
import math

number=0                                        #这个是循环变量，用来存放循环的次数
while (number<3):                               #这个是循环条件（控制循环总计三次）

# 3.整个程序的输入部分（从键盘输入圆的半径）
    radius=float(input("请输入圆的半径: "))
```

```
# 4.整个程序的处理部分（算法是求圆面积的公式）
    if (radius>0):
        circleArea=math.pi*math.pow(radius,2)

# 5.整个程序的输出部分（在屏幕上输出圆的面积）
        print("圆的面积是: "+str(circleArea)+"\n")
    else:
        print("对不起，这不是圆！"+"\n")
    number=number+1                                 #这个是循环计数器(每做一次循环加1)
print("整个程序结束")
```

```
>>>
请输入三角形的第一条边长：1.0
请输入三角形的第二条边长：2.0
请输入三角形的第三条边长：3.0
对不起，这不是三角形！

>>> ======================
=========== RESTART ====
=========================
===
>>>
请输入三角形的第一条边长：4.0
请输入三角形的第二条边长：1.0
请输入三角形的第三条边长：9.0
对不起，这不是三角形！

>>> |
```

图 1-35　加入判断三角形条件的算法后显示的结果

```
>>>
请输入三角形的第一条边长：1
请输入三角形的第二条边长：2
请输入三角形的第三条边长：3
对不起，这不是三角形！

请输入三角形的第一条边长：2
请输入三角形的第二条边长：3
请输入三角形的第三条边长：4
三角形的面积是：2.90473750966

请输入三角形的第一条边长：3
请输入三角形的第二条边长：4
请输入三角形的第三条边长：5
三角形的面积是：6.0

整个程序结束
```

图 1-36　添加了循环结构后的输出结果

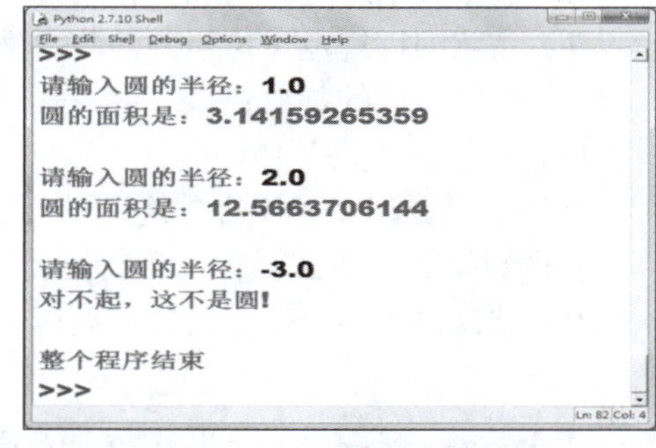

图 1-37　包含分支及循环求圆面积的算法

四、任务小结

（1）编写 Python 代码时要先设计程序的基本架构，分别是输入、处理、输出。

（2）要能发现并分析程序中可能出现的错误。

（3）针对客户的需求要设计键盘输入来替代直接赋值。

（4）设计程序时要书写注释，用于理清编程思路及便于团队合作。

（5）分支结构能解决输入数据时的非正常情况。

（6）学会用不同的算法解决同一个问题（比如用底乘高除以 2 或海伦公式求三角形面积）。

（7）针对不满足三角形条件的问题要学会用分支结构来解决。

（8）用循环结构解决客户需要重复输入数据的问题。

（9）能根据以上所学内容独立设计一个包含分支及循环的求圆面积的算法。

五、任务拓展

（1）Python IDLE 中常用菜单命令及快捷键。

① 新建文件的方法：单击 File 菜单，选择 New File 选项，或使用快捷键【CTRL+N】。

② 保存文件的方法：单击 File 菜单，选择 Save 选项，或使用快捷键【CTRL+S】。

③ 文件另存为方法：单击 File 菜单，选择 Save As 选项，或使用快捷键【CTRL+SHIFT+S】。

④ 关闭文件的方法：单击 File 菜单，选择 Close 选项，或使用快捷键【ALT+F4】。

⑤ 设置字体的方法：单击 Option 菜单，选择 Configue 选项，再选择 Fonts 选项。

⑥ 运行程序的方法：单击 Run 菜单，选择 Run Module 选项，或使用快捷键【F5】。

（2）Python3 版本常用的三种输出方法。

① print(a)。

② print("a=",a)。

③ print("a="+str(a))。

（3）IDLE（Python 的交互式集成开发环境）(Integrated Development Learning Enviroment)。

（4）注释：单行 #，多行在开始和结尾用三个单引号，一个作用是写帮助，一个作用让代码功能失效。

（5）缩进代表不同的结构。

```
if a>b:
print("a=",a)
else:
print("b=",b)
```

以上代码出现以下错误：

```
"expected an indented block"
```

（6）输出算术表达式可以直接书写：print((10.5+2*3)/(45-3.5))。

（7）注意编程规范（恰当的注释，适当的空行和空格，变量名及函数名见名知义）。

（8）程序设计的常见错误。

① 语法错误（拼写错误）。

② 运行时错误（程序意外终止），比如 10/0（分母不能为零）。

③ 逻辑错误（语法没错，运行也没错，但得到的结果错误，这种一般是算法错误）。

（9）键盘输入多个变量的方法有以下三种。

方法 1：

```
sideA=float(input("请输入三角形的第一条边长sideA:"))
sideB=float(input("请输入三角形的第二条边长sideB:"))
sideC=float(input("请输入三角形的第三条边长sideC:"))
```

方法 2：

```
sideA,sideB,sideC=map(float,input("请输入三角形的三条边，中间用逗号分隔:").split(","))
```

方法 3：

```
sideA,sideB,sideC=[float(x)  for  x  in  input("请输入三角形的三条边，中间用逗号分隔:").
split(",")]
```

六、任务思考

（1）Python 中缩进的作用是什么？不缩进程序也能正常运行吗？

（2）Python 中注释都有哪些，它们分别有哪些作用？

（3）程序设计中都有哪三类常见错误？

任务四 绘制基础图形

视 频

绘制基础图形

一、任务描述

上海御恒信息科技有限公司接到客户的一份订单，要求用 turtle 图形模块绘制奥运五环旗。公司刚招聘了一名程序员小张，软件开发部经理要求他尽快熟悉 turtle，小张按照经理的要求开始做以下的任务分析。

二、任务分析

首先，要导入图形模块 turtle，其次，设置笔的颜色、抬笔后将笔移到指定的坐标，第三，落笔绘制一个半径为 45 的圆，最后，重复以上过程实现奥运五环旗的绘制。注意：要设置程序暂停直到用户关闭 turtle 图形化窗口，给用户时间来查看图形，没有这一行，图形窗口会在程序完成时立即关闭。

三、任务实施

第一步：导入图形模块 turtle。

```
import turtle
```

第二步：设置颜色为蓝色，抬笔后将笔移到（-110，-25）坐标，然后落笔绘制一个半径为 45 的圆。

```
turtle.color("blue")
turtle.penup()
turtle.goto(-110,-25)
turtle.pendown()
turtle.circle(45)
```

第三步：设置颜色为黑色，抬笔后将笔移到（0，-25）坐标，然后落笔绘制一个半径为 45 的圆。

```
turtle.color("black")
turtle.penup()
turtle.goto(0,-25)
turtle.pendown()
turtle.circle(45)
```

第四步：设置颜色为红色，抬笔后将笔移到（110，-25）坐标，然后落笔绘制一个半径为 45 的圆。

```
turtle.color("red")
turtle.penup()
turtle.goto(110,-25)
turtle.pendown()
turtle.circle(45)
```

第五步：设置颜色为黄色，抬笔后将笔移到（-55，-75）坐标，然后落笔绘制一个半径为 45 的圆。

```
turtle.color("yellow")
turtle.penup()
turtle.goto(-55,-75)
turtle.pendown()
turtle.circle(45)
```

第六步：设置颜色为绿色，抬笔后将笔移到（55，-75）坐标，然后落笔绘制一个半径为 45 的圆。

```
turtle.color("green")
turtle.penup()
turtle.goto(55,-75)
turtle.pendown()
turtle.circle(45)
```

第七步：设置程序暂停直到用户关闭 turtle 图形化窗口，给用户时间来查看图形，没有这一行，图形窗口会在程序完成时立即关闭。

```
turtle.down()
```

以上七步完成，调试程序运行结果如图 1-38 所示。

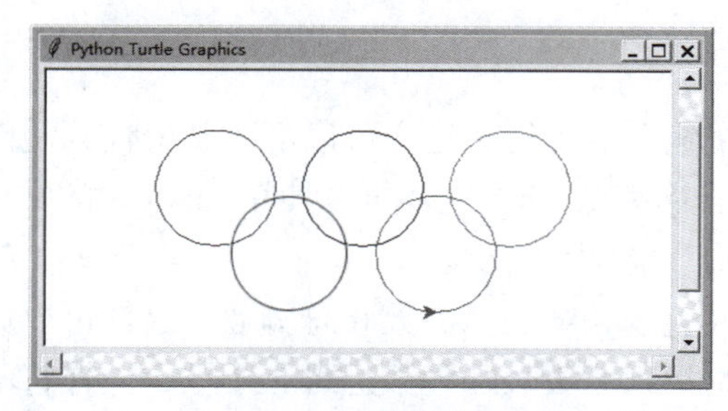

图 1-38　用 turtle 图形模块绘制的奥运五环旗

四、任务小结

（1）turtle 是 Python 内嵌的绘制线、圆以及其他形状（包括文本）的图形模块，要先导入。

（2）用 turtle.color(" 具体的颜色 ") 设置绘制图形的颜色。

（3）用 turtle.penup() 设置抬笔动作。

（4）用 turtle.goto(x 坐标 ,y 坐标) 将笔移到指定坐标作为绘制的中心点。

（5）用 turtle.pendown() 设置落笔的动作。

（6）用 turtle.circle(半径) 绘制一个指定半径的圆。

（7）用 turtle.done() 设置程序暂停直到用户关闭 turtle 图形化窗口，给用户时间来查看图形。

五、任务拓展

（1）简单启动 GUI 设计的方法是使用 Python 内嵌的 turtle 模块，后面还可以用 Tkinter 来开发复杂的图形用户界面应用程序。用 turtle.showturtle() 显示 turtle 的当前位置和方向。turtle 模块进行 GUI 设计很像用笔绘画。箭头表明笔的当前位置和方向。turtle 的起始位置在窗口的中心。另外 turtle 是指绘制图像的对象。

（2）turtle.write("Welcome to Python") 是绘制文本字符串。turtle.forward(100) 是将箭头向前移动 100 像素，向箭头所指方向绘制一条直线。turtle.right(90) 是将箭头右转 90 度，turtle.color("red") 将颜色改为红色，turtle.forward(50) 是将箭头向前移动 50 像素。turtle.right(90)、turtle.color("green")、turtle.forward(100) 是继续将箭头右转 90 度，换颜色为绿色后再将箭头向前移动 100 像素绘制一条直线。turtle.right(45)、turtle.forward(80) 是继续将箭头右转 45 度，并将箭头向前移动 80 像素绘制一条直线。

（3）turtle 程序启动时，箭头在 Python turtle 图形窗口的中心位置，它的坐标是 (0,0)，可用 goto(x,y) 命令将 turtle 移动到任何一个特定的点 (x,y)。例如：import turtle、turtle.goto(0,50)、也可以 turtle.penup()、turtle.goto(50,−50)、turtle.pendown() 用抬起笔，移动，再放下笔来控制。

六、任务思考

（1）用 turtle 如何绘制一条直线？

（2）用 turtle 如何绘制一个圆和一个正方形？

任务五 实现控制台的输入与输出

视 频

实现控制台的输入与输出

一、任务描述

上海御恒信息科技有限公司接到校外培训机构的一份订单，要求用 Python 语言设计解决鸡兔同笼问题，在控制台输入兔子和鸡的总头数和总脚数，然后在控制台输出鸡和兔子分别有多少只？公司刚招聘了一名程序员小张，软件开发部经理要求他尽快熟悉控制台的输入与输出及鸡兔同笼的算法，小张按照经理的要求开始做以下的任务分析。

二、任务分析

（1）书写支持简体中文字符集编码的代码，这样可以解决部分代码乱码的问题。

（2）导入 Python 的内置数学函数库 math，这样可以使用 math 中的常用数学函数。

（3）设计当型循环的基本结构，能循环三次。

（4）在循环体中通过键盘输入兔子和鸡的总头数和总脚数，这样可以灵活输入所需的数据。

（5）在输入语句后设计分支结构判断头数和脚数是否大于零，这样将不满足条件的排除。

（6）在满足头数和脚数均大于零的条件下输入求解鸡兔同笼的算法，算法可以拆分细化。

（7）在算法下书写输出鸡和兔子分别有多少只的语句，注意输出变量的数据类型。
（8）将以上代码汇总在一起，显示出来。这样可以整体上观察整个程序的结构。
（9）保存并运行以上完整代码，显示结果，这样可以测试各种条件的不同输出。

三、任务实施

第一步：书写支持简体中文字符集编码的代码。

```
# -*- coding:cp936 -*-
```

第二步：导入 Python 的内置数学函数库。

```
import math
```

第三步：设计当型循环的基本结构，能循环三次。

```
#为循环变量赋初值
number=1

#当循环变量小于等于3时，继续执行循环体
while number<=3:
    #每做一次循环，循环变量加1
     number+=1

#书写输出语句表示循环结束
print("整个程序结束!!!")
```

第四步：在循环体中通过键盘输入兔子和鸡的总头数和总脚数，这样可以灵活输入所需的数据。

```
    #eval()函数是将字符串对象转换为能够具体的对象

heads=eval(input("请输入兔子和鸡的总头数:"))
     feet=eval(input("请输入兔子和鸡的总脚数:"))
```

第五步：在输入语句后设计分支结构来判断头数和脚数是否大于零，这样将不满足条件的排除。

```
if  heads>0 and feet>0:
print("input normal! \n")
else:
print("input Error! \n")
count+=1
```

第六步：在满足头数和脚数均大于零条件下输入求解鸡兔同笼的算法，算法可以拆分细化。

```
chicken=2*heads-feet/2
rabbits=feet/2-heads
```

第七步：在算法下书写输出鸡和兔子分别有多少只的语句，注意输出变量的数据类型。

```
print("chicken=",chicken)
print("rabbits=",rabbits)
print("\n")
```

第八步：将以上代码汇总在一起，显示出来。

```
# -*- coding:cp936 -*-
import math
number=1
while number<=3:
     heads=eval(input("请输入兔子和鸡的总头数:"))
     feet=eval(input("请输入兔子和鸡的总脚数:"))
```

```
    if heads>0 and feet>0:
        print("input normal! \n")
        chicken=2*heads-feet/2
        rabbits=feet/2-heads
        print("chicken=",chicken)
        print("rabbits=",rabbits)
        print("\n")
    else:
        print("You find error\n")
        number+=1
    print("整个程序结束!!!")
```

第九步：保存并运行以上完整代码，调试程序运行结果如图 1-39 所示。

四、任务小结

（1）书写支持简体中文字符集编码的代码。

（2）导入 Python 的内置数学函数库。

（3）设计当型循环的基本结构，能循环三次。

（4）在循环体中通过键盘输入鸡和兔的总头数与总脚数。

（5）在输入语句后设计分支结构来判断输入数据是否正常。

（6）在满足条件情况下输入求解算法。

（7）在算法下书写输出语句。

（8）将以上代码汇总在一起，显示出来。

（9）保存并运行以上完整代码，显示结果。

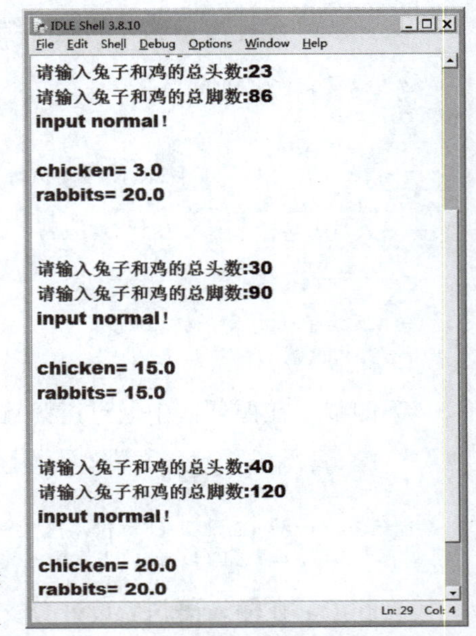

图 1-39 鸡兔同笼算法的输入与输出

五、任务拓展

（1）CP936 和 utf-8 的区别。

这两种编码本身和 Python 是毫无关联的，CP936 其实就是 GBK，IBM 在发明 Code Page 的时候将 GBK 放在第 936 页，所以又称 CP936。至于 GBK，GBK 全称《汉字内码扩展规范》（GBK 即“国标”“扩展”汉语拼音的第一个字母，英文名称：Chinese Internal Code Specification），中华人民共和国全国信息技术标准化技术委员会 1995 年 12 月 1 日制订，国家技术监督局标准化司、电子工业部科技与质量监督司 1995 年 12 月 15 日联合以技监标函〔1995〕229 号文件的形式，将它确定为技术规范指导性文件。这一版的 GBK 规范为 1.0 版。

utf-8：（8-bit unicode transformation format）是一种针对 Unicode 的可变长度字符编码，又称万国码。由 Ken Thompson 于 1992 年创建。现在已经标准化为 RFC 3629。utf-8 用 1 到 6 个字节编码 UNICODE 字符。用在网页上可以同一页面显示中文简体繁体及其他语言（如英文，日文，韩文）。

所以 GBK 和 utf-8 简单来说，区别就是编码方式不同，表示的文字范围不同。（utf-8 能表示更多的语言文字，更加通用），此外 Python2 编辑器默认的编码是 ASCII，它是无法识别中文的，所以会弹出提示。这也是在大多情况下写 Python2 程序时习惯在程序的第一行加上：#coding=utf-8 的原因。

（2）Python 的 math 库的使用。

math 库是 Python 提供的内置数学类函数库，math 库不支持复数类型，仅支持整数和浮点数运算。math 库一共提供了 4 个数字常数和 44 个函数。44 个函数共分为 4 类，包括 16 个数值表示函数，8 个幂对数函数，16 个三角对数函数和 4 个高等特殊函数。math 库中的函数不能直接使用，需要先使用保留字 import 引用该库。如下：

```
import math 或from math import <函数名>
```

① math 库的数字常数，见表 1-3。

表 1-3　math 库的数字常数

常　数	数学表示	描　述
math.pi	π	圆周率，值为 3.141592653589793
math.e	e	自然对数，值为 2.718281828459045
math.inf	∞	正无穷大，负无穷大为 -math.inf
math.nan		非浮点数标记，NAN（Not a Number）

② math 库的数值表示函数，见表 1-4。

表 1-4　math 库的数值表示函数

函　数	数学表示	描　述
math.fabs(x)	$\|x\|$	返回 x 的绝对值
math.fmod(x, y)	x % y	返回 x 与 y 的模
math.fsum([x, y,...])	x+y+...	浮点数精确求和
math.ceil(x)	$[x]$	向上取整，返回不小于 x 的最小整数
math, floor(x)	$[x]$	向下取整，返回不大于 x 的最大整数
math, factorial(x)	$x!$	返回 x 的阶乘，如果 x 是小数或负数，返回 ValueError
math.gcd(a, b)		返回 a 与 b 的最大公约数
math.frepx(x)	x=m*2*	返回 (m, e)，当 x=0，返回 (0, 0, 0)
math.ldexp(x, i)	x*2^i	返回 x*2^i 运算值，math.frepx(x) 函数的反运算
math. modf(x)		返回 x 的小数和整数部分
math.trunc(x)		返回 x 的整数部分
math. copysign(x, y)	$\|x\|$*$\|y\|$/y	用数值 y 的正负号替换数值 x 的正负号
math.isclose(a, b)		比较 a 和 b 的相似性，返回 True 或 False
math.isfinite(x)		当 x 为无穷大，返回 True；否则，返回 False
math.isinf(x)		当 x 为正数或负数无穷大，返回 True；否则，返回 False
math.isnan(x)		当 x 是 NaN，返回 True；否则，返回 False

③ math 库的幂对数函数，见表 1-5。

表 1-5　math 库的幂对数函数

函　数	数学表示	描　述
math.pow(x, y)	x^y	返回 x 的 y 次幂
math.exp(x)	e^x	返回 e 的 x 次幂，e 是自然对数
math.expml(x)	e^x-1	返回 e 的 x 次幂减 1
math.sqrt(x)	$\sqrt{x}$	返回 x 的算术平方根
math.log(x[.base])	$\log_{base} x$	返回以 base 为底 x 的对数值，base 为可选参数，若不输入，则默认为自然对数，即 $\ln x$
math.loglp(x)	$\ln(1+x)$	返回 1+x 的自然对数值
math.log2(x)	$\log_2 x$	返回 x 的 2 对数值
math.log10(x)	$\log_{10} x$	返回 x 的 10 对数值

④ math 库的三角运算函数，见表 1-6。

表 1-6　math 库的三角运算函数

函　数	数学表示	描　述
math.degree(x)		角度 x 的弧度值转角度值
math.radians(x)		角度 x 的角度值转弧度值
math.hypot(x, y)	$\sqrt{x^2+y^2}$	返回坐标 (x,y) 到原点 (0,0) 的距离
math.sin(x)	$\sin x$	返回 x 的正弦函数值，x 是弧度值
math.cos(x)	$\cos x$	返回 x 的余弦函数值，x 是弧度值
math.tan(x)	$\tan x$	返回 x 的正切函数值，x 是弧度值
math.asin(x)	$\arcsin x$	返回 x 的反正弦函数值，x 是弧度值
math.acos(x)	$\arccos x$	返回 x 的反余弦函数值，x 是弧度值
math.atan(x)	$\arctan x$	返回 x 的反正切函数值，x 是弧度值
math.atan2(y, x)	$\arctan y/x$	返回 y/x 的反正切函数值，x 是弧度值
math.sinh(x)	$\sinh x$	返回 x 的双曲正弦函数值
math.cosh(x)	$\cosh x$	返回 x 的双曲余弦函数值
matli.tanh(x)	$\tanh x$	返回 x 的双曲正切函数值
matli.asinh(x)	$\operatorname{arcsinh} x$	返回 x 的反双曲正弦函数值
math.acosh(x)	$\operatorname{arccosh} x$	返回 x 的反双曲余弦函数值
math.atanh(x)	$\operatorname{arctanh} x$	返回 x 的反双曲正切函数值

⑤ math 库的高等特殊函数，见表 1-7。

表 1-7　math 库的高等特殊函数

函　数	数学表示	描　述
math.erf(x)	$\frac{2}{\sqrt{\pi}}\int_0^x e^{-t^2}dt$	高斯误差函数，应用于概率论、统计学等领域
math.erfc(x)	$\frac{2}{\sqrt{\pi}}\int_x^\infty e^{-t^2}dt$	余补高斯误差函数，math.erfc(x)=l－math.erf(x)
math.gamma(x)	$\int_0^\infty x^{t-1}e^{-x}dx$	伽马（Gamma) 函数，又称欧拉第二积分函数
math.lgamma(x)	ln(gamma(x))	伽马函数的自然对数

（3）eval 函数的官方解释。

eval(< 字符串 >) 能够以 Python 表达式的方式解析并执行字符串，并将返回结果输出。eval() 函数将去掉字符串的两个引号，将其解释为一个变量。单引号，双引号，eval() 函数都将其解释为 int 类型；三引号则解释为 str 类型。eval() 可以轻松实现，将字符串转换成：列表 / 元组 / 字典。

① 将字符串列表转换为列表，调试程序运行结果如图 1-40 所示。

```
>>> a='[[1,2],[2,3],[3,4]]'
>>> type(a)
<class 'str'>
>>> b=eval(a)
>>> b
[[1, 2], [2, 3], [3, 4]]
>>> type(b)
<class 'list'>
>>>
```

字符串类型，转换成列表

图 1-40　字符串列表转换为列表

② 将字符串元组转换为元组，调试程序运行结果如图 1-41 所示。

```
>>> a='([1,2],[2,3],[3,4])'
>>> type(a)
<class 'str'>
>>> b=eval(a)
>>> b
([1, 2], [2, 3], [3, 4])
>>> type(b)
<class 'tuple'>
>>>
```

元组一般用圆括号表示

图 1-41　字符串元组转换为元组

③ 将字符串字典转换为字典，调试程序运行结果如图 1-42 所示。

综上所述：eval() 函数的用法就是把字符串对象转换为能够具体的对象。

```
>>> a='{"name":"rose","age":42}'
>>> type(a)
<class 'str'>
>>> b=eval(a)
>>> type(b)
<class 'dict'>
>>> b
{'age': 42, 'name': 'rose'}
>>>
```

键值对格式的字符串

图 1-42　字符串字典转换为字典

六、任务思考

（1）CP936 和 utf-8 都有哪些常见的区别？

（2）math 库中都有哪些常用的数学函数？

（3）eval() 函数都有哪些用法？

任务六　规范程序设计风格并排除程序错误

一、任务描述

上海御恒信息科技有限公司接到校外培训机构的一份订单，要求用 Python 语言设计输入年份后能判断是否为闰年的算法，并在开发时遵守程序设计风格，如发现错误还能进行排除。公司刚招聘了一名程序员小张，软件开发部经理要求他尽快熟悉判断闰年的算法并学习程序设计规范和程序错误排除，小张按照经理的要求开始做以下的任务分析。

视频

规范程序设计风格并排除程序错误

二、任务分析

（1）书写支持简体中文字符集编码的代码，这样可以解决部分代码乱码的问题。
（2）导入 Python 的内置数学函数库 math，这样可以使用 math 中的常用数学函数。
（3）设计当型循环的基本结构，能循环三次。
（4）在循环体中通过键盘输入一个具体的年份，这样可以灵活输入所需的数据。
（5）在输入语句后设计分支结构来判断是否为闰年，这样将不满足条件的排除。
（6）在满足闰年的条件下输出字符串“这是闰年”，并输出闰年 2 月份的天数。
（7）在不满足闰年的条件下输出字符串“这不是闰年”，并输出非闰年 2 月份的天数。
（8）将以上代码汇总在一起，显示出来。这样可以整体上观察整个程序的结构。
（9）保存并运行以上完整代码，显示结果，这样可以测试各种条件的不同输出。

三、任务实施

第一步：书写支持简体中文字符集编码的代码，以解决在 Python 2 中调试显示如图 1-43 所示的错误。

```
#  -*- coding: cp936 -*-
```

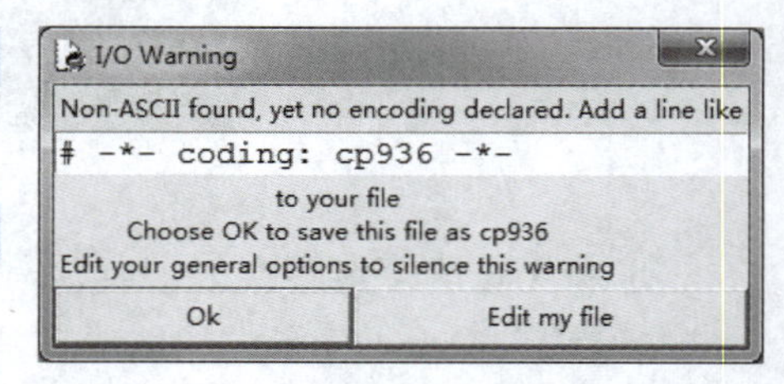

图 1-43　Python 2 中调试要求加入 CP936 简体中文字符集

第二步：导入 Python 的内置数学函数库。

```
import Math
```

运行程序后显示如图 1-44 所示的错误。
错误原因：Python 语言区分大小写。
解决方案：将 Math 改为 math。
第三步：设计当型循环的基本结构，能循环三次。

```
#为循环变量赋初值
count=1
#当循环变量小于等于3时，继续执行循环体
while count<=3:
#每做一次循环，循环变量加1
count+=1
#书写输出语句表示循环结束
print("整个程序结束!!!")
```

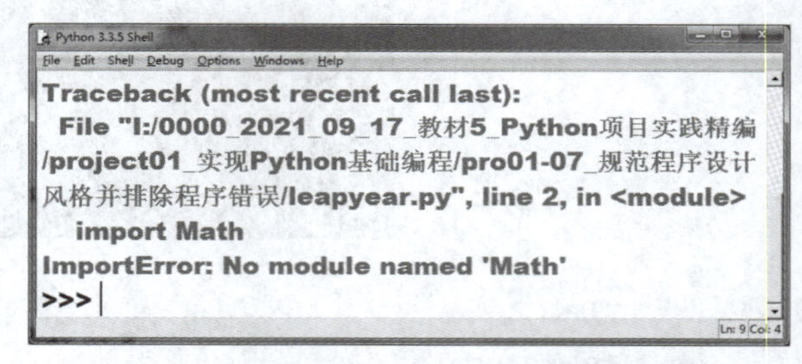

图 1-44　导入错误——Math 名称错误

运行程序后显示如图 1-45 所示的错误。

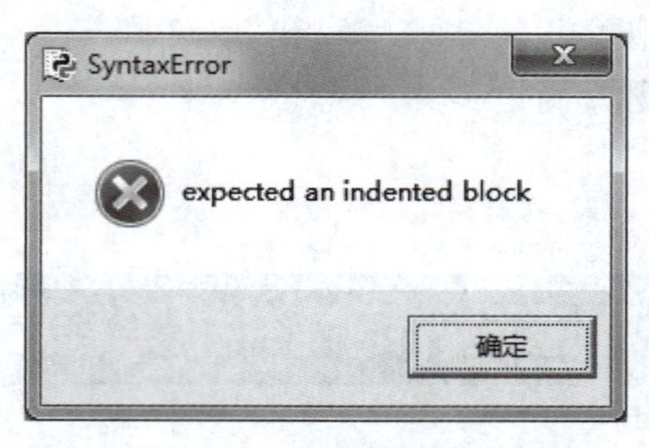

图 1-45　程序缩进错误

错误原因：Python 是通过缩进来编排程序结构的。
解决方案：将 count+=1 向右缩进一个 Tab。
第四步：在循环体中通过键盘输入一个具体的年份。

```
year=input("请输入一个年份:")
```

运行程序后显示如图 1-46 所示的错误。

```
请输入一个年份：2000
Traceback (most recent call last):
  File "I:\0000_2021_09_17_教材5_Python项目实践精编\project01_实现Python基础编程\pro01-07_规范程序设计风格并排除程序错误\leapyear.py", line 7, in <module>
    if  year%400==0 or (year%4==0) and (year %100!=0):
TypeError: not all arguments converted during string formatting
>>>
```

图 1-46　数据类型错误

错误原因：变量 year 是整数，而 input() 输入的是字符串，两个数据类型不一致。

解决方案：用 int() 或 eval() 函数将字符串转为数字即可。如下所示：

```
year=int(input("请输入一个年份: "))
```

或者：

```
year=eval(input("请输入一个年份: "))
```

第五步：在输入语句后设计分支结构来判断是否为闰年，这样将不满足条件的排除。

```
if  year%400==0 or (year%4==0) && (year %100!=0):
else:
```

图 1-47　无效的语法错误

运行程序后，显示如图 1-47 所示的错误。

错误原因：Python 中表示两个条件同时满足是用英文 and 表示的；C++ 和 Java 是用 && 表示的。

解决方案：将 && 改为 and。

第六步：在满足闰年的条件下输出字符串“× 是闰年”，并输出闰年 2 月份的天数。

```
print(year+"是闰年! ")
day=29
print(year,"的2月份是",day,"天")
```

运行结果如图 1-48 所示。

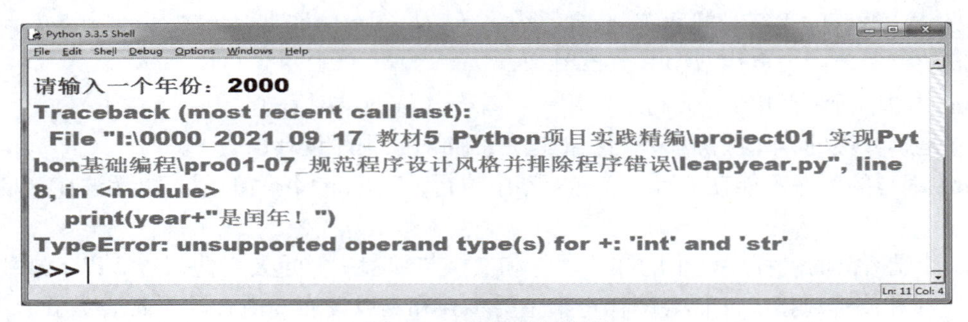

图 1-48　数据类型错误

错误原因：Python 中 int 和 str 是两个不同的数据类型，不能在一起运算。

解决方案：将 print(year+" 是闰年！ ") 改为 print(str(year)+" 是闰年！ ")。

第七步：在不满足闰年的条件下输出字符串“× 是平年”，并输出非闰年 2 月份的天数。

```
print(year,"是平年! ")
day=28
print(year,"的2月份是",day,"天")
```

第八步：将以上代码汇总在一起，显示出来（最好在程序运行前加入注释，便于团队合作），如图 1-49 所示。

第九步：保存并运行以上完整代码，运行结果如图 1-50 所示。

```
# -*- coding:cp936 -*-
import math
count=1
while count<=3:
    year=int(input("\n请输入一个年份："))

    if year%400==0 or (year%4==0) and (year %100!=0):
        print(str(year)+"是闰年！")
        day=29
    else:
        print(year,"是平年！")
        day=28
    print(year,"的2月份是",day,"天")
    count+=1
print("整个程序结束!!!")
```

图 1-49　判断是否为闰年的完整代码

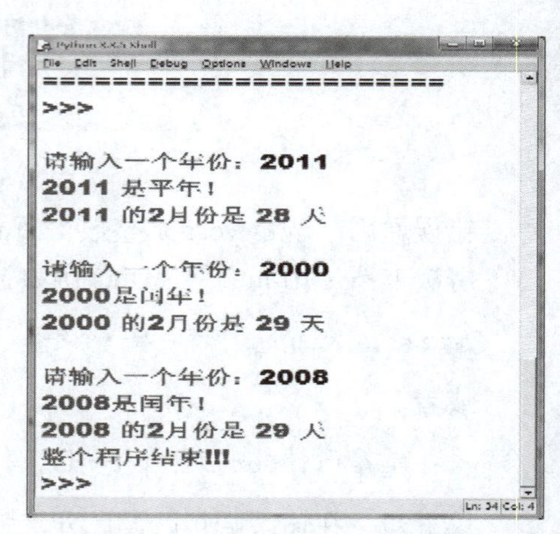

图 1-50　求闰年与平年 2 月份的天数

四、任务小结

（1）用 # -*- coding: cp936 -*- 来声明支持简体中文字符集。

（2）用 import math 导入数学函数库。

（3）用 while 语句设置当型循环，使用时要先为循环变量赋初值，每循环一次，计数器加 1。

（4）键盘输入要根据变量的类型进行强制转换。

（5）用 if...else... 来设计分支结构，注意 and 是多个条件要同时满足，or 是多个条件满足任一个即可。

（6）用 print 输出时注意变量的数据类型，不同数据类型不能互相运算。

（7）整个代码汇总后，最好将注释书写好，这样便于团队合作和增强代码的可读性。

五、任务拓展

（1）Python 是荷兰人 Guido van Rossum 于 20 世纪 90 年代初创建，它以英国流行喜剧“Monty Python's Flying Circus（蒙提 · 派森的飞行马戏团）”命名。

（2）Python 的字符串两边要用双引号或单引号。

（3）Python 中的单行注释用 #，多行注释用一对三个连续的单引号 '''　'''。

（4）Python 是解释性的，每次翻译一句，他也是面向对象程序设计语言。

（5）Python3 编写的程序不能在 Python2 解释器中执行，Python2 编写的程序也无法在 Python3 解释器中正常运行。

（6）程序设计风格指的是程序整个的样子。它和文档与编程一样重要，建议遵守以下规范：

① 恰当的注释和注释风格（注释要解释每个主要步骤和难以读懂的内容且要简洁明了）。

② 恰当的空格（可让程序更加清晰并易于阅读、调试与维护）。

③ 适当的缩进（用来表示不同层级的程序结构，避免程序逻辑出错）。

④ 适量的空行（用来区分不同的代码块，便于阅读）。

⑤ 使用匈牙利命名法则和驼峰命名法（见名知义并能区分类名、变量名、函数名等）。

⑥ 变量名、类名、函数名都要区分大小写而且不能用关键字的名称（变量名和函数名第一个单词首字母小写，第二、三及之后单词的首字母都大写；类名的第一个单词的首字母大写，第二、三个单词的首字母也大写）。

（7）程序设计错误分为三类：语法错误（拼写错误、使用了中文符号或全角）、运行时错误（不可预知的错误，比如下标越界、零除错误）和逻辑错误（属于语法和运行时都正常，但因为算法错误导致输出结果错误）。

六、任务思考

（1）什么是程序设计风格，它都有哪些编程规范需要遵守?

（2）程序设计错误分为哪几类，它们之间有哪些区别?

综合部分

项目综合实训
实现一元二次方程的求解

一、项目描述

上海御恒信息科技有限公司接到一个订单，需要为某数学培训机构设计求解一元二次方程的 Python 程序。程序员小张根据以上要求进行相关程序的架构设计后，按照项目经理的要求开始做以下的任务分析。

视 频

实现一元二次方程的求解

二、项目分析

首先书写整个程序的总体框架及基本代码，其次解决根号中不能为负的问题、在程序中加入多条件分支结构、在程序中加入循环结构，最后在程序中添加注释。

三、项目实施

第一步：根据要求，书写基本代码如下。

```
import math

a=eval(input("Please input a:"))
b=eval(input("Please input b:"))
c=eval(input("Please input c:"))

n=math.pow(b,2)-4*a*c
m=math.fabs(n)

p=(-b)/(2*a)
q=math.sqrt(m)/(2*a)

x1=p+q
x2=p-q

print("x1=",x1)
print("x2=",x2)
```

第二步：根据要求，修改以上代码 q=math.sqrt(m)/(2*a) 如下。

```
q=math.sqrt(n)/(2*a)
```

调试程序运行结果如下：

```
ValueError: math domain error
```

第三步：根据要求，加入多条件分支结构，书写代码如下。

```
import math
```

```
a=eval(input("Please input a:"))
b=eval(input("Please input b:"))
c=eval(input("Please input c:"))
n=math.pow(b,2)-4*a*c
m=math.fabs(n)
p=(-b)/(2*a)
q=math.sqrt(m)/(2*a)   #修改回math.sqrt(m)

x1=p+q
x2=p-q

if n>0:
    print("该一元二次方程有两个不相等实根")
    print("x1="+str(x1))
    print("x2="+str(x2))
elif n==0:
    print("该一元二次方程有两个相等实根")
    print("x1="+str(x1))
    print("x2="+str(x2))
else:
    print("该一元二次方程有两个虚根")
    print("x1="+str(p)+"+"+str(q)+"i")
    print("x2="+str(p)+"-"+str(q)+"i")
```

调试程序运行结果如下：

```
Please input a:1
Please input b:9
Please input c:2
该一元二次方程有两个不相等实根
x1=-0.2279981273412348
x2=-8.772001872658766
>>>
Please input a:1
Please input b:2
Please input c:1
该一元二次方程有两个相等实根
x1=-1.0
x2=-1.0
>>>
Please input a:3
Please input b:4
Please input c:5
该一元二次方程有两个虚根
x1=-0.6666666666666666+1.1055415967851332i
x2=-0.6666666666666666-1.1055415967851332i
>>>
```

第四步：根据要求，增加循环结构，书写代码如下。

```
import math
i=1       #i是循环变量
while i<=3:
    a=eval(input("Please input a:"))
    b=eval(input("Please input b:"))
    c=eval(input("Please input c:"))
    n=math.pow(b,2)-4*a*c
    m=math.fabs(n)
    p=(-b)/(2*a)
    q=math.sqrt(m)/(2*a)
    x1=p+q
    x2=p-q
```

```
    if n>0:
        print("该一元二次方程有两个不相等实根")
        print("x1="+str(x1))
        print("x2="+str(x2))
    elif n==0:
        print("该一元二次方程有两个相等实根")
        print("x1="+str(x1))
        print("x2="+str(x2))
    else:
        print("该一元二次方程有两个虚根")
        print("x1="+str(p)+"+"+str(q)+"i")
        print("x2="+str(p)+"-"+str(q)+"i")
    i+=1          #循环计数器（每做一次循环，变量i自动加1）
```

调试程序运行结果如第三步。

第五步：根据要求，进行代码的注释如下。

```
# 1.书写头文件（支持中文和导入常用数学函数库）
# -*- coding:cp936 -*-
import math

# 2.设计循环结构
i=1        #i是循环变量
while i<=3:

# 3.输入未知变量的值
    a=eval(input("Please input a:"))
    b=eval(input("Please input b:"))
    c=eval(input("Please input c:"))

# 4.拆分算法，简化书写
    n=math.pow(b,2)-4*a*c
    m=math.fabs(n)
    p=(-b)/(2*a)
    q=math.sqrt(m)/(2*a)
    x1=p+q
    x2=p-q

# 5.设计多条件分支结构
    if n>0:
        print("该一元二次方程有两个不相等实根")
        print("x1="+str(x1))
        print("x2="+str(x2))
    elif n==0:
        print("该一元二次方程有两个相等实根")
        print("x1="+str(x1))
        print("x2="+str(x2))
    else:
        print("该一元二次方程有两个虚根")
        print("x1="+str(p)+"+"+str(q)+"i")
        print("x2="+str(p)+"-"+str(q)+"i")
    i+=1          #循环计数器（每做一次循环，变量i自动加1）
```

四、项目小结

（1）用注释架构程序，会使编程思路清晰。

（2）用顺序结构完成程序初步功能。

（3）用分支结构来实现不同的算法。

（4）用循环结构来提高程序运行效率。

项目实训评价表

项目一　实现 Python 基础编程							
	内　容		评　价				
	评价项目	具体评价指标	整体架构（20%）	注释（20%）	分支结构（30%）	循环结构（30%）	综合评价（100%）
职业能力	任务一　搭建 Python 开发环境	能独立下载、安装并设置 Python 开发环境					
	任务二　使用 Python 编写工具	能使用 IDLE、PyCharm、Sublime Text3 等编写工具					
	任务三　实现 Python 的简单算术运算	能编写简单算法来解决常见数学问题					
	任务四　绘制基础图形	能使用 turtle 中的常用函数来进行基本图形的绘制					
	任务五　实现控制台的输入与输出	能用控制台输入输出函数设计程序					
	任务六　规范程序设计风格并排除程序错误	能用基本编程规范指引程序设计风格并排除程序错误					
	项目综合实训　实现一元二次方程的求解	能综合运用本项目内容设计求解数学问题					
通用能力	动手能力						
	解决问题能力						
综合评价							

评价等级说明表	
等　级	说　明
90%~100%	能高质、高效地完成此学习目标的全部内容，并能解决遇到的特殊问题
70%~80%	能高质、高效地完成此学习目标的全部内容
50%~60%	能圆满完成此学习目标的全部内容，不需任何帮助和指导

项目二

运用数据类型、运算符和表达式进行编程

学习目标

【知识目标】

1. 了解常量、变量和赋值语句
2. 了解数据类型和运算符
3. 掌握表达式和增强型赋值运算符
4. 掌握类型转换和四舍五入
5. 掌握当前系统时间的获取

【能力目标】

1. 能够根据企业的需求选择合适的常量、变量和赋值语句
2. 能够运用数据类型和运算符编写简单的 Python 程序
3. 能够使用表达式和增强型赋值运算符进行简单的算术运算
4. 能够实现类型转换和四舍五入
5. 能够获取当前系统时间

【素质目标】

1. 树立创新意识、创新精神
2. 能够和团队成员协商，共同完成实训任务
3. 能够借助网络平台搜集数据类型、运算符和表达式的相关信息
4. 具备数据思维和用数据发现问题的能力

思维导图

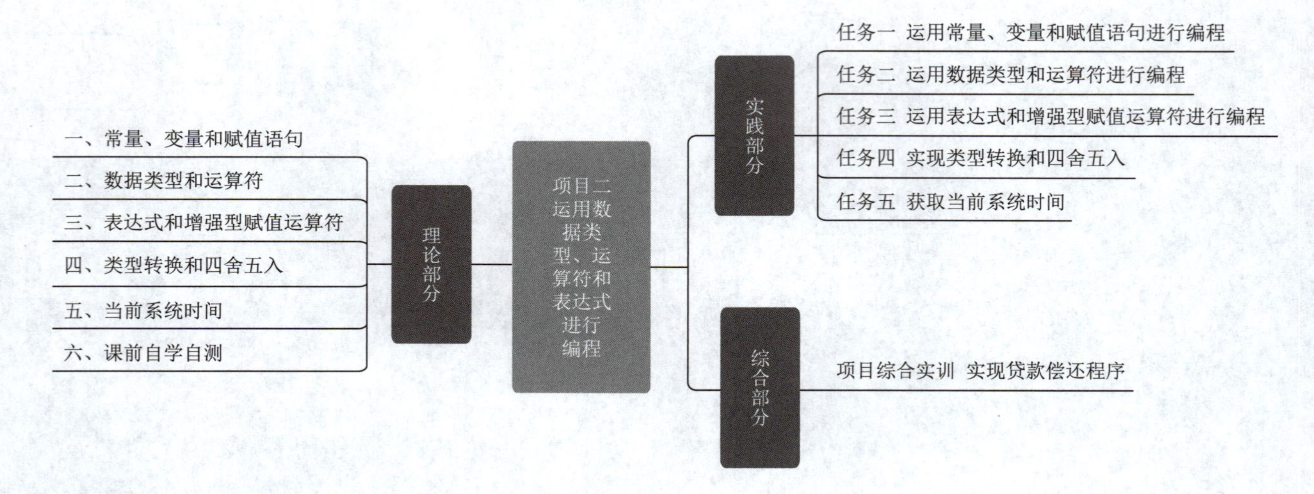

理论部分

一、常量、变量和赋值语句

（1）Python 并未提供如 C/C++/Java 一样的 const 修饰符，换言之，Python 中没有常量，它是通过自定义类实现常量。这要求符合“命名全部为大写”和“值一旦被绑定便不可再修改”这两个条件。

（2）在 Python 中，变量的概念基本上和初中代数的方程变量是一致的。一个变量可以先后存储多种不同类型的数据。a = 1，这个时候 a 存储的是整数类型，a = 'ABC'，这个时候 a 存储的是字符串类型，这是 Python 这类语言特有的特性，Python、JavaScript 等都是动态语言，Java、C、C++ 等属于静态语言。

（3）Python 中的赋值语句存在两种有关的类型：entity 和 name。赋值语句也可能有两种形式：

```
name = entity
name1 = name2
```

被我们创建的 entity 保存在内存中。 而语句 name = entity 则是将 name 绑定在 entity 上。 意味着可以使用 name 访问 entity，对其进行操作。观察下面的一段代码：

```
a = [1,2,3]     b = a     c = b
  print("{} {} {}".format(a, b, c))
b[0] = 3
  print("{} {} {}".format(a, b, c))
```

代码输出结果是：

第一个输出：

```
[1, 2, 3] [1, 2, 3] [1, 2, 3]
```

第二个输出：

```
[3, 2, 3] [3, 2, 3] [3, 2, 3]
```

可以看到 a、b、c 三个变量都被修改了。

二、数据类型和运算符

（1）Python 基本数据类型包括：数字型 [整型 int(正整数、0、负整数)，浮点型 float，布尔型 bool（Ture、False），复数类型 complex]，字符串 str(单引号、双引号、三引号，r + 字符串表示不转字符，原型化输入字符串)，列表 list(listvar = [] 定义一个空列表，listvar[2] 正向索引，listvar[-4] 逆向索引。列表的特点：可获取，可修改，有序。元组 tuple（tuplevar=() 定义一个空元组，tuplevar[-3] 获取元组中的元素，元组不支持赋值。元组特点：可获取、不可修改、有序。(123) 不加逗号，输出结果为整型；(123,)，加了逗号输出结果为元组。tuplevar=1,2,3 也是元组，集合 set 的作用：交差并补，不可获取集合中的元素，自动去重。集合的特点是无序、不可修改、自动去重。字典 dict 是用键值对存储数据，通过键获取值，通过键修改值。

（2）运算和运算符。

由一个以上的值经过变化得到新值的过程，就是运算。用于运算的符号，就是运算符，运算的分类如下：

① 算术运算（+，-，*，/，% 取余，// 取商，** 幂）。

② 比较运算 / 关系运算（<，>，== 等于，<=，>=，!= 不等于）。

③ 赋值运算（= 普通赋值，+=，-=，*=，/=，%= 取余赋值，//= 取商赋值，**= 幂赋值）(var/=5 相当于 var=var/5)。

④ 逻辑运算（and 逻辑与运算（有假则假；两边为真才是真），or 逻辑或运算（有真则真；两边为假才是假），not 逻辑非运算（真变假，假变真））。

⑤ 位运算（& 按位与，| 按位或，~按位非，^ 按位异或，<< 左移，>> 右移运算）。

⑥ 成员运算（检测数据是否在指定容器（复合数据）中，格式：数据 1 in 数据 2，检测数据 1 是否不在数据 2 中，格式：数据 1 not in 数据 2）。

⑦ 身份运算（检测两变量在内存中是否同一值格式：数据 1 is 数据 2）。

三、表达式和增强型赋值运算符

（1）表达式是运算符和操作数所构成的序列。

（2）运算符优先级。

例如：在数学中，1+5×2，乘法会优先运算。Python 程序也是一样的，一个运算中存在多个运算符时，系统也有它自己的一套优先级的规则。当然编写程序遇到优先级问题可以使用 () 解决，更方便，也更易读。Python 的运算优先级规则见表 2-1，从上向下按照优先级的由高向低依次排序。

表 2-1　Python 运算符说明

运 算 符	说　明
**	指数（最高优先级）
~ + -	按位翻转，一元加号和减号（最后两个的方法名为 +@ 和 -@）
* / % //	乘，除，取余和取商
+ -	加法减法
>> <<	右移、左移运算符
&	位 'AND'
^ |	位运算符
<= < > >=	比较运算符
<> == !=	等于运算符
= %= /= //= -= += *= **=	赋值运算符
is is not	身份运算符
in not in	成员运算符
not or and	逻辑运算符

（3）增强运算是将算术运算符或逻辑运算符放到等号的左侧，与 C 语言的增强运算符相同。如 x+=5，表示 x=x+5，该种方法 CPU 的处理效率高于普通运算方式，且执行优先级也高些。

（4）“+=”是一个增广赋值，如果考虑语法，它在语法树中的解析比一般的操作符（尤其是 / 运算符）要高。在 Python 将 += 视为“增强赋值”。如果检查 Python grammar，会看到：augassign: ('+=' | '-=' | '*=' | '@=' | '/=' | '%=' | '&=' | '|=' | '^=' |'<<=' | '>>=' | '**=' | '//=')

四、类型转换和四舍五入

（1）类型转换：只有相同数据类型的数据才能互相运算，如果类型不同，需要进行类型转换。

int(x [,base]):　　将 x 转换为一个整数。
long(x [,base]):　　将 x 转换为一个长整数。
float(x):　　将 x 转换为一个浮点数。
str(x):　　将对象 x 转换为字符串。
eval(str):　　用来计算在字符串中的有效 Python 表达式，并返回一个对象。
list(s):　　将序列 s 转换为一个列表。

（2）四舍五入。

Python 中小数都是以二进制形式存储的，但是二进制无法精确表示十进制数，所以有些数字只能无限接近的存储。由于 Python 二进制的存储形式以及存储误差的存在，所以在四舍五入的时候会出现一些问题。

① round() 函数。round() 函数可以保留 n 位小数，首先不建议使用，例如：print(round(2.345,2)) 输出 2.35。

② %.nf 形式是保留 n 位小数，但结果不准确，例如：print("%.2f"%(12.235)) 和 print("%.2f"%(12.345)) 分别输出：12.23 和 12.35，第一个小数没有四舍五入，第二个小数有四舍五入。

③ Decimal() 函数，这是四舍五入的准确的形式，注意 Decimal() 内传入的是 string 的形式，例如：a = Decimal(str(a)).quantize(Decimal("0.00"))。

五、当前系统时间

（1）Python 获取当前日期和时间的方法，先导入 datetime，如：import datetime。

（2）获取 datetime 对象，如：now = datetime.now()。

（3）调用相应的日期和时间成员，如：print ("Year: %d" % now.year)。

六、课前自学自测

（1）常量与变量的区别是什么？

（2）Python 常用的数据类型都有哪些？

（3）Python 中运算符的优先级顺序由高到低分别是什么？

（4）Python 中都有哪些增强型赋值运算符？

（5）Python 中如何进行数据类型的转换和四舍五入？

（6）Python 中如何获取当前系统时间？

实践部分

实训准备

【核心概念】

1. 常量、变量和赋值语句
2. 数据类型和运算符、表达式和增强型赋值运算符
3. 类型转换和四舍五入、当前系统时间

【实训目标】

1. 了解如何运用常量、变量和赋值语句进行编程
2. 掌握运用数据类型和运算符进行编程
3. 了解运用表达式和增强型赋值运算符进行编程
4. 掌握类型转换和四舍五入
5. 掌握获取当前系统时间

【实训项目描述】

1. 本项目有5个任务，从运用常量、变量和赋值语句进行编程开始，引出数据类型和运算符、表达式和增强型赋值运算符、类型转换和四舍五入、获取当前系统时间等任务

2. 明白编程的基本思维模式，如何从面向过程的编程思路过渡到面向对象编程的思路

3. 学会软件的具体开发流程并学会规范程序设计的风格

【实训步骤】

1. 运用常量、变量和赋值语句进行编程
2. 运用数据类型和运算符进行编程
3. 运用表达式和增强型赋值运算符进行编程
4. 实现类型转换和四舍五入
5. 获取当前系统时间

任务一　运用常量、变量和赋值语句进行编程

一、任务描述

上海御恒信息科技有限公司接到一家培训机构的订单，要求使用交换算法来交换两个数。公司刚招聘了一名程序员小张，软件开发部经理要求他尽快熟悉交换算法，小张按照经理的要求开始做以下的任务分析。

视频

运用常量、变量和赋值语句进行编程

二、任务分析

首先要导入函数库、从键盘分别输入一个小数和一个整数给各自的变量，使用常量改变以上两个数的值，其次，用逗号格式输出使用常量改变后的值，不需要改变数据类型，使用四舍五入函数，用加号和 str() 函数输出交换前四舍五入的值、交换以上两个数，使用中间变量来进行交换，最后用 format() 函数输出交换后的值，调试并验证以上代码的准确性，直到程序正确输出为止。

三、任务实施

第一步：导入函数库。

```
import  math
```

第二步：从键盘分别输入一个小数和一个整数给各自的变量。

```
num1=float(input("\n请输入第一个数(小数):"))
num2=int(input("请输入第二个数(整数):"))
```

第三步：使用常量改变以上两个数的值。

```
num1=num1+math.pi
```

```
num2=num2+math.e
```

第四步：用逗号格式输出使用常量改变后的值。

```
print("\n两个数在使用常量改变后的输出：")
print("num1=",num1,"\t","num2=",num2)
```

第五步：使用四舍五入函数将第一个数变成整数，第二个数变成保留两位小数的浮点数。

```
num1=round(num1)
num2=round(num2,2)
```

第六步：用加号和 str() 函数输出交换前四舍五入的值。

```
print("\n两个数在交换前四舍五入后如下所示：")
print("num1="+str(num1)+"\t"+"num2="+str(num2))
```

第七步：交换以上两个数。

```
temp=num1
num1=num2
num2=temp
```

第八步：用 format() 函数输出交换后的值，并用反斜杠（\）连接下一行语句，使得过长的代码可以分行输入，不破坏整个语句。

```
print("\n两个数在交换后的值如下所示：")
print("num1=",format(num1,"10.2f"),"\
num2=",format(num2,"10.2f"))
```

第九步：调试以上程序，运行结果如下。

```
请输入第一个数(小数):1.0
请输入第二个数(整数):2
两个数在使用常量改变后的输出:
num1= 4.141592653589793         num2= 4.718281828459045
两个数在交换前四舍五入后如下所示:
num1=4    num2=4.72
两个数在交换后的值如下所示:
num1=4.72 num2=4.00
```

四、任务小结

（1）用 import 导入数学函数库 math。

（2）用 input() 函数键盘输入字符串，用 float() 函数强转为小数，用 int() 函数强转为整数。

（3）math.pi 和 math.e 都是常量。

（4）用逗号格式连接字符串和数值输出，不需要改变数据类型。

（5）round() 函数四舍五入为整数，round(变量 ,2) 四舍五入为两位小数。

（6）用加号格式连接字符串和数值输出时，需要用 str() 函数强制数据类型转换。

（7）使用中间变量来交换两个数。

（8）用 format() 函数输出交换后的值，其中包括输出宽度和小数位数。如果一条语句想分行写可以使用反斜杠连接下一行语句。

（9）调试时要注意是语法、运行还是逻辑错误。

五、任务拓展

（1）标识符是由字母、数字和下画线构成，并且必须以字母或下画线开头，不能以数字开头。

例如：circle，area01，_number，_n394 都是合法的。

（2）Python 中区分大小写。例如：n，num，number 和 Number 都是不同的变量。

（3）标识符要“见名知义”，可以用驼峰命名法，例如：numberOfStudents，wuJiaHui，xiongGang，wang，wangSiBeiEr。

（4）关键字不能用来做标识符。例如：if，for，else，elif。

（5）变量是引用存储在内存中的值的名字，它用于引用在程序中可以变化的值。

（6）赋值语句是将一个值给变量的语句，等于号为赋值运算符。“==”两个等于号为“比较运算符”，不能混用。例如：a=3,a==3。

（7）一个值被赋给多个变量。例如：x1=x2=p,a=b=c=3。

（8）变量在表达式中使用之前要赋值。例如：radius=1.0 或 radius=eval(input("Please input radius"))。

（9）常量的声明和使用。例如：使用 PI=3.1415926 或 math.PI。

（10）四舍五入使用 round()，或 round(数值，小数位数)。

（11）在数学中，x=2*x+1 表示一个方程，而在 Python 中这是对 2*x+1 求值并将结果赋值给 x 的赋值语句。

（12）x=x+1 可以表示为 x+=1。

（13）变量声明时可用匈牙利命名法则，例如确定按钮可以命名为 cmdOK。

（14）同时赋值如下所示：x,y,z=1,2,3。

（15）如果交换 x 和 y，可以用如下语句：x,y=y,x。

（16）键盘一次输入多条信息如下所示：x,y,z=eval(input(" 请输入三个数，中间用逗号分隔 :"))。

六、任务思考

（1）变量和常量有何区别?

（2）有哪些常见的运算符和表达式?

（3）常见的变量赋值和变量输出都有哪些方法?

任务二　运用数据类型和运算符进行编程

一、任务描述

上海御恒信息科技有限公司接到客户的一份订单，要求测试常用的数据类型、运算符及表达式。公司刚招聘了一名程序员小张，他原来是用 C++ 进行软件开发的，开发部经理要求他尽快熟悉 Python 中的数据类型、运算符及表达式，并进行相关案例源代码的测试，小张按照经理的要求开始做以下的任务分析。

视频

运用数据类型和运算符进行编程

二、任务分析

首先用常量的数据类型来决定所赋值给变量的数据类型、并用（+，-，*，/）表示基本运算符、用 // 表示整除运算符、用 % 表示求余运算符，其次，判断一个数的奇偶性可以用 %2、用表达式 (year%4==0 and year%100!=0 or year%400==0）来判断闰年，最后求幂。

三、任务实施

第一步：整数（integer）、浮点数（float）、字符串（""）在不同语言中的表达。

```
int speed=60;(C++,Java,C#)
Dim speed As Integer(VB,VB.NET)
speed=60(python)
radius=12.83(python)
```

```
char *str="hello";  (C++)
String str="hello";  (JAVA)
Dim str As String   (VB.NET)
str="hello"        (Python)
```

第二步：加减乘除运算（+，-，*，/）如下所示。

```
sum=a+b                  #Addition
s=a-b                    #Subtraction
m=a*b                    #Multiplication
n=a/b                    #Float Division
```

第三步：整除运算（用 // 表示）。

```
result=1//2              #result=0
result=10//3             #result=3
```

第四步：求余数（用 % 表示）。

```
result=10%3              #result=1
result=9%2               #result=1
result=10%2              #result=0
(数值%2可以用来做奇偶判断)
```

第五步：请尝试判断一个数的奇偶性。

```
import math
# i=1,i=2,...i=10,当i=11时，循环结束,共循环10次
for i in range(1,11):
    num=eval(input("Please input num:"))
    if num%2==0:
        print(num," 是一个偶数\n")
    elif num%2==1:
        print(num," 是一个奇数\n")
    else:
        print("num的值输入错误，请重新输入！ \n")
print("循环结束，整个程序结束！ ")
```

运行结果如下：

```
Please input num:0
0  是一个偶数
...
循环结束，整个程序结束！
>>>
```

第六步：判断输入的年份是否为闰年，并输出该年份 2 月份的天数。

```
#输入一个年份，判断是否为闰年，并输出2月份的天数。
import math
year=2004
while year<=2021:
    if year%4==0 and year%100!=0 or year%400==0:
        print(year,"年是闰年，2月份是29天")
    else:
        print(year,"年是平年，2月份是28天")
    year+=1    #循环计数器，每循环一次加1
print("循环结束，整个程序结束！ ")
```

运行结果如下：

```
2004 年是闰年，2月份是29天
2005 年是平年，2月份是28天
...
```

```
2019 年是平年，2月份是28天
2020 年是闰年，2月份是29天
2021 年是平年，2月份是28天
循环结束，整个程序结束！
>>>
```

第七步：求幂（格式为：基数 ** 指数，a 的 b 次方写成 a**b），以下为求圆面积的三种写法。

```
area=PI*r*r
area=PI*r**2
area=PI*math.pow(r,2)
```

第八步：如果今天是星期四，那 100 天后是星期几？

```
(4+100)%7=6
```

第九步：求 500 秒是几分几秒。

```
beginSecond=500
resultMinutes=beginSecond//60
resultSeconds=beginSecond%60
```

第十步：你申请的上网最大速率是 200 Mbit/s, 请问你的实际上网速率是多少兆比特每秒？

```
nowSpeed=200
trueSpeed1=nowSpeed//8
trueSpeed2=nowSpeed%8
print("你的实际上网速率是",trueSpeed1,".",trueSpeed2,"\n")
```

第十一步：用科学记数法书写 0.00031415926。

```
3.1415926E-4或3.1415926e-4
```

四、任务小结

（1）在 Python 中根据常量的数据类型来决定所赋值给变量的数据类型是:整数（integer）、浮点数（float）还是字符串 ("")。

（2）加减乘除的基本运算符是：(+，-，*，/)。

（3）整除运算符用 // 表示，结果为相除取商。

（4）求余数用 % 表示，结果为相除取余数，数值 %2 可以用来做奇偶判断。

（5）Mbit/s 是每秒多少位，而不是每秒多少字节。

（6）闰年的判断的算法是（year%4==0 and year%100!=0 or year%400==0）。

（7）求幂格式为：基数 ** 指数，a 的 b 次方写成 a**b 或 math.pow(a,b)。

（8）用科学记数法书写小数可用 E 指数或 e 指数表示。

五、任务拓展

（1）整型：在大多数平台下，一个 int 型变量可存储的数字范围是介于 –9 223 372 036 854 775 808 和 9 223 372 036 854 775 807（64 位整型变量可存储的最大值）之间。虽然这个范围真的很大很大，但毕竟不是无限的。为了告诉 Python 要使用哪种数制，需要在数字值之前加上 0 和一个特殊字母。比如，0b100 表示的是二进制数 100。0o100 表示的是八进制数 100。0x100 表示的是十六进制数 100。还可以使用 bin()、oct()、hex() 命令把数字在不同数制之间转换。

（2）浮点型：所有带有小数部分的数字都是浮点型。Python 使用 float 关键字来表示浮点型数据类型。浮点型有一个优势，那就是可以使用它存储非常大或非常小的值。与整型变量类似，浮点型变量的存储能力也是有限的，在大多数平台下，浮点型变量可以存储的最大值是 $\pm 1.7\,976\,931\,348\,623\,157 \times 10^{308}$，最小值是 $\pm 2.2\,250\,738\,585\,072\,014 \times 10^{-308}$。

使用浮点数时，可以使用多种方式将信息指派给变量。最常见的两种方法是直接提供数字和使用科学记数法。在使用科学记数法时，e 将数字与它的指数分开。

六、任务思考

（1）请问 Python 中常用的数据类型都有哪些？
（2）请问基本的运算符都有哪些？
（3）请问如何表示求幂？

任务三 运用表达式和增强型赋值运算符进行编程

一、任务描述

视频
运用表达式和增强型赋值运算符进行编程

上海御恒信息科技有限公司接到客户的一份订单，要求使用常用的表达式和增强型赋值运算符来进行程序的编写。公司刚招聘了一名程序员小张，软件开发部经理要求他尽快熟悉表达式和增强型赋值运算符，并将相关的 Python 源代码编写出来，小张按照经理的要求开始做以下的任务分析。

二、任务分析

首先用圆括号来改变运算符优先级，其次书写三角形成立条件（任意两边之和大于第三边），再次书写 Python 的算术表达式，书写计数器（有两种写法），书写常用的增强型运算符，然后用模拟蒙特卡罗法（统计模拟方法）计算圆周率的近似值，最后完善蒙特卡罗法计算圆周率的近似值和对三个数排序。

三、任务实施

第一步：学会使用圆括号来改变运算符优先级。

```
import math
a,b,c=eval(input("Please input a,b,c:"))
x1=(-b+math.sqrt(b**2-4*a*c))/(2*a)
x2=(-b-math.sqrt(b**2-4*a*c))/(2*a)
print("x1=",x1,"\t","x2=",x2,"\t")
```

运行结果如下：

```
Please input a,b,c:1.0,9.0,2.0
x1= -0.2279981273412348          x2= -8.772001872658766
>>>
```

第二步：书写三角形成立条件。

```
import math
a,b,c=eval(input("Please input a,b,c:"))
if ((a+b)>c and (b+c)>a and (c+a)>b):
  print("这是一个三角形！")
else:
  print("这不是一个三角形！")
```

运行结果如下：

```
Please input a,b,c:1.0,2.0,3.0
这不是一个三角形！
>>>
```

第三步：书写一个如图 2-1 所示的算术表达式。

$$\frac{3+4x}{5}-\frac{10(y-5)(a+b+c)}{x}+9\left(\frac{4}{x}+\frac{9+x}{y}\right)$$

图 2-1　算术表达式

```
import math
x,y,a,b,c=eval(input("Please input x,y,a,b,c:"))
result=(3+4*x)/5-10*(y-5)*(a+b+c)/x+9*(4/x+(9+x)/y)
print("(3+4*x)/5-10*(y-5)*(a+b+c)/x+9*(4/x+(9+x)/y)=",result)
```

运行结果如下：

```
Please input x,y,a,b,c:1,2,3,4,5
(3+4*x)/5-10*(y-5)*(a+b+c)/x+9*(4/x+(9+x)/y)=442.4
>>>
```

第四步：书写计数器（两种写法）。

```
count=1
count=count+1              #写法1
count+=1                   #写法2（最佳写法）
```

第五步：书写常用的增强型运算符。

```
a=1
a+=4                       #a=a+4  a=5
a-=4                       #a=a-4   a=1
a*=4                       #a=a*4  a=4
a/=4                       #a=a/4   a=1.0
a//=4                      #a=a//4  a=0.0
a%=4                       #a=a%4  a=0.0
a=56*a+6                   #a=56*0.0+6=6.0
print("a=",a)              #a=6.0
```

第六步：书写一个程序用于模拟蒙特卡罗法（统计模拟方法）计算圆周率的近似值。

```
import math
from random import random

times=int(input("请输入掷飞镖的次数: "))
hits=0                     #表示击中的次数

for i in range(times):
    x=random()
    y=random()

    if x*x+y*y<=1:
        hits+=1            #将hits=hits+1 语句修改为增强型运算符

print("击中次数=",hits)
print("圆周率的近似值=",4.0*hits/times)
```

运行结果如下：

```
请输入掷飞镖的次数: 3
击中次数= 2
圆周率的近似值= 2.6666666666666665
```

第七步：完善蒙特卡罗法计算圆周率的近似值。

```
import math
from random import random
```

```
for count in range(1,11):
    print("这是第",count,"次外循环")
    times=int(input("请输入掷飞镖的个数: "))
    hits=0                    #表示击中的次数

    for i in range(times):
        x=random()
        y=random()

        if x*x+y*y<=1:
            hits+=1      #将hits=hits+1 语句修改为增强型运算符
    print("第",i+1,"次内循环结束！！！")
    print("击中次数=",hits)
    print("圆周率的近似值=",4.0*hits/times)
    print("")
print("外循环结束")
```

运行结果如下：

```
这是第 1 次外循环
请输入掷飞镖的个数: 10
第 10 次内循环结束！！！
击中次数= 7
圆周率的近似值= 2.8
...
这是第 10 次外循环
请输入掷飞镖的个数: 48000
第 48000 次内循环结束！！！
击中次数= 37632
圆周率的近似值= 3.136
外循环结束
>>>
```

第八步：熟悉常用的运算符。

```
#1.算术运算符:  +、-、*、/、//、%、**
#2.比较运算符:  ==、!=、<、>、<=、>=
#3.赋值运算符: =、+=、-=、*=、/=、%=、**=、//=(特点: 先运算再赋值)
#4.位运算符: ~、&、|、^、<<、>>
#5.逻辑运算符: not、and、or
#6.成员运算符: in、not in (测试是否包含)
#7.身份运算符: is、is not(判断两个标识符是否引用自同一个对象)
```

第九步：请输入 3 个整数 a，b，c，并将这 3 个数由小到大输出。

```
import math
from random import random

for count in range(6):
    a,b,c=eval(input("请输入a,b,c:"))
    for i in range(2):
        if a>b:
            a,b=b,a
            if b>c:
                b,c=c,b
        if a<b:
            a,b=a,b
            if b>c:
                b,c=c,b
    print("三个数的排列是: ",a,",",b,",",c)
```

运行结果如下：

```
请输入a,b,c:1,2,3
```

```
三个数的排列是:  1 , 2 , 3
请输入a,b,c:1,3,2
三个数的排列是:  1 , 2 , 3
请输入a,b,c:2,1,3
三个数的排列是:  1 , 2 , 3
请输入a,b,c:2,3,1
三个数的排列是:  1 , 2 , 3
请输入a,b,c:3,1,2
三个数的排列是:  1 , 2 , 3
请输入a,b,c:3,2,1
三个数的排列是:  1 , 2 , 3
>>>
```

第十步：优化以上程序，输入 3 个整数 a，b，c，将这 3 个数由小到大输出。

```
import math
for i in range(1,7):
    array=[]
    a,b,c=eval(input("Please input a,b,c:"))
    array.append(a)
    array.append(b)
    array.append(c)
    array.sort()
    print(array)
```

运行结果如下：

```
Please input a,b,c: 1,2,3
[1, 2, 3]
Please input a,b,c: 1,3,2
[1, 2, 3]
Please input a,b,c: 2,1,3
[1, 2, 3]
Please input a,b,c: 2,3,1
[1, 2, 3]
Please input a,b,c: 3,1,2
[1, 2, 3]
Please input a,b,c: 3,2,1
[1, 2, 3]
>>>
```

注意： 可用array.reverse()来进行降序排列。

四、任务小结

（1）圆括号可以改变运算符的优先级。

（2）三角形的成立条件是任意两边之和大于第三边。

（3）Python 的算术表达式要注意运算符的选用。

（4）计数器的写法可以使用 count=count+1，也可以使用 count+=1。

（5）常用的增强型运算符会提升程序运行效率。

（6）蒙特 • 卡罗方法是一种通过概率来得到问题近似解的方法，可以用来计算圆周率的近似值。

（7）根据算法选择合适的运算符。输入数值可用 array.reverse() 来进行降序排列。

五、任务拓展

（1）判断变量类型：有时需要知道某个变量的类型。但是无法根据代码判断变量类型，或者根本没有源代码可用。无论哪种情况下，都可以使用 type() 方法来查看一个变量的数据类型。例如，先使用 myInt=5 语句把 5 赋给变量 myInt，按【Enter】键之后，可以使用 type(myInt) 查看变量 myInt 的数据类型。会看到输出结果：<class ‘int’>，这表示 myInt 是一个整型变量，用于存储整型数值。

（2）布尔值：在 Python 中使用布尔值时，需要用到 bool 类型。这个类型的变量只有两个值：True 或 False。可以直接使用 True 或 False 关键字为一个布尔型变量赋值，也可以通过构造逻辑表达式得到 True 或 False。例如，myBool=1>2，由于 1 绝对不可能大于 2，所以 myBool 中的值为 False。

（3）字符串：简单地说，字符串就是字符的集合，并且这些字符要放在双引号之中。例如，myString="Python is a great language." 语句用于把一个字符串赋给 myString 变量。

计算机内存中使用的每个字母都是用数字表示的。例如，字母 A 对应的数字是 65。如果你想查看某个字母对应的数字是什么，要先在 Python 命令行中输入 print(ord("A"))，然后按【Enter】键，你会看到输出的数字为 65。使用 ord() 命令，你可以把每个字母转换为其对应的数字形式。计算机不理解字符串，但编写程序时字符串又非常有用，所以有时需要把字符串转换成数字。为此，可以使用 int() 和 float() 命令来完成这个转换。例如，在 Python 命令行中输入 myInt=int("123") 并按【Enter】键后，会创建一个 int 型的变量—myInt，其中存储的值为 123。使用 int() 和 float() 命令可以轻松地把字符串转换为数字。

当然，你也可以使用 str() 命令把数字转换成字符串。例如，输入 myStr=str(1234.56) 并按【Enter】键后，会创建出一个值为“1234.56”的字符串，并且将其赋给变量 myStr。

（4）日期和时间：要使用日期和时间，必须发出一个特殊的 import datetime 命令。从技术上讲，这个做法叫“导入一个包”，要获取当前时间，只需要输入 datetime.datetime.now() 并按【Enter】键，Python 还提供了一个 time() 命令，你可以使用它来获取当前的时间。你还可以使用 day、month、year、hour、minute、second、microsecond 分别获取组成日期时间的各个值。借助它们，可以让应用程序用户了解系统的当前日期和时间。

（5）运算符：运算符是应用程序控制和管理数据的基础。可以使用运算符定义一段数据和另一段数据的比较方式，以及修改某个变量中的信息。使用运算符时，必须提供一个变量或表达式。运算符接受一个或多个变量（或表达式）作为输入，执行某项任务（例如比较或相加），然后给出所执行任务的相关输出。

六、任务思考

（1）请问如何让应用程序用户了解系统的当前日期和时间？

（2）请问如何判断变量的数据类型并进行数据类型之间的转换？

（3）请问有哪八种常用的运算符？

任务四 实现类型转换和四舍五入

视频 实现类型转换和四舍五入

一、任务描述

上海御恒信息科技有限公司接到客户的一份订单，要求用 Python 实现类型转换和四舍五入。公司刚招聘了一名程序员小张，软件开发部经理要求他尽快熟悉 Python 的类型转换和四舍五入，小张按照经理的要求选取了三角形面积的计算来进行任务分析。

二、任务分析

首先书写三角形面积的基本算法，其次寻找程序错误的原因并加以解决（一般是数据类型转换的问题）、再次通过四舍五入函数解决小数点位数过长，然后解决键盘输入的问题，书写注释来帮助其他程序员理解代码，最后发现程序中不完善的地方并解决，修改算法（用海伦公式实现），继续优化算法，形成完整的代码（添加循环、分支结构）。

三、任务实施

第一步：书写最基本的三角形面积的算法。

```
bottom=3.0
height=4.0
triArea=(bottom*height)/2
print("三角形的面积是: "+triArea+"\n")
```

调试以上程序，运行结果如下：

分析：发现有错误，前后数据类型不一致，前面是字符串，后面是小数，如何解决？

```
Traceback (most recent call last):
  File "D:/lx1.py", line 4, in <module>
    print("三角形的面积是: "+triArea+"\n")
TypeError: can only concatenate str (not "float") to str
```

第二步：用 str(triArea) 进行强制转换。

```
# -*- coding:utf-8 -*-
import math
bottom=3.0
height=4.0
triArea=(bottom*height)/2
print("三角形的面积是: "+str(triArea)+"\n")
```

调试以上程序，运行结果如下：

```
三角形的面积是: 6.0
```

第三步：用 round() 进行四舍五入。

```
# -*- coding:utf-8 -*-
import math
bottom=3.932412434534
height=4.234545134123434
triArea=(bottom*height)/2.0
print("三角形的面积是: "+str(triArea)+"\n")
print("三角形的面积是: "+str(round(triArea,1))+"\n")
print("三角形的面积是: "+str(round(triArea,2))+"\n")
```

调试以上程序，运行结果如下：

```
三角形的面积是: 8.325988970011219
三角形的面积是: 8.3
三角形的面积是: 8.33
```

第四步：解决键盘输入的问题。

```
# -*- coding:utf-8 -*-
import math
bottom=float(input("请输入三角形的底: "))
height=float(input("请输入三角形的高: "))
triArea=(bottom*height)/2
print("三角形的面积是: "+str(triArea)+"\n")
```

调试以上程序，运行结果如下：

```
请输入三角形的底: 3.1
请输入三角形的高: 4.2
三角形的面积是: 6.510000000000001
```

第五步：书写注释来帮助其他程序员理解代码。

```
# 1.本程序支持中文
# -*- coding:utf-8 -*-

# 2.导入常用数学函数库
```

```
import math

# 3.整个程序的输入部分（从键盘输入三角形的底和高）
bottom=float(input("请输入三角形的底："))
height=float(input("请输入三角形的高："))

# 4.整个程序的处理部分（算法是求三角形面积的公式）
triArea=(bottom*height)/2

# 5.整个程序的输出部分（在屏幕上输出三角形的面积）
print("三角形的面积是："+str(round(triArea,3))+"\n")
```

调试以上程序，运行结果如下：

```
请输入三角形的底：3.1
请输入三角形的高：4.2
三角形的面积是：6.51
```

第六步：发现程序中不完善的地方并解决（设计分支结构）。

```
# 1.本程序支持中文
# -*- coding:utf-8 -*-

# 2.导入常用数学函数库
import math

# 3.整个程序的输入部分（从键盘输入三角形的底和高）
bottom=float(input("请输入三角形的底："))
height=float(input("请输入三角形的高："))

# 4.整个程序的处理部分（算法是求三角形面积的公式）
if (bottom>0 and height>0):
triArea=(bottom*height)/2

# 5.整个程序的输出部分（在屏幕上输出三角形的面积）
    print("三角形的面积是："+str(round(triArea,3))+"\n")
else:
    print("三角形的底和高必须大于零"+"\n")
```

调试以上程序，运行结果如下：

```
请输入三角形的底：3.13
请输入三角形的高：4.29
三角形的面积是：6.714
```

再次调试以上程序，运行结果如下：

```
请输入三角形的底：-3.13
请输入三角形的高：-4.29
三角形的底和高必须大于零
```

第七步：修改算法（用海伦公式）

```
# 1.本程序支持中文
# -*- coding:utf-8 -*-

# 2.导入常用数学函数库
import math

# 3.整个程序的输入部分（从键盘输入三角形的三条边长）
sideA=float(input("请输入三角形的第一条边长："))
sideB=float(input("请输入三角形的第二条边长："))
sideC=float(input("请输入三角形的第三条边长："))
```

```
# 4.整个程序的处理部分（算法是求三角形面积的公式）
s=(sideA+sideB+sideC)/2
triArea=math.sqrt(s*(s-sideA)*(s-sideB)*(s-sideC))

# 5.整个程序的输出部分（在屏幕上输出三角形的面积）
print("三角形的面积是: "+str(round(triArea,3))+"\n")
```

调试以上程序，运行结果如下（发现结果有问题，思考一下，怎么解决？）：

```
请输入三角形的第一条边长: 1.1
请输入三角形的第二条边长: 2.2
请输入三角形的第三条边长: 3.3
三角形的面积是: 0.0
```

第八步：继续修改算法，并添加循环和注释，完整代码书写如图 2-1 所示。

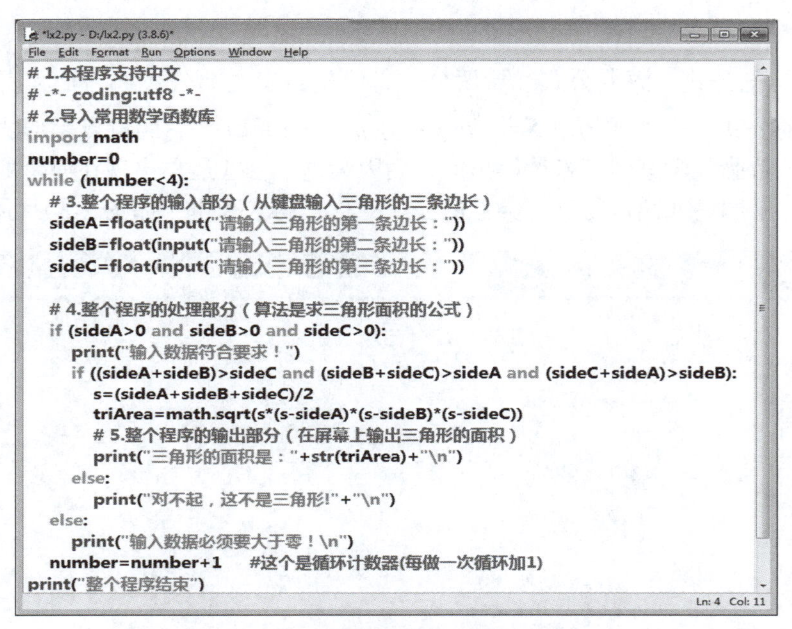

```
*lx2.py - D:/lx2.py (3.8.6)*
File Edit Format Run Options Window Help
# 1.本程序支持中文
# -*- coding:utf8 -*-
# 2.导入常用数学函数库
import math
number=0
while (number<4):
    # 3.整个程序的输入部分（从键盘输入三角形的三条边长）
    sideA=float(input("请输入三角形的第一条边长："))
    sideB=float(input("请输入三角形的第二条边长："))
    sideC=float(input("请输入三角形的第三条边长："))

    # 4.整个程序的处理部分（算法是求三角形面积的公式）
    if (sideA>0 and sideB>0 and sideC>0):
        print("输入数据符合要求！")
        if ((sideA+sideB)>sideC and (sideB+sideC)>sideA and (sideC+sideA)>sideB):
            s=(sideA+sideB+sideC)/2
            triArea=math.sqrt(s*(s-sideA)*(s-sideB)*(s-sideC))
            # 5.整个程序的输出部分（在屏幕上输出三角形的面积）
            print("三角形的面积是："+str(triArea)+"\n")
        else:
            print("对不起，这不是三角形!"+"\n")
    else:
        print("输入数据必须要大于零！\n")
    number=number+1      #这个是循环计数器(每做一次循环加1)
print("整个程序结束")
Ln: 4  Col: 11
```

图 2-1　优化算法后完整的代码

调试以上程序，运行结果如图 2-2 所示。

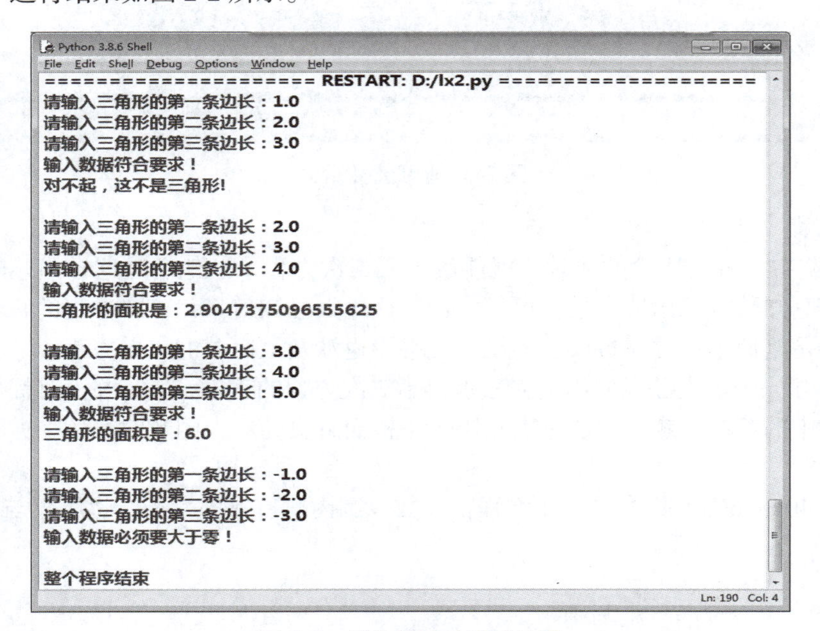

```
Python 3.8.6 Shell
File Edit Shell Debug Options Window Help
===================== RESTART: D:/lx2.py =====================
请输入三角形的第一条边长：1.0
请输入三角形的第二条边长：2.0
请输入三角形的第三条边长：3.0
输入数据符合要求！
对不起，这不是三角形!

请输入三角形的第一条边长：2.0
请输入三角形的第二条边长：3.0
请输入三角形的第三条边长：4.0
输入数据符合要求！
三角形的面积是：2.9047375096555625

请输入三角形的第一条边长：3.0
请输入三角形的第二条边长：4.0
请输入三角形的第三条边长：5.0
输入数据符合要求！
三角形的面积是：6.0

请输入三角形的第一条边长：-1.0
请输入三角形的第二条边长：-2.0
请输入三角形的第三条边长：-3.0
输入数据必须要大于零！

整个程序结束
Ln: 190  Col: 4
```

图 2-2　优化算法的调试结果

四、任务小结

（1）三角形面积的基本算法要先进行架构。
（2）发现程序错误，要寻找原因并解决 (一般是数据类型转换的问题)。
（3）小数点位数过长，通过四舍五入函数解决。
（4）解决键盘输入的问题。
（5）书写注释来帮助其他程序员理解代码。
（6）发现程序中不完善的地方并解决 (输入数据不符合要求)。
（7）修改算法（用海伦公式实现）。
（8）继续优化算法，形成完整的代码（添加循环、分支结构）。

五、任务拓展

（1）海伦公式

海伦公式又译作希伦公式、海龙公式、希罗公式、海伦—秦九韶公式。它是利用三角形的三条边的边长直接求三角形面积的公式。表达式为：$S=\sqrt{p(p-a)(p-b)(p-c)}$，它的特点是形式漂亮，便于记忆。相传这个公式最早是由古希腊数学家阿基米德得出的，而因为这个公式最早出现在海伦的著作《测地术》中，所以被称为海伦公式。中国秦九韶也得出了类似的公式，称三斜求积术，如图 2-3 所示。

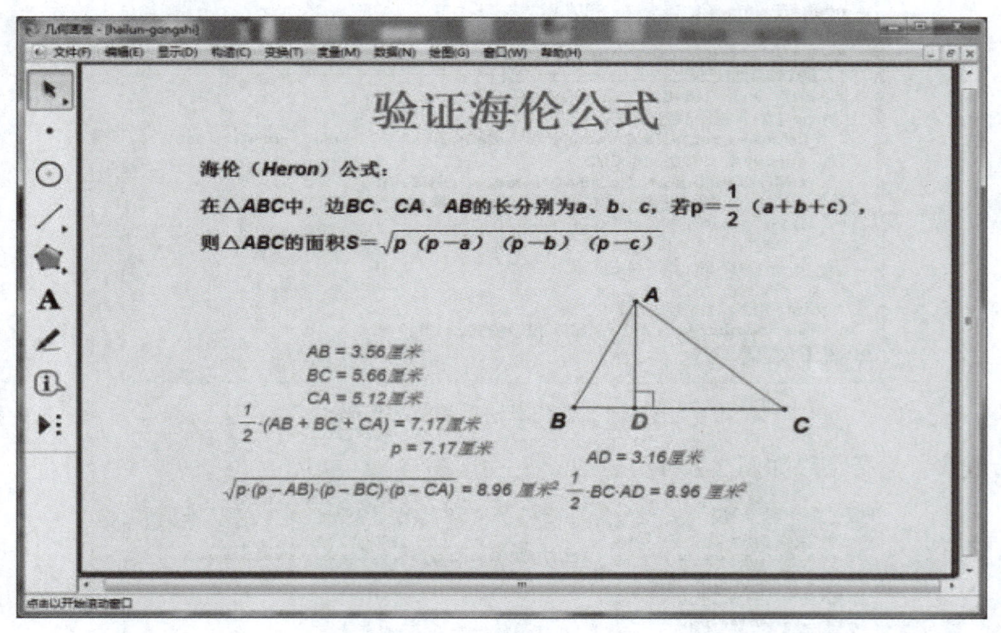

图 2-3　验证海伦公式

（2）一元二次方程

公元前 2000 年左右，古巴比伦的数学家就能解一元二次方程了。他们是这样描述的：已知一个数与它的倒数之和等于一个已知数，求出这个数。可见，古巴比伦人已知道一元二次方程的解法，但他们当时并不接受负数，所以负根是略而不提的。古埃及的纸草文书中也涉及最简单的二次方程。

大约公元前 480 年，中国人已经使用配方法求得了二次方程的正根，但是并没有提出通用的求解方法。《九章算术》勾股章中的第二十题，是通过求相当于正根而解决的。中国数学家还在方程的研究中应用了内插法 。

法国的韦达（1540—1603）除推出一元方程在复数范围内恒有解外，还给出了根与系数的关系。

六、任务思考

设计完善求一元二次方程的实根与虚根。

任务五　获取当前系统时间

一、任务描述

视频

获取当前系统时间

上海御恒信息科技有限公司接到客户的一份订单，要求实现获取当前系统时间。公司刚招聘了一名程序员小张，软件开发部经理要求他尽快熟悉 Python 的系统时间函数，小张按照经理的要求开始做以下的任务分析。

二、任务分析

首先明确 GMT 的时间格式，导入时间模块 import time，并使用 time() 函数，毫秒为单位，time.time() 获取的是 1970-01-01 00:00:00 起。其次用 int() 函数获取总秒数 totalSeconds，用 totalSeconds%60 求现在的秒数，用 totalSeconds//60 求总分钟数 totalMinutes，用 totalMinutes%60 求当前分钟数，最后用 totalMinutes//60 求总小时数 totalHours，用 totalHours%24 求现在的小时数，输出当前时间。

三、任务实施

第一步：明确 GMT 的时间格式。

```
#GMT的时间格式为    小时:分钟:秒
```

第二步：导入时间模块 import time，并使用 time() 函数，毫秒为单位。

```
import time
```

第三步：time.time() 获取的是 1970-01-01 00:00:00 起。

```
currentTime=time.time()
```

第四步：用 int() 函数获取总秒数 totalSeconds。

```
totalSeconds=int(currentTime)
```

第五步：用 totalSeconds%60 求现在的秒数。

```
currentSecond=totalSeconds%60
```

第六步：用 totalSeconds//60 求总分钟数 totalMinutes。

```
totalMinutes=totalSeconds//60
```

第七步：用 totalMinutes%60 求当前分钟数。

```
currentMinute=totalMinutes%60
```

第八步：用 totalMinutes//60 求总小时数 totalHours。

```
totalHours=totalMinutes//60
```

第九步：用 totalHours%24 求现在的小时数。

```
currentHour=totalHours%24
```

第十步：输出当前时间。

```
print("Current time is",currentHour,":",currentMinute,":",currentSecond,"GMT")
print("currentTime=",currentTime)
print("totalSeconds=",totalSeconds)
print("currentSecond=",currentSecond)
print("totalMinutes=",totalMinutes)
```

```
print("currentMinute=",currentMinute)
print("totalHours=",totalHours)
print("currentHour=",currentHour)
```

整个程序运行结果如下：

```
Current time is 6 : 9 : 42 GMT
currentTime= 1603865382.460985
totalSeconds= 1603865382
currentSecond= 42
totalMinutes= 26731089
currentMinute= 9
totalHours= 445518
currentHour= 6
```

四、任务小结

（1）GMT 时间的格式：小时 : 分钟 : 秒。
（2）导入时间模块 import time，并使用 time() 函数，毫秒为单位。
（3）time.time() 获取的是 1970-01-01 00:00:00 起。
（4）用 int() 函数获取总秒数。
（5）用 totalSeconds%60 求现在的秒数。
（6）用 totalSeconds//60 求总分钟数。
（7）用 totalMinutes%60 求当前分钟数。
（8）用 totalMinutes//60 求总小时数。
（9）用 totalHours%24 求现在的小时数。

五、任务拓展

计算机的时钟可以调度程序，在特定的时间和日期运行，或定期运行。例如，程序可以每小时抓取一个网站，检查变更，或在凌晨 2 点你睡觉时，执行 CPU 密集型任务。 Python 的 time 和 datetime 模块提供了这些函数。

1. time 模块

计算机的系统时钟设置为特定的日期、时间和时区。内置的 time 模块让 Python 程序能读取系统时钟的当前时间。在 time 模块中，time.time() 函数返回自那一刻以来的秒数，是一个浮点值。 time.sleep() 函数将阻塞（也就是说，它不会返回或让程序执行其他代码），直到传递给 time.sleep() 的秒数流逝。

2. datetime 模块

time 模块用于取得 Unix 纪元时间戳，并加以处理。但是，如果以更方便的格式显示日期，或对日期进行算术运算（例如，搞清楚 205 天前是什么日期，或 123 天后是什么日期），就应该使用 datetime 模块。datetime 模块有自己的 datetime 数据类型。 datetime 值表示一个特定的时刻。调用 datetime.datetime.now() 返回一个 datetime 对象，表示当前的日期和时间，根据你的计算机的时钟。这个对象包含当前时刻的年、月、日、时、分、秒和微秒。也可以利用 datetime.datetime() 函数，向它传入代表年、月、日、时、分、秒的整数，得到特定时刻的 datetime 对象。这些整数将保存在 datetime 对象的 year、month、day、hour、minute 和 second 属性中。

六、任务思考

（1）如何获取年、月、日、星期?
（2）如何把字符串格式的日期转为 datetime 格式?

综合部分

项目综合实训
实现贷款偿还程序

一、项目描述

上海御恒信息科技有限公司接到一个订单，需要为某房产中介机构设计一个输入年利率、贷款的年数、贷款的金额就可以得出每月还款金额及总还款金额的程序。程序员小张根据以上要求进行相关程序的架构设计后，按照项目经理的要求开始做以下的任务分析。

视　频

实现贷款偿还程序

二、项目分析

首先书写整个程序的总体框架及基本代码，其次设计算法，再次输入年利率求月利率，输入贷款年数和贷款金额求每月及总还贷金额。然后输出每月及总还贷金额，最后在程序中添加注释并完善代码。

三、项目实施

第一步：根据要求，设计文件名。

```
#ComputeLoan.py
```

第二步：根据要求，设计贷款偿还的算法如下。

```
#monthlyPayment月供=(贷款数*月利率)/(1-1/(1+月利率)**(年限*12))
```

第三步：根据要求，输入年利率。

```
annualInterestRate=eval(input("请输入年利率: e.g. 4.5:"))
```

第四步：根据要求，求月利率。

```
monthlyInterestRate=annualInterestRate/1200
```

第五步：根据要求，输入贷款年数和贷款金额。

```
numberOfYears=eval(input("请输入贷款的年数: e.g. 20:"))

loanAmount=eval(input("请输入贷款的金额:  e.g. 10000"))
```

第六步：根据要求，计算每月还贷金额。

```
monthlyPayment=loanAmount*monthlyInterestRate/(1-1/(1+monthlyInterestRate)**(numberOfY
ears*12))
```

第七步：根据要求，计算总还贷金额。

```
totalPayment=monthlyPayment*numberOfYears*12
```

第八步：根据要求，输出每月及总还贷金额。

```
print("The monthly payment is",int(monthlyPayment*100)/100)
print("The total payment is",int(totalPayment*100)/100)
```

第九步：书写注释并完善代码。

```
#ComputeLoan.py
#monthlyPaymen月供=(贷款数*月利率)/(1-1/(1+月利率)**(年限*12))

annualInterestRate=eval(input("请输入年利率: e.g. 4.5:"))
monthlyInterestRate=annualInterestRate/1200
```

```
numberOfYears=eval(input("请输入贷款的年数: e.g. 20:"))

loanAmount=eval(input("请输入贷款的金额:  e.g. 10000"))

monthlyPayment=loanAmount*monthlyInterestRate/(1-1/(1+monthlyInterestRate)**(numberOfY
ears*12))

totalPayment=monthlyPayment*numberOfYears*12

print("The monthly payment is",int(monthlyPayment*100)/100)
print("The total payment is",int(totalPayment*100)/100)
```

调试程序，运行结果如下：

```
>>>
请输入年利率: e.g. 4.5:4.5
请输入贷款的年数: e.g. 20:20
请输入贷款的金额:  e.g. 100003960000
The monthly payment is 25052.91
The total payment is 6012699.67
>>>
```

四、项目小结

（1）用注释架构程序，会使编程思路清晰。
（2）用顺序结构完成程序初步功能。
（3）设计算法并不断完善程序。

项目实训评价表

项目二　运用数据类型、运算符和表达式进行编程						
	内　容					
	评 价 项 目	整体架构（20%）	注释（20%）	分支结构（30%）	循环结构（30%）	综合评价（100%）
职业能力	任务一　运用常量、变量和赋值语句进行编程					
	任务二　运用数据类型和运算符进行编程					
	任务三　运用表达式和增强型赋值运算符进行编程					
	任务四　实现类型转换和四舍五入					
	任务五　获取当前系统时间					
	项目综合实训　实现贷款偿还程序					
通用能力	阅读代码的能力					
	调试修改代码的能力					

评价等级说明表	
等　级	说　明
90% ～ 100%	能高质、高效地完成此学习目标的全部内容，并能解决遇到的特殊问题
70% ～ 80%	能高质、高效地完成此学习目标的全部内容
50% ～ 60%	能圆满完成此学习目标的全部内容，不需任何帮助和指导

项目三

实现数学函数、字符串和对象的编程

学习目标

【知识目标】

1. 了解数学函数
2. 了解字符串和字符以及格式化
3. 掌握对象和方法
4. 掌握字符串与正则表达式
5. 掌握绘制各种不同图形

【能力目标】

1. 能够根据企业的需求选择合适的数学函数
2. 能够运用字符串和字符以及格式化编写简单的 Python 程序
3. 能够使用对象和方法进行简单的算术运算
4. 能够实现字符串与正则表达式
5. 能够绘制各种不同图形

【素质目标】

1. 树立创新意识、创新精神
2. 能够和团队成员协商，共同完成实训任务
3. 能够借助网络平台搜集数学函数、字符串和对象的相关信息
4. 具备数据思维和用数据发现问题的能力

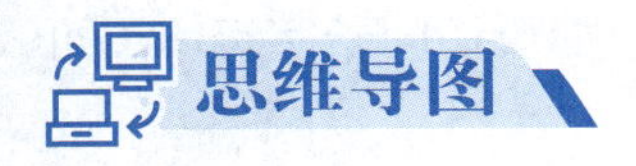

思维导图

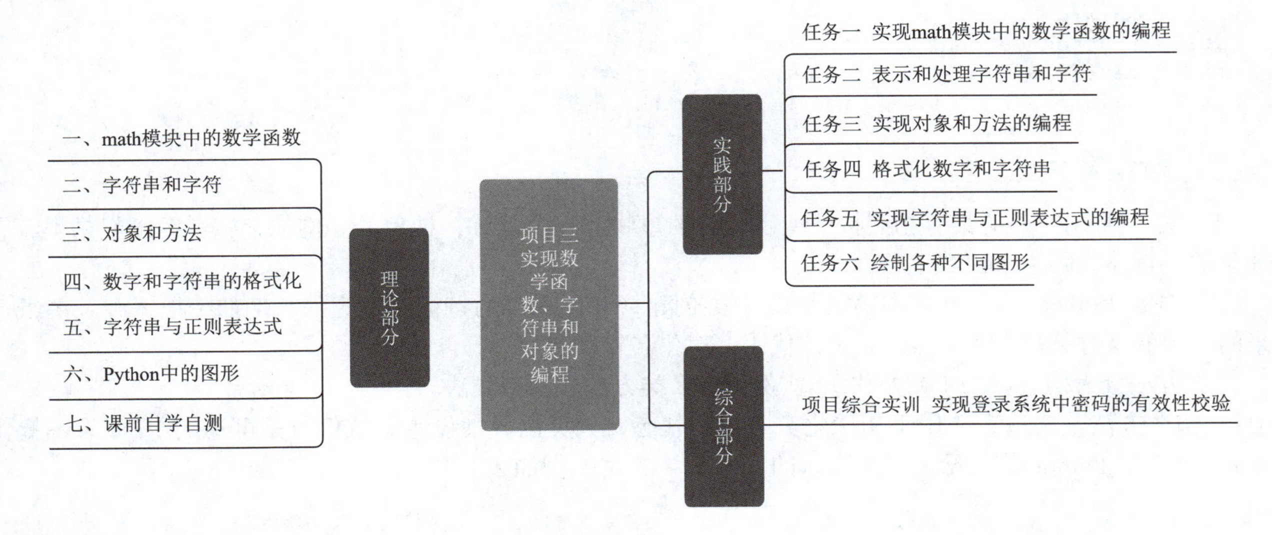

理论部分

一、math 模块中的数学函数

（1）模块（module）是 Python 中非常重要的东西，你可以把它理解为 Python 的扩展工具。换言之，Python 默认情况下提供了一些可用的东西，但是这些默认情况下提供的还远远不能满足编程实践的需要，于是就有人专门制作了一些工具，这些工具被称为“模块”。任何一个 Python 的使用者都可以编写模块，并且把这些模块放到网上供他人使用。当安装好 Python 之后，就有一些模块默认安装了，这个称为“标准库”，“标准库”中的模块不需要安装，可以直接使用。如果没有纳入标准库的模块，需要安装之后才能使用。模块的安装方法，推荐使用 pip 安装。在数学之中，除了加减乘除四则运算之外，还有其他更多的运算，比如乘方、开方、对数运算等，要实现这些运算，需要用到 Python 中的一个模块：math。math 模块是标准库中的，不用安装，可以直接使用。使用方法是：import math。

（2）dir(math)。

```
['__doc__', '__name__', '__package__', 'acos', 'acosh', 'asin', 'asinh', 'atan', 'atan2', 'atanh', 'ceil', 'copysign', 'cos', 'cosh', 'degrees', 'e', 'erf', 'erfc', 'exp', 'expm1', 'fabs', 'factorial', 'floor', 'fmod', 'frexp', 'fsum', 'gamma', 'hypot', 'isinf', 'isnan', 'ldexp', 'lgamma', 'log', 'log10', 'log1p', 'modf', 'pi', 'pow', 'radians', 'sin', 'sinh', 'sqrt', 'tan', 'tanh', 'trunc']
```

dir(module) 是一个非常有用的指令，可以通过它查看任何模块中所包含的工具。在 math 模块中提供了各类计算的函数，例如计算乘方，可以使用 pow 函数。通过 help(math.pow) 可以查看该函数的帮助。

（3）常用的函数如下。

math.sqrt(9)=3.0，math.floor(3.14)=3.0，math.floor(3.92)=3.0，"math.fabs(-2) =abs(-2)=2.0，math.fmod(5,3)=5%3=2.0，abs(10)=10，abs(-10)=10，abs(-1.2)=1.2，round(1.234)=1.0，round(1.234,2)=1.23，help(round)，4**2=16，4*2=8，math.pow(4,2)=16。

二、字符串和字符

（1）Python 中不区分字符与字符串，与 C 语言相比，Python 没有字符类型，只有字符串类型。Python 中的字符串是用双引号或单引号括起来的一串字符。例如：s = 'a' 或 s = 'aaa' 或 s = "a" 或 s = "aaa" 或 s = """"""或 s = """"""。

（2）Python 不支持单字符类型，单字符在 Python 中也是作为一个字符串使用。如要访问子字符串，可以使用方括号来截取字符串，例如：

```
var1 = 'Hello World!'
var2 = "Python Runoob"
print("var1[0]: ", var1[0])，结果为：H
print "var2[1:5]: ", var2[1:5]，结果为：ytho
```

三、对象和方法

（1）类（class）：一群具有相同特征或者行为的事物的一个统称，抽象的。例如：施工图纸就是类，它是抽象的。具体代码：class 类名 :。

（2）对象（object）：一个具体存在，是由类创建，并具有类的特征和行为的。例如：根据施工图纸造出来的房子就是对象，它是具体的。具体代码：对象名 = 类名 ()。

（3）方法分为构造方法（初始化）、实例方法、类方法、静态方法。

① 构造方法：构造方法用于初始化类的内部状态，为类的属性设置默认值（是可选的）。如果不提供 __init__ 方法，Python 将会给出一个默认的 __init__ 方法，例如：

```
def __init__(self, name, price):                         #这是定义构造方法
     self.name = name
     self._price = price
对象名 = 类名('苹果', 10)                                 #这是调用构造方法
```

② 实例方法：第一个参数必须是实例对象，该参数一般约定为“self”，通过 self 来传递实例属性和方法（也可以传递类属性和方法），调用时要创建实例才能调用，如有初始化函数必须对初始化函数进行传参。例如：

```
def change_price(self, new_discount):                    #这是定义实例方法
      self._discount = new_discount
对象名.change_price(0.9)                                  #这是调用实例方法
```

③ 类方法：需要加上装饰器 @classmethod，第一个参数必须是当前类对象，该参数名一般约定为“cls”，在类中通过 cls 来传递类的属性和方法（不能传递实例属性和实例方法），调用时可以类名 . 方法名直接调用，也可以创建实例调用。类方法如下：当一个方法中只涉及静态属性的时候可以使用类方法（类方法用来修改类属性）。例如：

```
@classmethod                                             #这是装饰器
def change_discount(cls, new_discount):                  #这是定义类方法
     cls._discount = new_discount
类名.change_discount(0.9)                                 #这是调用类方法
```

④ 静态方法：需要加上装饰器 @staticmethod，参数随意，没有约定的“self”和“cls”参数，不能访问类和实例中的任何属性和方法，调用时可以接类名 . 方法名直接调用，也可以创建实例调用。静态方法是个独立的、单独的函数，它仅仅托管于某个类的名称空间中，方便于使用和维护。也就是说在静态方法中，不会涉及类中的属性和方法的操作。例如：

```
@staticmethod
def  static_method():                                    #这是定义静态方法
    return '我是静态方法'
对象名.static_method()                                    #这是调用静态方法
```

（4）属性：实例属性具体和某个实例对象有关系，并且一个实例对象和另一个实例对象之间是不共享属性的。类属性和类对象有关系，并且多个实例对象之间共享一个类属性。

```
class Property:
     num = 0                                             #类属性
     def __init__(self, name):                           #构造方法
```

```
        self.name = name                                        #实例属性
        Property.num += 1                                       #类属性
    def get_name(self):
        return self.num, self.name, Property.num #此处引用的类属性是类名.类属性和self.类属性
a = Property('小明', 10)                                        #创建对象
print(a.get_name())                                             #调用方法
```

四、数字和字符串的格式化

（1）字符串的格式化。

format()：从 Python 2.6 开始，新增了一种格式化字符串的函数 str.format()，它增强了字符串格式化的功能；基本语法通过 { } 和：来代替 %；%s、%d、%f 为占位符；format() 函数可接受不限个参数，位置不按顺序。例如：

```
a="我的姓名是：{0}，年龄是：{1}"
print(a.format("张三",18))                    #显示结果为：我的姓名是：张三，年龄是：18
```

（2）数字格式化：浮点数通过 f，整数通过 d 进行需要的格式化，例如：

```
a='我是{0}，我的存款有{1:.2f}'
print(a.format('李四',123.888))               #显示结果为：我是李四，我的存款有123.89
a='你是{0}，你的存款有{1:0>5d}'
print(a.format('王五',8))                     #显示结果为：你是王五，你的存款有00008
```

五、字符串与正则表达式

（1）Python 正则表达式。

正则表达式是一个特殊的字符序列，它能帮助你方便检查一个字符串是否与某种模式匹配。Python 自 1.5 版本起增加了 re 模块，它提供 Perl 风格的正则表达式模式。re 模块使 Python 语言拥有全部的正则表达式功能。compile() 函数根据一个模式字符串和可选的标志参数生成一个正则表达式对象。该对象拥有一系列方法用于正则表达式匹配和替换。re 模块也提供了与这些方法功能完全一致的函数，这些函数使用一个模式字符串作为它们的第一个参数。

（2）Python 中常用的正则表达式处理函数。

① re.match() 函数：re.match() 尝试从字符串的起始位置匹配一个模式，如果不是起始位置匹配成功的话，match() 函数就返回 none。例如：

```
#!/usr/bin/python
# -*- coding: utf-8 -*-
import re
print(re.match('www', 'www.runoob.com').span())              #在起始位置匹配
print(re.match('com', 'www.runoob.com'))                     #不在起始位置匹配
```

以上实例运行结果如下：

```
(0, 3)
None
```

② re.search() 函数：re.search() 扫描整个字符串并返回第一个成功的匹配。匹配成功 re.search() 方法返回一个匹配的对象，否则返回 None。可以使用 group(num) 或 groups() 匹配对象函数来获取匹配表达式。re.match() 只匹配字符串的开始，如果字符串开始不符合正则表达式，则匹配失败，函数返回 None；而 re.search() 匹配整个字符串，直到找到一个匹配。例如：

```
#!/usr/bin/python
# -*- coding: utf-8 -*-
import re
print(re.search('www', 'www.runoob.com').span())             #在起始位置匹配
```

```
print(re.search('com', 'www.runoob.com').span())          #不在起始位置匹配
```

以上实例运行结果如下：

```
(0, 3)
(11, 14)
```

③ re.sub() 函数：Python 的 re 模块提供了 re.sub() 用于替换字符串中的匹配项。例如：

```
#!/usr/bin/python
# -*- coding: utf-8 -*-
import re
phone = "2004-959-559     #这是一个国外电话号码"
#删除字符串中的 Python注释
num = re.sub(r'#.*$', "", phone)
print "电话号码是：", num
#删除非数字(-)的字符串
num = re.sub(r'\D', "", phone)
print "电话号码是：", num
```

以上实例运行结果如下：

```
电话号码是：  2004-959-559      电话号码是 ：  2004959559
```

④ re.compile() 函数：compile() 函数用于编译正则表达式，生成一个正则表达式（Pattern）对象，供 match() 和 search() 函数这两个函数使用。例如：

```
>>>import re
>>> pattern = re.compile(r'\d+')                              #用于匹配至少一个数字
>>> m = pattern.match('one12twothree34four')                  #查找头部，没有匹配
>>> print m
None
>>> m = pattern.match('one12twothree34four', 2, 10)           #从'e'的位置开始匹配，没有匹配
>>> print m
None
>>> m = pattern.match('one12twothree34four', 3, 10)           #从'1'的位置开始匹配，正好匹配
>>> print m                                                   #返回一个 Match 对象
<_sre.SRE_Match object at 0x10a42aac0>
>>> m.group(0)                                                #可省略 0
'12'
>>> m.start(0)                                                #可省略 0
3
>>> m.end(0)                                                  #可省略 0
5
>>> m.span(0)                                                 #可省略 0
(3, 5)
```

⑤ findall() 函数：在字符串中找到正则表达式所匹配的所有子串，并返回一个列表，如果有多个匹配模式，则返回元组列表，如果没有找到匹配模式，则返回空列表。

注意： match()和search()是匹配一次，findall()匹配所有。例如：

```
# -*- coding:utf-8 -*-
import re
pattern = re.compile(r'\d+')                                  #查找数字
result1 = pattern.findall('runoob 123 google 456')
result2 = pattern.findall('run88oob123google456', 0, 10)
print(result1)
print(result2)
```

输出结果：

```
['123', '456']
['88', '12']
```

⑥ re.finditer() 函数：和 findall() 类似，在字符串中找到正则表达式所匹配的所有子串，并把它们作为一个迭代器返回。例如：

```
# -*- coding: utf-8 -*-
import re
it = re.finditer(r"\d+","12a32bc43jf3")
for match in it:
    print (match.group() )
```

以上实例运行结果如下：

```
12
32
43
3
```

⑦ re.split() 函数：split() 函数按照能够匹配的子串将字符串分割后返回列表，它的使用形式如下：

```
re.split(pattern, string[, maxsplit=0, flags=0])
```

pattern：匹配的正则表达式。

string：要匹配的字符串。

maxsplit：分隔次数，maxsplit=1 分隔一次，默认为 0，不限制次数。

flags：标志位，用于控制正则表达式的匹配方式，例如：是否区分大小写，多行匹配等。

实例

```
import re
re.split('\W+', 'runoob, runoob, runoob.')
['runoob', 'runoob', 'runoob', '']
re.split('(\W+)', ' runoob, runoob, runoob.')
['', ' ', 'runoob', ', ', 'runoob', ', ', 'runoob', '.', '']
re.split('\W+', ' runoob, runoob, runoob.', 1)
['', 'runoob, runoob, runoob.']
re.split('a*', 'hello world')        #对于一个找不到匹配的字符串而言，split()不会对其作出分割
['hello world']
```

六、Python 中的图形

（1）海龟绘图（turtle graphics）是一个简单的绘图工具，turtle 库是 Python 的内部库，使用 import turtle 导入即可。

（2）画布（canvas）：就是 turtle 为展开用于绘图区域，可以设置它的大小和初始位置。

设置画布大小：turtle.screensize(canvwidth=None, canvheight=None, bg=None)，参数分别为画布的宽（单位像素），高，背景颜色，如 :turtle.screensize(800, 600, "green")，turtle.screensize() # 返回默认大小 (400, 300)，turtle.setup(width=0.5, height=0.75, startx=None, starty=None),（width, height）输入宽和高为整数时，表示像素；为小数时，表示占据电脑屏幕的比例，(startx, starty) 这一坐标表示矩形窗口左上角顶点的位置，如果为空，则窗口位于屏幕中心。

（3）画笔：在画布上，默认有一个坐标原点为画布中心的坐标轴，坐标原点上有一只面朝 x 轴正方向小乌龟。这里描述小乌龟时使用了两个词语：坐标原点（位置），面朝 x 轴正方向（方向），turtle 绘图中，就是使用位置方向描述小乌龟（画笔）的状态。

① turtle.pensize()：设置画笔的宽度。

② turtle.pencolor()：没有参数传入，返回当前画笔颜色，传入参数设置画笔颜色，可以是字符串如 "green"，"red"，也可以是 RGB 3 元组。

③ turtle.speed(speed): 设置画笔移动速度，画笔绘制的速度范围 [0,10] 整数，数字越大越快。

（4）绘图命令：操纵海龟绘图有着许多的命令，这些命令可以划分为 3 种：一种为运动命令，一种为画笔控制命令，还有一种是全局控制命令。

① 画笔运动命令。

turtle.forward(distance)：向当前画笔方向移动 distance 像素长度；

turtle.backward(distance)：向当前画笔相反方向移动 distance 像素长度；

turtle.right(degree)：顺时针移动 degree°　；

turtle.left(degree)：逆时针移动 degree°　；

turtle.pendown()：移动时绘制图形，缺省时也为绘制；

turtle.goto(x,y)：将画笔移动到坐标为 x,y 的位置；

turtle.penup()：移动时不绘制图形，提起笔，用于另起一个地方绘制时用；

turtle.speed(speed)：画笔绘制的速度范围 [0,10] 整数；

turtle.circle()：画圆，半径为正（负），表示圆心在画笔的左边（右边）画圆。

② 画笔控制命令。

turtle.pensize(width)：绘制图形时的宽度；

turtle.pencolor()：画笔颜色；

turtle.fillcolor(colorstring)：绘制图形的填充颜色；

turtle.color(color1, color2)：同时设置 pencolor=color1, fillcolor=color2；

turtle.filling()：返回当前是否在填充状态；

turtle.begin_fill()：准备开始填充图形；

turtle.end_fill()：填充完成；

turtle.hideturtle()：隐藏箭头显示；

turtle.showturtle()：与 hideturtle() 函数对应。

③ 全局控制命令。

turtle.clear()：清空 turtle 窗口，但是 turtle 的位置和状态不会改变；

turtle.reset()：清空窗口，重置 turtle 状态为起始状态；

turtle.undo()：撤销上一个 turtle 动作；

turtle.isvisible()：返回当前 turtle 是否可见；

stamp()：复制当前图形；

turtle.write(s[,font=("font-name",font_size,"font_type")]) 写文本，s 为文本内容，font 是字体的参数，里面分别为字体名称，大小和类型；font 为可选项，font 的参数也是可选项。

（5）以给定半径画圆：

```
turtle.circle(radius, extent=None, steps=None)
```

radius(半径)：半径为（负），表示圆心在画笔的左边（右边）画圆；

extent（弧度）：optional;

steps (optional)：做半径为 radius 的圆的内切正多边形，多边形边数为 steps。

举例：

```
circle(50)                     # 整圆;
circle(50,steps=3)             # 三角形;
circle(120, 180)               # 半圆。
```

七、课前自学自测

（1）math 模块中的数学函数都有哪些？
（2）如何表示和处理字符串？
（3）Python 中的对象和方法如何表示？
（4）如何格式化数字和字符串？
（5）Python 中正则表达式的作用是什么？
（6）在 Python 中如何绘制各种不同图形？

【核心概念】

1. 数学函数
2. 字符串和字符
3. 格式化字符串
4. 对象和方法
5. 正则表达式
6. 图形

【实训目标】

1. 了解如何运用数学函数进行编程
2. 掌握运用字符串和字符以及格式化字符串进行编程
3. 了解运用对象和方法进行编程
4. 掌握字符串与正则表达式
5. 掌握绘制各种不同图形

【实训项目描述】

1. 本项目有 5 个任务，从运用数学函数进行编程开始，引出字符串和字符、对象和方法、格式化数字和字符串、字符串与正则表达式、绘制各种不同图形等任务

2. 明白编程的基本思维模式，如何从面向过程的编程思路过渡到面向对象编程的思路

3. 学会软件的具体发流程并学会规范程序设计的风格

【实训步骤】

1. 运用数学函数进行编程
2. 运用字符串和字符以及格式化字符串进行编程
3. 运用对象和方法进行编程
4. 实现字符串与正则表达式
5. 绘制各种不同图形

任务一 实现math模块中的数学函数的编程

实现math模块中的数学函数的编程

一、任务描述

上海御恒信息科技有限公司接到客户的一份订单，要求用 Python 实现 math 模块中的数学函数。公司刚招聘了一名程序员小张，软件开发部经理要求他尽快熟悉 math 模块，小张按照经理的要求选取了一些算法来实现 math 模块中的数学函数。

二、任务分析

Python 提供了很多用于解决常见程序设计任务的函数，例如我们之前用过的 eval()、input()、print() 和 int() 函数，这些都是在 Python 解释器里可以使用的内置函数，但是还有很多的内置数学函数能够提高编程效率，下面分以下几个步骤来实现 math 模块中的数学函数。

三、任务实施

第一步：简单的 Python 内置函数。

```
#简单的Python内置函数
import math
print("abs(-2)=",abs(-2))                                          #求绝对值
print("max(1.5,2)=",max(1.5,2))                                    #求最大值
print("min(1.5,2)=",min(1.5,2))                                    #求最小值
print("round(3.5)=",round(3.5))                                    #四舍五入取整
print("round(3.219,2)=",round(3.219,2))                            #四舍五入保留小数位数
print("用连乘求2的3次方, 2*2*2=",2*2*2)                              #求幂方法1
print("用**求2的3次方, 2**3=",2**3)                                  #求幂方法2
print("用pow(基数,指数)求2的3次方, pow(2,3)=",pow(2,3))               #求幂方法3
```

调试程序后，运行结果如下：

```
abs(-2)= 2
max(1.5,2)= 2
min(1.5,2)= 1.5
round(3.5)= 4
round(3.219,2)= 3.22
用连乘求2的3次方, 2*2*2= 8
用**求2的3次方, 2**3= 8
用pow(基数,指数)求2的3次方, pow(2,3)= 8
```

第二步：求常用的数学函数。

```
#1.导入系统数学函数库
import math

#2.输出常用的数学函数
print("求浮点数的绝对值fabs(-2)=",math.fabs(-2))
print("求向上取最近的整数ceil(2.1)=",math.ceil(2.1))
print("求向上取最近的整数ceil(-2.1)=",math.ceil(-2.1))
print("求向下取最近的整数floor(2.1)=",math.floor(2.1))
print("求向下取最近的整数floor(-2.1)=",math.floor(-2.1))
print("返回自然对数值log(2.71828)=",math.log(2.71828))
print("返回x的对数值, 以某个特殊值为底log(100,10)=",math.log(100,10))
print("返回平方根sqrt(4.0)=",math.sqrt(4.0))
print("返回某个角度的弧度值的正弦值sin(3.14159/2)=",math.sin(3.14159/2))
print("返回asin的弧度值asin(1.0)=",math.asin(1.0))
print("返回某个角度的弧度值的余弦值cos(3.14159)=",math.cos(3.14159))
print("返回acos的弧度值acos(1.0)=",math.acos(1.0))
```

```
print("返回某个角度的弧度值的tan的值tan(0.0)=",math.tan(0.0))
print("将x从弧度转换成角度degrees(1.57)=",math.degrees(1.57))
print("将x从角度转换成弧度radians(90)=",math.radians(90))
print("数学常量math.pi=",math.pi)
print("数学常量math.e=",math.e)
```

调试程序后，运行结果如下：

```
求浮点数的绝对值fabs(-2)= 2.0
求向上取最近的整数ceil(2.1)= 3
求向上取最近的整数ceil(-2.1)= -2
求向下取最近的整数floor(2.1)= 2
求向下取最近的整数floor(-2.1)= -3
返回自然对数值log(2.71828)= 0.999999327347282
返回x的对数值，以某个特殊值为底log(100,10)= 2.0
返回平方根sqrt(4.0)= 2.0
返回某个角度的弧度值的正弦值sin(3.14159/2)= 0.9999999999991198
返回asin的弧度值asin(1.0)= 1.5707963267948966
返回某个角度的弧度值的余弦值cos(3.14159)= -0.9999999999964793
返回acos的弧度值acos(1.0)= 0.0
返回某个角度的弧度值的tan的值tan(0.0)= 0.0
将x从弧度转换成角度degrees(1.57)= 89.95437383553924
将x从角度转换成弧度radians(90)= 1.5707963267948966
数学常量math.pi= 3.141592653589793
数学常量math.e= 2.718281828459045
```

第三步：提示用户输入三角形的三个顶点的 x 坐标和 y 坐标，然后显示三个角度。

```
#1.导入系统数学函数库
import math

#2.输入三个点的坐标值
x1,y1=eval(input("Please input first point's x1 and y1: "))
x2,y2=eval(input("Please input second point's x2 and y2: "))
x3,y3=eval(input("Please input third point's x3 and y3: "))

#3.计算两点之间的距离
a=math.sqrt((x2-x3)*(x2-x3)+(y2-y3)*(y2-y3))
b=math.sqrt((x1-x3)*(x1-x3)+(y1-y3)*(y1-y3))
c=math.sqrt((x1-x2)*(x1-x2)+(y1-y2)*(y1-y2))

#4.应用公式计算角度
A=math.degrees(math.acos((a*a-b*b-c*c)/(-2*b*c)))
B=math.degrees(math.acos((b*b-a*a-c*c)/(-2*a*c)))
C=math.degrees(math.acos((c*c-b*b-a*a)/(-2*a*b)))

#5.以四舍五入保留小数点后两位来显示这些角度
print("The three angles are ",round(A*100)/100.0,round(B*100)/100.0,round(C*100)/100.0)
```

调试程序后，运行结果如下：

```
Please input first point's x1 and y1: 1,1
Please input second point's x2 and y2: 6.5,1
Please input third point's x3 and y3: 6.5,2.5
The three angles are  15.26 90.0 74.74
```

四、任务小结

（1）简单的 Python 内置函数有 abs(x)，max(x1,x2)，min(x1,x2)，pow(a,b)，round(x,n)。

（2）数学函数有 fabs(x)，ceil(x)，floor(x)，exp(x)，log(x)，sqrt(x)，sin(x)，degree(x)。

（3）math 模块中还有两个数学常量 math.pi 和 math.e，math 模块应该在第一行用 import math 来导入。

（4）数学函数能解决许多算术问题，提高编程效率。

五、任务拓展

（1）2 的 0 次方至 2 的 10 次方如下所示，也可用自定义函数实现。

```
2的 0 次方= 1
2的 1 次方= 2
2的 2 次方= 4
2的 3 次方= 8
2的 4 次方= 16
2的 5 次方= 32
2的 6 次方= 64
2的 7 次方= 128
2的 8 次方= 256
2的 9 次方= 512
2的 10 次方= 1024
```

（2）导入系统数学函数库。

```
import math
```

（3）定义一个计算幂的函数，e 是形参，用来存放指数，返回计算结果 myResult。

```
def calcPower(e):
    myResult=pow(2,e)
    return myResult
```

（4）定义主函数 main()，它是整个程序的入口，用循环输出 2 的 0 次方至 2 的 16 次方，在循环中调用子函数 calcPower，循环变量 i 作为实参。

```
def main():
    for i in range(0,17):
        print("2的",i,"次方=",calcPower(i))
```

（5）调用主函数 main()。

```
main()
```

六、任务思考

（1）abs() 与 math.fabs() 有何区别？

（2）round(x) 与 round(x,n) 有何区别？

（3）math.ceil(x) 与 math.floor(x) 有何区别？

任务二 表示和处理字符串与字符

视频

表示和处理字符串与字符

一、任务描述

上海御恒信息科技有限公司接到客户的一份订单，要求用 Python 实现字符串和字符的处理。公司刚招聘了一名程序员小张，软件开发部经理要求他尽快熟悉字符串和字符的表示与处理，小张按照经理的要求选取了一些算法来表示和处理字符串与字符。

二、任务分析

字符串是一连串包括文本和数字的字符，Python 处理字符和字符串的方式是一致的。字符串必须要放在一对单引号或一对双引号中，单引号一般里面放一个字符，双引号里面放入多个字符，可以将一个字母、一个数字、一段文字作为一个字符串赋值给一个变量，此外，ASCII 码、统一码、函数 ord() 和 chr()、转义序列、不换行打印、函数 str()、字符串连接操作、从控制台读取字符串都与字符串和字符的表示和处理有关，通过以下任务实施来分别实现。

三、任务实施

第一步：书写字符串和字符。

```
#导入系统数学函数库
import math

myCh='A'
myNumChar='4'
myString="Welcome to ShangHai!!!"

myNum=100+int(myNumChar)

myMessage=myCh+myNumChar

print("myCh=",myCh)
print("myNumChar=",myNumChar)
print("myString=",myString)
print("myMessage=",myMessage)
print("myNum=",myNum)
```

运行结果如下：

```
myCh= A
myNumChar= 4
myString= Welcome to ShangHai!!!
myMessage= A4
myNum= 104
```

第二步：用美国信息交换标准代码（ASCII 码）表示所有字母、数字、符号及控制字符。

```
空格: 20H或32D
数字0: 30H或48D
数字9: 39H或57D
大写字母A: 41H或65D
大写字母B: 42H或66D
小写字母a: 61H或97D
小写字母b: 62H或98D
总结: 空格<数字<大写字母<小写字母
```

第三步：统一码（能表示国际字符），以下代码显示中文“欢迎”和 3 个希腊字母 α、β、γ。

```
#统一码支持世界上各种语言所写的文本进行交换、处理和展示
#一个统一码以\u开始，后面跟4个十六进制数
import turtle

turtle.write("\u6B22\u8FCE\u03b1\u03b2\u03b3")
turtle.done()
```

第四步：实现函数 ord() 和 chr()。

```
import math

#ord()将字符转为ASCII
print("小写字母a的ASCII值是: ",ord('a'))
print("小写字母b的ASCII值是: ",ord('b'))
print("小写字母z的ASCII值是: ",ord('z'))
```

```
print("大写字母A的ASCII值是: ",ord('A'))
print("大写字母B的ASCII值是: ",ord('B'))
print("大写字母Z的ASCII值是: ",ord('Z'))

print("数字0的ASCII值是: ",ord('0'))
print("数字1的ASCII值是: ",ord('1'))
print("数字9的ASCII值是: ",ord('9'))

print("空格的ASCII值是: ",ord(' '))

#chr()将ASCII转换为字符
print("ASCII值为50的字符是: ",chr(50))
print("ASCII值为67的字符是: ",chr(67))
print("ASCII值为99的字符是: ",chr(99))
```

运行结果如下：

```
小写字母a的ASCII值是:  97
小写字母b的ASCII值是:  98
小写字母z的ASCII值是:  122
大写字母A的ASCII值是:  65
大写字母B的ASCII值是:  66
大写字母Z的ASCII值是:  90
数字0的ASCII值是:  48
数字1的ASCII值是:  49
数字9的ASCII值是:  57
空格的ASCII值是:  32
ASCII值为50的字符是:  2
ASCII值为67的字符是:  C
ASCII值为99的字符是:  c
```

第五步：自定义函数将小写字母转为大写字母，大写字母转为小写字母。

```
import math
def lowerToUpper(c):
    #chr(ord('a')-32)=chr(97-32)=chr(65)='A'
    upperChar=chr(ord(c)-32)
    return upperChar
def upperToLower(c):
    #chr(ord('A')+32)=chr(65+32)=chr(97)='a'
    lowerChar=chr(ord(c)+32)
    return lowerChar
def lToU(n):
    uChar=chr(n-32)
    return uChar
def uToL(n):
    lChar=chr(n+32)
    return lChar
def main():
    print("小写字母a转换为大写为: "+lowerToUpper('a'))
    print("大写字母A转换为小写为: "+upperToLower('A'))
    print("--------------------------------------------------------------------")
    for i in range(97,123):
        print("小写字母",chr(i),"转换为大写为: "+lToU(i))

    print("--------------------------------------------------------------------")
    for i in range(65,91):
        print("大写字母",chr(i),"转换为小写为: "+uToL(i))
main()
```

运行结果如下：

```
小写字母a转换为大写为: A
```

```
... ...
大写字母A转换为小写为: a
```

第六步：实现转义字符。

```
import math
# \"表示转义为双引号
print("He said,\"John's program is easy to read\"")
#\t表示转义为制表符
print("He said","\t","John's program is easyto read")
#\n表示转义为换行符
print("He said","\n","John's program is easyto read")
#\b表示退格符
#\f表示换页符
#\\表示反斜线
#\'表示单引号
#\r表示回车符
```

运行结果如下：

```
He said,"John's program is easy to read"
He said    John's program is easyto read
He said
 John's program is easyto read
```

第七步：换行及不换行打印。

```
import turtle
//换行打印
print("AAA")
print("")
print("BBB")
print("-------------------")

//不换行打印
print("AAA",end='   ')
print("BBB",end=' ')
print("CCC",end='***')
print("DDD",end=' ***')
```

运行结果如下：

```
AAA

BBB
-------------------
AAA    BBB CCC***DDD ***
```

第八步：使用 end 参数打印各项条目。

```
radius=3
print("The area is",radius*radius*math.pi,end='   ')
print("and the perimeter is",2*radius*math..pi)
```

运行结果如下：

```
The area is 28.26 and the perimeter is 6
```

第九步：强制转换（数字与字符串之间的互换，只有相同数据类型才能互相运算）。

```
import math
num1=10.5
str1="12.6"
#将字符串强制转换为小数用float()
```

```
#将字符串强制转换为整数用int()
#将字符串强制转换为数值用eval()
numResult=num1+float(str1)
print("numResult=",numResult)
#将数字转换为字符串用str()
strResult=str(num1)+str1
print("strResult=",strResult)
```

运行结果如下：

```
numResult= 23.1
strResult= 10.512.6
```

第十步：字符串连接操作。

```
import math
#用字符串连接操作实现菜单显示
title="    ******星际争霸系统******\n"
title+="\t1.人族系统\n"
title+="\t2.虫族系统\n"
title+="\t3.神族系统\n"
title+="    ************************\n"
print(title)
```

运行结果如下：

```
    ******星际争霸系统******
         1.人族系统
         2.虫族系统
         3.神族系统
    ************************
```

第十一步：从控制台读取和输出字符串。

```
import math

#从控制台读取字符串
radius=eval(input("Please input circle's radius:"))
width,height=eval(input("Please input rectangle's width,height:"))
sideA,sideB,sideC=eval(input("Please input triangle's sideA,sideB,sideC:"))

#从控制台输出字符串
print("--------------------------------------------------------------------------")
print("radius=",radius)
print("width=",width,"\theight=",height)
print("sideA=",sideA,"\tsideB=",sideB,"\tsideC=",sideC)
print("--------------------------------------------------------------------------")
```

运行结果如下：

```
Please input circle's radius:1.0
Please input rectangle's width,height:2.0,3.0
Please input triangle's sideA,sideB,sideC:4.0,5.0,6.0
--------------------------------------------------------------------------
radius= 1.0
width= 2.0       height= 3.0
sideA= 4.0       sideB= 5.0     sideC= 6.0
--------------------------------------------------------------------------
```

四、任务小结

（1）ASCII 码可以表示所有大小写字母、数字、标点符号以及控制字符。

（2）统一码支持世界上各种语言所写的文本进行交换、跨平台的文本转换，以 \u 开始。

（3）函数 ord(ch) 返回字符的 ASCII 码，chr(code) 返回 code 所代表的字符。
（4）由反斜杠（\）和其后紧接着的字母或数字组合构成的特殊符号被称为转义序列。
（5）print() 函数会自动打印一个换行符，如不想换行，可用参数 end=" 任意结束字符串 "。
（6）str() 函数可以将一个数字转换成一个字符串。
（7）用“+”运算符可以将两个字符串连接起来。
（8）用 input() 函数可以从控制台读取一个字符串。

五、任务拓展

（1）编写人民币找零程序（提示：有 100 元，50 元，20 元，10 元，5 元，1 元，5 角，1 角，5 分，1 分）。

```
import math
amount=eval(input("请放入您的零钱，例如1919.810(元）:"))
Amount=int(amount*100)
numberOfYiBaiYuan=Amount//10000
Amount=Amount%10000
numberOfWuShiYuan=Amount//5000
Amount=Amount%5000
numberOfErShiYuan=Amount//2000
Amount=Amount%2000
numberOfShiYuan=Amount//1000
Amount=Amount%1000
numberOfWuYuan=Amount//500
Amount=Amount%500
numberOfYiYuan=Amount//100
Amount=Amount%100
numberOfWuJiao=Amount//50
Amount=Amount%50
numberOfYiJiao=Amount//10
Amount=Amount%10
numberOfWuFen=Amount//5
Amount=Amount%5
numberOfYiFen=Amount//1
Amount=Amount%1
numberOfRenMingBi=Amount
print("您放入的零钱",amount,"元","\n可以找零出：\n",
      "\t",numberOfYiBaiYuan,"张一百元\n",
      "\t",numberOfWuShiYuan,"张五十元\n",
      "\t",numberOfErShiYuan,"张二十元\n",
      "\t",numberOfShiYuan,"张十元\n",
      "\t",numberOfWuYuan,"张五元\n",
      "\t",numberOfYiYuan,"张一元\n",
      "\t",numberOfWuJiao,"张五角\n",
      "\t",numberOfYiJiao,"张一角\n",
      "\t",numberOfWuFen,"枚五分\n",
      "\t",numberOfYiFen,"枚一分\n",)
```

（2）调试程序运行结果如下所示：

```
请放入您的零钱，例如1919.810(元）:1919.810
您放入的零钱 1919.81 元
可以找零出：
19 张一百元
0 张五十元
0 张二十元
1 张十元
1 张五元
4 张一元
1 张五角
3 张一角
```

```
0 枚五分
1 枚一分
```

六、任务思考

（1）使用 ord() 函数找出 9、X、Y、x 和 y 的 ASCII 码。

（2）使用 chr() 函数找出十进制数 41、60、80、86、91 所对应的字符。

（3）如何计算最小量硬币程序？可参考图 3-1 和图 3-2。

```
import math
amount=eval(input("Enter an amount,for example,11.56:"))

remainingAmount=int(amount*100)

numberOfYiYuan=remainingAmount//100
remainingAmount=remainingAmount%100

numberOfWuJiao=remainingAmount//50
remainingAmount=remainingAmount%50

numberOfYiJiao=remainingAmount//10
remainingAmount=remainingAmount%10

numberOfWuFen=remainingAmount//5
remainingAmount=remainingAmount%5

numberOfYiFen=remainingAmount
print("Your amount",amount,"consists of\n",
      "\t",numberOfYiYuan," YiYuan\n",
      "\t",numberOfWuJiao," WuJiao\n",
      "\t",numberOfYiJiao," YiJiao\n",
      "\t",numberOfWuFen," WuFen\n",
      "\t",numberOfYiFen," YiFen\n",)
```

图 3-1　计算最小量硬币程序的源代码

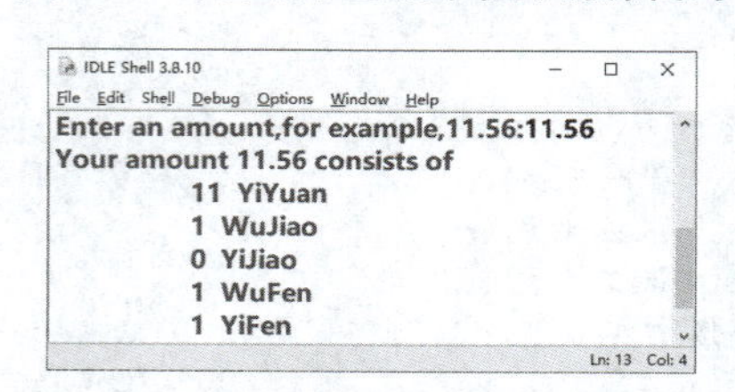

图 3-2　计算最小量硬币程序的调试结果

任务三　实现对象和方法的编程

一、任务描述

视频　实现对象和方法的编程

上海御恒信息科技有限公司接到客户的一份订单，要求用 Python 实现对象和方法。公司刚招聘了一名程序员小张，软件开发部经理要求他尽快熟悉实现对象和方法，小张按照经理的要求选取了一些算法来实现对象和方法。

二、任务分析

在 Python 中，所有的数据包括数字和字符串，都是对象，同一类型的对象都有相同的数据类型，可以用 id() 函数和 type() 函数来获取关于对象的一些信息。此外 Python 中的变量实际上是一个对象的引用，可以在一个对象上执行操作。操作是用函数定义的。Python 中的对象所用的函数被称为方法。方法只能从一个特定的对象里调用，通过以下任务实施来分别实现。

三、任务实施

第一步：对象的 id 和 type 函数。

```
import math
#1.用id函数获取对象的内部编号
n1=3
print("id(n1)=",id(n1))
n2=4
print("id(n2)=",id(n2))
n3=5
print("id(n3)=",id(n3))
c1='A'
print("id(c1)=",id(c1))
s1="Hello"
print("id(s1)=",id(s1))
f1=3.1515926
print("id(f1)=",id(f1))
myStr=str(n1)+str(n2)+str(n3)

#2.用type函数来获取对象的类型
print("type(n1)=",type(n1))
print("type(c1)=",type(c1))
print("type(s1)=",type(s1))
print("type(f1)=",type(f1))
print("myStr=",myStr)
print("type(myStr)=",type(myStr))
#字符串的类是str,整数的类是int,浮点数的类是float。
#在Python中，类(class)与类型(type)是一样的。
```

运行结果如下：

```
>>>
id(n1)= 8791450195792
id(n2)= 8791450195824
id(n3)= 8791450195856
id(c1)= 36895408
id(s1)= 45585328
id(f1)= 40652688
type(n1)= <class 'int'>
type(c1)= <class 'str'>
type(s1)= <class 'str'>
type(f1)= <class 'float'>
myStr= 345
type(myStr)= <class 'str'>
```

第二步：使用变量来表示一个指向对象的引用。

```
n=3
#n是一个引用了int对象的变量
```

第三步：使用对象来调用方法实现大小写转换。

```
import math
#1.原始字符串
s="WeLcoMe"
print("s=",s)
#2.用对象调用转换为小写的方法
sLower=s.lower()
```

```
print("sLower=",sLower)
#3.用对象调用转换为大写的方法
sUpper=s.upper()
print("sUpper=",sUpper)
```

运行结果如下：

```
s= WeLcoMe
sLower= welcome
sUpper= WELCOME
```

第四步：对象调用方法实现去除空格符。

```
import math
#移除一个字符串两端的空格符（包括''、\t、\f、\r、\n）。
myStr="\tWelcome \nShanghai  ！！！"
print("移除前myStr=",myStr)
myStr=myStr.strip()
print("移除后myStr=",myStr)
#在Eclipse工具中会自动在input()后加\r,可用strip()去除
yourStr=input("Enter a string:").strip()
print("yourStr=",yourStr)
```

运行结果如下：

```
移除前myStr=      Welcome
Shanghai  ！！！
移除后myStr= Welcome
Shanghai  ！！！
Enter a string:Hello
yourStr= Hello
```

四、任务小结

（1）Python 中每个数据都是对象，且同一类型的对象都有相同的类型。
（2）使用 id() 函数和 type() 函数获取关于对象的一些信息。
（3）程序执行过程中，对象的 id 不会改变。
（4）每当执行程序时，Python 都可能会赋一个不同的 id。
（5）Python 按照对象的值决定对象的类型。
（6）Python 中，一个对象的类型由类决定，例如，字符串的类是 str。
（7）Python 中的变量实际上是一个对象的引用。
（8）Python 中对象所用的函数被称为方法，方法只能从一个特定的对象里调用。

五、任务拓展

1. 对象（object）

对象就是内存中专门用来存储指定数据的一块区域对象实际上就是一个容器，用来存储数据数值，字符串，None 都是对象。

2. 对象的结构

每个对象中都要保存三种数据。第一个是 id(不能变)，相当于身份证号一样，用来标识对象的唯一性，每个对象都有唯一的 id，可以通过 id() 函数查看；第二个是 type 类型（不能变），表示当前对象所属类型，int，float，bool，str…类型决定了对象的功能，通过 type() 函数查看；第三个是 value 值，(可变对象值可以变，不可变对象值不可变)，就是对象中存储的具体数据。

六、任务思考

（1）什么是对象？什么是方法？

（2）如何找到一个对象的 id？如何找到一个对象的类型？

（3）strip() 函数是做什么的？

任务四　格式化数字和字符串

一、任务描述

上海御恒信息科技有限公司接到客户的一份订单，要求用 Python 实现格式化数字和字符串。公司刚招聘了一名程序员小张，软件开发部经理要求他尽快熟悉格式化数字和字符串，小张按照经理的要求选取了一些算法来实现格式化数字和字符串。

视频

格式化数字和字符串

二、任务分析

人们常常希望显示某种格式的数字，例如只想显示小数点后两位数，但是显示出来只有小数点后一位数，在这种情况下可以使用 format() 函数来修改它，不仅可以格式化浮点数，也可以用科学记数法来格式化，还可以格式化成百分数，还可以调整格式、格式化整数、格式化字符串，通过以下任务实施来分别实现。

三、任务实施

第一步：用 format() 函数返回格式化的字符串。

```
import math
#用format()函数返回格式化的字符串
```

```
amount=12618.98
interestRate=0.0013
interest=amount*interestRate
free=amount-interest
print("宋慧的应发工资=",amount)
print("宋慧所交的税率=",interestRate)
print("宋慧所交的税费=",interest)
print("宋慧的实发工资=",free)
```

代码调试后运行结果如下：

```
宋慧的应发工资=12618.98
宋慧所交的税率=0.0013
宋慧所交的税费=16.404674
宋慧的实发工资=12602.575326
```

第二步：用四舍五入函数来保留两位小数位数（有可能显示出来不是两位小数）。

```
import math
#用四舍五入函数来保留两位小数位数
amount=12618.98
interestRate=0.2
interest=amount*interestRate
free=amount-interest
print("宋慧的应发工资=",amount)
print("宋慧所交的税率=",interestRate)
print("宋慧所交的税费=",round(interest,2))
print("宋慧的实发工资=",round(free,2))
```

代码调试后运行结果如下：

```
宋慧的应发工资=12618.98
宋慧所交的税率=0.2
宋慧所交的税费=2523.8
宋慧的实发工资=10095.18
```

第三步：用 format 函数来完整地保留两位小数位数（有四舍五入）。

```
import math
#用format()函数来完整的保留两位小数位数
amount=14618.98
interestRate=0.323
interest=amount*interestRate
free=amount-interest
print("宋慧的应发工资=",amount)
print("宋慧所交的税率=",format(interestRate,".2f"))
print("宋慧所交的税费=",format(interest,".2f"))
print("宋慧的实发工资=",format(free,".2f"))
```

代码调试后运行结果如下：

```
宋慧的应发工资=14618.98
宋慧所交的税率=0.32
宋慧所交的税费=4721.93
宋慧的实发工资=9897.05
```

第四步：设置数字格式为：[域宽度].[精度][转换码]。

```
import math
#用format()函数来格式化浮点数。
#数字格式为：[域宽度].[精度][转换码]。
#宽度会根据格式化这个数所需宽度自动设置。
#如果省略宽度，它就默认为0，会自动设置宽度。
amount=14618.98
interestRate=0.323
interest=amount*interestRate
free=amount-interest
print("宋慧的应发工资=",format(amount,"10.2f"))
print("宋慧所交的税率=",format(interestRate,"10.2f"))
print("宋慧所交的税费=",format(interest,"10.2f"))
print("宋慧的实发工资=",free)
print("宋慧的实发工资=",format(free,"10.2f"))
```

代码调试后运行结果如下：

```
宋慧的应发工资=14618.98
宋慧所交的税率=0.32
宋慧所交的税费=4721.93
宋慧的实发工资=9897.049459999998
宋慧的实发工资=9897.05
```

第五步：用科学记数法来格式化浮点数。

```
import math
#用科学记数法来格式化浮点数，e+，e-。
amount=14618.98
interestRate=0.323
interest=amount*interestRate
free=amount-interest
print("宋慧的应发工资=",format(amount,"10.2e"))
print("宋慧所交的税率=",format(interestRate,"10.2e"))
print("宋慧所交的税费=",format(interest,"10.2e"))
print("宋慧的实发工资=",free)
print("宋慧的实发工资=",format(free,"10.2e"))
```

代码调试后运行结果如下：

```
宋慧的应发工资=1.46e+04
宋慧所交的税率=3.23e-01
宋慧所交的税费=4.72e+03
宋慧的实发工资=9897.049459999998
宋慧的实发工资=9.90e+03
```

第六步：格式化成百分数。

```
import math
#格式化成百分数
amount=14618.98
interestRate=0.323
interest=amount*interestRate
free=amount-interest
print("宋慧的应发工资=",format(amount,"10.2%"))
print("宋慧所交的税率=",format(interestRate,"10.2%"))
print("宋慧所交的税费=",format(interest,"10.2%"))
print("宋慧的实发工资=",free)
print("宋慧的实发工资=",format(free,"10.2%"))
```

代码调试后运行结果如下：

```
宋慧的应发工资=1461898.00%
宋慧所交的税率=32.30%
宋慧所交的税费=472193.05%
宋慧的实发工资=9897.049459999998
宋慧的实发工资=989704.95%
```

第七步：调整格式为左对齐（“<”），默认格式为右对齐（“>”）。

```
import math
#调整格式为左对齐（默认为右对齐）
amount=14618.98
interestRate=0.323
interest=amount*interestRate
free=amount-interest
print("宋慧的应发工资=",format(amount,"<10.2f"))
print("宋慧所交的税率=",format(interestRate,"<10.2f"))
print("宋慧所交的税费=",format(interest,"<10.2f"))
print("宋慧的实发工资=",free)
print("宋慧的实发工资=",format(free,"<10.2f"))
```

代码调试后运行结果如下：

```
宋慧的应发工资=14618.98
宋慧所交的税率=0.32
宋慧所交的税费=4721.93
宋慧的实发工资=9897.049459999998
宋慧的实发工资=9897.05
```

第八步：分别用 d、x、o、b 转换码来格式化成十进制、十六进制、八进制、二进制。

```
import math
#格式化整数
amount=14618.98
interestRate=0.323
interest=amount*interestRate
free=round(amount-interest)
print("宋慧的实发工资=",free)
print("宋慧的实发工资=",format(free,"10d"))
print("宋慧的实发工资=",format(free,"<10d"))
```

```
print("宋慧的实发工资=",format(free,"10x"))
print("宋慧的实发工资=",format(free,"10o"))
print("宋慧的实发工资=",format(free,"10b"))
```

代码调试后运行结果如下：

```
宋慧的实发工资=9897
宋慧的实发工资=9897
宋慧的实发工资=9897
宋慧的实发工资=26a9
宋慧的实发工资=23251
宋慧的实发工资=10011010101001
```

第九步：格式化字符串，可以用转换码 s 将一个字符串格式化为一个指定宽度的字符串。

```
import math
str="Welcome to Sh"
print(format(str,"20s"))
print(format(str,"<20s"))
print(format(str,">20s"))
print(format(str+" and Peking",">20s"))
```

代码调试后运行结果如下：

```
Welcome to Sh
Welcome to Sh
       Welcome to Sh
Welcome to Sh and Peking
```

四、任务小结

（1）round(number,2) 可以将 number 保留两位小数，但用 format(number,."2f") 效果更好。

（2）format() 可以指定字符串的宽度和精度，f 被称为转换码，它为浮点数设定格式。

（3）将转换码 f 变成 e，数字将被格式化为科学记数法，符号 + 和 - 也被算在宽度里。

（4）使用转换码 % 将一个数字格式化成百分数，符号 % 也被算在宽度里面。

（5）默认情况下一个数的格式是右对齐的，用符号 < 可以指定宽度为左对齐。

（6）d、x、o、b 这四个转换码分别用来格式化十进制数、十六进制数、八进制数和二进制数。

（7）使用转换码 s 将一个字符串格式化成一个指定宽度的字符串。

五、任务拓展

（1）Python2.6 开始，新增了一种格式化字符串的函数 str.format()，它增强了字符串格式化的功能，基本语法是通过 {} 和 : 来代替以前的 % ，format() 函数可以接受很多个参数，位置可以不按顺序。实例如下：

```
>>>"{} {}".format("hello", "world")                    #不设置指定位置，按默认顺序
'hello world'
>>> "{0} {1}".format("hello", "world")                 #设置指定位置
'hello world'
>>> "{1} {0} {1}".format("hello", "world")             #设置指定位置
'world hello world
```

（2）也可以设置参数，实例如下：

```
#!/usr/bin/python
#-*- coding: utf-8 -*-
print("网站名: {name}, 地址 {url}".format(name="QQ网站", url="www.qq.com"))
#通过字典设置参数
site = {"name": "QQ网站", "url": "www.qq.com"}
print("网站名: {name}, 地址 {url}".format(**site))
```

```
# 通过列表索引设置参数
my_list = ['QQ网站', 'www.qq.com']
print("网站名：{0[0]}, 地址 {0[1]}".format(my_list))        # "0" 是必须的
输出结果为：
网站名：QQ网站, 地址 www.qq.com
网站名：QQ网站, 地址 www.qq.com
网站名：QQ网站, 地址 www.qq.com
```

（3）也可以向 str.format() 传入对象，实例如下：

```
#!/usr/bin/python
# -*- coding: utf-8 -*-

class AssignValue(object):
    def __init__(self, value):
        self.value = value
my_value = AssignValue(6)
print('value 为：{0.value}'.format(my_value))        # "0" 是可选的
输出结果为：
value 为：6
```

六、任务思考

（1）向左对齐格式化项目如何设置？

（2）如何将整数格式化为十进制数、八进制数、二进制数、十六进制数？

（3）如何将小数格式化为浮点数和科学记数法形式的数？

任务五　实现字符串与正则表达式的编程

一、任务描述

上海御恒信息科技有限公司接到客户的一份订单，要求用 Python 实现字符串与正则表达式的编程。公司刚招聘了一名程序员小张，软件开发部经理要求他尽快熟悉字符串和正则表达式的基本语法，小张按照经理的要求进行以下任务分析。

视 频

实现字符串与正则表达式的编程

二、任务分析

正则表达式是一个特殊的字符序列，它能帮助你方便地检查一个字符串是否与某种模式匹配。Python 自 1.5 版本起增加了 re 模块，它提供 Perl 风格的正则表达式模式。re 模块使 Python 语言拥有全部的正则表达式功能。compile() 函数根据一个模式字符串和可选的标志参数生成一个正则表达式对象。该对象拥有一系列方法用于正则表达式匹配和替换。re 模块也提供了与这些方法功能完全一致的函数，这些函数使用一个模式字符串作为它们的第一个参数。下面通过任务实施来介绍 Python 中常用的正则表达式处理函数。

三、任务实施

第一步：输出一段英文中所有长度为 3 个字母的单词。

```
import re
x=input("Please input a string:")
condition=re.compile(r'\b[a-zA-Z]{3}\b')
print(condition.findall(x))
```

第二步：将十进制 2025 转化为八进制和十六进制。

```
numD=2025
```

```
print("%o"%numD)    #结果为: 3751
print("%x"%numD)    #结果为: 7e9
```

第三步：利用 format() 函数来输出数据。

```
radius=120.15
circleArea=math.pi*math.pow(radius,2)
print("半径为{}的圆面积是{}".format(radius,circleArea))
print("半径为"+str(radius)+"的圆面积是"+str(circleArea))            #str()是字符串
print("半径为%f"%(radius),"的圆面积是%f"%(circleArea))              #%f是浮点数
print("半径为%g"%(radius),"的圆面积是%g"%(circleArea))              #%g是指数或浮点数
print("半径为%e"%(radius),"的圆面积是%e"%(circleArea))              #%e是指数（基底为e）
```

运行结果如下：

```
半径为120.15的圆面积是45352.10223305696
半径为120.15的圆面积是45352.10223305696
半径为120.150000 的圆面积是45352.102233
半径为120.15 的圆面积是45352.1
半径为1.201500e+02 的圆面积是4.535210e+04
```

第四步：字符串的常见方法 find() 是在一个字符串中查找另一个字符串的出现位置。

```
id="31010320031216032X"
myIndex=id.find("3")
print("第一次出现3的位置是: {}".format(myIndex))
myIndex=id.find("3",5)
print("第二次出现3的位置是: {}".format(myIndex))
myIndex=id.find("3",9)
print("第二次出现3的位置是: {}".format(myIndex))
```

运行结果如下：

```
第一次出现3的位置是: 0
第二次出现3的位置是: 5
第二次出现3的位置是: 9
```

第五步：字符串的常见方法 join() 是将列表中的多个字符串进行连接，并可在中间插入字符，效率比加号高。

```
myMountain=["北岳恒山","南岳衡山","西岳华山","东岳泰山","中岳嵩山"]
mySign="###"
myMountain=mySign.join(myMountain)
print(myMountain)
```

运行结果如下：

```
北岳恒山###南岳衡山###西岳华山###东岳泰山###中岳嵩山
```

第六步：字符串的常见方法 replace() 是将一个字符串替换成另一个字符串。

```
myBuilding="黄鹤楼"
yourBuilding=myBuilding.replace("黄鹤","岳阳")
print(myBuilding+"替换为"+yourBuilding)
```

运行结果如下：

```
黄鹤楼替换为岳阳楼
```

第七步：生成 8 位随机密码。

```
import string
myChar=string.digits+string.ascii_letters+string.punctuation

import random
```

```
print("".join([random.choice(myChar) for i in range(8)]))
print("".join(random.sample(myChar,8)))
```

运行结果如下：

```
:M+!#J{T
k=HOxqgr
```

四、任务小结

（1）用 compile() 函数将一个字符串编译为字节代码。

（2）用 %o 和 %x 来输出八进制数和十六进制数。

（3）利用 format() 函数来输出不同格式的数据。

（4）find() 可以在一个字符串中查找另一个字符串出现的位置。

（5）字符串的常见方法 join() 可以将列表中的多个字符串进行连接，并可在中间插入字符，效率比加号高。

（6）字符串的常见方法 replace() 是将一个字符串替换成另一个字符串。

（7）可以用 string.digits，string.ascii_letters，string.punctuation 及 "".join(random.choice()) 生成随机密码。

（8）用 findall() 函数返回正则表达式在字符串中所有匹配结果的列表。

五、任务拓展

（1）Regular Expression 的具体语法。

```
"."        任意字符
"^"        字符串开始       '^hello'匹配'helloworld'而不匹配'aaaahellobbb'
"$"        字符串结尾       与上同理
"*"        0 个或多个字符（贪婪匹配）      <*>匹配<title>chinaunix</title>
"+"        1 个或多个字符（贪婪匹配）      与上同理
"?"        0 个或多个字符（贪婪匹配）      与上同理
*?,+?,??   以上三个取第一个匹配结果（非贪婪匹配）  <*>匹配<title>
{m,n}      对于前一个字符重复m到n次，{m}亦可    a{6}匹配6个a、a{2,4}匹配2到4个a
{m,n}?     对于前一个字符重复m到n次，并取尽可能少  'aaaaaa'中a{2,4}只会匹配2个
"\\"       特殊字符转义或者特殊序列
[]         表示一个字符集   [0-9]、[a-z]、[A-Z]、[^0]
"|"        或       A|B,或运算
(...)      匹配括号中任意表达式
(?#...)    注释，可忽略
(?=...)    Matches if ... matches next, but doesn't consume the string.     '(?=test)'
           在hellotest中匹配hello
(?!...)    Matches if ... doesn't match next. '(?!=test)'  若hello后面不为test，匹配hello
(?<=...)   Matches if preceded by ... (must be fixed length).   '(?<=hello)test'   在
           hellotest中匹配test
(?<!...)   Matches if not preceded by ... (must be fixed length).     '(?<!hello)test'
           在hellotest中不匹配test
```

（2）特殊序列符号及其意义。

\A：只在字符串开始进行匹配。

\Z：只在字符串结尾进行匹配。

\b：匹配位于开始或结尾的空字符串。

\B：匹配不位于开始或结尾的空字符串。

\d：相当于 [0-9]。

\D：相当于 [^0-9]。

\s：匹配任意空白字符 :[\t\n\r\r\v]。

\S：匹配任意非空白字符 :[^\t\n\r\r\v]。

\w：匹配任意数字和字母 :[a-zA-Z0-9]。

\W：匹配任意非数字和字母 :[^a-zA-Z0-9]。

（3）常用的功能函数包括：compile()、search()、match()、split()、findall()（finditer()）、sub()（subn()）。

六、任务思考

（1）如何匹配任意空白字符？
（2）如何表示一个字符集？
（3）join() 方法和加号，哪个效率高？

任务六 绘制各种不同图形

一、任务描述

视频
绘制各种图形

上海御恒信息科技有限公司接到客户的一份订单，要求用 Python 实现绘制各种不同图形。公司刚招聘了一名程序员小张，软件开发部经理要求他尽快熟悉绘制各种不同图形，小张按照经理的要求选取了一些算法来实现绘制各种不同图形。

二、任务分析

Python 中的一个 turtle 实际上是一个对象，在导入 turtle 模块时，就创建了对象。然后可以调用 turtle 对象的诸如移动笔、设置笔的大小、举起和放下笔等方法完成来完成不同的操作。在创建一个 turtle 对象后，它的位置被设定在（0，0）处，即窗口的中心，且它的方向被设置为向右，turtle 模块用笔来绘制图形。默认情况下，笔是向下的，这样移动 turtle 时，它就会绘制出一条从当前位置到新位置的线，下面就通过任务实施来一步步实现。

三、任务实施

第一步：turtle 笔的绘图状态的方法。

```
turtle.pendown()                        #落笔开始绘制
turtle.penup()                          #提笔不绘制
turtle.pensize(width)                   #设置笔的粗细
```

第二步：turtle 运动的方法。

```
turtle.forward(distance)                #朝指向方向向前移动指定距离
turtle.backward(distance)               #朝指向方向相反方向移动指定距离
turtle.right(angle)                     #向右转动指定角度
turtle.left(angle)                      #向左转动指定角度
turtle.goto(x,y)                        #定位绝对位置
turtle.setx(x)                          #定位x坐标
turtle.sety(y)                          #定位y坐标
turtle.setheading(angle)                #设定角度（0-east,90-north,180-west,270,south）
turtle.home()                           #起点为(0,0)
turtle.circle(radius,ext,step)          #画圆
turtle.dot(diameter,color)              #用直径和颜色画圆
turtle.undo()                           #撤销最后一个操作
turtle.speed(second)                    #设置速度（1最小，10最大）
```

第三步：导入 turtle 模块。

```
import turtle                           #导入turtle模块
```

第四步：绘制一个三角形。

```
turtle.pensize(3)                       #设置画笔的粗细为3个像素
turtle.penup()                          #将画笔抬起
```

```
turtle.goto(-200,-50)                    #移动坐标
turtle.pendown()                         #将画笔放下
turtle.circle(40,steps=3)                #开始绘制一个三角形
```

第五步：绘制一个正方形。

```
turtle.penup()                           #将画笔抬起
turtle.goto(-100,-50)                    #移动坐标
turtle.pendown()                         #将画笔放下
turtle.circle(40,steps=4)                #开始绘制一个正方形
```

第六步：绘制一个五边形。

```
turtle.penup()                           #将画笔抬起
turtle.goto(0,-50)                       #移动坐标
turtle.pendown()                         #将画笔放下
turtle.circle(40,steps=5)                #开始绘制一个五边形
```

第七步：绘制一个六边形。

```
turtle.penup()                           #将画笔抬起
turtle.goto(100,-50)                     #移动坐标
turtle.pendown()                         #将画笔放下
turtle.circle(40,steps=6)                #开始绘制一个六边形
```

第八步：绘制一个圆。

```
turtle.penup()                           #将画笔抬起
turtle.goto(200,-50)                     #移动坐标
turtle.pendown()                         #将画笔放下
turtle.circle(40)                        #开始绘制一个圆
```

第九步：使程序暂停直到用户关闭 Python Turtle 图形化窗口。

```
turtle.done()                            #程序暂停使用户有时间来查看图形
```

第十步：将完整代码放入 IDLE 中进行调试，如图 3-3 所示。

运行结果如图 3-4 所示。

```
import turtle                 #导入turtle模块
turtle.pensize(3)             #设置画笔的粗细为3个像素
turtle.penup()                #将画笔抬起
turtle.goto(-200,-50)         #移动坐标
turtle.pendown()              #将画笔放下
turtle.circle(40,steps=3)     #开始绘制一个三角形
turtle.penup()                #将画笔抬起
turtle.goto(-100,-50)         #移动坐标
turtle.pendown()              #将画笔放下
turtle.circle(40,steps=4)     #开始绘制一个正方形
turtle.penup()                #将画笔抬起
turtle.goto(0,-50)            #移动坐标
turtle.pendown()              #将画笔放下
turtle.circle(40,steps=5)     #开始绘制一个五边形
turtle.penup()                #将画笔抬起
turtle.goto(100,-50)          #移动坐标
turtle.pendown()              #将画笔放下
turtle.circle(40,steps=6)     #开始绘制一个六边形
turtle.penup()                #将画笔抬起
turtle.goto(200,-50)          #移动坐标
turtle.pendown()              #将画笔放下
turtle.circle(40)             #开始绘制一个圆
turtle.done()                 #程序暂停使用户有时间来查看图形
```

图 3-3　Python 绘制各种图形的源代码

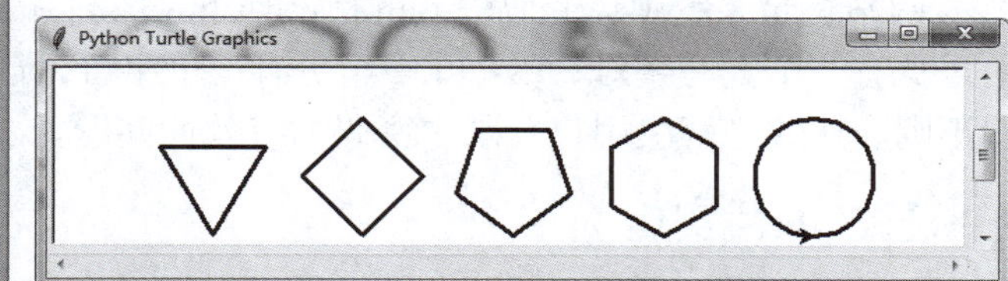

图 3-4　用 Python 绘制各种图形的程序运行结果

四、任务小结

（1）用 import turtle 导入 turtle 模块。

（2）用 turtle.pensize(像素值) 设置笔的粗细。

（3）用 turtle.penup() 将笔抬起。

（4）用 turtle.goto(x,y) 移动笔到指定位置。

（5）用 turtle.pendown() 将笔放下。

（6）用 turtle.circle(radius,steps= 步长值) 方法中的半径和步长 3、步长 4、步长 5、步长 6 来分别绘制三角形、正方形、五边形和六边形。

五、任务拓展

（1）turtle.color(c) 可以设置笔的颜色。

（2）turtle.fillcolor(c) 可以设置笔填充颜色。

（3）turtle.begin_fill() 在填充图形前访问这个方法。

（4）turtle.end_fill() 在最后调用 begin_fill 之前填充绘制的图形。

（5）turtle.filling() 返回填充状态。

（6）turtle.clear() 清除窗口并使 turtle 的状态和位置不受影响。

（7）turtle.reset() 清除窗口并将状态和位置复位为初始默认值。

（8）turtle.hideturtle() 隐藏 turtle。

（9）turtle.showturtle() 显示 turtle。

（10）turtle.isvisible() 表示如果 turtle 可见，返回 True。

（11）turtle.write(string, font=(" 字体 ", 字号 , 字体类型)) 可以设置字体。

六、任务思考

（1）如何设置 turtle 的颜色？

（2）如何给图形填充颜色？

（3）如何使 turtle 不可见？

综合部分

项目综合实训
实现登录系统中密码的有效性校验

视 频

实现登录系统中密码的有效性校验

一、项目描述

上海御恒信息科技有限公司接到客户的一份订单，要求用 Python 为某网站设计用户登录中密码的有效性。公司刚招聘了一名程序员小张，软件开发部经理要求他尽快熟悉字符串和正则表达式，小张按照经理的要求进行以下的项目分析。

二、项目分析

网站登录系统中，密码输入的标准如下：[a-z] 中至少有一个小写字母，[0-9] 中至少有一个数字，[A-Z] 中至少有一个大写字母，[$#@] 中至少有一个字符，最小密码长度为 6，最大密码长度为 12。所以要考虑使用正则表达式来解决用户登录中密码的有效性问题。

三、项目实施

第一步：导入 re 模块。

```
#Python 的 re 模块（Regular Expression 正则表达式）提供各种正则表达式的匹配
import re
```

第二步：设计字符串输入。

```
value=[]
print("请输入: ")
items=[x for x in input().split(',')]                    #程序接受一系列逗号分隔的密码
```

第三步：设计循环结构并嵌套分支结构。

```
for p in items:
        if len(p)<6 or len(p)>12:                        #最小交易密码长度为6,最大交易密码长度为12
           continue
        else:
           pass
        if not re.search("[a-z]",p):                     #要求至少有一个小写字母
           continue
        elif not re.search("[0-9]",p):                   #要求至少有一个数字
           continue
        elif not re.search("[A-Z]",p):                   #要求至少有一个大写字母
           continue
        elif not re.search("[$#@]",p):                   #要求至少有一个字符
           continue
        elif re.search("[\s]",p):                        #匹配任意空白字符
           continue
        else:
           pass
        value.append(p)
```

第四步：输出结果。

```
print(",".join(value))                                   #打印符合条件的密码
```

第五步：在 IDLE 输入完整的代码，如图 3-5 所示。

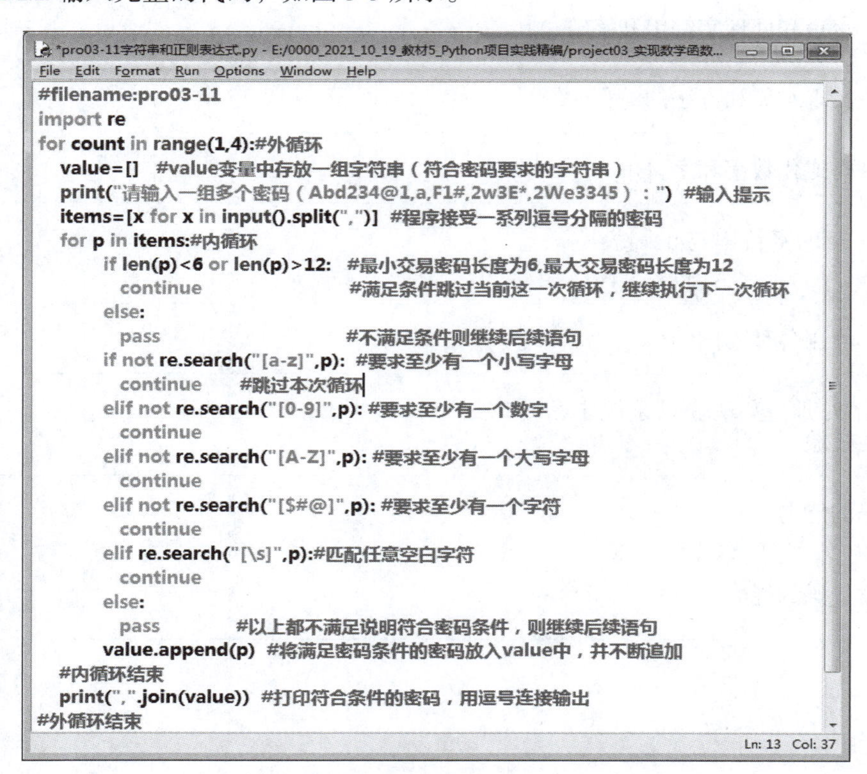

图 3-5　登录密码有效性校验的 Python 程序

第六步：整个程序调试后运行结果如图 3-6 所示。

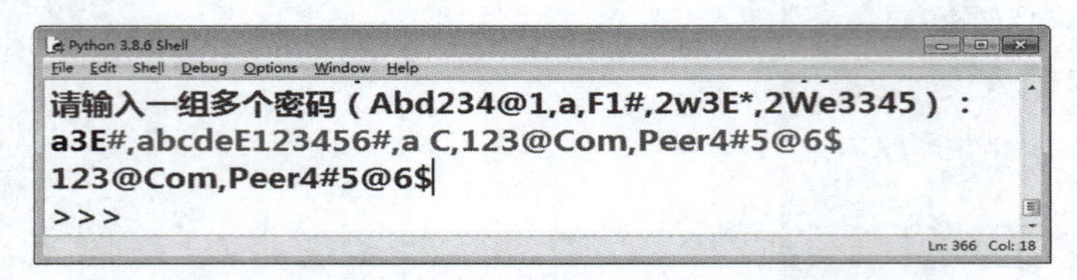

图 3-6　登录密码有效性校验程序的运行结果

四、项目小结

（1）导入 re 模块。

（2）设计字符串输入。

（3）设计循环结构并嵌套分支结构。

（4）输出结果。

项目实训评价表

项目三　实现数学函数、字符串和对象的编程						
	内　容					
	评价项目	整体架构（20%）	注释（20%）	分支结构（30%）	循环结构（30%）	综合评价（100%）
职业能力	任务一　实现 math 模块中的数学函数的编程					
	任务二　表示和处理字符串和字符					
	任务三　实现对象和方法的编程					
	任务四　格式化数字和字符串					
	任务五　实现字符串与正则表达式的编程					
	任务六　绘制各种不同图形					
	项目综合实训　实现登录系统中密码的有效性校验					
通用能力	阅读代码的能力					
	调试修改代码的能力					

评价等级说明表	
等　级	说　明
90% ～ 100%	能高质、高效地完成此学习目标的全部内容，并能解决遇到的特殊问题
70% ～ 80%	能高质、高效地完成此学习目标的全部内容
50% ～ 60%	能圆满完成此学习目标的全部内容，不需任何帮助和指导

项目四

搭建程序的基本控制结构

【知识目标】

1. 了解程序的顺序结构
2. 了解程序的分支结构
3. 掌握程序的分支嵌套
4. 掌握程序的循环结构
5. 掌握程序的循环嵌套

【能力目标】

1. 能够根据企业的需求搭建合适的程序的顺序结构
2. 能够运用程序的分支结构编写简单的 Python 程序
3. 能够使用程序的分支嵌套进行简单的算术运算
4. 能够搭建程序的循环结构
5. 能够搭建程序的循环嵌套

【素质目标】

1. 树立创新意识、创新精神
2. 能够和团队成员协商，共同完成实训任务
3. 能够借助网络平台搜集程序的基本控制结构的相关信息
4. 具备数据思维和用数据发现问题的能力

思维导图

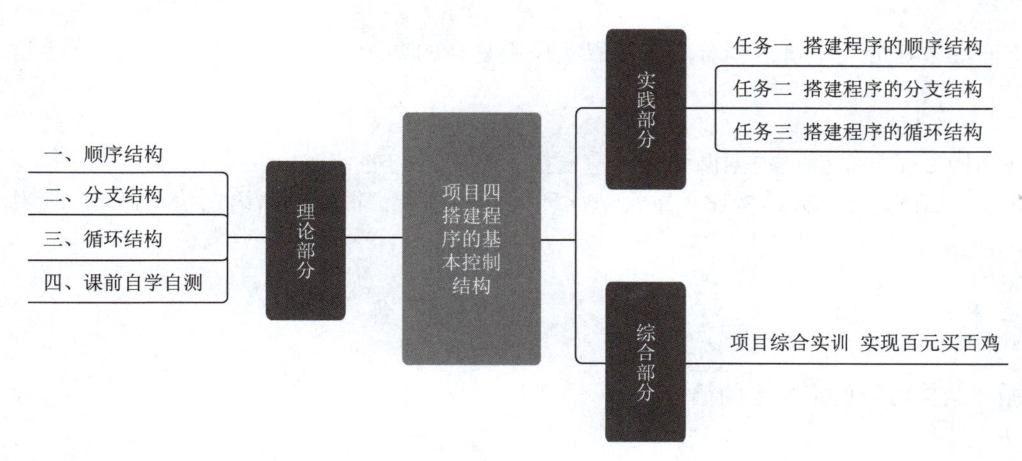

理论部分

一、顺序结构

（1）顺序结构：语句从上到下，从左到右按顺序执行。

（2）顺序结构的典型构成如下：

① 程序的输入部分。

② 程序的处理部分（算法）。

③ 程序的输出部分。

二、分支结构

（1）Python 中的分支结构是一种选择结构，它能够判断真假。

（2）单分支：如果条件正确就执行一个单向 if 语句。注：if 块中的语句都要在 if 语句之后缩进。

```
if  条件1:
    语句1
```

（3）双分支：双向 if…else 语句根据条件是真还是假来决定要执行哪一个动作。如果条件是 True，那么 if 语句执行第一个动作，但当条件是 False 使用双向 if…else 来执行第二个动作。

```
if  条件1:
    语句1
else:
    语句2
```

（4）多条件分支：在 Python 中常用 if…elif…else 来实现多分支语句。Python 中的 if 语句就是选取要执行的结果，从一些备选的操作中进行要选择的语句。if 语句后面跟着一个或多个可选的 elif（else if），以及一个最终可选的 else 。在 if 语句执行时，Python 会执行第一个计算结果的代码块，如果之前的都是假时，就执行 else 块。

```
if   条件1:
    语句1
elif  条件2:
    语句2
elif  条件3:
    语句3
...
elif  条件n:
```

```
    语句n
else:
    语句n+1
```

(5) 分支嵌套：在分支中再嵌套分支，可以实现更复杂的功能。

三、循环结构

(1) 循环结构：循环结构是根据循环条件重复执行特定语句的结构。

(2) while 循环结构：while 结构比较重视对循环条件的判断，根据判断语句执行循环的动作。格式为：

```
while 循环条件:
    循环体语句
    计数器语句
循环结束时的输出语句
```

(3) for 循环结构可以设定特定的循环次数。

① 格式 1：

```
for 循环变量 in range(循环次数):
          循环体语句
```

② 格式 2：

```
for 循环变量 in range(起始次数,循环结束次数):
           循环体语句
```

③ 格式 3：

```
for 循环变量 in range(起始次数,循环结束次数,步长值):
          循环体语句
```

④ 格式 4：

```
for 列表变量 in 列表名:
          循环体语句
```

(4) 循环嵌套：在循环中再嵌套循环，可以实现更复杂的算法。

四、课前自学自测

(1) 请问何时使用顺序结构?

(2) 请问单分支、双分支、多条件分支有何区别?

(3) 请问 while 循环和 for 循环有何区别?

(4) 请问常见的循环嵌套分支能实现哪些操作?

实践部分

实训准备

【核心概念】

1. 程序的顺序结构
2. 程序的分支结构
3. 程序的分支嵌套
4. 程序的循环结构
5. 程序的循环嵌套

【实训目标】

1. 了解如何运用程序的顺序结构进行编程
2. 掌握运用程序的分支结构进行编程
3. 了解运用程序的分支嵌套进行编程
4. 掌握程序的分支嵌套
5. 掌握程序的循环嵌套

【实训项目描述】

1. 本项目有 3 个任务，从运用程序的顺序结构进行编程开始，引出程序的分支结构、程序的分支嵌套、程序的循环结构、程序的循环嵌套等任务

2. 明白编程的基本思维模式，如何从面向过程的编程思路过渡到面向对象编程的思路

3. 学会软件的具体开发流程并学会规范程序设计的风格

【实训步骤】

1. 运用程序的顺序结构进行编程
2. 运用程序的分支结构进行编程
3. 运用程序的循环结构进行编程

任务一　搭建程序的顺序结构

一、任务描述

视 频

搭建程序的顺序结构

上海御恒信息科技有限公司接到客户的一份订单，要求搭建 Python 中的控制结构。公司刚招聘了一名程序员小张，软件开发部经理要求他尽快熟悉 Python 中的顺序、分支及循环结构，小张按照经理的要求选取了一些算法来搭建 Python 中的控制结构。

二、任务分析

在 Python 程序的编写中，一般会设计 3 种程序结构，分别是顺序结构、分支结构和循环结构。其中顺序结构是按程序的执行步骤一步步搭建输入、处理、输出过程。分支结构是根据不同条件输出不同的结果。循环结构是重复执行某一个程序块。下面通过任务实施来先初步学习一下顺序结构，然后再看一下分支结构和循环结构怎么样设计。

三、任务实施

第一步：明确顺序结构的设计思路。

```
#1.输入部分
#2.处理部分
#3.输出部分
```

第二步：编写一个简单的顺序结构。

```
import math
r=1.0
s=math.pi*math.pow(r,2)
print("s=",s)
```

运行结果如下：

```
s= 3.141592653589793
```

第三步：明确比较运算符。

“==”是等于运算符，比较两个对象是否相等。

“！ =”是不等于运算符，比较两个对象是否不相等。

“>”是大于运算符，返回第一个对象是否大于第二个对象。

“<”是小于运算符，返回第一个对象是否小于第二个对象。

“>=”是大于等于运算符，返回第一个对象是否大于等于第二个对象。

“<=”是小于等于运算符，返回第一个对象是否小于等于第二个对象。

第四步：逻辑值有两个：0 和 1 或者 False 和 True。

int(True)：将逻辑真强制转换为整数 1。

int(False)：将逻辑假强制转换为整数 0。

bool(1)：将整数 1 强制转换为逻辑值 True。

bool(0)：将整数 0 强制转换为逻辑值 False。

第五步：产生随机数字。

```
import  random                              #导入一个random模块
random.randint(begin,end)                   #随机生成begin到end之间的整数
random.randrange(begin,End-1)               #随机生成begin到end-1之间的整数
random.random()                             #随机生成0<=r<=1.0的浮点数r
```

第六步：设计单分支结构。

```
if radius>=0:
   area=radius*radius*math.pi
   print("The area of the circle of radius",radius,"is",area)
if number % 2 ==0:
   print("这是一个偶数。")
```

第七步：设计双分支结构。

```
number=9
if number % 2 ==0:
   print("这是一个偶数。")
else:
   print("这是一个奇数。")
```

第八步：设计多条件分支结构。

```
score=98.5
if score>=90.0:
    grade="A"
elif score>=80.0:
    grade="B"
elif score>=70.0:
    grade="C"
elif score>=60.0:
    grade="D"
else:
    grade="E"
print("Your grade is ",grade)
```

运行结果如下：

```
Your grade is  A
```

第九步：设计分支嵌套。

```
score=78.5
```

```
if score>=90.0:
    grade="A"
else:
    if score>=80.0:
        grade="B"
    else:
        if score>=70.0:
            grade="C"
        else:
            if score>=60.0:
                grade="D"
            else:
                grade="E"
print("Your grade is ",grade)
```

运行结果如下：

```
Your grade is  C
```

第十步：设计 while 循环结构求 1+2+…+100。

```
sum=0
i=1
while i<=100:                              #当条件为真时，重复执行循环体
    sum+=i
    i+=1
print("sum="+str(sum))
```

运行结果如下：

```
sum=5050
```

第十一步：设计 for 循环结构求 1+2+…+100。

```
sum=0
#for循环通过一个序列中的每个值来进行迭代
for i in range(1,101,1):                   #range(初值,终值+1,步长)
    sum+=i
print("sum="+str(sum))
```

运行结果如下：

```
sum=5050
```

第十二步：设计嵌套循环。

```
i=1
while i<=5:                                #当条件为真时，重复执行循环体
    for j in range(1,i+1):
        print("*",end=" ")
    print()
    i+=1
```

运行结果如下：

```
*
* *
* * *
* * * *
* * * * *
```

第十三步：break 与 continue。

break 为立即结束整个循环，continue 为结束本次循环，继续执行下一次循环。

四、任务小结

（1）顺序结构是按顺序依次执行相关语句。

（2）分支结构是根据不同的条件选择执行相关的语句。

（3）循环结构是根据循环条件反复执行同一代码块。

五、任务拓展

（1）用 Python 设计一个判断谁在休息的程序，需要用到 Python 的三重循环。

（2）分析以上问题的步骤如下：

① 总共有 police，thief，spy 三个人；police 说 thief 在休息；thief 说 spy 在休息；spy 说 police 和 thief 都在休息。

② 要求用 Python 编程求出谁在休息，谁没有休息？根据以上任务拆分的内容来设计以下算法：

```
(police==1 and thief==0)  or(police==0 and thief==1)
(thief==1 and spy==0)  or  (thief==0 and spy==1)
(Spy==1 and police==0 and thief==0) or (Spy==0 and police+thief!=0)
```

（3）具体设计程序的步骤如下。

第一步：设计第一个外循环。

```
for police in range(0,2):
```

第二步：设计第二个外循环。

```
for thief in range(0,2):
```

第三步：设计第三个循环（内循环）。

```
    for spy in range(0,2):
```

第四步：设计内循环体中的分支结构。

```
 if ((police and not thief or not police and thief) and (thief and not spy or not thief and spy) and (spy and police==0 and thief==0 or not spy and (police+thief)!=0)):
```

第五步：设计内循环体中分支结构中的输出语句。

```
        print("Police is:%s"%("在休息的人" if police==1 else "没有在休息的人"))
        print("Thief is:%s"%("在休息的人" if thief==1 else "没有在休息的人"))
        print("Spy is:%s"%("在休息的人" if spy==1 else "没有在休息的人"))
```

（4）在 Python 的 IDLE 中输入完整代码，保存并调试，如图 4-1 所示。

（5）运行结果如图 4-2 所示。

```
# -*- coding:utf-8 -*-
import math

#第一步：设计第一个外循环。
for police in range(0,2):
  #第二步：设计第二个外循环。
  for thief in range(0,2):
    #第三步：设计第三个循环（内循环）。
    for spy in range(0,2):
      #第四步：设计内循环体中的分支结构。
      if ((police and not thief or not police and thief) and
         (thief and not spy or not thief and spy) and
         (spy and police==0 and thief==0 or not spy and (police+thief)!=0)):
        #第五步：设计内循环体中分支结构中的输出语句。
        print("Police is:%s"%("在休息的人" if police==1 else "没有在休息的人"))
        print("Thief is:%s"%("在休息的人" if thief==1 else "没有在休息的人"))
        print("Spy is:%s"%("在休息的人" if spy==1 else "没有在休息的人"))
```

图 4-1　判断谁在休息的程序

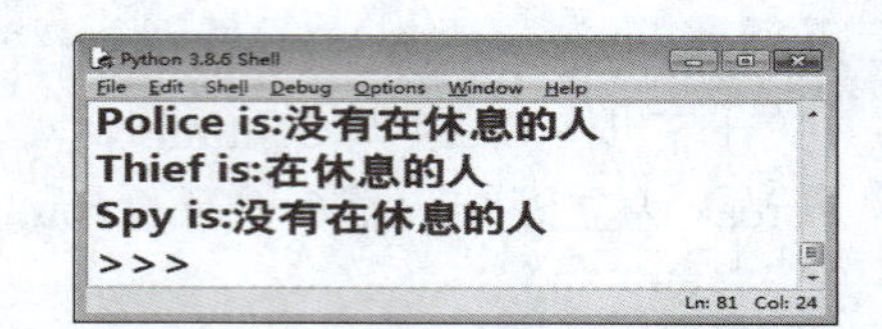

图 4-2　判断谁在休息的程序的运行结果

六、任务思考

（1）顺序结构是否也可以包含循环和分支结构。

（2）多条件分支结构的优点是什么？

（3）循环结构都有哪些不同的写法，它们的区别是什么？

任务二　搭建程序的分支结构

一、任务描述

搭建程序的分支结构

上海御恒信息科技有限公司接到客户的一份订单，要求用 Python 的分支结构设计员工的工资计算程序。软件开发部经理要求程序员小张尽快熟悉 Python 的分支结构，小张按照经理的要求设计分支结构进行任务分析。

二、任务分析

首先设计单分支结构初步搭建工资计算程序并修改可能出现的代码错误，其次设计双分支结构来完善工资的计算并修改可能出现的代码错误，再次设计多条件分支结构来细化工资的计算并修改可能出现的代码错误，然后设计分支嵌套结构来优化工资计算的程序，最后添加循环结构来搭建多次工资的计算操作并添加注释便于阅读和多人编程合作。

三、任务实施

第一步：使用单分支结构初步搭建工资计算程序。

```
# -*- coding:utf-8  -*-
import math

id=input("请输入员工的工号: ")
workHours=float(input("请输入员工工作的时长: "))
basicSalary=1500
if workHours>0 and workHours<=196:
    finalSalary=basicSalary+workHours*20
print("工号为"+id+"的员工最终拿到的工资是"+str(finalSalary)+"\n")
```

调试以上程序，运行结果如下：

```
请输入员工的工号: 2021001
请输入员工工作的时长: 13
工号为2021001的员工最终拿到的工资是1760.0
```

再次调试以上程序，运行结果如下（发现有错误）：

```
请输入员工的工号: 2021002
请输入员工工作的时长: -10
Traceback (most recent call last):
  File "D:/lx3.py", line 9, in <module>
    print("工号为"+id+"的员工最终拿到的工资是"+str(finalSalary)+"\n")
NameError: name 'finalSalary' is not defined
```

分析错误的原因：因为不满足条件，所以变量 finalSalary 永远得不到值，最后输出时显示 NameError，变量 finalSalary 未定义。

修改以上的单分支结构。

```
# -*- coding:utf-8  -*-
```

```
import math

id=input("请输入员工的工号: ")
workHours=float(input("请输入员工工作的时长: "))
basicSalary=1500
finalSalary=0.0
if workHours>0 and workHours<=196:
    finalSalary=basicSalary+workHours*20
print("工号为"+id+"的员工最终拿到的工资是"+str(finalSalary)+"\n")
```

调试以上程序，运行结果如下：

```
请输入员工的工号: 2021002
请输入员工工作的时长: -10
工号为2021002的员工最终拿到的工资是0.0
```

第二步：使用双分支结构来完善工资的计算。

```
# -*- coding:utf-8  -*-
import math

id=input("请输入员工的工号: ")
workHours=float(input("请输入员工工作的时长: "))
basicSalary=1500
finalSalary=0.0
if workHours>0 and workHours<=196:
    finalSalary=basicSalary+workHours*20
else:
    finalSalary=basicSalary*1.1+workHours*40
print("工号为"+id+"的员工最终拿到的工资是"+str(finalSalary)+"\n")
```

调试以上程序，运行结果如下：

```
请输入员工的工号: 2021003
请输入员工工作的时长: 360
工号为2021003的员工最终拿到的工资是16050.0
```

再次调试以上程序，运行结果如下（发现结果出现逻辑错误）：

```
请输入员工的工号: 2021003
请输入员工工作的时长: -360
工号为2021003的员工最终拿到的工资是-12750.0
```

分析错误的原因：因为条件不成立的情况有两种，一种是工作时长大于 196，一种是工作时长小于 0。双分支只能一次解决一种情况。那思考一下，如何解决？

第三步：使用多条件分支结构来细化工资的计算。

```
# -*- coding:utf-8  -*-
import math

id=input("请输入员工的工号: ")
workHours=float(input("请输入员工工作的时长: "))
basicSalary=1500
finalSalary=0.0
if workHours>0 and workHours<=196:
    finalSalary=basicSalary+workHours*20
    print("工号为"+id+"的员工最终拿到的工资是"+str(finalSalary)+"\n")
elif workHours>196:
    finalSalary=basicSalary*1.1+workHours*40
    print("工号为"+id+"的员工最终拿到的工资是"+str(finalSalary)+"\n")
else:
    print("工作时长必须要大于0")
```

调试以上程序，分别运行三次的结果如下：

```
============== RESTART: D:/lx3-04.py ==============
请输入员工的工号：2021004
请输入员工工作的时长：-360
工作时长必须要大于0
>>>
============== RESTART: D:/lx3-04.py ==============
请输入员工的工号：2021005
请输入员工工作的时长：120
工号为2021005的员工最终拿到的工资是3900.0

>>>
============== RESTART: D:/lx3-04.py ==============
请输入员工的工号：2021006
请输入员工工作的时长：360
工号为2021006的员工最终拿到的工资是16050.0

>>>
```

分析以上代码，观察代码是否有冗余？并进行修改，代码如下：

```
# -*- coding:utf-8  -*-
import math

id=input("请输入员工的工号：")
workHours=float(input("请输入员工工作的时长："))
basicSalary=1500
finalSalary=0.0
if workHours>0 and workHours<=196:
    finalSalary=basicSalary+workHours*20
elif workHours>196:
    finalSalary=basicSalary*1.1+workHours*40
else:
    finalSalary="(警告：工作时长必须要大于0！！！)"
print("工号为"+id+"的员工最终拿到的工资是"+str(finalSalary)+"\n")
```

修改后调试程序，运行结果如下：

```
请输入员工的工号：3
请输入员工工作的时长：-10
工号为3的员工最终拿到的工资是(警告：工作时长必须要大于0！！！)
```

第四步：使用分支嵌套结构来优化工资计算的程序，可同样搭建多分支结构的效果。

```
# -*- coding:utf-8  -*-
import math

id=input("请输入员工的工号：")
workHours=float(input("请输入员工工作的时长："))
basicSalary=1500
finalSalary=0.0
if workHours>0 and workHours<=196:
    finalSalary=basicSalary+workHours*20
else:
    if workHours>196:
        finalSalary=basicSalary*1.1+workHours*40
    elif workHours<=0:
        finalSalary="(警告：工作时长必须要大于0！！！)"
print("工号为"+id+"的员工最终拿到的工资是"+str(finalSalary)+"\n")
```

调试以上程序，运行结果如下：

```
请输入员工的工号：1
请输入员工工作的时长：-10
工号为1的员工最终拿到的工资是(警告：工作时长必须要大于0！！！)

请输入员工的工号：2
请输入员工工作的时长：100
工号为2的员工最终拿到的工资是3500.0

请输入员工的工号：3
请输入员工工作的时长：300
工号为3的员工最终拿到的工资是13650.0
```

第五步：使用循环结构来搭建多次工资的计算操作。

```
# -*- coding:utf-8  -*-
import math

id=input("请输入员工的工号：")
workHours=float(input("请输入员工工作的时长："))
basicSalary=1500
finalSalary=0.0
count=1
while count<=4:
    if workHours>0 and workHours<=196:
        finalSalary=basicSalary+workHours*20
    elif workHours>196:
        finalSalary=basicSalary*1.1+workHours*40
    else:
        finalSalary="(警告：工作时长必须要大于0！！！)"
    print("工号为"+id+"的员工最终拿到的工资是"+str(finalSalary)+"\n")
    count+=1
print("循环结束")
```

调试以上程序，运行结果如下：

```
请输入员工的工号：1
请输入员工工作的时长：120
工号为1的员工最终拿到的工资是3900.0

工号为1的员工最终拿到的工资是3900.0

工号为1的员工最终拿到的工资是3900.0

工号为1的员工最终拿到的工资是3900.0

循环结束
```

分析以上程序运行结果，发现输入一次，输出了四次，应该是输入一次，输出一次，思考应该如何解决？修改以上代码，如下所示，并注意分支体内的缩进和循环体的缩进不能混淆。

```
# -*- coding:utf-8  -*-
import math
count=1
while count<=4:
    id=input("请输入员工的工号：")
    workHours=float(input("请输入员工工作的时长："))
    basicSalary=1500
    finalSalary=0.0
    if workHours>0 and workHours<=196:
        finalSalary=basicSalary+workHours*20
    elif workHours>196:
        finalSalary=basicSalary*1.1+workHours*40
```

```
    else:
        finalSalary="(警告：工作时长必须要大于0！！！)"
    print("工号为"+id+"的员工最终拿到的工资是"+str(finalSalary)+"\n")
    count+=1
print("循环结束")
```

调试以上程序，运行结果如下：

```
请输入员工的工号：1
请输入员工工作的时长：120
工号为1的员工最终拿到的工资是3900.0

请输入员工的工号：2
请输入员工工作的时长：230
工号为2的员工最终拿到的工资是10850.0

请输入员工的工号：3
请输入员工工作的时长：340
工号为3的员工最终拿到的工资是15250.0

请输入员工的工号：4
请输入员工工作的时长：-20
工号为4的员工最终拿到的工资是(警告：工作时长必须要大于0！！！)

循环结束
```

第六步：为以上代码添加注释，如图 4-3 所示，便于阅读与理解。

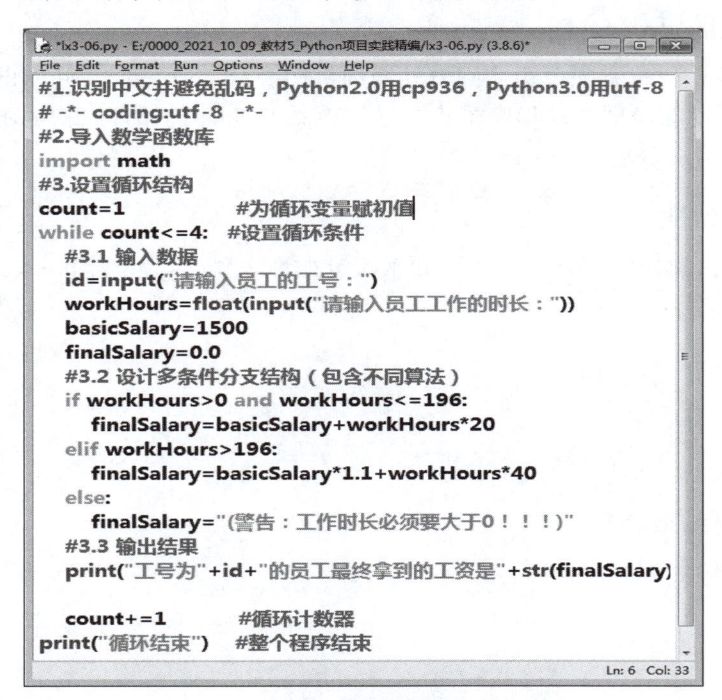

图 4-3　添加好注释后的完整代码

四、任务小结

（1）if 条件 : 为单分支结构。

（2）if 条件 : 算法 1 else: 算法 2 为双分支结构。

（3）if 条件 : 算法 1 elif: 算法 2 ... elif: 算法 n else: 算法 n+1 为多条件分支结构。

（4）分支嵌套结构是分支中嵌套分支，可以嵌套在单分支，双分支或多条件分支中。

五、任务拓展

分支嵌套，例如购买新疆特产葡萄干的规定如下：买 1 ～ 4 公斤，13 元 / 公斤；买 4 ～ 9 公斤，11 元 / 公斤；买 9 公斤以上，10 元 / 公斤。输入公斤数、单价，输出应付款。参考代码如下：

```
m,n=map(int,input('请输入公斤数、单价:').split(','))
if m<=4:
    pay=13*n
else:
    if m<=9:
        pay=11*n
    else:
        pay=10*n
print('应付款:',pay)
```

六、任务思考

（1）用四种不同的分支结构来设计学生成绩评定程序。

（2）用四种不同的循环结构来设计邮局包裹计费程序。

任务三 搭建程序的循环结构

视频 搭建程序的循环结构

一、任务描述

上海御恒信息科技有限公司接到校外培训机构一份订单，要求用 Python 的循环结构设计九九乘法表。软件开发部经理要求程序员小张尽快熟悉 Python 的循环结构的不同写法，小张按照经理的要求进行以下任务分析。

二、任务分析

首先设计循环 while，其次设计 for…in 循环，再次设计循环嵌套，然后设计 break 或 continue 来中止循环，最后修改并完善程序，书写注释。

三、任务实施

第一步：书写 1*1=1。

```
print(str(1)+"*"+str(1)+"="+str(1*1))
```

调试以上程序，运行结果如下：

```
1*1=1
```

第二步：添加变量。

```
i=1
j=1
print(str(i)+"*"+str(j)+"="+str(i*j))
```

调试以上程序，运行结果如下：

```
1*1=1
```

第三步：设计单重循环（内循环）。

```
i=1
j=1
```

```
    while j<=9:
        print(str(i)+"*"+str(j)+"="+str(i*j)+"\t")
        j+=1
```

调试以上程序，运行结果如下：

```
1*1=1
1*2=2
1*3=3
1*4=4
1*5=5
1*6=6
1*7=7
1*8=8
1*9=9
```

分析：显示结果并未出现在同一行，思考是什么原因？

第四步：修改输出语句。

```
i=1
j=1
while j<=9:
    print(str(i)+"*"+str(j)+"="+str(i*j),end="\t")
    j+=1
```

调试以上程序，运行结果如下：

```
1*1=1   1*2=2   1*3=3   1*4=4   1*5=5   1*6=6   1*7=7   1*8=8   1*9=9
```

第五步：设计双重循环（包括外循环与内循环）。

```
i=1
while i<=9:
    j=1
    while j<=9:
        print(str(i)+"*"+str(j)+"="+str(i*j),end="   ")
        j+=1
    print()
    i+=1
```

调试以上程序，运行结果如下：

```
1*1=1   1*2=2   1*3=3   1*4=4   1*5=5   1*6=6   1*7=7   1*8=8   1*9=9
2*1=2   2*2=4   2*3=6   2*4=8   2*5=10  2*6=12  2*7=14  2*8=16  2*9=18
3*1=3   3*2=6   3*3=9   3*4=12  3*5=15  3*6=18  3*7=21  3*8=24  3*9=27
4*1=4   4*2=8   4*3=12  4*4=16  4*5=20  4*6=24  4*7=28  4*8=32  4*9=36
5*1=5   5*2=10  5*3=15  5*4=20  5*5=25  5*6=30  5*7=35  5*8=40  5*9=45
6*1=6   6*2=12  6*3=18  6*4=24  6*5=30  6*6=36  6*7=42  6*8=48  6*9=54
7*1=7   7*2=14  7*3=21  7*4=28  7*5=35  7*6=42  7*7=49  7*8=56  7*9=63
8*1=8   8*2=16  8*3=24  8*4=32  8*5=40  8*6=48  8*7=56  8*8=64  8*9=72
9*1=9   9*2=18  9*3=27  9*4=36  9*5=45  9*6=54  9*7=63  9*8=72  9*9=81
```

第六步：修改双重循环的算法。

```
i=1
while i<=9:
    j=1
    while j<=i:
        print(str(i)+"*"+str(j)+"="+str(i*j),end=" ")
        j+=1
    print()
    i+=1
```

调试以上程序，运行结果如下：

```
1*1=1
2*1=2 2*2=4
3*1=3 3*2=6  3*3=9
4*1=4 4*2=8  4*3=12 4*4=16
5*1=5 5*2=10 5*3=15 5*4=20 5*5=25
6*1=6 6*2=12 6*3=18 6*4=24 6*5=30 6*6=36
7*1=7 7*2=14 7*3=21 7*4=28 7*5=35 7*6=42 7*7=49
8*1=8 8*2=16 8*3=24 8*4=32 8*5=40 8*6=48 8*7=56 8*8=64
9*1=9 9*2=18 9*3=27 9*4=36 9*5=45 9*6=54 9*7=63 9*8=72 9*9=81
```

第七步：用 while 双重循环修改以上算法。

```
k = 1
while k < 10:
    n = 1
    while n <= k:
            print('{}*{}={}'.format(n,k,k*n),end='\t')
            n+=1
    print()
    k+=1
```

第八步：用 for 双重循环修改以上算法。

```
for i in range(1,10):
    for j in range(1,i+1):
            print('{}*{}={} '.format(i,j,i*j),end='')
    print()
```

四、任务小结

（1）while 循环适合循环次数未知的循环。

（2）for 循环适合循环次数固定的循环。

（3）双重循环可以用 for 嵌套 for，或 while 嵌套 while，或 for 和 while 互相嵌套。

五、任务拓展

（1）九九乘法表编写第一步出现的错误（语法错误），如图 4-4 所示。

（2）修改九九乘法表的代码，出现第二个错误（TypeError 类型错误），如图 4-5 所示。

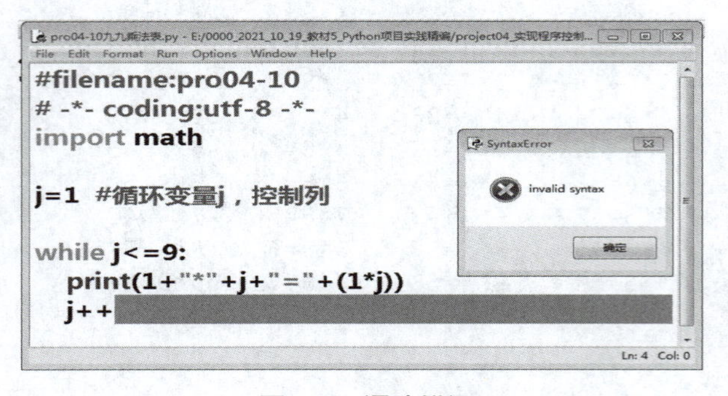

图 4-4　语法错误

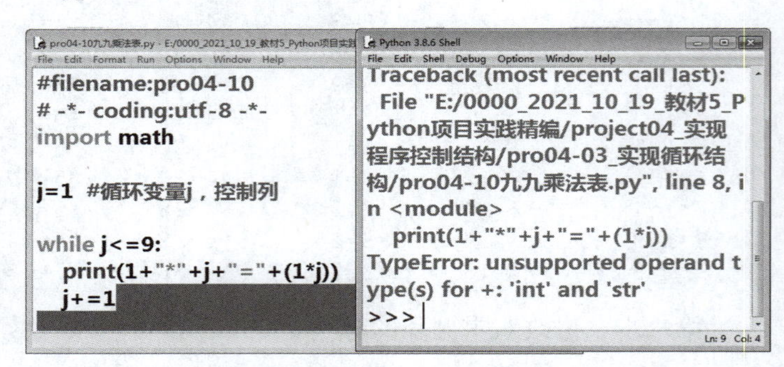

图 4-5　TypeError 类型错误

（3）用 str() 函数将整数转换为字符串后，显示正确的输出结果，如图 4-6 所示。

（4）修改代码后，无语法错误，但运行结果不符合要求，如图 4-7 所示。

（5）修改代码，将 j=1 从外循环之外，移入外循环之内，如图 4-8 所示。

（6）在 print() 中加入 ,end="\t" 用这种方法在后面加入一个制表位，如图 4-9 所示。运行结果如图 4-10 所示。

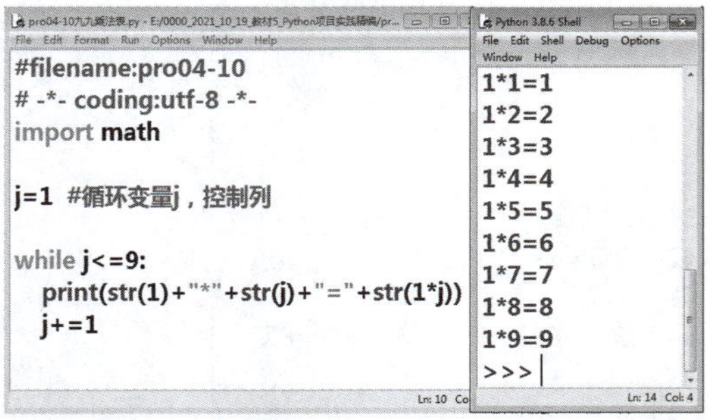

```
#filename:pro04-10
# -*- coding:utf-8 -*-
import math

j=1 #循环变量j，控制列

while j<=9:
  print(str(1)+"*"+str(j)+"="+str(1*j))
  j+=1
```

```
1*1=1
1*2=2
1*3=3
1*4=4
1*5=5
1*6=6
1*7=7
1*8=8
1*9=9
>>>
```

图 4-6　str() 函数将整数转换为字符串

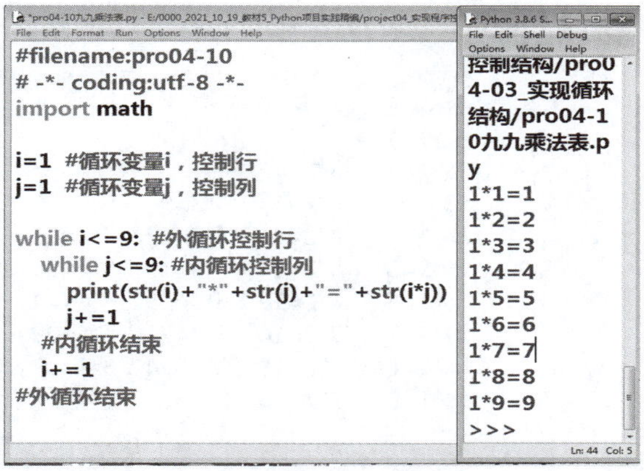

```
#filename:pro04-10
# -*- coding:utf-8 -*-
import math

i=1 #循环变量i，控制行
j=1 #循环变量j，控制列

while i<=9: #外循环控制行
  while j<=9: #内循环控制列
    print(str(i)+"*"+str(j)+"="+str(i*j))
    j+=1
  #内循环结束
  i+=1
#外循环结束
```

```
控制结构/pro0
4-03_实现循环
结构/pro04-1
0九九乘法表.p
y
1*1=1
1*2=2
1*3=3
1*4=4
1*5=5
1*6=6
1*7=7
1*8=8
1*9=9
>>>
```

图 4-7　运行结果不符合要求

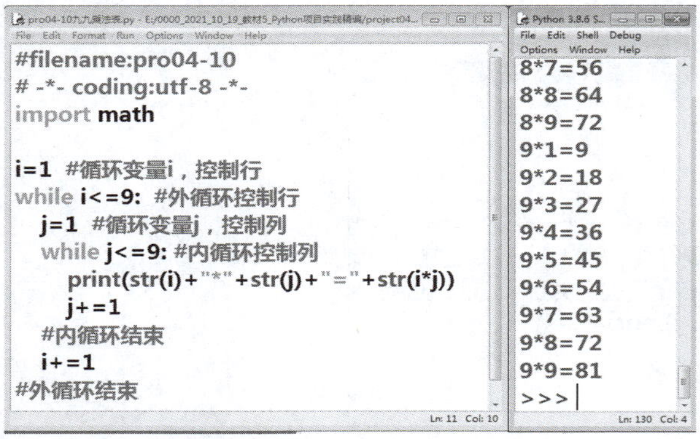

```
#filename:pro04-10
# -*- coding:utf-8 -*-
import math

i=1 #循环变量i，控制行
while i<=9: #外循环控制行
  j=1 #循环变量j，控制列
  while j<=9: #内循环控制列
    print(str(i)+"*"+str(j)+"="+str(i*j))
    j+=1
  #内循环结束
  i+=1
#外循环结束
```

```
8*7=56
8*8=64
8*9=72
9*1=9
9*2=18
9*3=27
9*4=36
9*5=45
9*6=54
9*7=63
9*8=72
9*9=81
>>>
```

图 4-8　将 j=1 从外循环之外，移入外循环之内

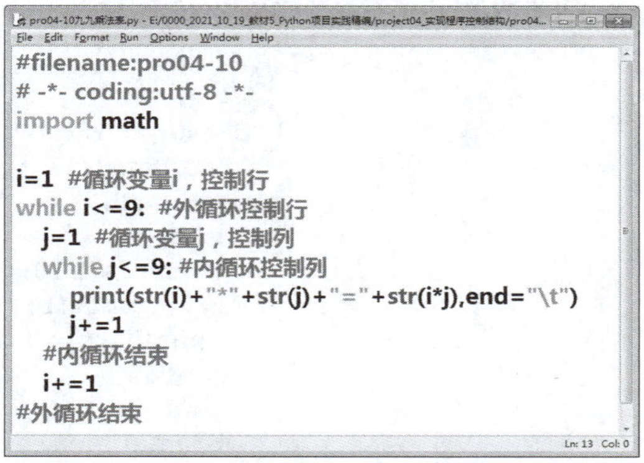

```
#filename:pro04-10
# -*- coding:utf-8 -*-
import math

i=1 #循环变量i，控制行
while i<=9: #外循环控制行
  j=1 #循环变量j，控制列
  while j<=9: #内循环控制列
    print(str(i)+"*"+str(j)+"="+str(i*j),end="\t")
    j+=1
  #内循环结束
  i+=1
#外循环结束
```

图 4-9　在 print() 中加入 ,end="\t" 实现在后面加入一个制表位

1*1=1	1*2=2	1*3=3	1*4=4	1*5=5	1*6=6	1*7=7	1*8=8	1*9=9
2*1=2	2*2=4	2*3=6	2*4=8	2*5=10	2*6=12	2*7=14	2*8=16	2*9=18
3*1=3	3*2=6	3*3=9	3*4=12	3*5=15	3*6=18	3*7=21	3*8=24	3*9=27
4*1=4	4*2=8	4*3=12	4*4=16	4*5=20	4*6=24	4*7=28	4*8=32	4*9=36
5*1=5	5*2=10	5*3=15	5*4=20	5*5=25	5*6=30	5*7=35	5*8=40	5*9=45
6*1=6	6*2=12	6*3=18	6*4=24	6*5=30	6*6=36	6*7=42	6*8=48	6*9=54
7*1=7	7*2=14	7*3=21	7*4=28	7*5=35	7*6=42	7*7=49	7*8=56	7*9=63
8*1=8	8*2=16	8*3=24	8*4=32	8*5=40	8*6=48	8*7=56	8*8=64	8*9=72
9*1=9	9*2=18	9*3=27	9*4=36	9*5=45	9*6=54	9*7=63	9*8=72	9*9=81

图 4-10　输出 9 行 9 列的结果

（7）将内循环条件修改为 j<=i，这样可以使每一行的列数等于当前的行数（第一行显示一列，……第九行显示九列），在内循环之后，加入一个换行 print()，如图 4-11 所示。

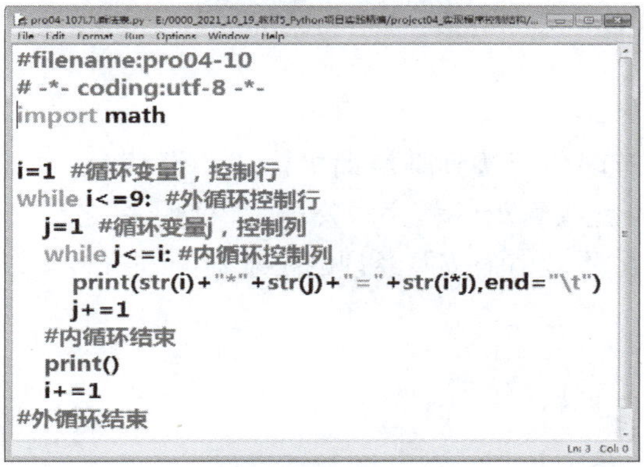

```
#filename:pro04-10
# -*- coding:utf-8 -*-
import math

i=1 #循环变量i，控制行
while i<=9: #外循环控制行
  j=1 #循环变量j，控制列
  while j<=i: #内循环控制列
    print(str(i)+"*"+str(j)+"="+str(i*j),end="\t")
    j+=1
  #内循环结束
  print()
  i+=1
#外循环结束
```

图 4-11　在内循环之后，加入一个换行 print()

调试以上程序，运行结果如图 4-12 所示。

```
1*1=1
2*1=2	2*2=4
3*1=3	3*2=6	3*3=9
4*1=4	4*2=8	4*3=12	4*4=16
5*1=5	5*2=10	5*3=15	5*4=20	5*5=25
6*1=6	6*2=12	6*3=18	6*4=24	6*5=30	6*6=36
7*1=7	7*2=14	7*3=21	7*4=28	7*5=35	7*6=42	7*7=49
8*1=8	8*2=16	8*3=24	8*4=32	8*5=40	8*6=48	8*7=56	8*8=64
9*1=9	9*2=18	9*3=27	9*4=36	9*5=45	9*6=54	9*7=63	9*8=72	9*9=81
```

图 4-12　输出梯形结构的九九乘法表

（8）用 for 和 format() 函数来优化算法，如图 4-13 所示。

```
#filename:pro04-11
# -*- coding:utf8 -*-
import math

for i in range(1,10):  #外循环控制行在1-9之间，到10结束
    for j in range(1,i+1): #内循环控制列在1-9之间，到10结束
        print("{}*{}={}".format(i,j,i*j),end="\t")
    #内循环结束
    print()
#外循环结束
```

图 4-13　用 for 和 format() 函数来优化九九乘法表

运行后与图 4-12 的效果一样。

六、任务思考

（1）循环中需要被重复执行的语句被称为什么？

（2）循环体的一次执行被称为什么？

（3）什么情况下会造成无限循环？

综合部分

项目综合实训
实现百元买百鸡

视 频

实现百元买百鸡

一、项目描述

上海御恒信息科技有限公司接到某培训机构的一份订单，要求用 Python 设计古代数学家张丘建在《算经》中提到的百元买百鸡的程序。公司刚招聘了一名程序员小张，软件开发部经理要求他尽快熟悉 Python 的双重循环，小张按照经理的要求对问题进行了以下项目分析。

二、项目分析

（1）总共有一百元钱，要买一百只鸡。

（2）一只公鸡值五元钱。

（3）一只母鸡值三元钱。

（4）三只小鸡值一元钱。

（5）求出公鸡、母鸡、小鸡各有几只？

（6）根据以上任务拆分的内容来设计以下算法：

cock+hen+chicken=100（只鸡）

5*cock+3*hen+chicken/3=100（元）

三、项目实施

第一步：设计外循环，假设全部都是公鸡，可以买 20 只（100 元 /5 元 =20 只）。

```
for cock in range(1,20,1):
```

第二步：设计内循环，假设全部都是母鸡，可以买 33 只（100 元 /3 元约等于 33 只）。

```
for hen in range(1,33,1):
```

第三步：设计内循环体中的算法，将小鸡的只数表示出来。

```
chicken=100-hen-cock                    #小鸡的只数=100-公鸡的只数-母鸡的只数
```

第四步：设计内循环体中的分支结构，将满足 100 元的公式表示出来。

```
if (5*cock+3*hen+chicken/3==100):       #单位是元
```

第五步：设计内循环体中分支结构中的输出语句。

```
  print("cock:%d"%cock,"hen:%d"%hen,"chicken:%d"%chicken)
```

第六步：在 Python 的 IDLE 中输入完整代码，保存并调试，如图 4-14 所示。

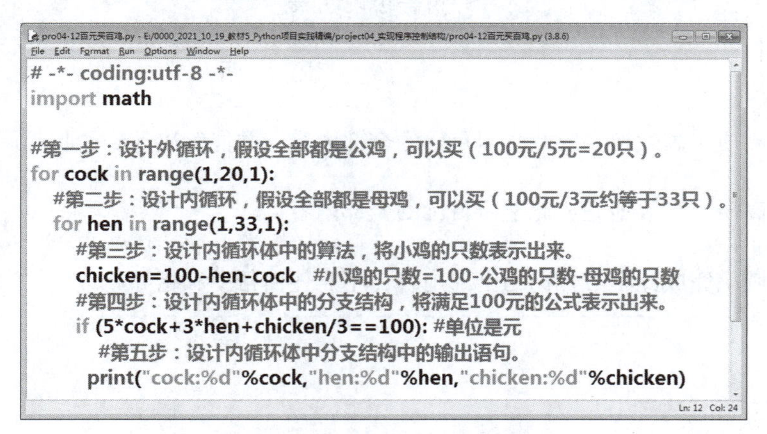

图 4-14　实现百元买百鸡的算法

调试以上程序，运行结果如图 4-15 所示。

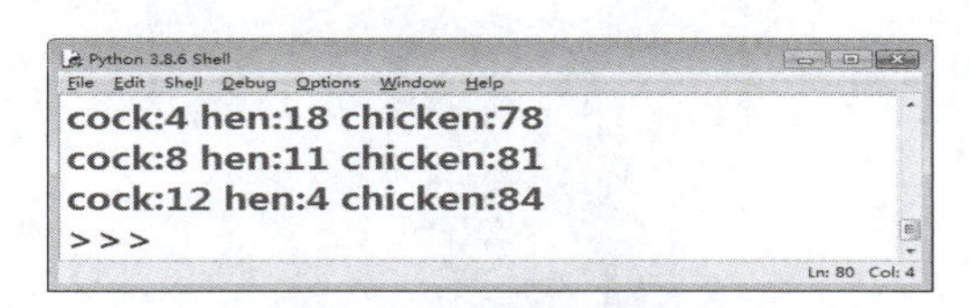

图 4-15　百元买百鸡的程序运行结果

四、项目小结

（1）用注释架构程序，会使编程思路清晰。

（2）用双重循环嵌套分支结构完成程序功能。

（3）修改算法并不断完善程序。

项目实训评价表

<table>
<tr><th colspan="7">项目四　搭建程序的基本控制结构</th></tr>
<tr><td></td><td colspan="6">内　容</td></tr>
<tr><td></td><td>评 价 项 目</td><td>整体
架构
（20%）</td><td>注释
（20%）</td><td>分支
结构
（30%）</td><td>循环
结构
（30%）</td><td>综合
评价
（100%）</td></tr>
<tr><td rowspan="4">职业能力</td><td>任务一　搭建程序的顺序结构</td><td></td><td></td><td></td><td></td><td></td></tr>
<tr><td>任务二　搭建程序的分支结构</td><td></td><td></td><td></td><td></td><td></td></tr>
<tr><td>任务三　搭建程序的循环结构</td><td></td><td></td><td></td><td></td><td></td></tr>
<tr><td>项目综合实训　实现百元买百鸡</td><td></td><td></td><td></td><td></td><td></td></tr>
<tr><td rowspan="2">通用能力</td><td colspan="2">阅读代码的能力</td><td></td><td></td><td></td><td></td></tr>
<tr><td colspan="2">调试修改代码的能力</td><td></td><td></td><td></td><td></td></tr>
</table>

评价等级说明表	
等　级	说　明
90%～100%	能高质、高效地完成此学习目标的全部内容，并能解决遇到的特殊问题
70%～80%	能高质、高效地完成此学习目标的全部内容
50%～60%	能圆满完成此学习目标的全部内容，不需任何帮助和指导

项目五

运用函数、模块与程序包进行编程

【知识目标】

1. 了解函数的定义与调用
2. 掌握函数参数、返回值与引用
3. 掌握函数中变量的作用域
4. 了解递归
5. 掌握函数的模块化及程序包

【能力目标】

1. 能够根据企业的需求选择合适的函数进行定义与调用
2. 能够运用函数参数、返回值与引用编写简单的 Python 程序
3. 能够使用函数中变量的作用域进行编程
4. 能够实现递归编程
5. 能够运用 Python 的包进行模块化编程

【素质目标】

1. 树立创新意识、创新精神
2. 能够和团队成员协商，共同完成实训任务
3. 能够借助网络平台搜集函数、模块与程序包的相关信息
4. 具备数据思维和使用数据发现问题的能力

思维导图

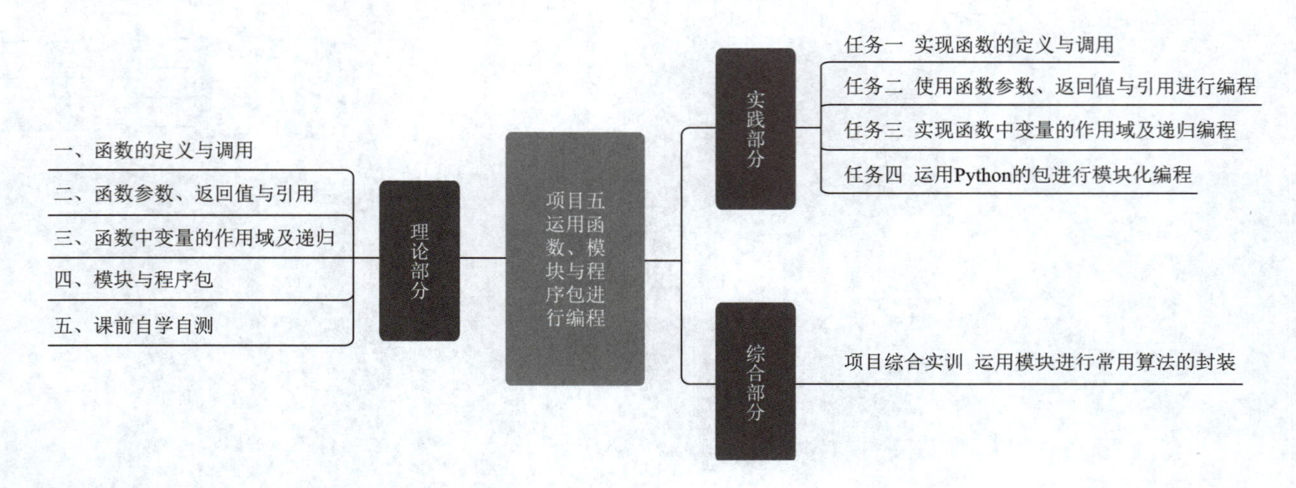

理论部分

一、函数的定义与调用

（1）函数与函数的定义。

函数是带有函数名的一系列语句，在调用之前，需要通过关键字 def 先定义。其中函数名是合法的标识符，函数名后是一对圆括号，括号中包含 0 个或多个参数，这些参数称为 Formal Prameters（形参）。def 定义的函数首行后有一个冒号，其后是缩进的代码块作为函数体，函数最后可以用或不用 return 语句将值返回给调用方，并结束函数。如下所示：

```
#函数开始
def  myWelcome():
    ''' 这是一个示例函数，该函数没有参数'''                    #文档字符串
print("Welcome to Shanghai!")                             #函数体中的语句
#函数结束
```

（2）文档字符串。

文档字符串是写在函数体第一行的语句，一般用三个单引号或一个双引号开头和结尾，中间是一段说明函数作用的字符串，如上例所示，这个文档字符串可以通过函数名 .__doc__ 访问得到，__doc__ 是属性名，如下所示：

```
print(myWelcome.__doc__)
```

（3）函数调用。

函数定义后，通过函数名 (无实参或有实参 Actual Parameters) 调用函数运行函数体中定义的代码段。调用方法如下所示：

```
myWelcome()
```

程序调用函数的步骤如下：

① 调用程序在调用点暂停执行。

② 调用时将实参传递给形参。

③ 程序转到函数，执行函数体中的语句。

④ 函数执行结束，转回调用函数的调用点，然后继续执行。

二、函数参数、返回值与引用

（1）如果函数定义时没有参数，那么调用时也可以不传实参，只需要写一对圆括号。

（2）不定长参数：也就是参数数量是可变的。定义函数时，在函数的第一行参数列表最右侧增加一个带“*”的参数，形式是：def 函数名 (参数列表 ,* 参数名)。和正常的参数相比，不定长参数加了“*”，可以将所有未命名的变量参数（字典类型除外），存在一个元组（tuple）中供函数使用。

（3）函数执行完后，可以用 return 语句给调用该函数的语句返回一个对象。当函数没有 return 语句时，会给一个 None 值。return 不仅可以返回单个值，还可以返回一组值，例如返回一个列表。

（4）不管是否使用 return，所有 Python 的函数都将返回一个值。如果某个函数没有返回值，默认情况下，它返回一个特殊值 None，因此它也被称为 None 函数。None 函数可以赋给一个变量来表示这个变量不指向任何对象。None 函数不一定需要 return 语句，但它能用于终止函数并将控制权返回函数调用者。它的语法是 return 或 return None。例如

```
if score<0 or score>100:
  print("Invalid score")
  return  #等同于返回None
```

（5）以下程序输出 None，因为 mySum() 函数没有 return。默认情况下，它返回 None。

```
def sum(n1,n2):
   mySum=n1+n2
print(sum(3,4))
```

（6）以下程序输出 3 和 None。

```
def mySum(n1,n2):
    print(n1+n2)
    return
print(mySum(1,2))
```

（7）程序调用函数的步骤是，先调用程序，在调用点暂停执行，然后调用时将实参传递给形参，接着程序转到函数，执行函数体中的语句；最后函数执行结束，转回调用 函数调用点，然后继续执行。

（8）Python 不允许程序员选择采用传值还是传引用。Python 参数传递采用的是“传对象引用”的方式。实际上，这种方式相当于传值和传引用的一种综合。如果函数收到的是一个可变对象（比如字典或者列表）的引用，就能修改对象的原始值，相当于通过“传引用”来传递对象。如果函数收到的是一个不可变对象（比如数字、字符或者元组）的引用，就不能直接修改原始对象，相当于通过“传值”来传递对象。

（9）当复制列表或字典时，就复制了对象列表的引用，如果改变引用的值，则修改了原始的参数。

（10）为了简化内存管理，Python 通过引用计数机制实现自动垃圾回收功能，Python 中的每个对象都有一个引用计数，用于计数该对象在不同场所分别被引用了多少次。每当引用一次 Python 对象，相应的引用计数就增 1，每当销毁一次 Python 对象，则相应的引用就减 1，只有当引用计数为零时，才真正从内存中删除 Python 对象。

```
def add_list(p):
    p = p + [1]
p1 = [1,2,3]
add_list(p1)
print p1
>>> [1, 2, 3]
def add_list(p):
    p += [1]
p2 = [1,2,3]
proc2(p2)
print p2
>>>[1, 2, 3, 1]
```

这主要是由于“=”操作符会新建一个新的变量保存赋值结果，然后再把引用名指向“=”左边，即修改了原来的 p 引用，使 p 成为指向新赋值变量的引用。而 += 不会，直接修改了原来 p 引用的内容，事实上“+=”和“=”在 Python 内部使用了不同的实现函数。

三、函数中变量的作用域及递归

（1）作用域（Scope）就是变量的有效范围，变量的作用域由变量的定义位置决定，在不同位置定义的变量，它的作用域是不一样的。例如常用的局部变量和全局变量。

（2）局部变量（Local Variable）是指在函数内部定义的变量，它的作用域仅限于函数内部。当函数被执行时，Python 会为其分配一块临时的存储空间，所有在函数内部定义的变量，都会存储在这块空间中。而在函数执行完毕后，这块临时存储空间随即会被释放并回收，该空间中存储的变量自然也就无法再被使用。如果试图在函数外部访问其内部定义的变量，Python 解释器会报 NameError 错误，并提示没有定义要访问的变量，这也证实了当函数执行完毕后，其内部定义的变量会被销毁并回收。值得一提的是，函数的参数也属于局部变量，只能在函数内部使用。

（3）全局变量（Global Variable）是指在所有函数外部定义的变量，它的默认作用域是整个程序，即全局变量既可以在各个函数的外部使用，也可以在各函数内部使用。定义全局变量的方式有两种：一种是在函数体外定义的变量；另一种是在函数体内定义全局变量，在函数体内使用 global 关键字对变量进行修饰后，该变量就会变为全局变量。例如：

```
def  text():
    global add
```

注意：在使用 global 关键字修饰变量名时，不能直接给变量赋初值，否则会引发语法错误。获取指定作用域范围中的变量，在一些特定场景中，可能需要获取某个作用域内（全局范围内或者局部范围内）所有的变量，Python 提供了三种方式：

① globals() 函数为 Python 的内置函数，它可以返回一个包含全局范围内所有变量的字典，该字典中的每个键值对，键为变量名，值为该变量的值。globals() 函数返回的字典中，会默认包含有很多变量，这些都是 Python 主程序内置的，通过调用 globals() 函数，可以得到一个包含所有全局变量的字典。并且通过该字典还可以访问指定变量，还可以修改它的值。例如：

```
print(globals()['Pyname'])
globals()['Pyname'] = "Python入门教程"
print(Pyname)
```

② locals() 函数也是 Python 的内置函数，通过调用该函数，可以得到一个包含当前作用域内所有变量的字典。这里所谓的“当前作用域”指的是，在函数内部调用 locals() 函数，会获得包含所有局部变量的字典；而在全局范文内调用 locals() 函数，其功能和 globals() 函数相同。当使用 locals() 函数获取所有全局变量时，和 globals() 函数一样，其返回的字典中会默认包含有很多变量，这些都是 Python 主程序内置的，读者暂时不用理会它们。注意，当使用 locals() 函数获得所有局部变量组成的字典时，可以像 globals() 函数那样，通过指定键访问对应的变量值，但无法对变量值做修改。locals() 函数返回的局部变量组成的字典，可以用来访问变量，但无法修改变量的值。

③ vars(object) 函数也是 Python 的内置函数，其功能是返回一个指定 object 对象范围内所有变量组成的字典。如果不传入 object 参数，vars() 和 locals() 函数的作用完全相同。

（4）以下程序输出两位学生的课程成绩单及各自的平均成绩，因为两个学生的选修课程数不同，所以传递成绩需要不定长参数，调用后以元组形式存入形参 scores 中，因为元组是一种序列结构，所以在函数中可以用 for 语句访问，将各科成绩逐个输出并用于计算平均成绩。

```
def myGrade(name,num,*scores):
    print(name)
    print("{} 门课程成绩为: ".format(num))
    myAvg=0
    for v in scores:
        print(v,end='  ')
        myAvg=myAvg+v
    myAvg=myAvg/num
    print("\n平均成绩为{:.2f}".format(myAvg))
myGrade("\nWang",3,90,100,98)
myGrade("\nLiu",4,92,98,99,90)
```

调试以上程序，运行结果如下：

```
Wang  3 门课程成绩为: 90  100  98       平均成绩为96.00
Liu    4 门课程成绩为: 92  98  99  90  平均成绩为94.75
```

（5）通过传引用来传递参数。因为 Python 中的所有数据都是对象，所以对象的变量通常都是指向对象的引用。当调用一个带参数的函数时，每个实参的引用值就被传递给形参，这就是按值传递，简单地说，调用函数时，实参的值就被传给形参。这个值通常就是对象的引用值。如果实参是一个数字或是一个字符串，那不管函数中的形参有无变化，这个实参是不受影响的。所以数字和字符串被称为不可变对象，例如以下代码：

```
#以下程序，不论函数做什么，x的值都不会改变
def main():
    x=1
    print("x=",str(x))                    #x=1
    myFunc(x)
    print("x=",str(x)                     #x=1
def  myFunc(n):
    n+=1
    print("\t  n="+str(n)                 #n=2
main()
#以下程序x和y都指向同一个对象
x=1
y=1
y=x                                       #y是x的引用
id(x)                                     #输出: 8791468676880
id(y)                                     #输出: 8791468676880
y=y+1                                     #创建一个新的对象赋给y
id(y)                                     #输出: 8791468676912
print(x)                                  #输出: 1
print(y)                                  #输出: 2
```

（6）递归（recursion）是指程序调用自身的编程技巧。递归作为一种算法在程序设计语言中广泛应用。一个过程或函数在其定义或说明中直接或间接调用自身的一种方法，它通常把一个大型复杂的问题层层转化为一个与原问题相似的规模较小的问题来求解，递归策略只需少量的程序就可描述出解题过程所需要的多次重复计算，大大地减少了程序的代码量。递归的能力在于用有限的语句来定义对象的无限集合。一般来说，递归需要有边界条件、递归前进段和递归返回段。当边界条件不满足时，递归前进；当边界条件满足时，递归返回。递归就是在函数内部调用自己的函数。

① 使用的词典，本身就是递归，为了解释一个词，需要使用更多的词。当查一个词，发现这个词的解释中某个词仍然不懂，于是开始查第二个词，若第二个词里仍然有不懂的词，于是查第三个词，这样查下去，直到有一个词的解释是完全能看懂的，那么递归走到了尽头，然后开始后退，逐个明白之前查过的每一个词，最终明白了最开始那个词的意思。

② 一个小朋友坐在第 10 排，他的作业本被小组长扔到了第 1 排，小朋友要拿回他的作业本，可以怎么办？他可以拍拍第 9 排小朋友，说："帮我拿第 1 排的本子"，而第 9 排的小朋友可以拍拍第 8 排小朋友，说："帮我拿第 1 排的本子"……如此下去，消息终于传到了第 1 排小朋友那里，于是他把本子递给第 2 排，第 2 排又递给第 3 排……终于本子到手啦！这就是递归，拍拍小朋友的背可以类比函数调用，而小朋友们都记得要传消息、送本子，是因为他们有记忆力，这可以类似栈。

③ 最简单的递归的实例。

```
# -*- coding:utf-8-*-
#将10不断除以2，直至商为0，输出这个过程中每次得到的商的值
def recursion(n):
    v = n//2                                #整除，保留整数
    print(v)                                #每次求商，输出商的值
    if v==0:
        ''' 当商为0时，停止，返回Done'''
        return 'Done'
    v = recursion(v)                        #递归调用，函数内自己调用自己
recursion(10)                               #函数调用
#输出: 5  2  1  0
```

④ 递归的特点：必须有一个明确的结束条件。每次进入更深一层递归时，问题规模（计算量）相比上次递归都应有所减少。关于递归还有两个名词，可以概括递归实现的过程。递推是通过计算前面的一些项得出序列中的指定项的值。回溯则是在遇到终止条件时从最后往回返，这样一级一级地把值返回。

⑤ 递归求阶乘，如求 1！ +2！ +3！ +4！ +5！ +…+n! 是多少？

```
def factorial(n):       ''' n表示要求的数的阶乘 '''
    if n==1:
        return n                            #阶乘为1的时候，结果为1，返回结果并退出
    n = n*factorial(n-1)                    # n! = n*(n-1)!
    return n                                #返回结果并退出
res = factorial(5)                          #调用函数，并将返回的结果赋给res
print(res)                                  #打印结果
```

⑥ 递归实现斐波那契数列，例如:# 1，1，2，3，5，8，13，21，34，55，试判断数列第十五个数是哪个？

```
def fabonacci(n):
    ''' n为斐波那契数列 '''
    if n <= 2:
        ''' 数列前两个数都是1 '''
        v = 1
        return v                            #返回结果，并结束函数
    #由数据的规律可知，第三个数的结果都是前两个数之和，所以进行递归叠加
    v = fabonacci(n-1)+fabonacci(n-2)
    return v                                #返回结果，并结束函数
print(fabonacci(15))                        #调用函数并打印结果
```

四、模块与程序包

（1）模块是一个包含所有用户定义的函数和变量的文件，其后缀名是 .py。模块可以被别的程序引入，以使用该模块中的函数等功能。这也是使用 Python 标准库的方法。

（2）在 Python 中用关键字 import 来引入某个模块，引入模块的语法如下：

```
import  模块名
```

例如要引用模块 math，就可以在文件最开始的地方用 import math 来引入。在调用 math 模块中的某个函数（如 abs()）时，必须这样引用：

```
math.abs()
```

为什么必须加上模块名这样调用呢？因为可能存在这样一种情况：在多个模块中含有相同名称的函数，此时如果只是通过函数名来调用，解释器无法知道到底要调用哪个函数。所以如果像上述这样引入模块的时候，调用函数必须加上模块名。有时候只需要用到模块中的某个函数，只需要引入该函数即可，此时可以通过如下语句来实现。

```
from 模块名 import 函数名1,函数名2....
```

当然不仅仅可以引入函数，还可以引入一些常量。通过这种方式引入的时候，调用函数时只能给出函数名，不能给出模块名，但是当两个模块中含有相同名称函数的时候，后面一次引入会覆盖前一次引入。也就是说假如模块 A 中有 function() 函数，在模块 B 中也有 function() 函数，如果引入 A 中的 function() 函数在先，B 中的 function() 函数在后，那么当调用 function() 函数的时候，是去执行模块 B 中的 function() 函数。

如果想一次性引入模块中所有的东西，还可以通过“from 模块名 import *”来实现，但是不建议这么做。

下面看一个例子，在文件 printhelloworld.py 中的代码如下。

```
#module printhelloworld.py
def  print_helloworld():
    print("Hello World!")
print_helloworld ()                              #函数调用
```

在模块 usehelloworld.py 中首先引入模块 printhelloworld.py，然后运行，文件代码如下所示：

```
#引入usehelloworld.py，printhelloworld.py
import printhelloworld
```

运行结果：

```
Hello World!
```

也就是说在用 import 引入模块时，会将引入的模块文件中的代码执行一次。但是注意，只在第一次引入时才会执行模块文件中的代码，因为只在第一次引入时进行加载，这样很容易理解，不仅可以节约时间还可以节约内存。

五、课前自学自测

（1）请问函数如何定义与调用？

（2）请问如何使用函数参数、返回值与引用进行编程？

（3）请问如何实现函数中变量的作用域及递归编程？

（4）请问如何运用 Python 的包进行模块化编程？

✓ 实训准备

【核心概念】

1. 函数的定义与调用
2. 函数参数
3. 函数的返回值与引用
4. 函数中变量的作用域
5. 递归

【实训目标】

1. 了解如何运用函数的定义与调用进行编程

2. 掌握运用函数参数、返回值与引用进行编程
3. 了解运用函数中变量的作用域进行编程
4. 掌握递归
5. 掌握函数的模块化及程序包

【实训项目描述】

1. 本项目有 4 个任务，从运用函数的定义与调用进行编程开始，引出函数参数、返回值、引用、作用域、递归、模块化及程序包等任务
2. 明白编程的基本思维模式，如何从面向过程的编程思路过渡到面向对象编程的思路
3. 学会软件的具体编写流程并学会规范程序设计的风格

【实训步骤】

1. 运用函数的定义与调用进行编程
2. 运用函数参数、返回值与引用进行编程
3. 运用函数中变量的作用域进行编程
4. 实现递归
5. 运用函数的模块化及程序包进行编程

任务一 实现函数的定义与调用

视频
实现函数的定义与调用

一、任务描述

上海御恒信息科技有限公司接到客户的一份订单，要求用 Python 里的函数修改之前编写的程序。公司刚招聘了一名程序员小张，软件开发部经理要求他尽快熟悉函数的定义与调用，并将以前开发的未用函数的程序改为用函数实现，小张按照经理的要求开始做以下的任务分析。

二、任务分析

函数可以用于定义可重用的代码，并能组织和简化代码。将可重用的代码放入函数体，将不同的内容用函数的形参来表示，再为函数起个名字并进行定义，在需要使用的时候，用函数名（实参）来将实参传递给函数定义中的形参，在函数体中进行运算后，将结果返回调用处，或直接执行不返回。下面通过任务实施来具体实现函数的定义与调用。

三、任务实施

第一步：不使用函数求 1+2+⋯+100 的和，如图 5-1 所示。

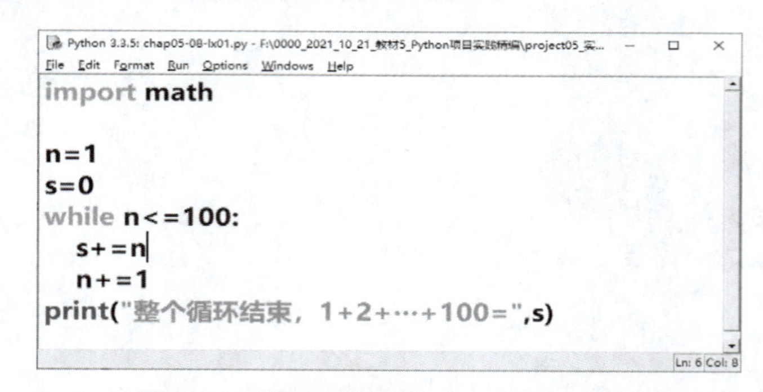

图 5-1　不使用函数来求 1+2+⋯+100 的和

运行结果如下：

```
整个循环结束，1+2+…+100= 5050
```

第二步：定义一个函数求 1+2+…+100 的和，如图 5-2 所示。

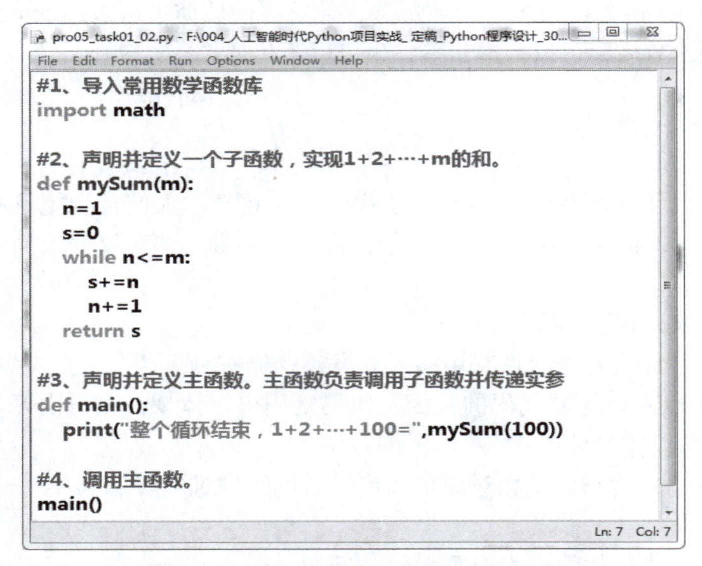

图 5-2　定义一个函数来求 1+2+…+100 的和

运行结果如下：

```
整个循环结束，1+2+…+ 100 = 5050
```

第三步：修改求一元二次方程的代码，用函数实现，如图 5-3 所示。

运行结果如图 5-4 所示。

Python 3.3.5: chap05-01-03.py - F:/0000_2021_10_21_教材5_Python项目实践精编/project05_实现函数...

File Edit Format Run Options Windows Help

```
import math
def myCalc():
  a=eval(input("请输入a:"))
  b=eval(input("请输入b:"))
  c=eval(input("请输入c:"))
  m=pow(b,2)-4*a*c
  n=abs(m)
  s=2*a
  p=(-b)/s
  q=math.sqrt(n)/s
  if m>0:
    print("该一元二次方程有两个不相等实根")
    x1=p+q;
    x2=p-q;
    print("x1=",x1,"\n","x2=",x2,"\n")
  elif m==0:
    x1=p;
    x2=p;
    print("该一元二次方程有两个相等实根")
    print("x1=",x1,"\n","x2=",x2,"\n")
  else:
    print("该一元二次方程有两个虚根");
    print("x1=",p,"+",q,"i","\n","x2=",p,"-",q,"i","\n")
def main():
  for i in range(3):
    print("请计算第",i+1,"个一元二次方程","\n")
    myCalc()
  print("循环结束，整个程序结束")
main()
```

Ln: 25 Col: 0

图 5-3　修改求一元二次方程的代码，用函数实现

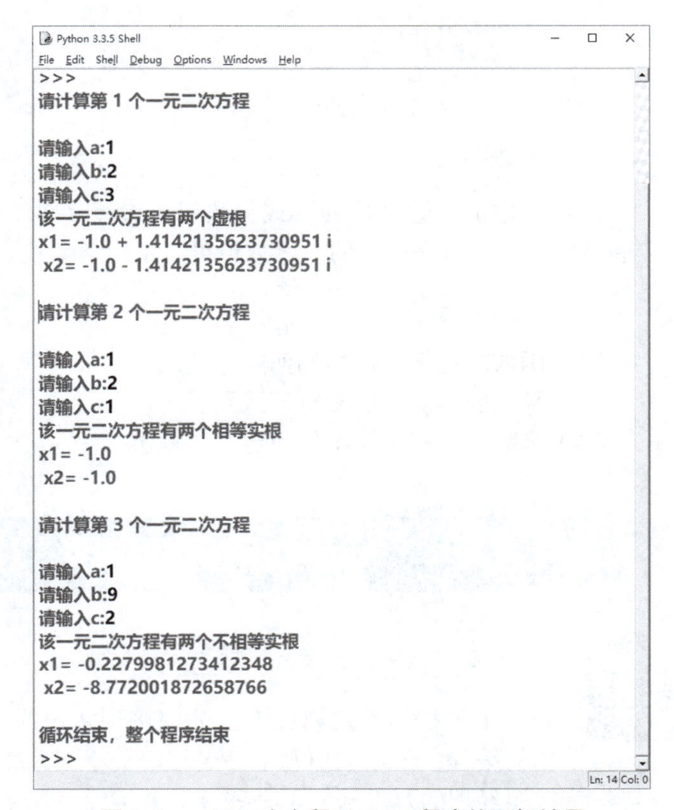

图 5-4　一元二次方程 Python 程序的运行结果

四、任务小结

（1）用函数实现代码复用，功能细化以及团队合作。

（2）系统内置函数直接使用即可。

（3）自定义函数要用 def 声明函数名和函数形参，并书写函数体，可以用 return 返回，也可以不返回。

（4）调用函数时使用函数名，可以传递实参，也可以不传递。

五、任务拓展

（1）函数。

在程序编制过程中，为了实现代码复用和保证代码的一致性，人们常会把具有特定功能或经常使用的代码编写成独立的代码单元，称为“函数”，并赋予函数一个名称，当程序需要时就可以调用该函数并执行相应功能。

（2）在程序中使用函数具有以下好处。

① 可以将功能复杂的程序进行细化后交由多人开发，这样有利于团队分工，缩短开发周期。

② 通过功能细化，可以有效缩减代码的长度，代码复用得以体现，当再次开发类似功能的产品时，只要稍做修改或直接引用就可以重复使用。

③ 程序可读性得到提高，代码调试相对简单和代码后期维护难度降低。

（3）内置函数。

Python 系统中自带的一些函数就称为内置函数，例如：print()、str() 等，不需要自己编写，调用就可以执行。还有一种是第三方函数，就是其他程序员编好的一些函数，共享给大家使用。前面说的这两种函数都是可以直接使用的。自己编写的方便自己工作学习用的函数，称为自定义函数。

函数是为实现一个操作而集合在一起的语句集。当调用函数时，系统会执行函数里的语句，并返回结果。通过定义和使用函数，能应用函数抽象去解决复杂问题。

函数的定义包括函数名称、形参以及函数体，语法格式如下：

```
def 函数名(形参列表):
    #函数体
```

调用函数的语法格式如下：

```
函数名(实参)
```

函数头中的参数被称为形式参数或形参。参数就像一个占位符，当调用函数时，就将一个值通过实参传递给形参。参数是可选的，函数也可以不包含参数。

六、任务思考

（1）函数的定义和调用如何配合使用？

（2）函数的形参与实参有何区别？

（3）函数的文档字符串如何定义与输出？

任务二 使用函数参数、返回值与引用进行编程

视频

使用函数参数、返回值与引用进行编程

一、任务描述

上海御恒信息科技有限公司接到客户的一份订单，要求用 Python 实现函数参数、返回值与引用的编程。公司刚招聘了一名程序员小张，软件开发部经理要求他尽快熟悉函数的参数传递，小张按照经理的要求选取了一些算法来实现函数参数、返回值与引用的编程。

二、任务分析

函数中可以有参数，也可以没有参数，可以有一个参数，也可以有多个参数。函数可以有返回值，也可以没有返回值。此外函数中的参数可以用值传递，也可以用引用传递。下面通过任务实施具体展开。

三、任务实施

第一步：通过一个没有返回值的函数打印指定分数的级别，如图 5-5 所示。

调试以上程序，运行结果如下：

```
Please input english score:95
The English's Grade is A
Please input english score:85
The English's Grade is B
Please input english score:75
The English's Grade is C
Please input english score:65
The English's Grade is D
Please input english score:55
The English's Grade is E
```

第二步：通过一个有返回值的函数打印指定分数的级别，如图 5-6 所示。

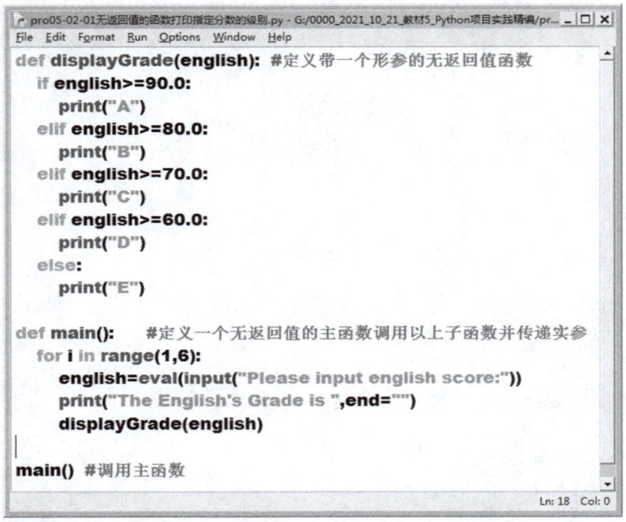

```
def displayGrade(english):  #定义带一个形参的无返回值函数
    if english>=90.0:
        print("A")
    elif english>=80.0:
        print("B")
    elif english>=70.0:
        print("C")
    elif english>=60.0:
        print("D")
    else:
        print("E")

def main():    #定义一个无返回值的主函数调用以上子函数并传递实参
    for i in range(1,6):
        english=eval(input("Please input english score:"))
        print("The English's Grade is ",end="")
        displayGrade(english)

main() #调用主函数
```

图 5-5　无返回值的函数打印指定分数的级别

```
def requireGrade(english):  #定义带一个形参的有返回值函数
    if english>=90.0:
        return "A"
    elif english>=80.0:
        return "B"
    elif english>=70.0:
        return "C"
    elif english>=60.0:
        return "D"
    else:
        return "E"

def main():    #定义一个无返回值的主函数调用以上子函数并传递实参
    for i in range(1,6):
        english=eval(input("Please input english score:"))
        print("The English's Grade is ",requireGrade(english))

main() #调用主函数
```

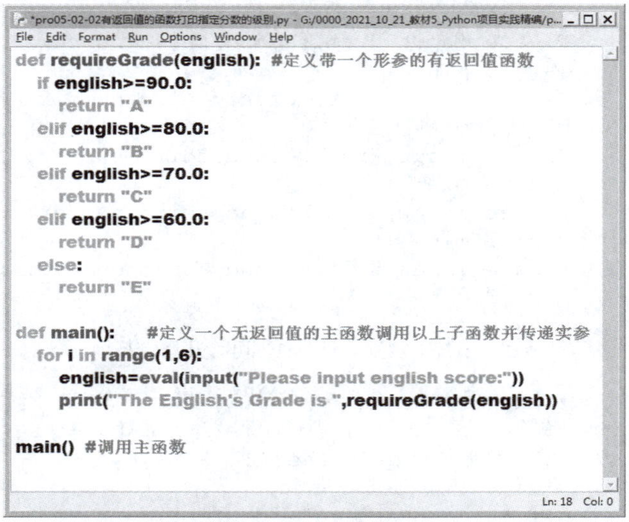

图 5-6　有返回值的函数打印指定分数的级别

调试以上程序，运行结果和第一步结果一样。

第三步：函数的位置参数（不能出现在任何关键字参数之后）与关键字参数（参数可以以任何顺序出现）。

```
def myFun(p1,p2,p3,p4):
    print("p1="+str(p1)+"\t"+"p2="+str(p2)+"\t"+"p3="+str(p3)+"\t"+"p4="+str(p4)+"\n")
myFun(1,p2=3,p3=4,p4=4)
myFun(p1=1,p2=3,p3=4,p4=4)
myFun(p4=1,p2=3,p3=4,p1=4)
#myFun(1,p2=3,4,p4=4)    #4这个位置参数出现在关键字参数之后是错误的，程序不能运行
```

调试以上程序，运行结果如下：

```
p1=1    p2=3    p3=4    p4=4
p1=1    p2=3    p3=4    p4=4
p1=4    p2=3    p3=4    p4=1
```

第四步：用函数实现从键盘接收三个整数，输出最大数和最小数。

```
def myCompare(num1,num2,num3):
    if num1>num2 and num1>num3:
        if num2<num3:
            num2,num3=num3,num2
    elif num2>num1 and num2>num3:
        if num1>num3:
            num1,num2=num2,num1
        else:
            num1,num2=num2,num1
            num2,num3=num3,num2
    elif num3>num1 and num3>num2:
        if num1<num2:
             num1,num3=num3,num1
        else:
            num1,num3=num3,num1
            num3,num2=num2,num3
    print("max=",num1,"min=",num3)
for i in range(1,6):
    num1,num2,num3=eval(input("Please input first,second,third number:"))
    myCompare(num1,num2,num3)
```

调试以上程序，运行结果如下：

```
Please input first,second,third number:1,2,3
max= 3 min= 1
Please input first,second,third number:1,3,2
max= 3 min= 1
Please input first,second,third number:2,1,3
max= 3 min= 1
Please input first,second,third number:2,3,1
max= 3 min= 1
Please input first,second,third number:3,1,2
max= 3 min= 1
```

第五步：用函数实现鸡兔同笼的算法。

```
#鸡兔同笼，鸡和兔子头的总数为heads，鸡和兔子的脚的总数为feet，计算鸡和兔子分别有多少
#例如：输入30，80，调试以上程序并运行，鸡：20，兔子：10
#鸡的数量=2*heads-feet/2
#兔子的数量=feet/2-heads
def chickenRabbit(heads,feet):
    if heads>0 and feet>0:
        chickens=2*heads-feet/2
        rabbits=feet/2-heads
        print("鸡：%d,兔子：%d"%(chickens,rabbits)+"\n")
    else:
        print("输入数据有误！\n")
for i in range(1,6):
    heads=eval(input("请输入鸡兔的头的总数:"))
    feet=eval(input("请输入鸡兔的脚的总数:"))
    chickenRabbit(heads,feet)
```

调试以上程序，运行结果如下：

```
请输入鸡兔的头的总数:8
请输入鸡兔的脚的总数:24
鸡：4，兔子：4
请输入鸡兔的头的总数:20
请输入鸡兔的脚的总数:70
鸡：5，兔子：15
请输入鸡兔的头的总数:30
```

```
请输入鸡兔的脚的总数:80
鸡: 20, 兔子: 10
请输入鸡兔的头的总数:40
请输入鸡兔的脚的总数:90
鸡: 35, 兔子: 5
请输入鸡兔的头的总数:50
请输入鸡兔的脚的总数:200
鸡: 0, 兔子: 50
```

第六步：通过函数的返回值返回 Fibonacci 数列的前 n 项。

```
def fibonacci(n):
    myResult=[]
    x,y=0,1
    while y<=n:
        myResult.append(y)
        x,y=y,x+y
    return myResult
result=fibonacci(100)
print(result)
```

调试以上程序，运行结果如下：

```
[1, 1, 2, 3, 5, 8, 13, 21, 34, 55, 89]
```

第七步：实现匿名函数。

```
str=lambda:"PYTHON".lower()          #定义无参匿名函数，将字母改成小写
print(str())                         #调用无参匿名函数，注意要加一对（）
final=lambda m:m*100                 #定义有参匿名函数，将数字扩大10倍
print(final(7.5))                    #调用有参匿名函数，传入参数
```

调试以上程序，运行结果如下：

```
python
750
```

第八步：匿名函数作为函数调用中的一个参数来传递。

```
myPoints=[(1,7),(3,4),(5,6)]
myPoints.sort(key=lambda point:point[1])     #调用sort()函数按元素第二列进行升序排列
print(myPoints)
```

调试以上程序，运行结果如下：

```
 [(3, 4), (5, 6), (1, 7)]
```

四、任务小结

（1）函数声明时没有指明形参，这称为无参函数。

（2）函数声明时指明 1 个或多个形参，这称为有参函数。

（3）函数声明时未使用 return，这称为无返回值函数。

（4）函数声明时有使用 return，这称为有返回值函数。

五、任务拓展

（1）函数调用时，默认按位置顺序将实参逐个传递给形参，也就是调用时，传递的实参和函数定义时确定的形参在顺序、个数上要一致，否则调用会出错。

（2）为增加函数调用的灵活性，可给形参赋予默认值，调用时，如果没给形参传递值，就可以用默认值。

（3）使用默认参数时，实参到形参的传递也是按位置顺序逐个赋值。

（4）Python 使用关键字参数，即使用关键字而非位置来指定函数中参数的方式，它在调用时以“形参名 = 实参”的形式来表明该实参是传递给哪一个形参的。

（5）关键字参数使函数调用不需要考虑参数的顺序。如果存在默认参数，只需要对个别参数赋值就可以了。

（6）Python 不允许程序员选择采用传值还是传引用。Python 参数传递采用的肯定是“传对象引用”的方式。实际上，这种方式相当于传值和传引用的一种综合。如果函数收到的是一个可变对象（比如字典或列表）的引用，就能修改对象的原始值，相当于通过“传引用”来传递对象。如果函数收到的是一个不可变对象（例如数字、字符或者元组）的引用，不能直接修改原始对象，相当于通过“传值”来传递对象。

六、任务思考

（1）None 函数能否有 return 语句？

（2）形参和实参能同名吗？

（3）位置参数和关键字参数有何区别和联系？

任务三 实现函数中变量的作用域及递归编程

视频

实现函数中变量的作用域及递归编程

一、任务描述

上海御恒信息科技有限公司接到客户的一份订单，要求用 Python 实现计算某个客户双十一购买所有商品的平均价。公司刚招聘了一名程序员小张，软件开发部经理要求他尽快熟悉函数的局部变量、全局变量、默认参数、关键字参数、不定长参数、return 及递归的用法，小张按照经理的要求进行以下任务分析。

二、任务分析

首先要设计函数的功能，并将其放入函数体，其次为函数命名，书写在关键字 def 之后，然后将可变的参数作为形参放入函数的圆括号之中，最后在函数之外通过调用函数名（实参）将函数的结果返回到调用处从而实现具体函数的功能。在对函数设计的过程中要考虑函数的局部变量、全局变量、默认参数、关键字参数、不定长参数、return、递归的用法，下面通过任务实施逐步进行实践。

三、任务实施

第一步：书写一个函数，使用局部变量计算双十一商品的折扣后的总价。

```
#filename:chap05-03-lx01.py
# -*- coding:utf-8 -*-
import math
def happyDouble11():                                          #无参数函数
    #以下为函数体
    priceCloth=183.5                                          #局部变量单价
    discount=0.85                                             #局部变量折扣
    total=priceCloth*discount                                 #局部变量总价
#函数体外输出总价
print("Total price is"+str(total))
```

调试以上程序，运行结果如下：

```
NameError: name 'total' is not defined
```

分析原因：total 是局部变量，作用域范围是函数体，函数外不可见。

第二步：修改以上代码，在代码最上方加入全局变量，并在函数体外为其赋值，赋值是通过调用函数实现。

```
#filename:chap05-03-lx02.py
# -*- coding:utf-8 -*-
import math
total=0.0                                          #全局变量total
def happyDouble11():                               #无参数函数
    #以下为函数体
    priceCloth=183.5                               #局部变量单价
    discount=0.85                                  #局部变量折扣
    total=priceCloth*discount                      #局部变量总价
#函数体外输出总价
total=happyDouble11()
print("Total price is "+str(total))
```

调试以上程序，运行结果如下：

```
Total price is None
```

分析原因：total 是全局变量，但调用的函数没有返回值，没有返回值用 None 表示。

第三步：继续修改以上程序，在函数中加入返回 return。

```
#filename:chap05-03-lx03.py
# -*- coding:utf-8 -*-
import math
total=0.0                                          #全局变量total
def happyDouble11():                               #无参数函数
    #以下为函数体
    priceCloth=183.5                               #局部变量单价
    discount=0.85                                  #局部变量折扣
    total=round(priceCloth*discount,2)             #局部变量总价，保留两位小数
    return total                                   #在调用该函数，将局部变量的值返回到调用处
#函数体外输出总价
total=happyDouble11()
print("Total price is "+str(total))
```

调试以上程序，运行结果如下：

```
Total price is 155.97
```

第四步：接着修改以上程序，要求加入函数的参数（形参与实参）。

```
#filename:chap05-03-lx04.py
# -*- coding:utf-8 -*-
import math
total=0.0                                          #全局变量total
def happyDouble11(priceCloth,discount):            #priceCloth，discount为形参
    #以下为函数体
    total=round(priceCloth*discount,2)             #局部变量总价，保留两位小数
    return total                                   #在调用该函数，将局部变量的值返回到调用处
#函数体外输出总价
total=happyDouble11(108.6,0.5)                     #108.6与0.5为实参
print("Total price is "+str(total))                #输出的是全局变量total
```

调试以上程序，运行结果如下：

```
Total price is 54.3
```

第五步：使用默认参数与关键字参数修改以上程序。

```
#filename:chap05-03-lx05.py
# -*- coding:utf-8 -*-
```

```
import math
#global total                                          #全局变量如果添加关键字global,不能赋初值
def happyDouble11(priceCloth=100.0,discount=0.9): #为priceCloth，discount默认参数设置默认值
    #以下为函数体
    total=round(priceCloth*discount,2)                  #局部变量总价，保留两位小数
    return total                                        #在调用该函数，将局部变量的值返回到调用处
#函数体外输出总价
print("Total price is "+str(happyDouble11()))              #使用两个默认值
print("Total price is "+str(happyDouble11(85.6)))          #使用第二个默认值discount
print("Total price is "+str(happyDouble11(discount=0.5)))#使用第一个默认值priceCloth
print("Total price is "+str(happyDouble11(discount=0.5,priceCloth=200)))    #使用关键字
参数可以改变顺序
print("Total price is "+str(happyDouble11(85.6,0.5)))    #不使用默认值
```

调试程序时，如忘记传参，运行结果如下：

```
TypeError: happyDouble11() missing 2 required positional arguments: 'priceCloth' and
'discount'
```

为避免以上情况，可使用默认参数，并配合使用关键字参数，运行结果如下：

```
Total price is 90.0
Total price is 77.04
Total price is 50.0
Total price is 100.0
Total price is 42.8
```

第六步：使用不定长参数（通过加 *，将所有未命名的变量参数（字典除外）存在一个元组中供函数使用），根据以上内容，扩展程序的功能，能计算多个商品的总价。

```
#filename:chap05-03-lx06.py
#function:计算某个客户双十一购买所有商品的平均价
# -*- coding:utf-8 -*-
import math

def happyDouble11(cName,n,*prices):         #cName是客户姓名，n是商品的件数，*prices是不定长参数
    #以下为函数体
    print("\n客户的姓名是: "+cName)
    print("所购买的{}件商品的单价分别是: ".format(n))
    avgPrice=0.0
    sumPrice=0.0
    for i in prices:
        print(i,end=" ")
        sumPrice+=i
    avgPrice=sumPrice/n
    print("\n商品的平均价格为{:.2f}".format(avgPrice))

#函数体外输出某个客户购买了几件商品，平均价格是多少
happyDouble11("张三丰",3,1328.5,18682.6,382.8)
happyDouble11("李小龙",4,585.5,19381.5,121.6,82.6)
happyDouble11("霍元甲",5,132.8,589.5,6828.5,38.2,1580.3)
```

调试以上程序，运行结果如下：

```
客户的姓名是: 张三丰
所购买的3件商品的单价分别是:
1328.5 18682.6 382.8
商品的平均价格为6797.97

客户的姓名是: 李小龙
所购买的4件商品的单价分别是:
585.5 19381.5 121.6 82.6
```

```
商品的平均价格为5042.80

客户的姓名是: 霍元甲
所购买的5件商品的单价分别是:
132.8 589.5 6828.5 38.2 1580.3
商品的平均价格为1833.86
>>>
```

第七步：使用函数的递归完成 n! 的求解并输出。

```
#filename:chap05-03-lx08.py
#function:5!=1*2*3*4*5=120
# -*- coding:utf-8 -*-
import math

def recursive(n):
    if n==1:
        return 1
    return n*recursive(n-1)             #递归分为递推和回归，过程如下
                                        #5*recursive(4)
                                        #5*4*recursive(3)
                                        #5*4*3*recursive(2)
                                        #5*4*3*2*recursive(1)
                                        #5*4*3*2*1=120

m=5

print(str(m)+"的阶乘是: "+str(recursive(m)))
```

调试以上程序，运行结果如下：

```
5的阶乘是: 120
```

第八步：修改以上算法，可以显示递归的每一步过程。

```
#filename:chap05-03-lx09.py
#function:5!=1*2*3*4*5=120
# -*- coding:utf-8 -*-
import math

def recursive(n):
    if n==1:
        print("recursive({})返回{}".format(n,1))
        return 1
    else:
        print("计算{}*recursive({})".format(n,n-1))
        result=n*recursive(n-1)
        print("recursive({})返回{}".format(n,result))
        return result                   #递归分为递推和回归，过程如下
                                        #5*recursive(4)
                                        #5*4*recursive(3)
                                        #5*4*3*recursive(2)
                                        #5*4*3*2*recursive(1)
                                        #5*4*3*2*1=120

m=5
print(str(m)+"的阶乘是: "+str(recursive(m)))
```

调试以上程序，运行结果如下：

```
计算5*recursive(4)
计算4*recursive(3)
计算3*recursive(2)
```

```
计算2*recursive(1)
recursive(1)返回1
recursive(2)返回2
recursive(3)返回6
recursive(4)返回24
recursive(5)返回120
5的阶乘是: 120
```

四、任务小结

（1）局部变量书写在函数体中，作用域范围仅限于函数中。

（2）全局变量书写在所有函数之上，作用域范围是整个程序，全局变量不能写在函数内。

（3）全局变量前可加关键字 global，如果加了就不能赋初值。

（4）函数可以在定义时分别为每个形参赋默认值，这个形参就称为默认参数。

（5）函数在调用时分别为每个实参赋默认值，这个实参就称为关键字参数，它可以改变顺序。

（6）函数定义时，在形参列表最右侧的参数前加入一个“*”，就可以实现传递多个参数，这个参数称为不定长参数。

五、任务拓展

用函数求 Fibonacci 数列的前 n 项。

```
#实训，求Fibonacci数列的前n项(使用函数的返回值)0，1，1，2，3，5，8，13，21，34，55
#第一步：定义一个函数（关键字：def）
#求Fibonacci数列的前n项(使用函数)
def fbnc(n):                                    #fbnc为函数名，n为形参
    myarray=[]                                  #声明一个空的列表
    a,b=0,1                                     #为前两个数a,b赋初值,因为列表是从0开始，所以a=0，b=1
    while b<=n:
         myarray.append(b)                      #通过循环在列表中不断添加新的元素
         a,b=b,a+b              #0,1=1,1  1,1=1,2  1,2=2,3  2,3=3,5  3,5=5,8  5,8=8,13
                                #append(1)  append(1)  append(2)  append(3)  append(5)  append(8)
    return myarray              #myarrary=[1,1,2,3,5,8]
#第二步：调用一个函数
arr1=fbnc(8)
print(arr1)
print("")
```

六、任务思考

（1）变量在函数内和函数外声明有何区别？

（2）递推和回归有何区别？

任务四 运用Python的包进行模块化编程

视频

运用Python的包进行模块化编程

一、任务描述

上海御恒信息科技有限公司接到客户的一份订单，要求用 Python 实现模块化编程。公司刚招聘了一名程序员小张，软件开发部经理要求他尽快熟悉 Python 的包及模块，小张按照经理要求进行以下任务分析。

二、任务分析

实现 Python 的模块化编程，要使用自顶向下，逐步求精，模块化的编程思路。通过调用主函

数模块来调用主菜单模块，主菜单模块调用选择模块，选择模块再分别调用求圆面积、矩形面积、三角形面积、一元二次方程的根、斐波那契数列这6个子函数模块。最后分别书写6个子函数模块的算法。下面通过任务实施分步实践。

三、任务实施

第一步：书写整个程序的注释，用注释理清整体编程思路。

```
#1.导入常用数学函数库和系统库

#2.声明并定义第一个子函数，实现求圆面积

#3.声明并定义第二个子函数，实现求矩形面积

#4.声明并定义第三个子函数，实现求三角形面积

#5.声明并定义第四个子函数，实现求一元二次方程的根

#6.声明并定义第五个子函数，实现求斐波那契数列

#7.声明并定义一个判断函数，用于调用不同的算法子函数

#8.声明并定义一个菜单函数，用于选择实现具体算法

#9.声明并定义主函数，主函数负责调用菜单函数

#10.调用主函数main()
```

第二步：输入注释内容的基本框架代码。

```
#1.导入常用数学函数库、系统库及选择用的全局变量
import math
import sys
choice=1

#2.声明并定义第一个子函数，实现求圆面积
def calcCircleArea(radius):

#3.声明并定义第二个子函数，实现求矩形面积
def calcRectArea(width,height):

#4.声明并定义第三个子函数，实现求三角形面积。
def calcTriArea(sideA,sideB,sideC):

#5.声明并定义第四个子函数，实现求一元二次方程的根
def calcRoot(a,b,c):

#6.声明并定义第五个子函数，实现求斐波那契数列
def fbnc(n):

#7.声明并定义一个判断函数，用于调用不同的算法子函数
def judgeChoice():

#8.声明并定义一个菜单函数，用于选择实现具体算法
def dispMenu():

#9.声明并定义主函数，主函数负责调用菜单函数
def main():

#10.调用主函数main()
main()
```

第三步：书写调用主函数，主函数定义，菜单函数定义，判断函数定义和第一个子函数求圆面积定义的代码。

```
#1.导入常用数学函数库、系统库及选择用的全局变量
import math
import sys
choice=1    #这个是全局变量，下面所有函数均可见，用于存放菜单编号

#2.声明并定义第一个子函数，实现求圆面积
def calcCircleArea(radius):
    cArea=0.0
    cArea=math.pi*math.pow(radius,2)
    return cArea

#3.声明并定义第二个子函数，实现求矩形面积
def calcRectArea(width,height):
   return 0.0

#4.声明并定义第三个子函数，实现求三角形面积
def calcTriArea(sideA,sideB,sideC):
   return 0.0

#5.声明并定义第四个子函数，实现求一元二次方程的根
def calcRoot(a,b,c):
   return 0.0

#6.声明并定义第五个子函数，实现求斐波那契数列
def fbnc(n):
   return 0.0

#7.声明并定义一个判断函数，用来调用不同的算法子函数
def judgeChoice():
    choice=eval(input("请输入您的选择（1-5）:"))
    if choice==1:
        r=eval(input("请输入圆的半径: "))
        print("圆的面积是:",calcCircleArea(r))
        print("")
    elif choice==2:
        print("")
    elif choice==3:
        print("")
    elif choice==4:
        print("")
    elif choice==5:
        print("")
    elif choice==6:
        sys.exit()
    else:
        print("您输入的选择必须在1-6之间")

#8.声明并定义一个菜单函数，用于选择实现具体算法
def dispMenu():
        mnuStr="--------------------------------------------------------------\n"
        mnuStr+="\t超级计算变变变\n"
        mnuStr+="--------------------------------------------------------------\n"
        mnuStr+="\t1.计算圆的面积\n"
        mnuStr+="\t2.计算矩形的面积\n"
        mnuStr+="\t3.计算三角形的面积\n"
        mnuStr+="\t4.计算一元二次方程的根\n"
        mnuStr+="\t5.求斐波那契数列\n"
        mnuStr+="\t6.退出\n"
```

```
            mnuStr+="-------------------------------------------------------\n"
            print(mnuStr)
            judgeChoice()

    #9.声明并定义主函数，主函数负责调用菜单函数
    def main():
        ch="Y"
        while ch=="Y" or ch=="y":
            dispMenu()
            ch=input("请问是否要继续执行（Y/N）:")
        print("整个程序结束，感谢您的使用！！！")

    #10.调用主函数main()
    main()
```

补充：详细书写代码调试步骤如下。

首先，请输入 #9 定义主函数的代码，如图 5-7 所示。

其次，请输入定义菜单函数的代码，如图 5-8 所示。

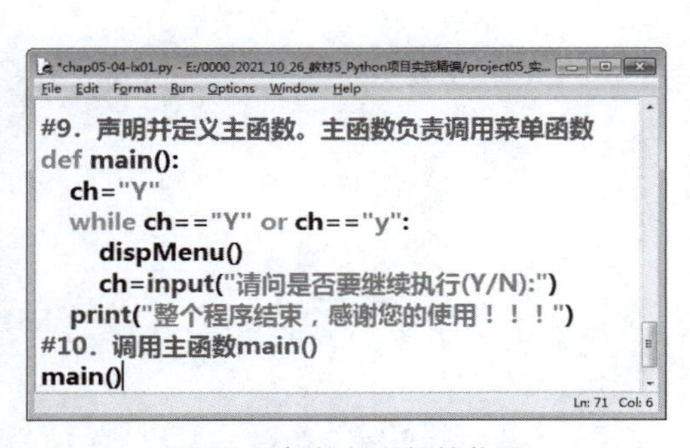

图 5-7 定义主函数的代码

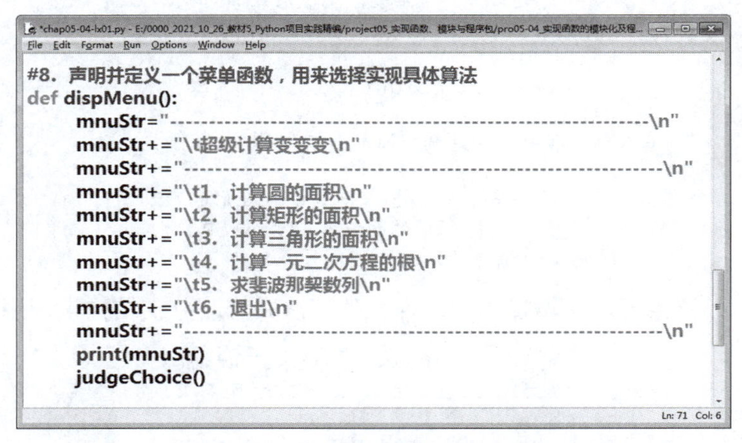

图 5-8 定义菜单函数的代码

再次，请输入定义判断函数的代码，如图 5-9 所示。

然后，请输入定义第一个子函数求圆面积的代码，如图 5-10 所示。

```
#7. 声明并定义一个判断函数，用来调用不同的算法子函数
def judgeChoice():
    choice=eval(input("请输入您的选择(1-5):"))
    if choice==1:
        r=eval(input("请输入圆的半径："))
        print("圆的面积是:",calcCircleArea(r))
        print("")
    elif choice==2:
        print("")
    elif choice==3:
        print("")
    elif choice==4:
        print("")
    elif choice==5:
        print("")
    elif choice==6:
        sys.exit()
    else:
        print("您输入的选择必须在1-6之间")
```

图 5-9 定义判断函数的代码

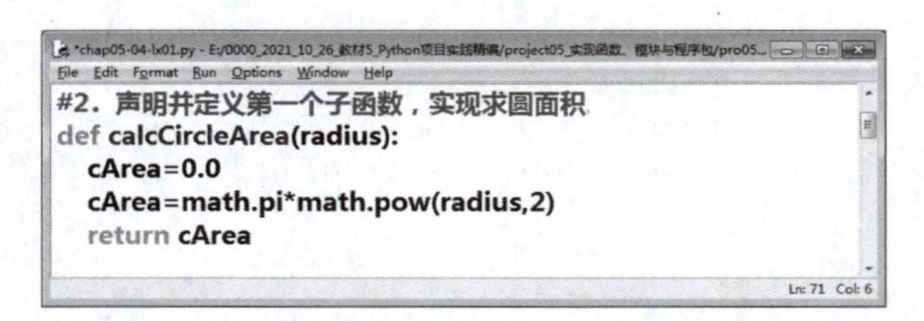

图 5-10 定义第一个子函数求圆面积的代码

最后，请在第二、三、四、五个子函数中输入 return 0.0，方便程序调试而不会报错，如图 5-11 所示。

调试以上程序，运行结果如图 5-12 所示。

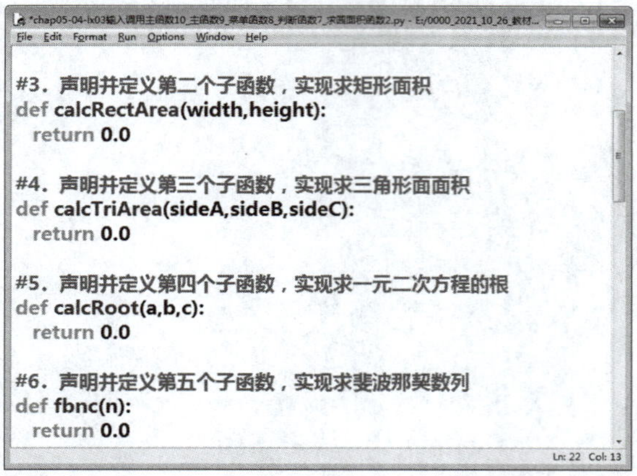

```
#3. 声明并定义第二个子函数，实现求矩形面积
def calcRectArea(width,height):
  return 0.0

#4. 声明并定义第三个子函数，实现求三角形面面积
def calcTriArea(sideA,sideB,sideC):
  return 0.0

#5. 声明并定义第四个子函数，实现求一元二次方程的根
def calcRoot(a,b,c):
  return 0.0

#6. 声明并定义第五个子函数，实现求斐波那契数列
def fbnc(n):
  return 0.0
```

图 5-11　第二、三、四、五个子函数中输入 return 0.0

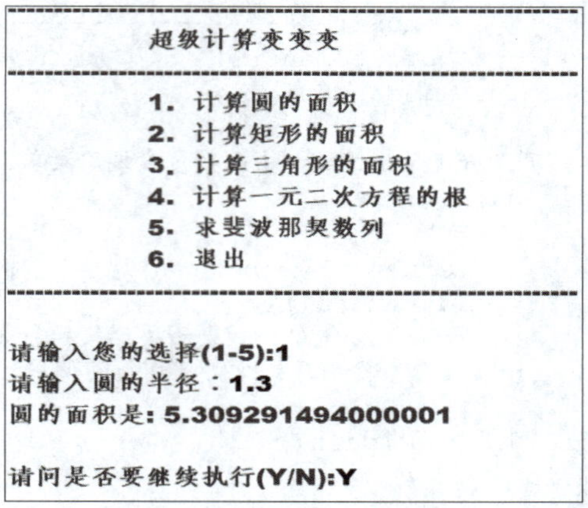

```
---------------------------------------------------------------
              超级计算变变变
---------------------------------------------------------------
              1. 计算圆的面积
              2. 计算矩形的面积
              3. 计算三角形的面积
              4. 计算一元二次方程的根
              5. 求斐波那契数列
              6. 退出
---------------------------------------------------------------

请输入您的选择(1-5):1
请输入圆的半径：1.3
圆的面积是: 5.309291494000001

请问是否要继续执行(Y/N):Y
```

图 5-12　程序运行后选择 1 计算圆面积

第四步：增加矩形面积的算法并修改分支结构来调用该函数。

```
#3.声明并定义第二个子函数，实现求矩形面积
def calcRectArea(width,height):
    rArea=0.0
    rArea=width*height
    return rArea
#修改第七步的分支结构，添加如下代码
    elif choice==2:
        w,h=eval(input("请输入矩形的宽和高:"))
        print("矩形的面积是:",calcRectArea(w,h))
        print("")
```

第五步：增加三角形面积的算法并修改分支结构来调用该函数。

```
#4.声明并定义第三个子函数，实现求三角形面积
def calcTriArea(sideA,sideB,sideC):
    tArea=0
    if (sideA+sideB)>sideC and (sideB+sideC)>sideA and (sideC+sideA)>sideB:
        p=(sideA+sideB+sideC)/2
        tArea=math.sqrt(p*(p-sideA)*(p-sideB)*(p-sideC))
        return tArea
    else:
        return "这不是三角形，请重新输入三条边长！！！"
#修改第七步的分支结构，添加如下代码
    elif choice==3:
        a,b,c=eval(input("请输入三角形的三条边长，中间用逗号分隔: "))
        print("三角形的面积是:",calcTriArea(a,b,c))
        print("")
```

第六步：增加求一元二次方程根的算法并修改分支结构来调用该函数。

```
#5.声明并定义第四个子函数，实现求一元二次方程的根
def calcRoot(a,b,c):
    m=b**2-4*a*c
    n=abs(m)
    p=-b/(2*a)
    q=math.sqrt(n)/(2*a)
    if m>0:
        x1=p+q
        x2=p-q
        return "x1=",x1,"x2=",x2
    elif m==0:
        x1=x2=p
        return "x1=",x1,"x2=",x2
    else:
```

```
        return "一元二次方程有两个虚根！"
#修改第七步的分支结构，添加如下代码
    elif choice==4:
        a,b,c=eval(input("请输入一元二次方程中a,b,c的值，中间用逗号分隔：")）
        print("一元二次方程的根是:",calcRoot(a,b,c))
        print("")
```

第七步：增加求斐波那契数列的算法并修改分支结构来调用该函数。

```
#6.声明并定义第五个子函数，实现求斐波那契数列
def fbnc(n):                          #fbnc为函数名，n为形参
    myarray=[]                        #声明一个空的列表
    a,b=0,1                           #为前两个数a，b赋初值，因为列表是从0开始，所以a=0，b=1
    while b<=n:
        myarray.append(b)             #通过循环在列表中不断添加新的元素
        a,b=b,a+b       #0,1=1,1  1,1=1,2  1,2=2,3  2,3=3,5  3,5=5,8  5,8=8,13
                        #append(1) append(1) append(2) append(3) append(5) append(8)
    return myarray                    #myarrary=[1,1,2,3,5,8]
#修改第七步的分支结构，添加如下代码
elif choice==5:
        n=eval(input("请输入斐波那契数列的终值："))
        arr1=fbnc(n)
        print(arr1)
        print("")
```

第八步：在 Python 开发环境中进行调试整个代码，运行结果如图 5-13、图 5-14、图 5-15、图 5-16、图 5-17、图 5-18 所示。

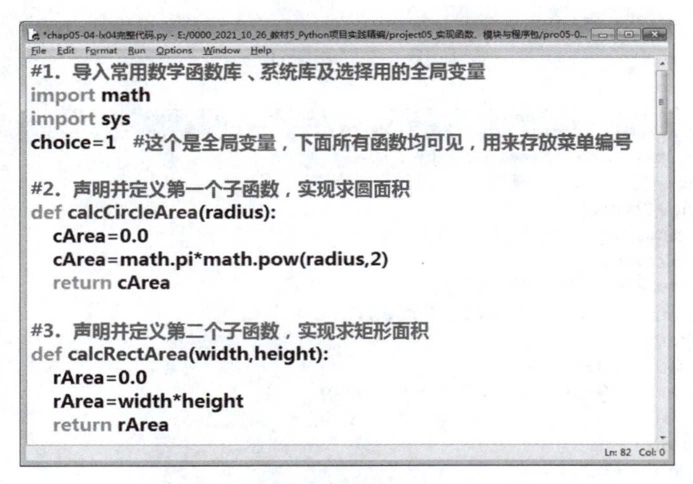

File Edit Format Run Options Window Help
#1. 导入常用数学函数库、系统库及选择用的全局变量
import math
import sys
choice=1 #这个是全局变量，下面所有函数均可见，用来存放菜单编号
#2. 声明并定义第一个子函数，实现求圆面积
def calcCircleArea(radius):
cArea=0.0
cArea=math.pi*math.pow(radius,2)
return cArea
#3. 声明并定义第二个子函数，实现求矩形面积
def calcRectArea(width,height):
rArea=0.0
rArea=width*height
return rArea
Ln: 82 Col: 0

图 5-13　程序完整代码 #1 #2 #3

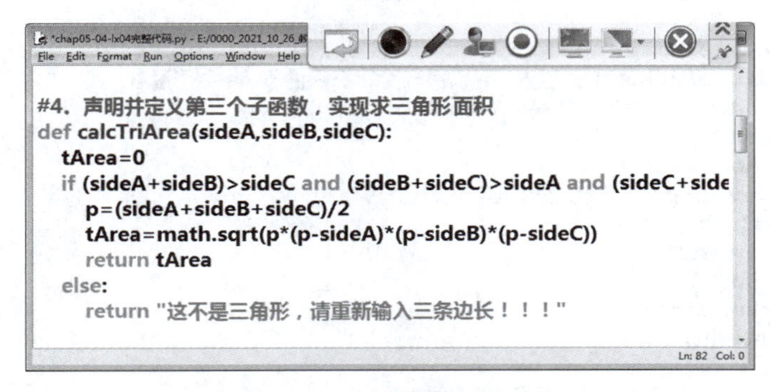

图 5-14　程序完整代码 #4

```
#5. 声明并定义第四个子函数，实现求一元二次方程的根
def calcRoot(a,b,c):
    m=b**2-4*a*c
    n=abs(m)
    p=-b/(2*a)
    q=math.sqrt(n)/(2*a)
    if m>0:
        x1=p+q
        x2=p-q
        return "x1=",x1,"x2=",x2
    elif m==0:
        x1=x2=p
        return "x1=",x1,"x2=",x2
    else:
        return "一元二次方程有两个虚根！"
```

图 5-15　程序完整代码 #5

```
#6. 声明并定义第五个子函数，实现求斐波那契数列
def fbnc(n):               #fbnc为函数名，n为形参
    myarray=[]             #声明一个空的列表
    a,b=0,1                #为前两个数a,b赋初值,因为列表是从0开始，所以a=0,b=1
    while b<=n:
        myarray.append(b)  #通过循环在列表中不断添加新的元素
        a,b=b,a+b      #0,1=1,1    1,1=1,2    1,2=2,3    2,3=3,5    3,5=5,8  5,8=8,13
                   #append(1)  append(1)  append(2)  append(3)  append(5)  append(8)
    return myarray  #myarrary=[1,1,2,3,5,8]
```

图 5-16　程序完整代码 #6

```
#7. 声明并定义一个判断函数，用来调用不同的算法子函数
def judgeChoice():
    choice=eval(input("请输入您的选择(1-5):"))
    if choice==1:
        r=eval(input("请输入圆的半径："))
        print("圆的面积是:",calcCircleArea(r))
        print("")
    elif choice==2:
        w,h=eval(input("请输入矩形的宽和高:"))
        print("矩形的面积是:",calcRectArea(w,h))
        print("")
    elif choice==3:
        a,b,c=eval(input("请输入三角形的三条边长，中间用逗号分隔："))
        print("三角形的面积是:",calcTriArea(a,b,c))
        print("")
    elif choice==4:
        a,b,c=eval(input("请输入一元二次方程中a,b,c的值，中间用逗号分隔："))
        print("一元二次方程的根是:",calcRoot(a,b,c))
        print("")
    elif choice==5:
        n=eval(input("请输入斐波那契数列的终值："))
        arr1=fbnc(n)
        print(arr1)
        print("")
    elif choice==6:
        sys.exit()
    else:
        print("您输入的选择必须在1-6之间")
```

图 5-17　程序完整代码 #7

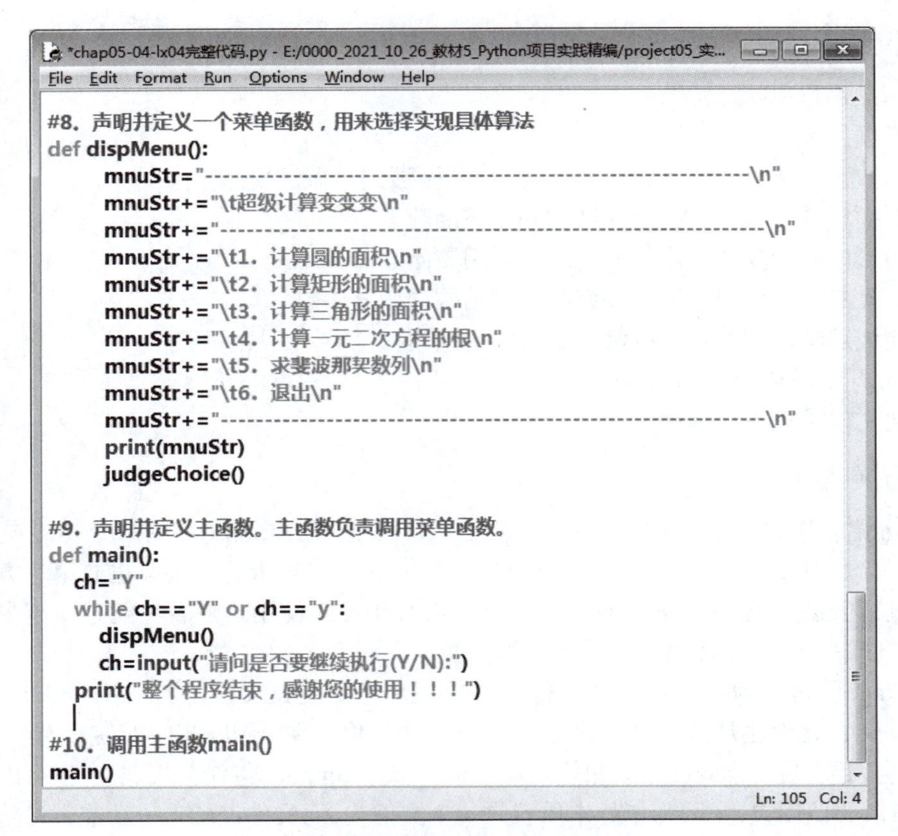

```
#8. 声明并定义一个菜单函数，用来选择实现具体算法
def dispMenu():
        mnuStr="---------------------------------------------------------------\n"
        mnuStr+="\t超级计算变变变\n"
        mnuStr+="---------------------------------------------------------------\n"
        mnuStr+="\t1. 计算圆的面积\n"
        mnuStr+="\t2. 计算矩形的面积\n"
        mnuStr+="\t3. 计算三角形的面积\n"
        mnuStr+="\t4. 计算一元二次方程的根\n"
        mnuStr+="\t5. 求斐波那契数列\n"
        mnuStr+="\t6. 退出\n"
        mnuStr+="---------------------------------------------------------------\n"
        print(mnuStr)
        judgeChoice()

#9. 声明并定义主函数。主函数负责调用菜单函数。
def main():
    ch="Y"
    while ch=="Y" or ch=="y":
        dispMenu()
        ch=input("请问是否要继续执行(Y/N):")
    print("整个程序结束，感谢您的使用！！！")

#10. 调用主函数main()
main()
```

图 5-18　程序完整代码 #8 #9 #10

调试以上程序，运行结果如下：

```
-----------------------------------------------------------------------
   超级计算变变变
-----------------------------------------------------------------------
   1.计算圆的面积
   2.计算矩形的面积
   3.计算三角形的面积
   4.计算一元二次方程的根
   5.求斐波那契数列
   6.退出
-----------------------------------------------------------------------
请输入您的选择（1-5）:1
请输入圆的半径: 1.1
圆的面积是: 3.8013271108436504
请问是否要继续执行（Y/N）:Y
请输入您的选择（1-5）:2
请输入矩形的宽和高:3.0,4.0
矩形的面积是: 12.0
请问是否要继续执行（Y/N）:Y
请输入您的选择（1-5）:3
请输入三角形的三条边长, 中间用逗号分隔: 3.0,4.0,5.0
三角形的面积是: 6.0
请问是否要继续执行（Y/N）:Y
请输入您的选择（1-5）:4
请输入一元二次方程中a,b,c的值, 中间用逗号分隔: 1.0,9.0,2.0
一元二次方程的根是: ('x1=', -0.2279981273412348, 'x2=', -8.772001872658766)
请输入您的选择（1-5）:5
请输入斐波那契数列的终值: 144
[1, 1, 2, 3, 5, 8, 13, 21, 34, 55, 89, 144]
请问是否要继续执行（Y/N）:Y
请输入您的选择（1-5）:6
```

四、任务小结

（1）用注释理顺编程思路。

（2）书写基本框架代码。

（3）书写主函数、菜单函数与判断函数和第一个子函数求圆面积的代码。

（4）增加矩形面积的算法并修改分支结构调用该函数。

（5）增加三角形面积的算法并修改分支结构调用该函数。

（6）增加求一元二次方程根的算法并修改分支结构调用该函数。

（7）增加求斐波那契数列的算法并修改分支结构调用该函数。

（8）在 Python 开发环境中进行调试。

（9）用模块化文件优化整个程序。

五、任务拓展

（1）在 Python 语言中，一个 .py 文件就可以称为一个模块。如果 a.py 中有一个功能在 b.py 中被引用，那么 a.py 就算是一个模块。在 Python 中不止有模块。Python 中有自带的模块，也有第三方的模块，第三方的模块需要自己进行安装，而 Python 自身的模块则可以直接导入使用。随着功能越写越多，无法将所有的功能都放到一个文件中，于是就使用了模块去组织功能。

（2）包（package）是作为目录存在的，包的另外一个特点就是文件中有一个 __init__.py 文件，如果忘记创建这个文件夹，就没法从这个文件夹里面导入那些模块。在 Python3 中即使没有 __init__.py 文件，import 包仍然不会报错，在 Python2 中如果没有 __init__ 文件 import 包就会报错。包可以包含模块，也可以包含包。而之所以要使用包，是因为包的本质就是一个文件夹，而文件夹的唯一功能就是将文件组织起来，而随着模块越来越多，就需要用文件夹将文件组织起来，以此来提高程序的结构性和可维护性。例如：

```
glance/                              #顶层包
 __init__.py                         #初始化sampling包
 api                                 #给api分包
 __init__.py
 policy.py
—— versions.py
—— cmd                               #给cmd分包
—— __init__.py
—— manage.py
—— db                                #给db分包
  __init__.py
   models.py
#文件内容包所包含的文件内容
#policy.py
def get():
    print('from policy.py')
#versions.py
def create_resource(conf):
    print('from version.py: ',conf)
#manage.py
def main():
    print('from manage.py')
#models.py
def register_models(engine):
    print('from models.py: ',engine)
#包的使用之import
import glance.db.models
glance.db.models.register_models('mysql')
#单独导入包名称时不会导入包中所有包含的所有子模块，如
#在与glance同级的test.py中
import glance
```

```
glance.cmd.manage.main()
'''
执行结果: AttributeError: module 'glance' has no attribute 'cmd'
'''
#解决方法:
#glance/__init__.py
from . import cmd
#glance/cmd/__init__.py
from . import manage
#执行:
#在于glance同级的test.py中
import glance
glance.cmd.manage.main()
'''
包的使用之from ... import ...
需要注意的是from后import导入的模块，必须是明确的一个不能带点，否则会有语法错误，如：from a import
b.c是错误语法
'''
from glance.db import models
models.register_models('mysql')
from glance.db.models import register_models
register_models('mysql')
```

（3）首次导入包：先产生一个执行文件的名称空间。

① 创建包下面的 __init__.py 文件的名称空间。

② 执行包下面的 __init__.py 文件中的代码，将产生的名字放入包下面的 __init__.py 文件名称空间。

③ 在执行文件中拿到一个指向包下面的 __init__.py 文件名称空间的名字。

（4）在导入语句中 . 号的左边是一个包（文件夹），作为包的设计者来说

① 当模块的功能特别多的情况下，应该分文件管理。

② 每个模块之间为了避免后期模块改名的问题，可以使用相对导入（包里面的文件都应该是被导入的模块），站在包的开发者角度，如果使用绝对路径管理自己的模块，那么它只需要永远以包的路径为基准依次导入模块，站在包的使用者角度，必须将包所在的那个文件夹路径添加到 system path 中。

③ Python2 如果要导入包，包下面必须要有 __init__.py 文件。

④ Python3 如果要导入包，包下面没有 __init__.py 文件也不会报错。

⑤ 当在删除程序不必要的文件的时候，千万不要随意删除 __init__.py 文件。

六、任务思考

请选择一个算法实现模块化。

综合部分

项目综合实训
运用模块进行常用算法的封装

一、项目描述

上海御恒信息科技有限公司接到某培训机构的一份订单，要求用 Python 实现常用算法的模块化编程。公司刚招聘了一名程序员小张，软件开发部经理要求他尽快熟悉 Python 的模块化编程，小张按照经理的要求对问题进行了以下项目分析。

视 频

运用模块进行常用算法的封装

二、项目分析

模块化编程是用多文件的形式将不同算法放入不同函数，并且一个函数放入一个 .py 文件，然

后将用主程序加载子模块文件，子模块文件还可以继续加载其他的子模块文件，从而实现自顶向下，逐步求精，模块化的结构化程序设计思路。

三、项目实施

第一步：将计算圆面积的子函数放入 Func01Circle.py 文件。

```
#1.导入常用数学函数库、系统库及选择用的全局变量
import math
#2.声明并定义第一个子函数，实现求圆面积
def calcCircleArea(radius):
    cArea=0.0
    cArea=math.pi*math.pow(radius,2)
    return cArea
```

第二步：将计算矩形面积的子函数放入 Func02Rect.py 文件。

```
import math
#3.声明并定义第二个子函数，实现求矩形面积
def calcRectArea(width,height):
    rArea=0.0
    rArea=width*height
    return rArea
```

第三步：将计算三角形面积的子函数放入 Func03Tri.py 文件。

```
import math
#4.声明并定义第三个子函数，实现求三角形面积
def calcTriArea(sideA,sideB,sideC):
    tArea=0
    if (sideA+sideB)>sideC and (sideB+sideC)>sideA and (sideC+sideA)>sideB:
        p=(sideA+sideB+sideC)/2
        tArea=math.sqrt(p*(p-sideA)*(p-sideB)*(p-sideC))
        return tArea
    else:
        return "这不是三角形，请重新输入三条边长！！！"
```

第四步：将计算一元二次方程根的子函数放入 Func04Root.py 文件。

```
import math
#5.声明并定义第四个子函数，实现求一元二次方程的根
def calcRoot(a,b,c):
    m=b**2-4*a*c
    n=abs(m)
    p=-b/(2*a)
    q=math.sqrt(n)/(2*a)
    if m>0:
        x1=p+q
        x2=p-q
        return "x1=",x1,"x2=",x2
    elif m==0:
        x1=x2=p
        return "x1=",x1,"x2=",x2
    else:
        return "一元二次方程有两个虚根！"
```

第五步：将计算斐波那契数列的子函数放入 Func05Fbnc.py 文件。

```
 import math
#6.声明并定义第五个子函数，实现求斐波那契数列
def fbnc(n):                          #fbnc为函数名，n为形参
    myarray=[]                        #声明一个空的列表
    a,b=0,1                           #为前两个数a,b赋初值，因为列表是从0开始，所以a=0，b=1
```

```
    while b<=n:
        myarray.append(b)    #通过循环在列表中不断添加新的元素
        a,b=b,a+b       #0,1=1,1    1,1=1,2    1,2=2,3    2,3=3,5    3,5=5,8    5,8=8,13
                        #append(1)  append(1)  append(2)  append(3)  append(5)  append(8)
return myarray          #myarrary=[1,1,2,3,5,8]
```

第六步：将选择不同算法的分支结构子函数放入 Func06Judge.py 文件。

```
import math
import sys
from Func05Fbnc import *
from Func04Root import *
from Func03Tri import *
from Func02Rect import *
from Func01Circle import *
#7.声明并定义一个判断函数，用于调用不同的算法子函数
def judgeChoice():
    choice=eval(input("请输入您的选择（1-5）:"))
    if choice==1:
        r=eval(input("请输入圆的半径: "))
        print("圆的面积是:",calcCircleArea(r))
        print("")
    elif choice==2:
        w,h=eval(input("请输入矩形的宽和高:"))
        print("矩形的面积是:",calcRectArea(w,h))
        print("")
    elif choice==3:
        a,b,c=eval(input("请输入三角形的三条边长，中间用逗号分隔: "))
        print("三角形的面积是:",calcTriArea(a,b,c))
        print("")
    elif choice==4:
        a,b,c=eval(input("请输入一元二次方程中a,b,c的值，中间用逗号分隔: "))
        print("一元二次方程的根是:",calcRoot(a,b,c))
        print("")
    elif choice==5:
        n=eval(input("请输入斐波那契数列的终值: "))
        arr1=fbnc(n)
        print(arr1)
        print("")
    elif choice==6:
        sys.exit()
    else:
        print("您输入的选择必须在1-6之间")
```

第七步：将显示主菜单的子函数放入 Func07Menu.py 文件。

```
import math
from Func06Judge import *
#8.声明并定义一个菜单函数，用来选择实现具体算法
def dispMenu():
        mnuStr="------------------------------------------------------------\n"
        mnuStr+="\t超级计算变变变\n"
        mnuStr+="------------------------------------------------------------\n"
        mnuStr+="\t1.计算圆的面积\n"
        mnuStr+="\t2.计算矩形的面积\n"
        mnuStr+="\t3.计算三角形的面积\n"
        mnuStr+="\t4.计算一元二次方程的根\n"
        mnuStr+="\t5.求斐波那契数列\n"
        mnuStr+="\t6.退出\n"
        mnuStr+="------------------------------------------------------------\n"
        print(mnuStr)
        judgeChoice()
```

第八步：将定义主函数和调用主函数放入 MainPro.py 文件。

```
import math
import sys
from Func07Menu import *
choice=1    #这个是全局变量，下面所有函数均可见，用于存放菜单编号
#9.声明并定义主函数，主函数负责调用菜单函数
def main():
    ch="Y"
    while ch=="Y" or ch=="y":
        dispMenu()
        ch=input("请问是否要继续执行（Y/N）:")
    print("整个程序结束，感谢您的使用！！！")
#10.调用主函数main()
main()
```

调试 MainPro.py 文件，运行结果与以上任务四的输出结果一致。

四、项目小结

（1）用注释架构程序，会使编程思路清晰。

（2）用双重循环嵌套分支结构完成程序功能。

（3）修改算法并不断完善程序。

项目实训评价表

项目五　运用函数、模块与程序包进行编程						
	内　容					
	评 价 项 目	整体架构（20%）	注释（20%）	分支结构（30%）	循环结构（30%）	综合评价（100%）
职业能力	任务一　实现函数的定义与调用					
	任务二　使用函数参数、返回值与引用进行编程					
	任务三　实现函数中变量的作用域及递归编程					
	任务四　运用 Python 的包进行模块化编程					
	项目综合实训　运用模块进行常用算法的封装					
通用能力	阅读代码的能力					
	调试修改代码的能力					

评价等级说明表	
等　　级	说　　明
90%～100%	能高质、高效地完成此学习目标的全部内容，并能解决遇到的特殊问题
70%～80%	能高质、高效地完成此学习目标的全部内容
50%～60%	能圆满完成此学习目标的全部内容，不需任何帮助和指导

项目六

运用高级数据类型进行编程

学习目标

【知识目标】

1. 了解列表的特点
2. 了解元组的特点
3. 掌握集合的运用
4. 掌握字典的运用
5. 掌握高级数据类型的综合运用

【能力目标】

1. 能够根据企业的需求选择合适的列表
2. 能够运用元组编写简单的 Python 程序
3. 能够使用集合进行简单的算术运算
4. 能够实现字典的编程
5. 能够综合运用高级数据类型

【素质目标】

1. 树立创新意识、创新精神
2. 能够和团队成员协商，共同完成实训任务
3. 能够借助网络平台搜集高级数据类型的相关信息
4. 具备数据思维和用数据发现问题的能力

思维导图

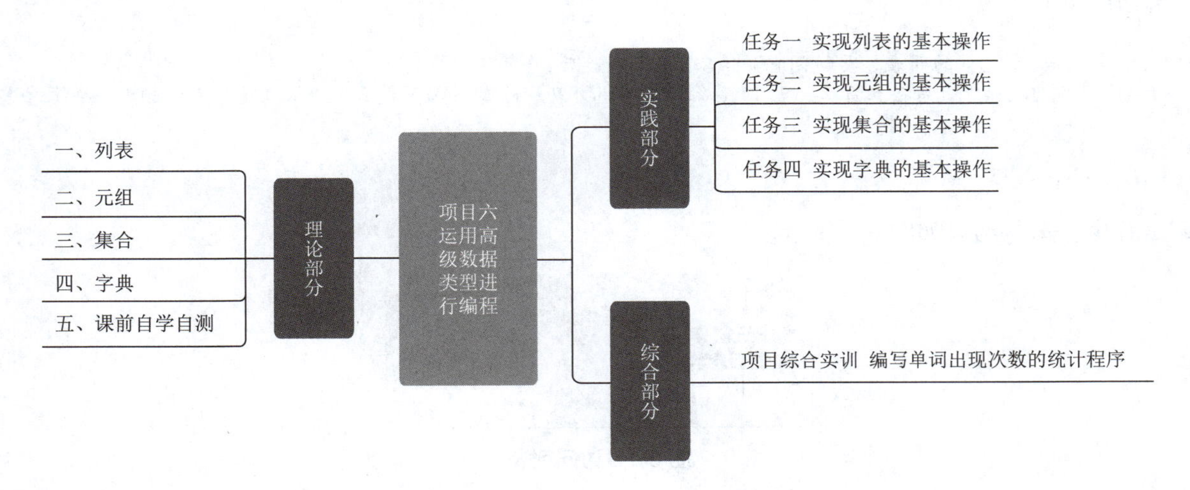

理论部分

一、列表

（1）序列是一块用于存放多个值的连续内存空间，且按一定顺序排列，每个值（称为元素）都分配一个数字，称为索引或位置。通过该索引可以取出相应的值。例如可以把一所学校看作一个序列，那学校里的每间教室都可以看作这个序列的元素。教室编号就相当于索引，可通过房间号找到对应的房间。在 Python 中，序列结构主要有列表、元组、集合、字典、字符串。对于序列结构有索引、切片、相加、相乘等通用操作。其中集合和字典不支持索引、切片、相加和相乘操作。

（2）列表是一个用 List 定义的序列，它包括了创建、操作和处理列表的方法。列表中的元素可以通过下标来访问。List 类定义了列表。为了创建一个列表，可以使用 List 的构造方法，也可以用更简单的语法。列表中的元素用逗号分隔并且由一对中括号 [] 括起来，一个列表可包含相同类型的元素也可包含不同类型的元素，如下所示：

List1=list() 或者 List1=[] 为创建一个空的列表。

List2=list[2,3,4] 或者 List2=[2,3,4] 为创建一个包括 2，3，4 元素的列表。

List3=list(["red","green","blue"]) 或者 List3=["red","green","blue"] 为创建一个包含字符串的列表。

List4=list(range(3,6)) 为创建一个包括 3，4，5 元素的列表，这是一个范围，到 6 结束，不包括 6。

List5=list("abcd") 为创建一个包含 a，b，c，d 四个字符的列表。

List6=[2,"three",4] 为创建一个包含三个不同类型的数值的列表。

（3）列表是一种序列类型。Python 中的字符串和列表都是序列类型。一个列表是任何元素的序列。序列的常用操作如下，对字符串的序列操作也适用。

```
x in s                                  #如果元素x在序列s中则返回true
x not in s                              #如果元素x不在序列s中则返回true
s1+s2                                   #连接两个序列s1和s2
s*n,n*s                                 #n个序列s的连接
s[i]                                    #序列s的第i个元素
s[i:j]                                  #序列s从下标i到j-1的片段
len(s) min(s) max(s) sum(s)             #分别是序列s的长度，最小元素，最大元素，元素之和
for loop                                #在for循环中从左到右反转元素
                                        #比较两个序列用: < <= > >= = !=
```

（4）索引是指序列中每个元素的编号，它从 0 开始递增，即第一个元素下标为 0，依此类推。Python 中

索引可为负数，它从右向左计数，最右一个元素的索引值是 -1，倒数第二个元素的索引值是 -2，依此类推。通过索引可以访问序列中任何元素。例如定义一个包括 4 个元素的列表，要访问它的第 3 个元素和最后 1 个元素，可使用以下代码。

```
#定义一个包括7个元素的列表，要访问它的第3个元素和最后1个元素
poem=["唐","元稹","离思五首·其四","曾经沧海难为水","除却巫山不是云","取次花丛懒回顾","半缘修道半缘君"]
print(poem[2])
print(poem[-1])
```

调试程序，运行结果如图 6-1 所示。

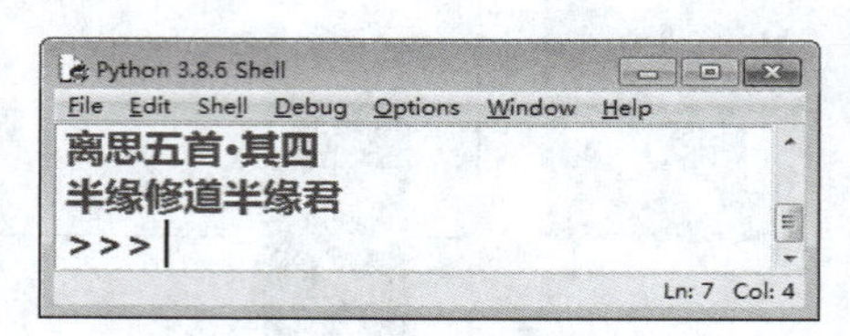

图 6-1　访问列表

（5）切片（slicing），切片操作是访问序列中元素的另一种方法，它可以访问一定范围内的元素。通过切片操作可以生成一个新的序列。

语法格式：序列名称 [起始位置 : 截止位置 : 步长] 或 sname[start:end:step]。

> **注意：** start默认值为0，end默认值为序列的长度，step的默认值为1。如果指定步长，将按步长遍历序列，否则将一个一个遍历。例如：通过切片获取列表中的第2个到第6个元素，以及获取第2个、第4个和第6个元素。

```
#通过切片获取列表中的四句诗文，以及获取诗文的朝代、第一句诗和第四句诗
#第n个:  1, 2 , 3 , 4 , 5 , 6 , 7
poem=["唐","元稹","离思五首·其四","曾经沧海难为水","除却巫山不是云","取次花丛懒回顾","半缘修道半缘君"]
#索引值:  0, 1 , 2 , 3 , 4 , 5 , 6
print(poem[3:7:1])        #获取列表中的四句诗文
print(poem[0:7:3])        #获取诗文的朝代、第一句诗和第四句诗
```

调试程序，运行结果如图 6-2 所示。

图 6-2　访问切片

> **注意：** 切片起始位置是索引值，切片截止位置是需要的序列长度（索引值+1）。复制整个序列，可以省略start和end，但冒号保留，例如：poem[:]。

（6）序列相加（将两个序列连接，但不去除重复元素）。

```
#通过序列相加增加一首诗，再增加一组序列1，2，3，4，5，6
poem1=["唐","李白","静夜思","床前明月光","疑是地上霜","举头望明月","低头思故乡"]
poem2=["唐","李白","黄鹤楼送孟浩然之广陵","故人西辞黄鹤楼","烟花三月下扬州","孤帆远影碧空尽","唯见长江天际流"]
number=[1,2,3,4,5,6]
print(poem1+poem2+number)
```

调试程序，运行结果如图 6-3 所示。

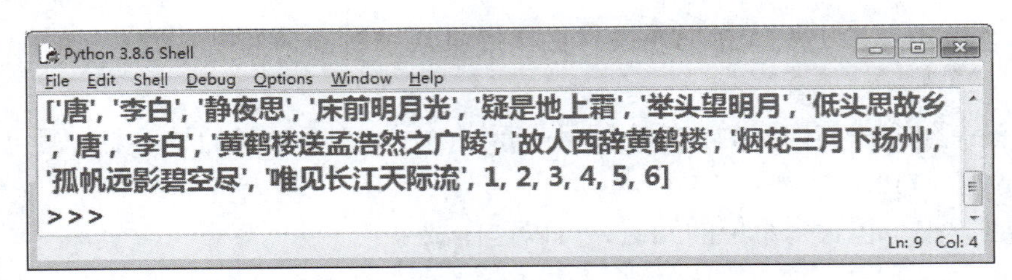

图 6-3　序列相加

注意：两个列表可以通过加号合并为一个列表。序列中的元素的数据类型可以不同，但是列表与元组不能相加，列表与字符串不能相加。会显示TypeError: can only concatenate str (not "list") to str这条错误信息。

（7）序列相乘（使用数字 n 乘以一个序列会产生重复 n 次的序列）。

```
#通过序列相乘将一首诗显示10遍，并增加长度为7的序列，每个元素的值是None，表示什么都没有
poem=["唐","李白","黄鹤楼送孟浩然之广陵","故人西辞黄鹤楼","烟花三月下扬州","孤帆远影碧空尽","唯见长江天际流"]
print(poem*3)
sentence=[None]*5
print(sentence)
```

调试程序，运行结果如图 6-4 所示。

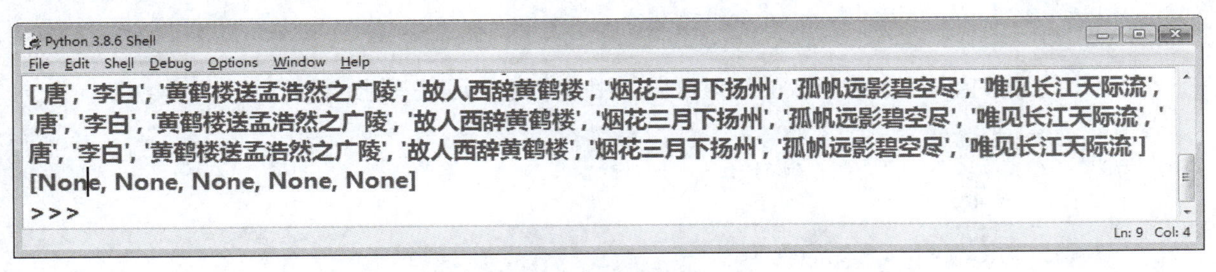

图 6-4　序列相乘

（8）检查某个元素是否是序列的成员（元素）。

语法格式：要检查的元素 in 列表名称，或者是：value in sequence。

```
#判断"孤帆远影碧空尽"，"两岸猿声啼不住"这两句诗是否在列表中
poem=["唐","李白","黄鹤楼送孟浩然之广陵","故人西辞黄鹤楼","烟花三月下扬州","孤帆远影碧空尽","唯见长江天际流"]
print("孤帆远影碧空尽" in poem)
print("两岸猿声啼不住" in poem)
```

调试程序，运行结果如图 6-5 所示。

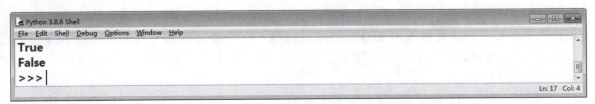

图 6-5　元素是否是序列的成员

二、元组

（1）元组的主要作用是作为参数传递给函数调用或是从函数调用那里获得参数时，保护其内容不被外部接口修改。

（2）空元组由没有包含任何内容的一对小括号表示：( )，特别要注意的是：要编写包含单个值的元组，值后面必须加一个逗号：(12,)。

（3）如果希望创建一个包含多个值的元组，可以这样做：

```
>>> (1,2,3,4,5,6)
(1, 2, 3, 4, 5, 6)
```

同时，元组中的数据项不需要具有相同的数据类型。

```
>>> ('name','number',2008,2017)
('name', 'number', 2008, 2017)
```

（4）可以使用变量来存放元组数据，还可以使用索引或分片来访问元组中的值，例如：

```
>>> tup = (1,2,3,4,5)
>>> tup[0]        #索引访问，从零开始
1
>>> tup[4]
5
>>> tup[-1]       #反向读取，读取倒数第一个元素
5
>>> tup[1:4]      #使用分片可以访问元组的一段元素
(2, 3, 4)
>>> tup[1:]
(2, 3, 4, 5)
```

（5）元组中的元素值是不允许修改的，但可以使用多个现有元组来创建新的元组。

```
>>> tup1 = (1,2,3,4,5)
>>> tup2 = ('a','b','c','d','e')
tup3 = tup1 + tup2
tup3
(1, 2, 3, 4, 5,'a','b','c','d','e')
```

通过创建新的元组，就可以得到想要的元组数据了。

（6）元组中的元素值是不允许删除的，但可以使用 del 语句来删除整个元组。

```
tup = (1,2,3,4,5)
del tup
tup
Traceback (most recent call last):
  File "<pyshell#19>", line 1, in <module>
    tup
NameError: name 'tup' is not defined
```

三、集合

（1）创建集合用一对花括号或用 set() 函数进行转换，也可通过 list(set) 或 tuple(set) 从集合创建一个列表或一个元组。还可以通过一个字符串创建一个集合，字符串中的每个字符就成为集合中的一个元素。例如：set1=set("abc")。

（2）一个集合中不存储重复的元素。

（3）一个集合可以包含类型相同或不同的元素。集合中的每个元素必须是哈希的（hashable）。

（4）可以使用函数 add()、remove()、len()、min()、max()、sum() 对集合操作，还可以用 for 循环遍历一个集合中的所有元素。

（5）如果删除一个集合中不存在的元素，remove() 会抛出一个 KeyError 异常。

（6）如果集合 s1 中的每个元素都在集合 s2 中，则称 s1 是 s2 的子集，用 s1 issubset(s2) 来判断。

（7）如果集合 s2 中的每个元素都在集合 s1 中，则称 s1 是 s2 的超集，用 s1 issuperset(s2) 来判断。

四、字典

（1）字典（dictionary）和列表类似，也是可变序列，不过与列表不同，它是无序的可变序列，保存的内容是以“键 - 值对”的形式存放的。例如新华字典里的音节表相当于键（key），而对应的汉字相当于值（value）。键是唯一的，而值可以有多个。当要定义一个包含多个命名字段的对象时，字典很有用。Python 的字典相当于 Java 或 C++ 中的 Map 对象。

（2）字典的特点有：它通过键而不是通过索引来读取；它是任意对象的无序集合，这样可以提高查找顺序；它是可变的，并可以任意嵌套（它的值可以是列表或其他的字典）；字典中的键必须不可变，可以使用数字、字符串或者元组，但不能使用列表。

（3）通过映射函数创建字典。定义字典时，每个元素都包含两个部分（键和值），键和值之间使用冒号分隔，相邻两个元素使用逗号分隔，所有元素放在一个大括号 {} 中。同列表和元组一样，也可以创建一个空字典，语法用 dictionary={} 或 dictionary=dict()。此外可以通过映射函数创建字典，例如：dictionary=dict(zip(list1,list2))。

zip() 函数将多个列表或元组对应的位置的元素组合成元组，并返回包含这些内容的 zip 对象。

tuple() 函数将 zip 对象转换为元组。

list() 函数将 zip 对象转换为列表。

（4）通过给定的“键 - 值对”创建字典。格式为：dictionary=dict(key1=value1,key2=value2,...,keyN=valueN)。

（5）通过 dict 对象的 fromkeys() 方法创建值为空的字典。格式为：dictionary=dict.fromkeys(list1)。

（6）可以通过已经存在的元组和列表创建字典。格式为：dict={ 元组名 : 列表名 }。

（7）通过将作为键的元组修改为列表，再创建一个字典。格式为：dict={ 列表 1 ：列表 2}。

（8）删除字典，格式为：del 字典名　或者 dictionary.clear()　或者 pop() 删除并返回键　或者 popitem() 删除并返回元素。

（9）访问字典，格式为：print(字典名) 或者 print(dictionary(" 键名 "))。

（10）添加和修改字典元素，格式为：dictionary[" 键值 "]=" 元素 "。

（11）删除字典元素格式为：del dictionary[" 键值 "]。

（12）遍历字典，格式为：dictionary.items()。

（13）字典推导式，格式为：{i:random.randint(1,100) for i in range(1,5)}。

五、课前自学自测

（1）请问列表的特点是什么？

（2）请问元组中的数据类型是否一定要相同？

（3）请问集合与列表有何关系？

（4）请问字典推导式如何书写？

实践部分

✓ 实训准备

【核心概念】

1. 列表

2. 元组
3. 集合
4. 字典

【实训目标】

1. 了解如何运用列表进行编程
2. 掌握运用元组进行编程
3. 了解运用集合进行编程
4. 掌握字典的特性
5. 掌握高级数据类型的综合运用

【实训项目描述】

1. 本项目有 4 个任务，从运用列表进行编程开始，引出元组、集合、字典、高级数据类型的综合运用等任务
2. 明白编程的基本思维模式，如何从面向过程的编程思路过渡到面向对象编程的思路
3. 学会软件的具体开发流程并学会规范程序设计的风格

【实训步骤】

1. 运用列表进行编程
2. 运用元组进行编程
3. 运用集合进行编程
4. 运用字典进行编程
5. 高级数据类型的综合运用

任务一 实现列表的基本操作

一、任务描述

视 频

实现列表的基本操作

上海御恒信息科技有限公司接到客户的一份订单，要求用 Python 列表进行编程。公司刚招聘了一名程序员小张，软件开发部经理要求他尽快熟悉 Python 的列表，小张按照经理的要求选取了相关的算法来进行任务分析。

二、任务分析

序列是 Python 中最基本的数据结构，其中最常见的序列包括列表、元组和字符串。列表是 Python 中最常用的数据结构之一，一个列表中也可以存放多个数据列表与元组的主要区别是，列表可以改变元素的值，而元组不可以改变元素的值。列表使用方括号 []，元组使用圆括号 ()。元组的主要作用是作为参数传递给函数调用，或是从函数调用那里获得参数时，保护其内容不被外部接口修改。

三、任务实施

第一步：用列表求平均值和超过平均值数字的个数，源代码如图 6-6 所示。

调试以上程序，运行结果如图 6-7 所示。

```
TOTAL=5                              #常量用来存放列表元素总数
numbers=[]                           #创建空列表
sum=0                                #存放数值累加之和
for i in range(TOTAL):               #循环范围为0-4
    print("请输入第",i+1,"个数:",end="")  #提示输入信息并将光标放在同一行末尾
    value=eval(input())              #键盘输入并转换为数值
    numbers.append(value)            #将键盘输入的数值追加至空列表中
    sum+=value                       #累加求和键盘输入的值

average=sum/TOTAL                    #求平均值

count=0                              #新建计数器存放超过平均数的数值个数

for i in range(TOTAL):               #循环范围为0-4
    if numbers[i]>average:           #从列表中提取数值和平均值比较
        count+=1                     #超过平均数的计数器加1

print("平均值是：  ",average)          #输出平均值
print("超过平均值的数有 ",count,"个")   #输出超过平均数的数值个数
```

图 6-6　用列表求平均值和超过平均值数字的个数

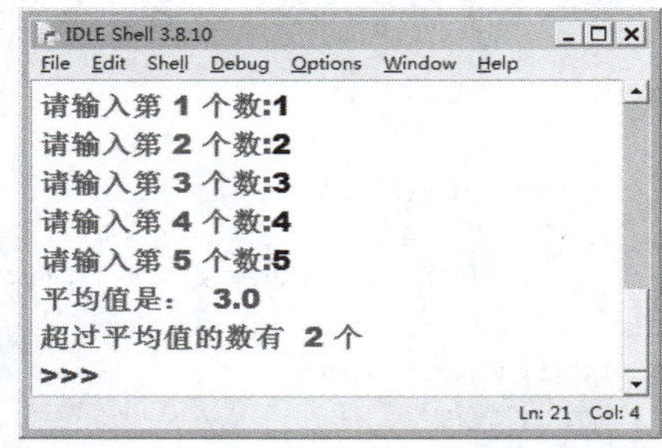

图 6-7　用列表求平均值和超过平均值数字的个数

注意：使用“+=”运算符的变量要先声明后使用。
,end=""写在print()中的最后用来使输出结果显示在同一行。

第二步：列表的创建和删除。

```
#1.使用赋值运算符直接创建列表
num=[1,2,3,4,5]
student=["01","张三丰",108,88,596.5]
#2.创建空列表
game=[]
#3.创建数值列表
myList=list(range(10,20,2))
print(myList)
#4.删除列表
print(student)
del student                  #删除列表前要确认该列表存在
print(student)               #NameError: name 'student' is not defined
```

调试以上程序，运行结果如下：

```
[10, 12, 14, 16, 18]
['01', '张三丰', 108, 88, 596.5]
Traceback (most recent call last):
  File "E:/0000_2021_11_03_教材5_Python项目实践精编/project06_实现高级数据类型/pro06-01_实现列表的基本操作/pro06-01-02列表的创建和删除.py", line 15, in <module>
    print(student)
NameError: name 'student' is not defined
```

注意：列表删除后就无法输出了。

第三步：访问列表元素。

```
#输出每日一贴（将当前星期作为列表的索引，输出元素内容）
import datetime    #导入日期时间类
tips=["世上无难事，只要肯登攀",
      "志当存高远",
      "人不犯我，我不犯人",
      "星星之火，可以燎原",
      "每天告诉自己一次，我真的很不错",
```

```
    "总有一段路需要一个人走，勇敢地走完"]                 #定义一个列表，存入6句励志警句
week=datetime.datetime.now().weekday()                  #获取当前星期
print(tips[week])                                        #输出当前星期所对应的列表元素
```

调试以上程序，运行结果如下：

```
人不犯我，我不犯人
```

注意：星期三就会显示第三个元素。

第四步：遍历列表。

```
#1.直接用for循环来遍历列表
print("   "*14,"文明三句半")                              #输出标题
sentence=["尊师长","敬父母","同学之间要友好","真文明"]
for myList in sentence:
    print(sentence)                                      #一次输出全部列表中的元素
    print(myList)                                        #从列表中遍历一个元素，输出一个

#2.使用for循环和enumerate()函数来遍历列表（enumerate()可以同时输出索引值和元素内容）
print("   "*3,"千古绝句")                                 #输出标题
#sentence是列表名称
sentence=["金风玉露一相逢","便胜却人间无数","身无彩凤双飞翼","心有灵犀一点通"]
for index,item in enumerate(sentence):                   #index是元素的索引，item保存获取的元素值
    print(index,item)                                    #输出索引和绝句
print("")
print("   "*8,"千古绝句")                                 #输出标题
for index,item in enumerate(sentence):                   #index是元素的索引，item保存获取的元素值
    if index%2==0:                                       #实现两行一句输出绝句
        print(item+"，",end="")                          #不换行输出
    else:
        print(item+"。")
```

调试以上程序，运行结果如下：

```
                                          文明三句半
['尊师长', '敬父母', '同学之间要友好', '真文明']
尊师长
['尊师长', '敬父母', '同学之间要友好', '真文明']
敬父母
['尊师长', '敬父母', '同学之间要友好', '真文明']
同学之间要友好
['尊师长', '敬父母', '同学之间要友好', '真文明']
真文明
       千古绝句
0 金风玉露一相逢
1 便胜却人间无数
2 身无彩凤双飞翼
3 心有灵犀一点通
                  千古绝句
金风玉露一相逢，便胜却人间无数。
身无彩凤双飞翼，心有灵犀一点通。
```

注意：遍历列表中的所有元素是常用的一种操作，在遍历过程中可以完成查询、处理等功能。

第五步：添加、修改和删除列表元素。

```
print("\n1.用append()在列表末尾添加元素")
poems=["红豆生南国","春来发几枝","愿君多采撷","此物最相思"]
print("古诗的长度是：",len(poems))
poems.append("此诗句为王维的《相思》")    #append()比用加号效率高
```

```
print("添加元素后古诗的长度是：",len(poems))
print("\n2.用insert()在列表的指定位置插入元素，效率比append()低")
print("\n3.用extend()将一个列表中全部元素添加到另一个列表")
verse=["入我相思门","知我相思苦","长相思兮长相忆","短相思兮无穷极","唐朝","李白","《三五七言》"]
verse.extend(poems)
print(verse)
print("\n4.修改元素")
verse[0]="秋风清"
verse[1]="秋月明"
verse[2]="落叶聚还散"
verse[3]="寒鸦栖复惊"
verse[4]="相思相见知何日"
verse[5]="此时此夜难为情"
verse[6]="三五七言/秋风词"
verse[7]="李白"
print(verse)
print("\n5.删除元素")
print("\n（1）根据索引删除")
verse1=["唐","王维","《相思》","红豆生南国","春来发几枝","愿君多采撷","此物最相思"]
print(verse1)
del verse1[0]
print(verse1)
print("\n（2）根据元素值删除")
verse1.remove("王维")
print(verse1)
print("\n（3）删除元素前判断该元素是否存在")
verse2=["唐","李白","《相思》","红豆生南国","春来发几枝","愿君多采撷","此物最相思"]
delSentence="李白"
print(verse2)
if verse2.count(delSentence)>0:
    verse2.remove(delSentence)
print(verse2)
```

调试以上程序，运行结果如下：

```
1.用append()在列表末尾添加元素
古诗的长度是： 4
添加元素后古诗的长度是： 5
2.用insert()在列表的指定位置插入元素，效率比append()低
3.用extend()将一个列表中全部元素添加到另一个列表
['入我相思门', '知我相思苦', '长相思兮长相忆', '短相思兮无穷极', '唐朝', '李白', '《三五七言》', '红豆生南国', '春来发几枝', '愿君多采撷', '此物最相思', '此诗句为王维的《相思》']
4.修改元素
['秋风清', '秋月明', '落叶聚还散', '寒鸦栖复惊', '相思相见知何日', '此时此夜难为情', '三五七言/秋风词', '李白', '春来发几枝', '愿君多采撷', '此物最相思', '此诗句为王维的《相思》']
5.删除元素
（1）根据索引删除
['唐', '王维', '《相思》', '红豆生南国', '春来发几枝', '愿君多采撷', '此物最相思']
['王维', '《相思》', '红豆生南国', '春来发几枝', '愿君多采撷', '此物最相思']
（2）根据元素值删除
['《相思》', '红豆生南国', '春来发几枝', '愿君多采撷', '此物最相思']
（3）删除元素前判断该元素是否存在
['唐', '李白', '《相思》', '红豆生南国', '春来发几枝', '愿君多采撷', '此物最相思']
['唐', '《相思》', '红豆生南国', '春来发几枝', '愿君多采撷', '此物最相思']
```

第六步：对列表进行统计计算。

```
print("\n1.用count()方法获取指定元素出现的次数")
poems=["红豆","红豆","红豆","生南国","春来发几枝"]
number=poems.count("红豆")
print(poems)
print("红豆出现了"+str(number)+"次")
```

```
print("\n2.用index()方法获取指定元素在列表中首次出现的位置(索引)")
poems=["误入藕花深处","争渡","争渡","惊起一滩鸥鹭"]
position=poems.index("争渡")
print(poems)
print("争渡首次出现的位置是: "+str(position))
print("\n3.用sum()方法统计数值列表中各元素的和")
grade=[100,99,100,98,97,95]
total=sum(grade)
print(grade)
print("Python的总成绩是: "+str(total))
```

调试以上程序，运行结果如下：

```
1.用count()方法获取指定元素出现的次数
['红豆', '红豆', '红豆', '生南国', '春来发几枝']
红豆出现了3次
2.用index()方法获取指定元素在列表中首次出现的位置(索引)
['误入藕花深处', '争渡', '争渡', '惊起一滩鸥鹭']
争渡首次出现的位置是: 1
3.用sum()方法统计数值列表中各元素的和
[100, 99, 100, 98, 97, 95]
Python的总成绩是: 589
```

第七步：对列表进行排序。

```
print("\n1.使用列表对象的sort()方法进行排序，原列表元素顺序改变")
python=[98,96,79,83,92,91,95,72,61,55]
print("python成绩列表是: ",python)
python.sort()                                          #升序排列
print("python成绩升序后的结果: ",python)
python.sort(reverse=True)                              #降序排列
print("python成绩降序后的结果: ",python)
print("\n2.使用sort()方法对字符串列表排序时先排大写，再排小写")
myStr=["orange","Apple","pear","cherry","Banana"]
myStr.sort()                                           #默认字母区分大小写
print("默认字母区分大小写",myStr)
myStr.sort(key=str.lower)                              #字母不区分大小写
print("字母不区分大小写",myStr)
print("\n3.使用内置的sorted()方法对列表进行排序，原列表元素顺序不变")
python=[98,96,79,83,92,91,95,72,61,55]
print("python在排序前的成绩列表是: ",python)
myAscend=sorted(python)                                #升序排列
print("python成绩升序后的结果: ",myAscend)
myDescend=sorted(python,reverse=True)                  #降序排列
print("python成绩降序后的结果: ",myDescend)
print("python在排序后的成绩列表是: ",python)
```

调试以上程序，运行结果如下：

```
1.使用列表对象的sort()方法进行排序，原列表元素顺序改变
python成绩列表是:  [98, 96, 79, 83, 92, 91, 95, 72, 61, 55]
python成绩升序后的结果:  [55, 61, 72, 79, 83, 91, 92, 95, 96, 98]
python成绩降序后的结果:  [98, 96, 95, 92, 91, 83, 79, 72, 61, 55]
2.使用sort()方法对字符串列表排序时先排大写，再排小写
默认字母区分大小写 ['Apple', 'Banana', 'cherry', 'orange', 'pear']
字母不区分大小写 ['Apple', 'Banana', 'cherry', 'orange', 'pear']
3.使用内置的sorted()方法对列表进行排序，原列表元素顺序不变
python在排序前的成绩列表是:  [98, 96, 79, 83, 92, 91, 95, 72, 61, 55]
python成绩升序后的结果:  [55, 61, 72, 79, 83, 91, 92, 95, 96, 98]
python成绩降序后的结果:  [98, 96, 95, 92, 91, 83, 79, 72, 61, 55]
python在排序后的成绩列表是:  [98, 96, 79, 83, 92, 91, 95, 72, 61, 55]
```

第八步：列表推导式。

```
#列表推导式，可以快速生成一个列表，或根据某个列表生成满足指定需求的列表
import random
print("\n1.生成彩票中奖编号范围(20210101-20211231),包括最后一个的列表")
myRnd=[random.randint(20000101,20211231) for i in range(10)]
print("生成的随机数为: ",myRnd)
print("\n2.定义双十一购买的方便面价格列表，用列表推导式生成打五折的列表")
noodlePrice=[5.5,3.5,9.8,12.5,28.5,4.5]
discountPrice=[int(price*0.5) for price in noodlePrice]
print("方便面原始价格列表为: ",noodlePrice)
print("方便面五折价格列表为: ",discountPrice)
print("\n3.定义羽毛球拍价格列表，用列表推导式生成价格高于1000的列表")
badmintonPrice=[98,128,238,368,456,1200,2300,5400]
topPrice=[price for price in badmintonPrice if price>1000]
print("羽毛球拍原始价格列表为: ",badmintonPrice)
print("超过1000元的高端羽毛球拍价格列表为: ",topPrice)
```

调试以上程序，运行结果如下：

```
1.生成彩票中奖编号范围(20210101-20211231),包括最后一个的列表
生成的随机数为:  [20071904, 20009923, 20127596, 20202397, 20068953, 20015981, 20183282, 20158456, 20019897, 20002969]
2.定义双十一购买的方便面价格列表，用列表推导式生成打五折的列表
方便面原始价格列表为:  [5.5, 3.5, 9.8, 12.5, 28.5, 4.5]
方便面五折价格列表为:  [2, 1, 4, 6, 14, 2]
3.定义羽毛球拍价格列表，用列表推导式生成价格高于1000的列表
羽毛球拍原始价格列表为:  [98, 128, 238, 368, 456, 1200, 2300, 5400]
超过1000元的高端羽毛球拍价格列表为:  [1200, 2300, 5400]
```

第九步：二维列表。

```
#二维列表
print("\n1.直接定义三行四列的二维列表")
myList=[["浙江普陀山","安徽九华山","山西五台山","四川峨眉山"],
        ["红楼梦","三国演义","西游记","水浒传"],
        ["南昌滕王阁","武汉黄鹤楼","运城鹳雀楼","湖南岳阳楼"]]
print(myList)
print("\n2.用嵌套for循环创建二维列表")
myList=[]                                           #外层空列表
for x in range(3):                                  #x表示第n行
    myList.append([])                               #内层空列表
    for y in range(4):                              #y表示第n列
        myList[x].append(y)
print(myList)                                       #输出整个二维列表
print(myList[1][2])                                 #输出第二行第三列的元素内容
print("\n3.用列表推导式创建一个四行五列的二维列表")
myList=[[y for y in range(5)] for x in range(4)]   #y是列，x是行
print(myList)
#用横版和竖版分别输出同一首古诗
str1="渭城朝雨浥清尘"
str2="客舍青青柳色青"
str3="劝君更尽一杯酒"
str4="西出阳关无故人"
poem=[list(str1),list(str2),list(str3),list(str4)] #定义一个二维数组
print("\n\t《送元二使安西》横版")
for row in range(4):                                #循环4行诗
    for column in range(7):                         #循环每一行7列字符
        if column==6:                               #如果是一行中最后一个字
            print(poem[row][column])                #换行输出
```

```
        else:
            print(poem[row][column],end="")         #不换行输出
print("\n\t《送元二使安西》竖版")
poem.reverse()                                      #逆序列表
for column in range(7):                             #循环每一行7列字符
    for row in range(4):                            #循环新逆序排列后的第一行
        if row==3:                                  #如果是最后一行
            print(poem[row][column])                #换行输出
        else:
            print(poem[row][column],end="")         #不换行输出
```

调试以上程序，运行结果如下：

```
1.直接定义三行四列的二维列表
[['浙江普陀山', '安徽九华山', '山西五台山', '四川峨眉山'], ['红楼梦', '三国演义', '西游记', '水浒传'], ['南昌滕王阁', '武汉黄鹤楼', '运城鹳雀楼', '湖南岳阳楼']]
2.用嵌套for循环创建二维列表
[[0, 1, 2, 3], [0, 1, 2, 3], [0, 1, 2, 3]]
2
3.用列表推导式创建一个四行五列的二维列表
[[0, 1, 2, 3, 4], [0, 1, 2, 3, 4], [0, 1, 2, 3, 4], [0, 1, 2, 3, 4]]
    《送元二使安西》横版
渭城朝雨浥清尘
客舍青青柳色青
劝君更尽一杯酒
西出阳关无故人
    《送元二使安西》竖版
西劝客渭
出君舍城
阳更青朝
关尽青雨
无一柳浥
故杯色清
人酒青尘
```

注意： list()方法将字符串转为列表，reverse()方法将列表逆序排列。

四、任务小结

（1）序列中每个元素的编号称为索引，索引是从 0 开始递增的，最后一个元素的索引值可用 -1 表示。

（2）切片的格式是：序列名称 [起始索引，结束索引 +1，切片的步长]，序列名 [:] 可复制整个序列。

（3）序列相加格式：序列 1 名称 + 序列 2 名称。

（4）序列乘法格式：序列名称 * 重复的次数 n。

（5）检查某个元素是否是序列的元素格式：要检查的元素 in 序列名称。返回值为 True 或者 False。

（6）序列长度计算用 len(序列名称)；列表最大元素用 max(序列名称)；列表最小元素用 min(序列名称)；列表排序用 sorted(序列名称)；列表逆序用 reverse(序列名称)；序列转换为列表用 list(序列名称)；序列转换为字符串用 str(序列名称)；计算元素和用 sum(序列名称)。

（7）列表的创建格式：列表名称 =[] 或者列表名称 =[元素 1, 元素 2,..., 元素 n] 或者 list(range(起始值 , 结束值 +1, 步长)) 函数通过 range 对象来创建列表。

（8）删除列表格式：del 列表名。

（9）访问列表元素格式：print(列表名) 或者 print(列表名称 [元素的索引])。

（10）导入日期时间模块用 import datetime，datetime.datetime.now().weekday() 获取当前日期所属的星期，0 表示星期一，6 表示星期日。或用嵌套 for 循环，或用列表推导式。

五、任务拓展

（1）遍历列表格式为 for item in 列表名：print(item) 或者 for index,item in enumerate(列表名称): print (index,item)。

（2）添加列表元素的格式为列表名 .append(添加到列表末尾的对象) 或者列表名 .insert() 或者列表 2 名称 .extend(列表 1 名称)。

（3）修改列表元素格式为列表名称 [索引]=" 新的内容 "。

（4）删除列表元素格式为 del 列表名称 [索引] 或者 if 列表名称 .count(列表元素)>0: 列表名称 .remove(列表元素)。

（5）获取指定元素出现次数的格式为 listname.count(obj)；获取指定元素首次出现的下标的格式为 listname.index(obj)。

（6）对列表进行升序的格式为 listname.sort() 或者 newlistname=sorted(listname)；对列表进行降序的格式为 listname.sort(reverse=True) 或者 newlistname=sorted(listname,reverse=True)，sorted() 会建一个原列表的副本。

（7）列表推导式的格式为 rndNumber=[random.randint(start,end) for i in range(count)] 或者 newList=[int (x*discount) for x in listname] 或者 newList=[x for x in listname if x>value]。

（8）二维列表的格式为 listname=[[elemment11,element12,...element1n],[elemment21,element22,...element2n]]。

（9）计算序列的长度、最大值、最小值、求和、排序、反序、序列组合为索引序列、序列转换为列表、序列转换为字符串等。格式为 len(列表名)，max(列表名)，min(列表名)，sum(列表名)，sorted(列表名)，reversed(列表名)，enumerate(列表名)，list(列表名)，str(列表名)。

```
#计算序列的长度、最大值、最小值、求和、排序、反序、序列组合为索引序列、序列转换为列表、序列转换为字符串等
number=[10,2,7,4,5,6,3,8,9,1]
print("序列number的长度是: ",len(number))
print("序列number的最大值是: ",max(number))
print("序列number的最小值是: ",min(number))
print("序列number的求和是: ",sum(number))
print("序列number的排序是: ",sorted(number))
print("序列number的反序是: ",reversed(number))
print("序列number的序列组合是: ",enumerate(number))
print("序列number的序列转换为列表是: ",list(number))
print("序列number的序列转换为字符串是: ",str(number))
```

调试程序，运行结果如图 6-8 所示。

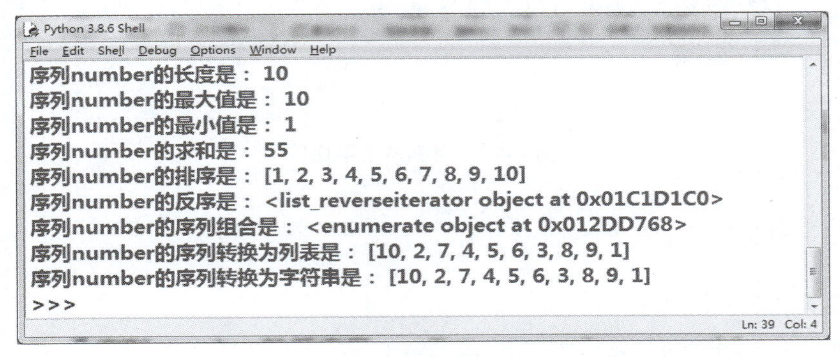

图 6-8　序列的计算

六、任务思考

用列表实现九九乘法表。

任务二 实现元组的基本操作

视频

实现元组的基本操作

一、任务描述

上海御恒信息科技有限公司接到客户的一份订单，要求用 Python 元组进行编程。公司刚招聘了一名程序员小张，软件开发部经理要求他尽快熟悉 Python 的元组，小张按照经理的要求选取了相关的算法来进行任务分析。

二、任务分析

元组（tuple）是 Python 中另一个重要的序列结构，它由一系列特定顺序排列的元素组成，但是它是不可变序列。列表可以改变元素的值。而元组不可以改变元素的值，它称为只读列表。列表使用方括号 []，元组使用圆括号 ()。在内容上，可将整数、实数、字符串、列表、元组等任何类型的内容放入元组中，并且同一个元组中，元素的类型可以不同，因为它们之间没有任何关系。通常情况下，元组用于保存程序中不可修改的内容。

三、任务实施

第一步：用列表求平均值，源代码如图 6-9 所示。

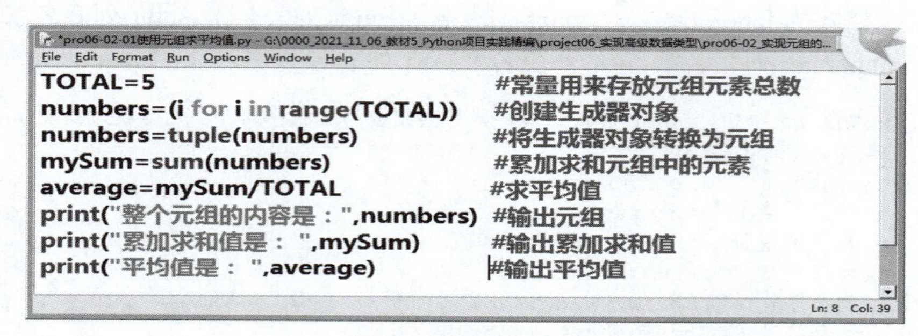

图 6-9　用列表求平均值

调试以上程序，运行结果如图 6-10 所示。

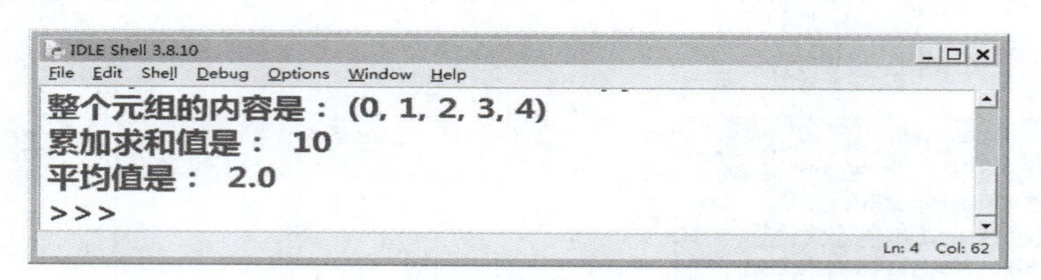

图 6-10　用列表求平均值

注意：元组用一对圆括号。

第二步：元组的创建和删除。

```
print("\n1.使用赋值运算符直接创建元组")
num=(1,1,2,3,5,8)
eightCuisines=("鲁菜","川菜","粤菜","江苏菜","闽菜","浙江菜","湘菜","徽菜")
unknown=('英语',90,("A","B","C","D","E"),["商务英语","旅游英语","计算机英语"])
lifeMeaning=('提升心性',"磨炼灵魂",'''奉献助人''')
sentence="这","也是","元组"
oneElement=("只包括一个元素的元组在后面要加一个逗号",)
oneString=("定义了一个字符串，输出时没有双引号")
print(num)
```

```
    print(eightCuisines)
    print(unknown)
    print(lifeMeaning)
    print(sentence)
    print(oneElement,"类型为: ",type(oneElement))
    print(oneString,"类型为: ",type(oneString))
    print("\n2.创建空元组")
    emptyTuple=()
    print("空元组是: ",emptyTuple)
    print("\n3.创建数值元组")
    myTuple=tuple(range(10,20,2))
    print("10-20中不包括20的所有偶数的元组: ",myTuple)
    print("\n4.删除元组")
    student=("freshman[ˈfreʃmən]","sophomore[ˈsɒfəmɔ:(r)]","junior[ˈdʒu:niə(r)]","senio
r[ˈsi:niə(r)]")
    print("删除前的元组中的元素: ",student)
    del student             #删除元组前要确认该元组存在
    print(student)          #NameError: name 'student' is not defined
```

调试以上程序，运行结果如下：

```
    1.使用赋值运算符直接创建元组
    (1, 1, 2, 3, 5, 8)
    ('鲁菜', '川菜', '粤菜', '江苏菜', '闽菜', '浙江菜', '湘菜', '徽菜')
    ('英语', 90, ('A', 'B', 'C', 'D', 'E'), ['商务英语', '旅游英语', '计算机英语'])
    ('提升心性', '磨炼灵魂', '奉献助人')
    ('这', '也是', '元组')
    ('只包括一个元素的元组在后面要加一个逗号',) 类型为:  <class 'tuple'>
    定义了一个字符串，输出时没有双引号 类型为:  <class 'str'>
    2.创建空元组
    空元组是:  ()
    3.创建数值元组
    10-20中不包括20的所有偶数的元组:  (10, 12, 14, 16, 18)
    4.删除元组
    删除前的元组中的元素:  ('freshman[ˈfreʃmən]', 'sophomore[ˈsɒfəmɔ:(r)]', 'junior[ˈdʒu:niə(r)]',
'senior[ˈsi:niə(r)]')
    Traceback (most recent call last):
      File "I:\0000_2021_11_06_教材5_Python项目实践精编\project06_实现高级数据类型\pro06-02_实现
元组的基本操作\pro06-02-02元组的创建和删除.py", line 29, in <module>
        print(student)  #NameError: name 'student' is not defined
    NameError: name 'student' is not defined
```

注意：元组删除后就无法输出了。

第三步：访问元组元素。

```
    #访问元组元素
    print("\n1.使用print()函数直接输出元组")
    myTuple=("Java",1.0,2.0,("引用","自动垃圾回收"),["Python","3.8","web development"])
    print("整个元组是: ",myTuple)
    print("第四个元素是: ",myTuple[3])
    print("最后一个元素是: ",myTuple[-1])
    print("输出前三个元素是: ",myTuple[:3])
```

调试以上程序，运行结果如下：

```
    1.使用print()函数直接输出元组
    整个元组是:  ('Java', 1.0, 2.0, ('引用', '自动垃圾回收'), ['Python', '3.8', 'web
development'])
    第四个元素是:  ('引用', '自动垃圾回收')
    最后一个元素是:  ['Python', '3.8', 'web development']
```

```
输出前三个元素是:  ('Java', 1.0, 2.0)
```

注意：end=""表示不换行输出。

第四步：遍历元组。

```
print("\n2.用for循环遍历输出元组")
milkTea=("珍珠","红豆","椰果","薏米","西米露")
print("Hello,welcome to my milktea shop,We have :")
for mt in milkTea:
    print(mt+"奶茶",end=" ")
print("\n\n3.用for循环与enumerate()函数遍历输出元组，可以同时列出下标及数据")
print("辛弃疾（1140年-1207年），南宋豪放派词人、将领，有词中之龙之称")
print("\t\t《破阵子·为陈同甫赋壮词以寄之》")
poetry=("醉里挑灯看剑","梦回吹角连营","八百里分麾下炙","五十弦翻塞外声","沙场秋点兵","马作的卢飞快","弓如霹雳弦惊","了却君王天下事","赢得生前身后名","可怜白发生")
for index,content in enumerate(poetry):
    if index%2==0:
        print("\t"+content+", ",end="")
    else:
        print("\t"+content+content+"。")
```

调试以上程序，运行结果如下：

```
2.用for循环遍历输出元组
Hello,welcome to my milktea shop,We have :
珍珠奶茶 红豆奶茶 椰果奶茶 薏米奶茶 西米露奶茶
3.用for循环与enumerate()函数遍历输出元组，可以同时列出下标及数据
辛弃疾（1140年-1207年），南宋豪放派词人、将领，有词中之龙之称
            《破阵子·为陈同甫赋壮词以寄之》
   醉里挑灯看剑,    梦回吹角连营梦回吹角连营。
   八百里分麾下炙,          五十弦翻塞外声五十弦翻塞外声。
   沙场秋点兵,      马作的卢飞快马作的卢飞快。
   弓如霹雳弦惊,    了却君王天下事了却君王天下事。
   赢得生前身后名,          可怜白发生可怜白发生。
```

注意：元组可以使用for循环或for循环结合enumerate()函数遍历元组。

第五步：修改元组元素。

```
#修改元组
'''
print("\n1.修改其中的第5个元素为咖啡，出现错误，因为元组是不可变序列")
milkTea=("珍珠","红豆","椰果","薏米","西米露")
print("修改前的奶茶产品 :",milkTea)
milkTea[4]="咖啡"
print("修改后的奶茶产品 :",milkTea)
print("输出这个错误","TypeError: 'tuple' object does not support item assignment")
'''
print("\n2.修改其中的第5个元素为咖啡，可以通过对元组重新赋值来实现")
milkTea=("珍珠","红豆","椰果","薏米","西米露")
print("修改前的奶茶产品 :",milkTea)
milkTea=("珍珠","红豆","椰果","薏米","咖啡")
print("修改后的奶茶产品 :",milkTea)
print("\n3.在已存在的元组结尾处添加一个新元组")
print("\t辛弃疾\t北宋\t《 青玉案·元夕》")
potery=("东风夜放花千树。","更吹落、星如雨。","宝马雕车香满路。","凤箫声动，玉壶光转，一夜鱼龙舞。")
print("修改前的词 :",potery)
potery=potery+("蛾儿雪柳黄金缕。","笑语盈盈暗香去。","众里寻他千百度。","蓦然回首，那人却在，灯火阑珊处。")
print("修改后的词 :",potery)
```

调试以上程序，运行结果如下：

```
1.修改其中的第5个元素为咖啡，出现错误，因为元组是不可变序列
修改前的奶茶产品 ：('珍珠', '红豆', '椰果', '薏米', '西米露')
Traceback (most recent call last):
  File "G:\0000_2021_11_06_教材5_Python项目实践精编\project06_实现高级数据类型\pro06-02_实现元组的基本操作\pro06-02-05修改元组.py", line 6, in <module>
    milkTea[4]="咖啡"
TypeError: 'tuple' object does not support item assignment
= RESTART: G:\0000_2021_11_06_教材5_Python项目实践精编\project06_实现高级数据类型\pro06-02_实现元组的基本操作\pro06-02-05修改元组.py
2.修改其中的第5个元素为咖啡，可以通过对元组重新赋值来实现
修改前的奶茶产品 ：('珍珠', '红豆', '椰果', '薏米', '西米露')
修改后的奶茶产品 ：('珍珠', '红豆', '椰果', '薏米', '咖啡')
3.在已存在的元组结尾处添加一个新元组
   辛弃疾  北宋    《 青玉案·元夕》
修改前的词 ：('东风夜放花千树。', '更吹落、星如雨。', '宝马雕车香满路。', '凤箫声动，玉壶光转，一夜鱼龙舞。')
Traceback (most recent call last):
  File "G:\0000_2021_11_06_教材5_Python项目实践精编\project06_实现高级数据类型\pro06-02_实现元组的基本操作\pro06-02-05修改元组.py", line 23, in <module>
    potery=potery+("蛾儿雪柳黄金缕。")
TypeError: can only concatenate tuple (not "str") to tuple
将以上错误修改后，显示结果如下:
3.在已存在的元组结尾处添加一个新元组
   辛弃疾  北宋    《 青玉案·元夕》
修改前的词 ：('东风夜放花千树。', '更吹落、星如雨。', '宝马雕车香满路。', '凤箫声动，玉壶光转，一夜鱼龙舞。')
修改后的词 ：('东风夜放花千树。', '更吹落、星如雨。', '宝马雕车香满路。', '凤箫声动，玉壶光转，一夜鱼龙舞。', '蛾儿雪柳黄金缕。', '笑语盈盈暗香去。', '众里寻他千百度。', '蓦然回首，那人却在，灯火阑珊处。')
```

注意：元组是不可变序列，只有通过对元组重新赋值来实现修改。此外在进行元组连接时，如果要连接的元组只有一个元素，一定要在后面加一个逗号。另外注意元组连接时，连接的内容必须都是元组。

第六步：元组推导式。

```
#元组推导式，可以快速生成一个元组，将列表推导式中的方括号改为圆括号即可。
import random
print("\n1.生成彩票中奖编号范围(1-999),包括最后一个的元组")
myRnd=(random.randint(1,999) for i in range(10))
print("生成的元组的随机数为一个生成器对象: ",myRnd)
myRnd=tuple(myRnd)
print("将生成器对象转换为元组的输出结果: ",myRnd)
print("\n2.元组推导器生成的生成器对象，通过__next()__方法进行遍历")
digitalNum=(n for n in range(5))
print("__next()__方法进行遍历前的元组为: ",digitalNum)
print("输出第1个元素",digitalNum.__next__())
print("输出第2个元素",digitalNum.__next__())
print("输出第3个元素",digitalNum.__next__())
print("输出第4个元素",digitalNum.__next__())
print("输出第5个元素",digitalNum.__next__())
digitalNum=tuple(digitalNum)
print("转换后的元组为: ",digitalNum)
print("\n3.元组推导器生成的生成器对象，通过for循环遍历")
digitalNum=(num for num in range(5))
print("for循环遍历前的元组是: ",end="")
for num in digitalNum:
    print(num,end="")
print("\nfor循环遍历后的元组是: ",tuple(digitalNum))
```

调试以上程序，运行结果如下：

```
1.生成彩票中奖编号范围(1-99),包括最后一个的元组
生成的元组的随机数为一个生成器对象:  <generator object <genexpr> at 0x000000000296AF20>
将生成器对象转换为元组的输出结果:  (568, 868, 724, 215, 418, 579, 776, 755, 591, 715)
2.元组推导器生成的生成器对象，通过__next()__方法进行遍历
__next()__方法进行遍历前的元组为:  <generator object <genexpr> at 0x000000000296AEB0>
输出第1个元素 0
输出第2个元素 1
输出第3个元素 2
输出第4个元素 3
输出第5个元素 4
转换后的元组为:  ()
3.元组推导器生成的生成器对象，通过for循环遍历
for循环遍历前的元组是: 01234
for循环遍历后的元组是:  ()
```

注意： 无论用哪种方法遍历，如还想再使用该生成器对象，必须重新创建一个生成器对象。因为遍历后，原生成器对象已经不存在了，输出是个空元组。

第七步：将 20 以内的素数存放在元组 myPrimes 中。

```
#将20以内的素数存放在元组myPrimes中
import math
p=[0]*1000
myPrimes=[]
upLimited=20

for num in range(2,upLimited):
    for div in range(2,int(upLimited**0.5)):
        p[num*div]=1
for num in range(2,upLimited+1):
    if p[num]==0:
        myPrimes.append(num)
print("输出的列表是: ",myPrimes)
print("将生成的素数列表转换为元组: ",tuple(myPrimes))
```

调试以上程序，运行结果如下：

```
输出的列表是:  [2, 3, 5, 7, 11, 13, 17, 19]
将生成的素数列表转换为元组:  (2, 3, 5, 7, 11, 13, 17, 19)
```

注意： 元组没有append()，但可以用tuple()将列表转换为元组。

四、任务小结

（1）元组（tuple）是不可变序列，其中所有元素不可以单独修改，并放在一对圆括号中。

（2）元组的创建格式：tuplename=(element 1,element 2,...,element n)。

（3）创建的元组只包括一个元素时，这个元素后一定要加一个逗号。

（4）type(变量名或元组名) 可以测试数据类型是否为元组。

（5）创建空元组的格式是：emptyTuple=()。

（6）将一组数据 data 转换为元组的格式：tuple(range(begin,end,step))。

（7）删除元组的格式：del tuplename，但一般不用手动删除，Python 有自动垃圾回收机制。

（8）访问元组元素的格式是：print(tuplename), 也可以用切片获取指定元素。

五、任务拓展

（1）元组用 for 循环遍历的格式是：for content in tuplename:。

（2）元组用 for 循环和 enumerate() 函数遍历的格式是：for index,content in enumerate(tuplename):。

（3）修改元组只能对原有元组重新赋值，或对元组进行连接组合（连接内容必须都是元组）。

（4）可以用元组推导式生成一个生成器对象，再用 tuple() 将其转换为元组或用 list() 将其转换为列表。还可以直接通过 for 循环遍历或者直接使用 __next()__ 方法进行遍历。

（5）常用的元组函数及功能是：

cmp(tuple1,tuple2)：　比较两个元组中的元素。
len(tuple)：　返回元组长度。
max(tuple)：　返回元组中的最大值。
min(tuple)：　返回元组中的最小值。
tuple(seq)：　把序列转换为元组。

六、任务思考

（1）元组和列表的区别是什么？

（2）元组如果要想修改，该如何操作？

任务三　实现集合的基本操作

一、任务描述

视 频

实现集合的基本操作

上海御恒信息科技有限公司接到客户的一份订单，要求用 Python 集合进行编程。公司刚招聘了一名程序员小张，软件开发部经理要求他尽快熟悉 Python 的集合，小张按照经理的要求选取了相关的算法来进行任务分析。

二、任务分析

集合与列表类似，可以使用它们存储一个元素集合。但是，不同于列表，集合中的元素是不重复且不是按任何特定顺序放置的。如果编写的应用程序对元素的顺序不敏感，使用一个集合来存储元素比使用列表的效率更高。它包括可变集合（set）与不可变集合（frozenset）两种，此处使用的是无序可变序列的 set 集合，集合中所有元素放在一对花括号 {} 中，两个相邻元素间使用逗号分隔，集合最好的应用就是去除重复，因为集合中每个元素都是唯一的。下面通过任务实施逐步实现集合的基本编程。

三、任务实施

第一步：用集合求平均值和超过平均值数字的个数，源代码如图 6-11 所示。

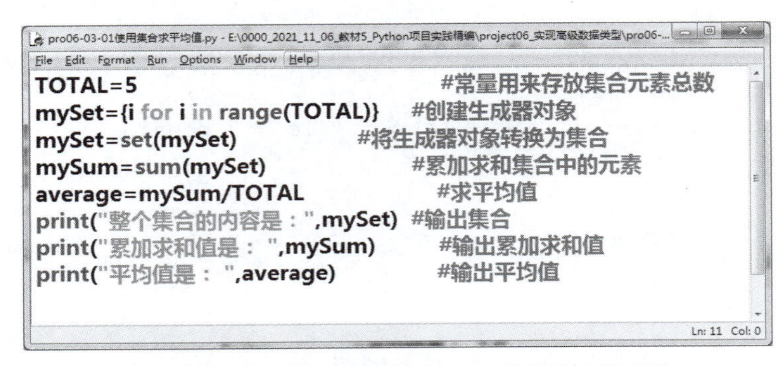

```
TOTAL=5                                      #常量用来存放集合元素总数
mySet={i for i in range(TOTAL)}              #创建生成器对象
mySet=set(mySet)                             #将生成器对象转换为集合
mySum=sum(mySet)                             #累加求和集合中的元素
average=mySum/TOTAL                          #求平均值
print("整个集合的内容是：",mySet)             #输出集合
print("累加求和值是： ",mySum)                #输出累加求和值
print("平均值是： ",average)                  #输出平均值
```

图 6-11　用集合求平均值和超过平均值数字的个数

调试以上程序，运行结果如图 6-12 所示。

```
Python 3.8.6 Shell
File Edit Shell Debug Options Window Help
整个集合的内容是：{0, 1, 2, 3, 4}
累加求和值是： 10
平均值是： 2.0
>>>|
```

图 6-12　用集合求平均值和超过平均值数字的个数

第二步：集合的创建和删除。

```
print("\n1.使用赋值运算符直接创建集合")
num={1,1,2,"3",5,8.3}
eightCuisines=set(["鲁菜","川菜","粤菜","江苏菜","闽菜","浙江菜","湘菜","徽菜"])
lifeMeaning=set(('提升心性',"磨炼灵魂",'''奉献助人'''))
print("集合中数据类型可以不同: ",num)
print("将列表转换为集合: ",eightCuisines)
print("将元组转换为集合: ",lifeMeaning)
print(eightCuisines,"类型为: ",type(eightCuisines))
print(lifeMeaning,"类型为: ",type(lifeMeaning))
print("\n2.创建空集合")
emptySet=set()
print("空集合是: ",emptySet)
print("\n3.创建数值集合")
mySet=set(range(10,20,2))
print("10-20中不包括20的所有偶数的集合: ",mySet)
print("\n4.删除集合")
student={"freshman['freʃmən]","sophomore['sɒfəmɔ:(r)]","junior['dʒu:niə(r)]","senior['si
:niə(r)]"}
print("删除前的集合中的元素: ",student)
del student                   #删除集合前要确认该集合存在
print(student)                #NameError: name 'student' is not defined
```

调试以上程序，运行结果如下：

```
1.使用赋值运算符直接创建集合
集合中数据类型可以不同:  {1, 2, 5, 8.3, '3'}
将列表转换为集合:  {'鲁菜', '粤菜', '闽菜', '江苏菜', '浙江菜', '徽菜', '川菜', '湘菜'}
将元组转换为集合:  {'提升心性', '磨炼灵魂', '奉献助人'}
{'鲁菜', '粤菜', '闽菜', '江苏菜', '浙江菜', '徽菜', '川菜', '湘菜'} 类型为:  <class 'set'>
{'提升心性', '磨炼灵魂', '奉献助人'} 类型为:  <class 'set'>
2.创建空集合
空集合是:  set()
3.创建数值集合
10-20中不包括20的所有偶数的集合:  {10, 12, 14, 16, 18}
4.删除集合
删除前的集合中的元素:  {'senior['si:niə(r)]', 'sophomore['sɒfəmɔ:(r)]', 'freshman['freʃmən]',
'junior['dʒu:niə(r)]'}
Traceback (most recent call last):
    File "E:\0000_2021_11_06_教材5_Python项目实践精编\project06_实现高级数据类型\pro06-03_实现
集合的基本操作\pro06-03-02集合的创建和删除.py", line 24, in <module>
      print(student)  #NameError: name 'student' is not defined
NameError: name 'student' is not defined
```

注意：集合删除后就无法输出了。

第三步：操作和访问集合。

```
#操作和访问集合
print("\n1.使用print()函数直接输出集合{3.6,7,1,2.3,100}")
```

```
mySet={3.6,7,1,2.3,100}
print("整个集合是: ",mySet)
print("\n2.使用add()函数在集合中添加元素")
mySet.add(0)
print("添加了数字0的整个集合是: ",mySet)
print("\n3.使用len()函数测试集合的长度")
print("整个集合的长度是: ",len(mySet))
print("\n4.使用max()函数测试集合中的最大值")
print("集合中的最大值是: ",max(mySet))
print("\n5.使用min()函数测试集合中的最小值")
print("集合中的最小值是: ",min(mySet))
print("\n6.使用sum()函数累加集合中的值")
print("集合中的累加求和值是: ",sum(mySet))
print("\n7.使用in判断元素是否在集合中")
print("数字2.3是否在集合中? ",2.3 in mySet)
print("\n8.使用remove删除集合中的元素")
mySet.remove(2.3)
print("集合中数字2.3是否在? ",2.3 in mySet)
```

调试以上程序，运行结果如下：

```
1.使用print()函数直接输出集合{3.6,7,1,2.3,100}
整个集合是:  {1, 100, 7, 2.3, 3.6}
2.使用add()函数在集合中添加元素
添加了数字0的整个集合是:  {0, 1, 100, 7, 2.3, 3.6}
3.使用len()函数测试集合的长度
整个集合的长度是:  6
4.使用max()函数测试集合中的最大值
集合中的最大值是:  100
5.使用min()函数测试集合中的最小值
集合中的最小值是:  0
6.使用sum()函数累加集合中的值
集合中的累加值是:  113.89999999999999
7.使用in判断元素是否在集合中
数字2.3是否在集合中?  True
8.使用remove删除集合中的元素
集合中数字2.3是否在?  False
```

注意：对于不同版本的Python，不同的操作系统，甚至不同的运行时刻，set内部的顺序可能都不同。

第四步：子集和超集。

```
#子集和超集
mySet1={1,9,3}
mySet2={1,2,9,4,3}
print("{1,9,3}是否是{1,2,9,4,3}的子集: ",mySet1.issubset(mySet2))
print("{1,2,9,4,3}是否是{1,9,3}的子集: ",mySet2.issubset(mySet1))
print("{1,9,3}是否是{1,2,9,4,3}的超集: ",mySet1.issuperset(mySet2))
print("{1,2,9,4,3}是否是{1,9,3}的超集: ",mySet2.issuperset(mySet1))
```

调试以上程序，运行结果如下：

```
{1,9,3}是否是{1,2,9,4,3}的子集:  True
{1,2,9,4,3}是否是{1,9,3}的子集:  False
{1,9,3}是否是{1,2,9,4,3}的超集:  False
{1,2,9,4,3}是否是{1,9,3}的超集:  True
```

注意：谁是子集，谁是超集要区分好。

第五步：相等性测试。

```
#相等性测试
mySet={"Red","Green","Yellow"}
yourSet={"Green","Red","Yellow"}
print("mySet==yourSet?",mySet==yourSet)
print("mySet!=yourSet?",mySet!=yourSet)
```

调试以上程序，运行结果如下：

```
mySet==yourSet? True
mySet!=yourSet? False
```

注意：如果mySet是yourSet的一个真子集，那么mySet的每个元素同样也都在yourSet中，但是yourSet中至少存在一个不在mySet中的元素。如果mySet是yourSet的一个真子集，那么yourSet是mySet的一个真超集。

第六步：集合运算。

```
#Pyhon提供了求并集、交集、差集和对称差集合的运算方法
print("\n1.用union或|运算符实现包含两个集合所有元素的并集")
set1={1,3,5,7,9}
set2={2,4,6,8,10}
print("set1集合中的内容",set1)
print("set2集合中的内容",set2)
print("两个集合用union后的内容",set1.union(set2))
print("两个集合用|后的内容",set1|set2)
print("\n2.用intersection或&运算符实现包含两个集合共同元素的交集")
set1={1,3,5,7,9}
set2={1,4,5,8,9}
print("set1集合中的内容",set1)
print("set2集合中的内容",set2)
print("两个集合用intersection后的内容",set1.intersection(set2))
print("两个集合用&后的内容",set1&set2)
print("\n3.差集: 用difference或-运算符实现包含在set1但并不包含在set2的交集")
set1={1,3,5,7,9}
set2={1,4,5,8,9}
print("set1集合中的内容",set1)
print("set2集合中的内容",set2)
print("两个集合用difference后的内容",set1.difference(set2))
print("两个集合用-后的内容",set1-set2)
print("\n4.对称差或异或: 用symmetric_difference或^运算符实现包含除它们共同元素之外的所有元素")
set1={1,3,5,7,9}
set2={1,4,5,8,9}
print("set1集合中的内容",set1)
print("set2集合中的内容",set2)
print("两个集合用symmetric_difference后的内容",set1.symmetric_difference(set2))
print("两个集合用^后的内容",set1^set2)
```

调试以上程序，运行结果如下：

```
1.用union或|运算符实现包含两个集合所有元素的并集
set1集合中的内容 {1, 3, 5, 7, 9}
set2集合中的内容 {2, 4, 6, 8, 10}
两个集合用union后的内容 {1, 2, 3, 4, 5, 6, 7, 8, 9, 10}
两个集合用|后的内容 {1, 2, 3, 4, 5, 6, 7, 8, 9, 10}
2.用intersection或&运算符实现包含两个集合共同元素的交集
set1集合中的内容 {1, 3, 5, 7, 9}
set2集合中的内容 {1, 4, 5, 8, 9}
两个集合用intersection后的内容 {1, 5, 9}
两个集合用&后的内容 {1, 5, 9}
3.差集: 用difference或-运算符实现包含在set1但并不包含在set2的交集
```

```
set1集合中的内容 {1, 3, 5, 7, 9}
set2集合中的内容 {1, 4, 5, 8, 9}
两个集合用difference后的内容 {3, 7}
两个集合用-后的内容 {3, 7}
4.对称差或异或：用symmetric_difference或^运算符实现包含除它们共同元素之外的所有元素
set1集合中的内容 {1, 3, 5, 7, 9}
set2集合中的内容 {1, 4, 5, 8, 9}
两个集合用symmetric_difference后的内容 {3, 4, 7, 8}
两个集合用^后的内容 {3, 4, 7, 8}
```

第七步：使用集合的范例。

```
#使用集合的案例:
mySet1={"泰山","华山","嵩山","华山"}
print("泰山，华山，嵩山，华山，mySet1集合输出：",mySet1)
mySet2=set([7,1,2,23,2,4,5])
print("set([7,1,2,23,2,4,5]),将列表转换为集合输出：",mySet2)
print("is 华山 in mySet1?","华山" in mySet1)
print("length is",len(mySet2))
print("max is ",max(mySet2))
print("min is ",min(mySet2))
print("sum is ",sum(mySet2))
mySet3=mySet1|{"泰山","恒山"}
print("泰山，华山，嵩山，华山与泰山，恒山union的结果是：",mySet3)
mySet3=mySet1-{"泰山","恒山"}
print("泰山，华山，嵩山，华山与泰山，恒山difference的结果是：",mySet3)
mySet3=mySet1&{"泰山","恒山"}
print("泰山，华山，嵩山，华山与泰山，恒山intersection的结果是：",mySet3)
mySet3=mySet1^{"泰山","恒山"}
print("泰山，华山，嵩山，华山与泰山，恒山symmetric_difference的结果是：",mySet3)
list1=list(mySet2)
print(mySet1=={"泰山","华山","嵩山"})
mySet1.add("恒山")
print(mySet1)
mySet1.remove("恒山")
print(mySet1)
```

调试以上程序，运行结果如下：

```
泰山，华山，嵩山，华山，mySet1集合输出： {'泰山', '嵩山', '华山'}
set([7,1,2,23,2,4,5]),将列表转换为集合输出： {1, 2, 4, 5, 7, 23}
is 华山 in mySet1? True
length is 6
max is  23
min is  1
sum is  42
泰山，华山，嵩山，华山与泰山，恒山union的结果是： {'恒山', '泰山', '嵩山', '华山'}
泰山，华山，嵩山，华山与泰山，恒山difference的结果是： {'嵩山', '华山'}
泰山，华山，嵩山，华山与泰山，恒山intersection的结果是： {'泰山'}
泰山，华山，嵩山，华山与泰山，恒山symmetric_difference的结果是： {'嵩山', '华山', '恒山'}
True
{'泰山', '嵩山', '恒山', '华山'}
{'泰山', '嵩山', '华山'}
```

注意：集合中重复的只输出一次。

四、任务小结

（1）集合不支持下标运算符，因为集合中的元素是无序，而列表中的元素可以用下标运算符表示。

（2）检测一个元素是在一个集合中还是在一个列表中时，集合的效率比列表更高些。

（3）创建集合直接使用 {} 或用 set("string1","string2")、set([list1,list2])、set(("tuple1,tuple2"))。

五、任务拓展

（1）在创建集合时，如果出现了重复元素，那么只保留一个。

（2）在创建空集合时，只能使用 set() 实现，而不能使用一对大括号 {} 实现，因为一对大括号表示创建一个空字典。

（3）集合是可变序列，创建集合后，还可对其添加删除元素。添加元素用 add() 方法，删除元素用 del() 方法，它还可以删除整个集合。用 pop() 或 remove() 删除一个元素，用 clear() 方法清空整个集合。

（4）用集合的 remove() 方法时，如果指定的内容不存在，将抛出异常，可以用“元素” in 集合来判断。

六、任务思考

集合和列表的区别是什么？

任务四　实现字典的基本操作

视 频

实现字典的基本操作

一、任务描述

上海御恒信息科技有限公司接到客户的一份订单，要求用 Python 字典进行编程。公司刚招聘了一名程序员小张，软件开发部经理要求他尽快熟悉 Python 的字典，小张按照经理的要求选取了相关的算法来进行任务分析。

二、任务分析

一个字典是一个存储键值对集合的容器对象，它通过关键字实现快速获取、删除和更新值。在一个列表中，下标是整数，在一个字典中，关键字必须是一个可哈希对象。一个字典不能包含有重复的关键字。每个关键字都对应着一个值。一个关键字和它对应的值形成存储在字典中的一个条目（输入域），这种数据结构被称为“字典”，因为它与词典很类似，在这里单词相当于关键字，而这些单词的详细定义就是相应的值。一个字典也被认为是一张图，它将每个关键字和一个值匹配。下面通过任务实施来实现字典的基本编程。

三、任务实施

第一步：用字典求平均值，源代码如图 6-13 所示。

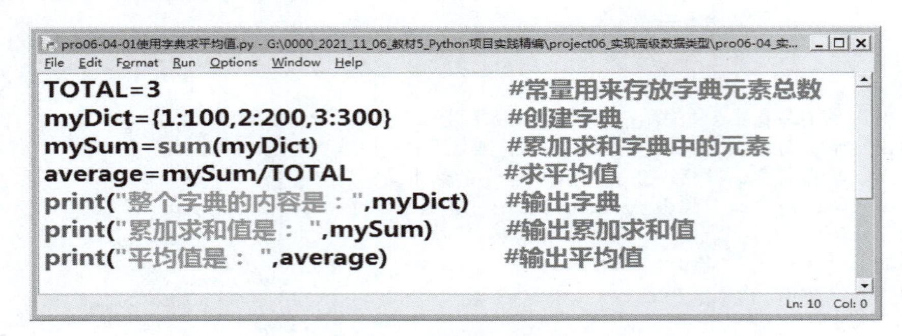

图 6-13　用字典求平均值

调试以上程序，运行结果如图 6-14 所示。

```
整个字典的内容是：{1: 100, 2: 200, 3: 300}
累加求和值是： 6
平均值是： 2.0
```

图 6-14　用字典求平均值

注意：字典的存储形式是“键—值对”。

第二步：字典的创建和删除。

```
print("\n1.用赋值运算符直接创建字典")
eightCuisines={"001":"鲁菜","002":"川菜","003":"粤菜","004":"苏菜","005":"闽菜","006":"浙菜","007":"湘菜","008":"徽菜"}
print("八大菜系用字典表示: ",eightCuisines)
print("\n2.创建空字典")
emptyDict=dict()
print("空字典是: ",emptyDict)
print("\n3.通过映射函数创建字典来存储四大名著的作者和书名")
authorName=["曹雪芹","罗贯中","吴承恩","施耐庵"]
bookName=["红楼梦","三国演义","西游记","水浒传"]
myDictionary=dict(zip(authorName,bookName))
print("通过映射函数创建字典的结果是: ",myDictionary)
print("\n4.通过给定的键—值对来创建字典")
myDictionary=dict(曹雪芹="红楼梦",罗贯中="三国演义",吴承恩="西游记",施耐庵="水浒传")
print("通过给定的键—值对来创建字典的结果是: ",myDictionary)
print("\n5.使用dict对象的fromkeys()创建值为空的字典")
myAuthor=["曹雪芹","罗贯中","吴承恩","施耐庵"]
myDictionary=dict.fromkeys(myAuthor)
print("用dict对象的fromkeys()创建值为空的字典是: ",myDictionary)
print("\n6.用del命令删除不用的字典")
del myDictionary
#print("将作为键的元组修改为列表后再创建一个字典是: ",myDictionary)
print("\n7.通过已存在的元组和列表创建字典")
authorTuple=("曹雪芹","罗贯中","吴承恩","施耐庵")
bookList=["红楼梦","三国演义","西游记","水浒传"]
myDictionary={authorTuple:bookList}
print("通过已存在的元组和列表创建的字典是: ",myDictionary)
print("\n8.用clear()方法删除不用的字典，另外可用pop()删除并返回指定键的元素及用popitem()删除并返回字典中的一个元素")
myDictionary.clear()
#print("将作为键的元组修改为列表后再创建一个字典是: ",myDictionary)
print("\n9.将作为键的元组修改为列表后再创建一个字典")
authorList=["曹雪芹","罗贯中","吴承恩","施耐庵"]
bookList=["红楼梦","三国演义","西游记","水浒传"]
myDictionary={authorList:bookList}
print("将作为键的元组修改为列表后再创建一个字典是: ",myDictionary)
```

调试以上程序，运行结果如下：

```
1.用赋值运算符直接创建字典
八大菜系用字典表示: {'002': '川菜', '003': '粤菜', '001': '鲁菜', '006': '浙菜', '007': '湘菜', '004': '苏菜', '005': '闽菜', '008': '徽菜'}
2.创建空字典
空字典是: {}
3.通过映射函数创建字典来存储四大名著的作者和书名
通过映射函数创建字典的结果是: {'施耐庵': '水浒传', '曹雪芹': '红楼梦', '罗贯中': '三国演义', '吴承恩': '西游记'}
4.通过给定的键—值对来创建字典
通过给定的键—值对来创建字典的结果是: {'曹雪芹': '红楼梦', '施耐庵': '水浒传', '吴承恩': '西游记',
```

```
'罗贯中': '三国演义'}
    5.使用dict对象的fromkeys()创建值为空的字典
    用dict对象的fromkeys()创建值为空的字典是:  {'施耐庵': None, '曹雪芹': None, '罗贯中': None, '吴承恩': None}
    6.用del命令删除不用的字典
    7.通过已存在的元组和列表创建字典
    通过已存在的元组和列表创建的字典是:  {('曹雪芹', '罗贯中', '吴承恩', '施耐庵'): ['红楼梦', '三国演义', '西游记', '水浒传']}
    8.用clear()方法删除不用的字典，另外可用pop()删除并返回指定键的元素及用popitem()删除并返回字典中的一个元素
    9.将作为键的元组修改为列表后再创建一个字典
    Traceback (most recent call last):
      File "E:\0000_2021_11_11_教材5_Python项目实践精编\project06_实现高级数据类型\pro06-04_实现字典的基本操作\pro06-04-02字典的创建和删除.py", line 43, in <module>
        myDictionary={authorList:bookList}
    TypeError: unhashable type: 'list'
```

注意：字典删除后就无法输出了。

第三步：访问字典。

```
    #访问字典
    print("\n1.用print直接输出字典")
    fourBuilding={"B01":"黄鹤楼","B02":"滕王阁","B03":"岳阳楼","B04":"鹳雀楼"}
    print("四大名楼用字典表示: ",fourBuilding)
    print("\n2.用下标（键）的方式访问字典的元素")
    print("B02对应的钟楼是: ",fourBuilding["B02"])
    print("\n3.避免指定键不存在出现异常")
    print("B00对应的名楼是: ",fourBuilding["B00"] if "B00" in fourBuilding else "我的四大名楼里没有此楼")
    print("\n4.通过get()方法获取字典中指定键的值")
    print("B04对应的名楼是: ",fourBuilding.get("B04"))
    print("\n5.通过为get()方法设置默认值来避免程序出现异常")
    print("B05对应的名楼是: ",fourBuilding.get("B05","四大名楼的字典里没有此楼！"))
    print("\n6.用字典实现四大名楼详细介绍")
    province=["湖北","江西","湖南","山西"]                    #存放键的列表
    building=["黄鹤楼","滕王阁","岳阳楼","鹳雀楼"]              #存放值的列表
    myDict=dict(zip(province,building))                       #转换为个人字典
    allBuilding=["黄鹤楼","岳阳楼","鹳雀楼","滕王阁","钟鼓楼","蓬莱阁","阅江楼","烟雨楼","越王楼","天一阁","鹳雀楼"]
    introduction=["黄鹤楼位于湖北省武汉市长江南岸的武昌蛇山之巅，享有天下江山第一楼、天下绝景之称，它是武汉市标志性建筑，\
              与晴川阁、古琴台并称武汉三大名胜。","岳阳楼位于湖南省岳阳市古城西门城墙之上，下瞰洞庭，前望君山，\
             自古有“洞庭天下水，岳阳天下楼”之美誉，与湖北武汉黄鹤楼、江西南昌滕王阁并称为江南三大名楼。\
              岳阳楼主楼高19.42米，进深14.54米，宽17.42米。","鹳雀楼，又名鹳鹊楼，位于永济市蒲州古城西向的黄河东岸、\
               蒲州古城城南，因时有鹳雀栖其上而得名。鹳雀楼为四檐三层的仿唐式建筑，楼体总高73.9米，坐南朝北，本依黄河水，\
              南枕中条山，远可眺舜都遗址，近可瞰黄河之水天上而来。","滕王阁，位于江西省南昌市西北部沿江路赣江东岸，\
             始建于唐永徽四年公元653年，因唐太宗李世民之弟——滕王李元婴始建而得名，又因初唐诗人王勃诗句\
              “落霞与孤鹜齐飞，秋水共长天一色”而流芳后世。","西安钟鼓楼是西安钟楼和西安鼓楼的合称，位于西安市中心，\
             是西安的标志性建筑物，两座明代建筑遥相呼应，蔚为壮观。西安钟楼始建于明洪武十七年公元1384年，\
             原建于今西大街北广济街东侧，明万历十年公元1582年移于现址。","蓬莱阁，位于山东省蓬莱市区西北的丹崖山上，\
              蓬莱阁始建于北宋嘉祐6年，与黄鹤楼、岳阳楼、滕王阁并称为“中国四大名楼”。","阅江楼位于南京市鼓楼区下关狮子\
               山巅，屹立在扬子江畔，饮霞吞雾。南京阅江楼与武汉黄鹤楼、岳阳岳阳楼、南昌滕王阁合称江南四大名楼。","烟雨楼是\
```

```
        嘉兴南湖湖心岛上的主要建筑，现已成为岛上整个园林的泛称。烟雨楼正楼，楼两层，高约20米，建筑面积640余平方米\
        ，重檐画栋，朱柱明窗，在绿树掩映下，更显雄伟。","越王楼，位于四川省绵阳市龟山之巅，是唐太宗李世民第八子越王\
        李贞任绵州刺史时所建，始建于唐高宗显庆年间，其规模宏大、富丽堂皇，楼高十丈即百尺。","天一阁位于浙江省宁\
        波市海曙区，建于明嘉靖四十年至四十五年1561年—1566年，由当时退隐的明朝兵部右侍郎范钦主持建造，占地面\
        积2.6万平方米，已有400多年的历史。","鹳雀楼，又名鹳鹊楼，位于山西省运城市永济市蒲州镇，\
        总建筑面积33 206平方米，总重量58 000吨。鹳雀楼始建于北周时期，在金元光元年1222年遭大火焚毁，1997年12月，\
        鹳雀楼重修，2002年10月1日，鹳雀楼正式对游客开放。"]
    allBuildingDict=dict(zip(allBuilding,introduction))
    print("江西的名楼是",myDict.get("山西"))
    print("\n它的具体介绍是: \n\n",allBuildingDict.get(myDict.get("山西")))
```

调试以上程序，运行结果如下：

```
1.用print直接输出字典
四大名楼用字典表示： {'B01': '黄鹤楼', 'B02': '滕王阁', 'B03': '岳阳楼', 'B04': '鹳雀楼'}
2.用下标（键）的方式访问字典的元素
B02对应的钟楼是： 滕王阁
3.避免指定键不存在出现异常
B00对应的名楼是： 我的四大名楼里没有此楼
4.通过get()方法获取字典中指定键的值
B04对应的名楼是： 鹳雀楼
5.通过为get()方法设置默认值来避免程序出现异常
B05对应的名楼是： 四大名楼的字典里没有此楼!
6.用字典实现四大名楼详细介绍
江西的名楼是 鹳雀楼
它的具体介绍是:

 鹳雀楼，又名鹳鹊楼，位于山西省运城市永济市蒲州镇，          总建筑面积33 206平方米，总重量58 000吨。鹳雀楼始建于北周时期，在金元光元年1222年遭大火焚毁，1997年12月，          鹳雀楼重修，2002年10月1日，鹳雀楼正式对游客开放。
```

注意： 可以创建两个字典，然后将两个字典中取出相应信息组合出想要的结果。

第四步：遍历字典。

```
#1.定义一个字典，并通过for循环和items()方法来获取所有键—值对元组列表
print("  "*14,"文明三句半")                                    #输出标题
myDict={"01":"尊师长","02":"敬父母","03":"同学之间要友好","04":"真文明"}
print(myDict)                                                  #一次输出全部字典中的元素
for sentence in myDict.items():
    print(sentence)                                            #从列表中遍历一个元素，输出一个
print()
#2.使用for循环和items()方法来获取某个具体的键—值对元组列表
print("  "*10,"千古绝句")                                      #输出标题
myDict={"01":"金风玉露一相逢","02":"便胜却人间无数","03":"身无彩凤双飞翼","04":"心有灵犀一点通"}
for key,value in myDict.items():                               #index是元素的索引，item保存获取的元素值
    print("第",key,"个诗句是: ",value)                         #输出具体的每个键和值
```

调试以上程序，运行结果如下：

```
                            文明三句半
{'01': '尊师长', '02': '敬父母', '03': '同学之间要友好', '04': '真文明'}
('01', '尊师长')
('02', '敬父母')
('03', '同学之间要友好')
('04', '真文明')
```

```
                     千古绝句
    第 01 个诗句是:  金风玉露一相逢
    第 02 个诗句是:  便胜却人间无数
    第 03 个诗句是:  身无彩凤双飞翼
    第 04 个诗句是:  心有灵犀一点通
```

注意：字典对象还提供了values()和keys()方法，用于返回字典的值和键的列表，它们也要通过for循环遍历该字典列表，获取对应的值和键。

第五步：添加、修改和删除字典元素。

```
print("\n1.用字典名[键]="值" 在字典末尾添加元素")
dictPoems={"01":"红豆生南国","02":"春来发几枝","03":"愿君多采撷","04":"此物最相思"}
print("修改前的古诗是: ",dictPoems)
print("古诗的长度是: ",len(dictPoems))
dictPoems["05"]="此诗句为王维的《相思》"
print("修改后的古诗是: ",dictPoems)
print("添加元素后古诗的长度是: ",len(dictPoems))
print("\n2.用字典名[键]="值" 修改元素的值 ")
dictPoems={"01":"红豆生北国","02":"春来发几枝","03":"愿君多采撷","04":"此物最相思"}
print("修改前的古诗是: ",dictPoems)
dictPoems["01"]="红豆生南国"
print("修改后的古诗是: ",dictPoems)
print("\n3.用del 字典名[键]来删除指定元素")
dictPoems={"01":"红豆生北国","02":"春来发几枝","03":"愿君多采撷","04":"此物最相思",\
                     "05":"唐","06":"王维","07":"《相思》"}
print("删除前的古诗是: ",dictPoems)
del  dictPoems["05"]
print("删除后的古诗是: ",dictPoems)
print("\n4.用if语句和del 字典名[键]来删除指定元素并防止抛出异常")
dictPoems={"01":"红豆生北国","02":"春来发几枝","03":"愿君多采撷","04":"此物最相思",\
                     "05":"唐","06":"王维","07":"《相思》"}
print("删除前的古诗是: ",dictPoems)
if "08" in dictPoems:
    del  dictPoems["08"]
else:
    print("该字典的键不存在，无法显示其值！")
print("删除后的古诗是: ",dictPoems)
```

调试以上程序，运行结果如下：

```
    1.用字典名[键]="值" 在字典末尾添加元素
    修改前的古诗是:  {'01': '红豆生南国', '02': '春来发几枝', '03': '愿君多采撷', '04': '此物最相
思'}
    古诗的长度是:  4
    修改后的古诗是:  {'01': '红豆生南国', '02': '春来发几枝', '03': '愿君多采撷', '04': '此物最相
思', '05': '此诗句为王维的《相思》'}
    添加元素后古诗的长度是:  5
    2.用字典名[键]="值" 修改元素的值
    修改前的古诗是:  {'01': '红豆生北国', '02': '春来发几枝', '03': '愿君多采撷', '04': '此物最相
思'}
    修改后的古诗是:  {'01': '红豆生南国', '02': '春来发几枝', '03': '愿君多采撷', '04': '此物最相
思'}
    3.用del 字典名[键]来删除指定元素
    删除前的古诗是:  {'01': '红豆生北国', '02': '春来发几枝', '03': '愿君多采撷', '04': '此物最相
思', '05': '唐', '06': '王维', '07': '《相思》'}
    删除后的古诗是:  {'01': '红豆生北国', '02': '春来发几枝', '03': '愿君多采撷', '04': '此物最相
思', '06': '王维', '07': '《相思》'}
    4.用if语句和del 字典名[键]来删除指定元素并防止抛出异常
    删除前的古诗是:  {'01': '红豆生北国', '02': '春来发几枝', '03': '愿君多采撷', '04': '此物最相
```

```
思', '05': '唐', '06': '王维', '07': '《相思》'}
    该字典的键不存在，无法显示其值！
    删除后的古诗是：  {'01': '红豆生北国', '02': '春来发几枝', '03': '愿君多采撷', '04': '此物最相
思', '05': '唐', '06': '王维', '07': '《相思》'}
```

注意：添加一个不存在的键使用追加，存在就是修改，删除的键如果不存在，会出现异常，可以加入判断结构来避免出现异常。

第六步：字典推导式。

```
#字典推导式，可以快速生成一个字典
import random
print("\n1.用随机数和字典生成彩票中奖编号范围(101,999)中四个序列")
rndDict={i:random.randint(101,999) for i in range(1,11)}
print("生成的随机数字典为：",rndDict)
print("\n2.用字典推导式根据列表生成字典")
myKey=["子","丑","寅","卯"]
myValue=["鼠","牛","虎","兔"]
myDict={"生肖："+i:j for i,j in zip(myKey,myValue)}
print("用字典推导式根据列表生成的字典是：",myDict)
```

调试以上程序，运行结果如下：

```
    1.用随机数和字典生成彩票中奖编号范围(101,999)中四个序列
    生成的随机数字典为：  {1: 237, 2: 770, 3: 886, 4: 488, 5: 858, 6: 472, 7: 485, 8: 300, 9:
449, 10: 545}
    2.用字典推导式根据列表生成字典
    用字典推导式根据列表生成的字典是：  {'生肖：子': '鼠', '生肖：丑': '牛', '生肖：寅': '虎', '生肖：
卯': '兔'}
```

注意：字典推导式和列表推导式类似。

四、任务小结

（1）字典可以通过一对花括号来创建，每一个条目都有一个关键字，然后跟着一个冒号，再跟着一个值组成。每一个条目都用逗号分隔。用字典名 ={} 来创建一个空字典。空集合用 set()。

（2）dictionaryName[key]=value 是添加一个条目到字典的语法。如该关键字已存在则替换。

（3）del dictionaryName[key] 是从字典中删除一个条目的语法。

五、任务拓展

（1）for key in 字典名用于遍历字典中的所有关键字。

（2）len(dictionary) 用于获得一个字典中条目的数目。

（3）" 键名 " in 或 not in 字典名用于判断一个关键字是否在一个字典中。

（4）字典名 1== 字典名 2 或字典名 1!= 字典名 2 用于检测两个字典是否包含同样的条目。

（5）Python 中的字典类是 dict，能够被一个字典对象调用的方法是 keys() 返回关键字序列、values() 返回值序列、items() 返回元组序列、clear() 删除所有条目、get(key) 返回关键字对应的值、pop(key) 删除关键字对应的条目、popitem() 返回一个随机选择的键值对作为元组并删除这个被选择的条目。

六、任务思考

（1）请问可以使用比较运算符（>、>=、<=、和 <）对字典进行比较吗?

（2）一个字典对象能调用的方法有哪些?

综合部分

项目综合实训
编写单词出现次数的统计程序

视 频

编写单词出现次数的统计程序

一、项目描述

上海御恒信息科技有限公司接到一个订单，需要为某成人英语培训机构设计求解文本文件中单词出现的次数程序。程序员小张根据以上要求进行相关程序的架构设计后，按照项目经理的要求开始做以下的项目分析。

二、项目分析

该项目可以使用一个字典来存储包含了单词和它的次数的条目。程序判断文件中的每个单词是否已经是字典中的一个关键字。如果不是，程序将添加一个条目，将这个单词作为该条目的关键字，并将它对应的值设置为 1。否则，程序将单词（关键字）对应的值加 1。假设这些单词是不考虑大小写的。这个程序将出现次数最多的单词和它们的出现次数按降序显示。

三、项目实施

第一步：根据要求，设计文件名并准备文本文件 EnglishSpeech.txt。

```
#pro06_05_01实现单词出现次数的统计程序.py
#将EnglishSpeech.txt文本文件放入源文件所在的目录
```

第二步：根据要求，设计主函数 main() 的代码如下。

```
def main():
    #提示用户输入一个英文文本文件的名称
    filename=input("请输入一个文件名: ").strip()
    infile=open(filename,"r")                       #打开一个文件

    wordCounts={}                                   #创建一个空的字典来存储单词统计个数
    for line in infile:
        processLine(line.lower(),wordCounts)

    pairs=list(wordCounts.items())                  #从字典中获取信息

    items=[[x,y] for (y,x) in pairs]                #转换成列表

    items.sort()                                    #对列表信息进行排序

    for i in range(len(items)-1,len(items)-11,-1):
        print(items[i][1]+"\t"+str(items[i][0]))
```

第三步：根据要求，设计输入统计一行里的每个单词的函数 processLine()。

```
#统计一行里的每个单词
def  processLine(line,wordCounts):
    line=replacePunctuations(line)                  #用空格替换标点符号
    words=line.split()                              #从每一行中获取单词
    for word in words:
        if word in wordCounts:
            wordCounts[word]+=1
        else:
            wordCounts[word]=1
```

第四步：根据要求，设计用空格替换标点符号的函数 replacePunctuations()。

```
#用空格替换标点符号的函数
def replacePunctuations(line):
    for ch in line:
        if ch in "~@#$%^&*()_-+=~<>?/,.;:!{}[]|'\"":
            line=line.replace(ch," ")
    return line
```

第五步：根据要求，设计调用主函数的代码。

```
main()  #调用主函数main()
```

第六步：完善所有代码并书写注释。

```
def  main():
    #提示用户输入一个英文文本文件的名称
    filename=input("请输入一个文件名: ").strip()
    infile=open(filename,"r")                #打开一个文件

    wordCounts={}                            #创建一个空的字典来存储单词统计个数
    for line in infile:
        processLine(line.lower(),wordCounts)

    pairs=list(wordCounts.items())           #从字典中获取信息

    items=[[x,y] for (y,x) in pairs]         #转换成列表

    items.sort()                             #对列表信息进行排序

    for i in range(len(items)-1,len(items)-11,-1):
        print(items[i][1]+"\t"+str(items[i][0]))

#统计一行里的每个单词
def  processLine(line,wordCounts):
    line=replacePunctuations(line)           #用空格替换标点符号
    words=line.split()                       #从每一行中获取单词
    for word in words:
        if word in wordCounts:
            wordCounts[word]+=1
        else:
            wordCounts[word]=1

#用空格替换标点符号的函数
def  replacePunctuations(line):
    for ch in line:
        if ch in "~@#$%^&*()_-+=~<>?/,.;:!{}[]|'\"":
            line=line.replace(ch," ")
    return line

  main()                                     #调用主函数main()
```

调试以上程序，运行结果如下：

```
请输入一个文件名: EnglishSpeech.txt
you     30
the     25
i       22
to      17
manu    16
was     15
and     14
so      11
a       11
pass    9
```

四、项目小结

（1）用注释架构程序，会使编程思路清晰。
（2）用函数来分解程序的基本功能。
（3）设计算法并不断完善程序。

项目实训评价表

项目六　运用高级数据类型进行编程						
	内　容					
	评 价 项 目	整体架构（20%）	注释（20%）	分支结构（30%）	循环结构（30%）	综合评价（100%）
职业能力	任务一　实现列表的基本操作					
	任务二　实现元组的基本操作					
	任务三　实现集合的基本操作					
	任务四　实现字典的基本操作					
	项目综合实训 编写单词出现次数的统计程序					
通用能力	阅读代码的能力					
	调试修改代码的能力					

评价等级说明表	
等　级	说　明
90% ～ 100%	能高质、高效地完成此学习目标的全部内容，并能解决遇到的特殊问题
70% ～ 80%	能高质、高效地完成此学习目标的全部内容
50% ～ 60%	能圆满完成此学习目标的全部内容，不需任何帮助和指导

项目七

设计面向对象程序

【知识目标】

1. 了解类的封装
2. 了解类的构造函数与析构函数
3. 掌握单继承
4. 掌握多继承
5. 掌握多态

【能力目标】

1. 能够根据企业的需求选择合适的类的封装
2. 能够运用类的构造函数与析构函数编写简单的 Python 程序
3. 能够实现单继承
4. 能够实现多继承
5. 能够实现多态

【素质目标】

1. 树立创新意识、具备创新精神
2. 能够和团队成员协商，共同完成实训任务
3. 能够借助网络平台搜集面向对象编程的相关信息
4. 具备数据思维和用数据发现问题的能力

思维导图

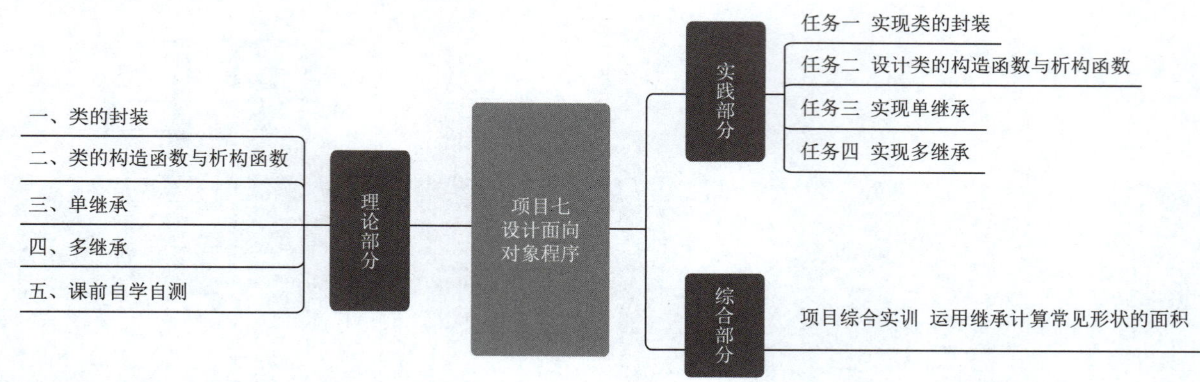

理论部分

一、类的封装

（1）面向对象程序设计（Object Oriented Programming，OOP）是在面向过程程序设计（Procedare Oriented Programming，OPP）的基础上发展而来的，它比 OPP 具有更强的灵活性和扩展性。Python 从设计之初就已经是一门 OOP 语言，可以很方便地创建类和对象。在 Python 中，一切都是对象，即不仅是具体的事物称为对象，字符串、函数等也都是对象。这说明 Python 天生就是面向对象的。

（2）对象是指客观世界中存在的对象，具有唯一性，对象之间各不相同，各有其特点，每个对象都有自己的运动规律和内部状态。对象与对象之间又是可以相互联系，相互作用的。另外，对象也可以是一个抽象的事物。面向对象技术是一种从组织结构上模拟客观世界的方法。对象划分为两个部分，即静态方法（属性）和动态方法（行为）。

（3）类是具有相同属性和行为的一类实体。在 Python 语言中，类是一种抽象概念，可以在类中定义每个对象的共有属性和方法。一个对象是类的具体实现，是类的实例。

（4）面向对象程序设计有三大基本特征：封装、继承和多态。

① 封装：它是 OOP 的核心，将对象的属性和行为封装起来的载体就是类，类通常对客户隐藏其实现细节，这就是封装的思想。它保证了内部数据结构的完整性，使用该类的用户不能直接看到类中的数据结构，而只能执行类允许公开的数据，避免外部对内部的数据的影响，提高程序的可维护性。

② 继承：它是实现重复利用的重要手段，子类通过继承复用了父类的属性和行为的同时，又添加了子类特有的属性和行为。可以说子类的实例都是父类的实例，但不能说父类的实例是子类的实例。

③ 多态：将父类对象应用于子类的特征就是多态。一个类衍生出不同的子类，子类继承父类的特征的同时，也具备了自己的特征，并且能够实现不同的效果，这就是多态化的结构。

二、类的构造函数与析构函数

（1）Python 中，构造函数（constructor）和析构函数（destructor）同为类中默认存在的无初始内容的函数（可写入内容），且都在对象执行操作时调用。不同的是构造函数在创建对象后自动被调用，而析构函数在对象被销毁前（作为垃圾被收集）自动被调用。两者有异曲同工之妙。可以说构造函数和析构函数就相当于两个哨兵，创建对象时，构造函数告诉计算机要申请实例化对象所需的内存；销毁对象时，析构函数告诉计算机，这些内存可以被回收并释放了。

（2）调用次序，创建一个类并初始化构造函数 __init__ 和析构函数 __del__ 的内容，并且将析构函数放在最前定义，构造函数放在最后定义：

```
class Person:
    def __del__(self):
        print("这里是析构函数")
```

```
    def say(self):
        print("这里是自定义方法")
    def __init__(self):
        print("这里是构造函数")
per = Person()
per.say()
```

运行结果：

```
这里是构造函数
这里是自定义方法
这里是析构函数
```

结果显示最先被调用的是构造函数，其次是主动调用的自定义方法，最后是析构函数。而且构造函数和析构函数是自动被调用。此处之所以会调用析构函数是因为该程序结束，对象被销毁。

（3）构造函数的作用，构造函数默认无初始内容，在 Python 的类中默认存在且无须用户调用，它的最大作用是在创建对象时进行初始化工作。

（4）定义一个类（利用构造函数初始化属性）。

```
class Person:
    def say(self):
        print("Hello, I am %s, %d years old"% (self.name, self.age))
    def __init__(self, name, age):                  #参数是name和age，self不需要传参
        self.name = name
        self.age = age
per1 = Person("Tom", 18)                            #在创建对象时进行传参初始化
per1.say()
```

运行结果：

```
Hello, I am Tom, 18 years old
```

在实例化类时，必须写上且写全构造函数中的参数（不包括 self），以此来进行属性的初始化。

（5）构造函数可以利用参数列表进行初始化对象属性，但是析构函数只能有一个默认的 self 参数，不能自定义其他参数。构造函数和析构函数是自动调用的，但是也可以主动调用：使用 className.__init__()。析构函数一般无须写入内容，因为 Python 有垃圾回收机制，不需要手动释放。

（6）如果不删除对象，析构函数不会调用，先删除哪个对象，就先调用哪个对象的析构函数。

三、单继承

（1）Python 中的继承

在生活中，通常会遇到一些事物，它们是基于另外一些事物改造过来的。二者有共同的地方，新事物又增加了自己的特性。Python 中用继承描述这样的事情。如果一个父类有多个子类，这种情况称为单继承。假设有 Person 类，又有 Student 类，Student 类是在 Person 类基础上扩展而来的，如下：

```
class Person:
    name=None
    def __init__(self,n):
        self.name=n
    def   greeting(self):
        print("大家好，我叫%s。" % (self.name))
class Student(Person):#这是类的继承方式，即在定义类时，在括号中添加其父类
    grade=None
    def __init__(self,n,g):
        self.name=n
        self.grade=g
    def   greeting(self):
print("大家好，我叫%s，我读%年级。" % (self.name,self.grade))
```

使用了在父类中定义的 name，并且是以 self 为前缀的。这说明子类可以用父类中定义的类变量和方法，这是继承的核心含义。

（2）方法重写。

在 Python 中万物皆对象，无论是类变量还是方法，本质都是一个标识符指向了一个对象。当标识符相同时，后声明的会覆盖先声明的。对于继承来说，当 A 类继承 B 类时，就相当于拥有了 B 类中的类变量和方法。所以当在 A 类中定义一个和 B 类中原有同名的变量或方法时，会覆盖掉 B 类中原有的变量和方法。方法的覆盖，在类的继承中，就称为方法重写。普通方法可以重写，如上面的 greeting()，构造方法也可以重写，如上面的 __init__。

（3）父类和子类对象的创建。

上面的例子中，Person 类和 Student 类都有自己的构造方法，所以在实例化时，需要按照自己的构造方法的要求，提供相应的参数，如：person=Person('李小龙',32) 及 student=Student('霍元甲',8,'三')。

如上所示，创建 Person 对象需要提供两个参数，name 和 age，创建 Student 对象则需要提供三个参数，name、age 和 grade。接下来分别调用了 Person 和 Student 的 greeting() 方法。如：person.greeting() 及 student.greeting()。假设子类没有重写 greeting() 方法，student.greeting() 则调用 Person 中的 greeting() 方法。

（4）自动生成无参构造方法。

Python 中，定义类时，如果不提供 __init__ 方法，会自动生成一个无参构造方法。但是当存在继承关系时，子类会从其父类继承 __init__ 方法，所以如果 Student 不提供 __init__ 方法，在实例化时，也必须提供 name 和 age 两个参数，因为这是在 Person 中的 __init__ 方法限定的。有时候，希望在子类中去调用父类的方法，可以以父类名作为前缀。如下：

```
class Student(Person):
      grade=None
      def __init__(self,name,age,grade):
              Person.__init__(self,name,age)
              self.grade=grade
      def greeting(self):
             Person.greeting(self)
             print("I am a student. I am studying Grade %s" % self.grade )
```

调用父类方法：super 后面的括号中跟子类名和子类对象，调用方法时，不再传入 self。这种方法是不推荐的。一是因为写法复杂，二是因为在多继承的情况下会不可用。综合以上，得出子类和父类的三点关于方法的关系：子类可继承父类中的方法；子类可重写父类中的方法；子类可调用父类中的方法。

四、多继承

（1）在 Java 中，一个类只能有一个父类，是不允许多继承的。在 Python 中，是允许多继承的，写法是都写入类名后的括号中，以逗号隔开。如 class StudentTeacher(Student,Teacher):

（2）多继承的情况下，假设有 A 类继承于 B 类和 C 类。Python 会按照书写顺序，从前向后依次查找，也就是说 B 类写在前面，就执行 B 类的，C 类写在前面，就执行 C 类的。

五、课前自学自测

（1）请问类如何封装？

（2）请问类的构造函数与析构函数是如何定义的？

（3）请问单继承程序如何设计？

（4）请问多继承程序如何设计？

实践部分

【核心概念】

1. 类的封装

2. 类的构造函数与析构函数
3. 单继承
4. 多继承

【实训目标】

1. 了解如何运用类的封装进行编程
2. 掌握运用类的构造函数与析构函数进行编程
3. 了解运用单继承进行编程
4. 掌握多继承
5. 掌握多态

【实训项目描述】

1. 本项目有 4 个任务，从运用类的封装进行编程开始，引出类的构造函数与析构函数、单继承、多继承等任务
2. 明白编程的基本思维模式，如何从面向过程的编程思路过渡到面向对象编程的思路
3. 学会软件的具体开发流程并学会规范程序设计的风格

【实训步骤】

1. 运用类的封装进行编程
2. 运用类的构造函数与析构函数进行编程
3. 运用单继承进行编程
4. 运用多继承进行编程

任务一　实现类的封装

视频

实现类的封装

一、任务描述

上海御恒信息科技有限公司接到客户的一份订单，要求用 Python 设计一个火山温度探测机器人。公司刚招聘了一名程序员小张，软件开发部经理要求他尽快熟悉 Python 类的封装，小张按照经理的要求对火山温度探测机器人进行设计并分析任务如下。

二、任务分析

首先要为火山探测机器人设计类的名称为 VolcanoRobot。并为 VolcanoRobot 设计三个属性（Python 里称为实例变量），分别为 id（机器人编号），speed（机器人巡逻的速度），temperature（火山爆发前的温度），然后为 VolcanoRobot 设计 input() 输入方法，用传参的形式将三个形参传给三个实例变量。设计 judge() 判断方法，根据火山温度的变化来控制机器人的不同显示。设计 output() 输出方法，在其中书写三个属性的最后内容。最后设计主函数 _ _main()_ _，在其中为类新建对象并测试以上三个方法并进行调试，见表 7-1。

表 7-1　VolcanoRobot 类

名　称	说　明	名　称	说　明
id	机器人编号	input()	输入方法
speed	机器人巡逻的速度	judge()	判断方法
temperatare	火山爆发前的温度	output()	输出方法

三、任务实施

第一步：声明 Python 代码的文本格式是 utf-8 编码并导入 math.py 模块。

```
# -*- coding: utf-8 -*-                             #声明Python代码的文本格式是utf-8编码
import math                                         #从Python标准库中引入math.py模块
```

第二步：封装一个类。

```
class VolcanoRobot:                         #新建一个公共类，类名是VolcanoRobot
```

第三步：在类中为 VolcanoRobot 设计三个属性，分别为 id、speed、temperature。

```
#火山探测机器人的编号为id
#火山探测机器人的速度为speed
#机器人探测到的火山温度为temperature
```

第四步：在类中设计 input() 输入方法，用传参的形式将三个形参传给三个实例变量。

```
def  input(self,id,speed,temperature):              #将形参的值赋给三个实例变量
      self.id=id
      self.speed=speed
      self.temperature=temperature
#input()函数结束
```

第五步：设计 judge() 判断方法，在其中书写根据火山温度的变化来控制机器人的算法。

```
def  judge(self):
    if self.temperature>1300:         #第一个条件，火山的温度超过1300度会爆发
        print("火山即将爆发，快跑！！！")
        self.speed=180
    elif self.temperature>900:        #第二个条件，火山的温度在900度至1300度之间不稳定
        print("火山可能会爆发，迅速撤离！！！")
        self.speed=100
    else:                             #第三个条件，火山的温度在900度以下比较稳定
        print("火山温度正常，请继续巡视！！！")
        self.speed=20
    #多条件分支结束
#judge()函数结束
```

第六步：设计 output() 输出方法的具体内容，在其中书写三个属性的最后内容。

```
def  output(self):                                  #分别输出id,speed,temperature
    print("id="+self.id)
    print("speed="+str(self.speed)) #str()将整型转换为字符串
    print("temperature="+str(self.temperature)+"\n") #str()将小数转换为字符串
#output()函数结束
```

第七步：设计主函数 __main__，在其中为类新建对象并测试以上三个方法。

```
#此处为主函数，以下第一行代码可省略，因为Pyhon是解释型的
#整个程序运行的过程是从上往下，逐行解析运行，也就是说它的起点是可知的
if __name__=="__main__":
    vr1=VolcanoRobot()
    vr1.input("vr001", 20, 2135.6)
    vr1.judge()
    vr1.output()
    vr2=VolcanoRobot()
    vr2.input("vr002", 35, 1235.7)
    vr2.judge()
    vr2.output()
    vr3=VolcanoRobot()
    vr3.input("vr003", 15, 678.3)
    vr3.judge()
```

```
    vr3.output()
#此处为主函数结束
```

第八步：将所有代码放入 VolcanoRobot.Py 文件中，如图 7-1 中（a）、（b）所示，并在调试工具中调试。

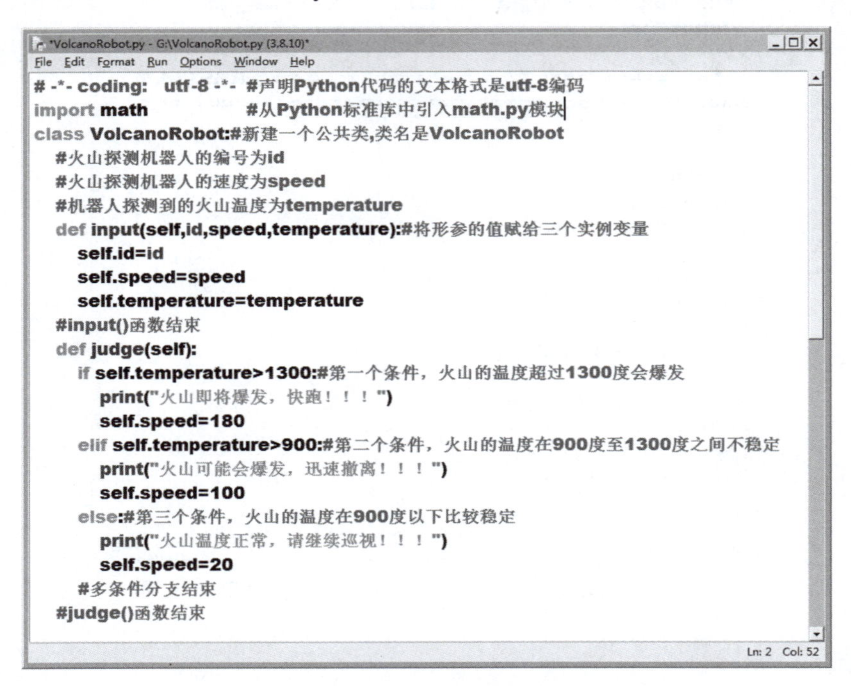

```
# -*- coding:  utf-8 -*-  #声明Python代码的文本格式是utf-8编码
import math               #从Python标准库中引入math.py模块
class VolcanoRobot:#新建一个公共类,类名是VolcanoRobot
    #火山探测机器人的编号为id
    #火山探测机器人的速度为speed
    #机器人探测到的火山温度为temperature
    def input(self,id,speed,temperature):#将形参的值赋给三个实例变量
        self.id=id
        self.speed=speed
        self.temperature=temperature
    #input()函数结束
    def judge(self):
        if self.temperature>1300:#第一个条件，火山的温度超过1300度会爆发
            print("火山即将爆发，快跑！！！")
            self.speed=180
        elif self.temperature>900:#第二个条件，火山的温度在900度至1300度之间不稳定
            print("火山可能会爆发，迅速撤离！！！")
            self.speed=100
        else:#第三个条件，火山的温度在900度以下比较稳定
            print("火山温度正常，请继续巡视！！！")
            self.speed=20
        #多条件分支结束
    #judge()函数结束
```

（a）VolcanoRobot.Python 的源代码 1

```
    def output(self):#分别输出id,speed,temperature
        print("id="+self.id)
        print("speed="+str(self.speed)) #str()将整型转换为字符串
        print("temperature="+str(self.temperature)+"\n") #str()将小数转换为字符串
    #output()函数结束
#此处为类结束
#以下为主函数，第一行代码可省略，因为Pyhon是解释型的，自上而下，逐行解析
if __name__=="__main__":
    vr1=VolcanoRobot()
    vr1.input("vr001", 20, 2135.6)
    vr1.judge()
    vr1.output()

    vr2=VolcanoRobot()
    vr2.input("vr002", 35, 1235.7)
    vr2.judge()
    vr2.output()

    vr3=VolcanoRobot()
    vr3.input("vr003", 15, 678.3)
    vr3.judge()
    vr3.output()
#此处为主函数结束
```

（b）VolcanoRobot.Python 的源代码 2

图 7-1　VolcanoRobot.Python 的源代码

调试以上程序，运行结果如图 7-2 所示。

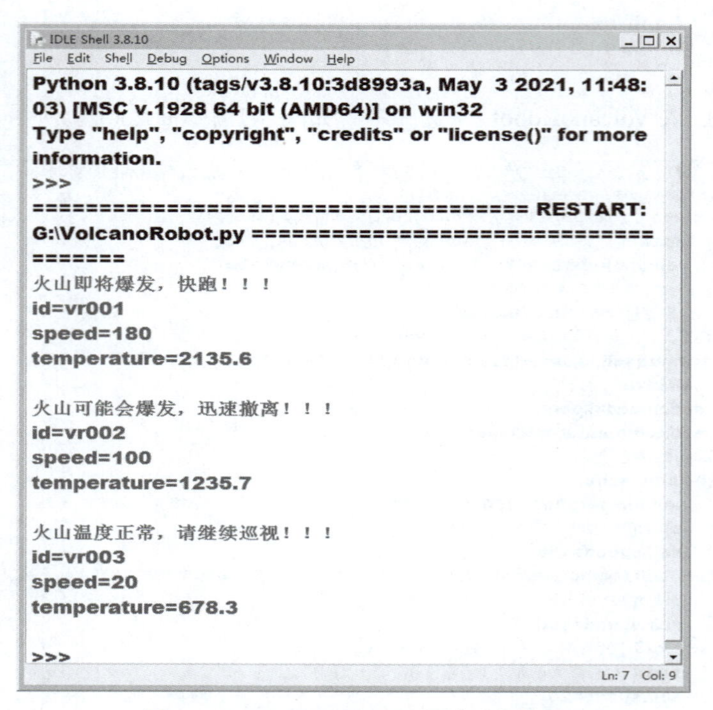

图 7-2　VolcanoRobot.py 调试后的结果

四、任务小结

（1）类的定义使用关键字 class 表示，例如：class VolcanoRobot:。在类的下方书写类文档字符串，在字符串左右各加三个单引号。例如：''' 火山温度探测机器人 '''。定义类时没想好具体功能，可以在类体中直接使用 pass 语句代替。

（2）类的特征称为属性或称为实例变量，例如：id（机器人编号）、speed（机器人巡逻的速度）、temperature（火山爆发前的温度）。

（3）类的具体功能称为方法，例如：input() 是输入方法、judge() 是判断方法、output() 是输出方法。

（4）类设计完，要创建类的实例，即实例化该类的对象。在主函数 __main__ 中为类新建对象并测试以上三个方法。例如：vr1=VolcanoRobot。

（5）写在类中所有函数之前的变量（id）称为全局变量，访问时用类名 . 变量名（VolcanoRobot.id）；在类中的变量如果前面用两个下画线表示（__id），这个称为私有变量（private），只能在类中使用，类外不可见；在类中的变量如果前面用一个下画线表示（_id），这个称为保护变量（protected），只能在父类和子类中使用，非继承关系不可见；如果在成员前后各有两个下画线，称为特殊成员（__name__ 或者 __main__）。

五、任务拓展

1. 类的成员有：

（1）字段包括静态字段和普通字段，静态字段是类中的每个对象都可以使用，普通字段是针对每个具体的对象，它们具有不同的数据。

（2）方法包括静态方法、类方法和普通方法，静态方法无须使用对象封装的内容，类方法会自动加当前类的类名，普通方法可以使用对象中的数据。

（3）属性是将方法模拟成字段的形式，并在前面加上“@property”修饰符，执行的时候不用像方法一样在后面加一对圆括号。

2. 如何快速判断是类调用还是对象调用？

（1）前面不加 self 关键字的是类调用。

（2）前面加 self 关键字的是对象调用。

3．用 self 来调用变量名是表示类中的变量，而不加 self 的变量会认为是方法中的形式参数。

4．调用父类的构造方法使用 super(当前类名，self) 或者 init()，还可以使用父类 .__init__(self, 参数名)。

5．面向对象编程中的常用方法如下：

（1）__init__ 方法是构造方法，它可以初始化实例后的对象。

（2）__call__ 方法能让类的实例对象像函数一样被调用。

（3）__delitem__ 方法使类的对象可以使用类似 del obj["name"] 的操作。

（4）__getitem__ 方法使自定义类的对象可以像字典那样取值。

（5）__setitem_ 方法使类的对象可以像给一个字典设置 key-value 一样的方式设置值。

（6）__dict__ 方法返回的是用字典形式来表示的实例对象中已经定义的所有自定义实例变量的名和值。

6．def __xxx()：中的两个下画线是成员修饰符，这个在类的内部能直接调用，而外部要通过对象名或类名来调用。

六、任务思考

请设计一个根据煤矿瓦斯浓度来判断瓦斯爆炸的探测机器人类。

任务二　设计类的构造函数与析构函数

视 频

设计类的构造函数与析构函数

一、任务描述

上海御恒信息科技有限公司接到客户的一份订单，要求用 Python 的构造函数与析构函数来设计一个学生类。公司刚招聘了一名程序员小张，软件开发部经理要求他尽快熟悉 Python 中类的构造函数与析构函数，小张按照经理的要求对学生类进行设计并分析任务。

二、任务分析

类的构造函数主要用来初始化各种数据，类的析构函数主要用来删除无用的对象，在 Java、C# 中用类名作为构造函数的名称，而且不能使用 void，也没有返回值，用自动垃圾回收机制来实现析构函数的功能。在 Python 中使用 _ _init_ _ 这个名称统一作为构造函数的名称，用传参的形式将三个形参传给三个实例变量。用 _ _del_ _ 这个名称统一作为析构函数的名称，最后设计主函数 _ _main()_ _，在其中为类新建对象并测试以上方法，见表 7-2。

表 7-2　Student 类

名　　称	说　　明	名　　称	说　　明
s_id	学号	judgeGrade()	判断学生的成绩级别
s_age	学生的年龄	_ _del_ _()	析构函数
s_score	学生的入学总分	_ _main()_ _	主函数
_ _init_ _()	构造函数		

三、任务实施

第一步：声明 Python 代码的文本格式是 utf-8 编码并导入 math.py 模块。

```
# -*- coding: utf-8 -*-                 #声明Python代码的文本格式是utf-8编码
import math                             #从Python标准库中引入math.py模块
```

第二步：封装一个类。

```
class Student:                              #新建一个公共类,类名是Student
```

第三步：在类中为 Student 设计三个私有属性，分别为 _ _s_id、_ _s_age、_ _s_score。

```
#新建三个私有变量，并赋初始值
__s_id="s000"
__s_age=0
__s_score=0.0
```

第四步：在类中设计 _ _init_ _() 构造方法，用传参的形式将三个形参传给三个私有变量。

```
def __init__(self,i,a,s):                   #用构造函数为私有变量初始化
    self.__s_id=i
    self.__s_age=a
    self.__s_score=s
#构造函数结束
```

第五步：设计 judge() 判断方法，在其中书写根据学生入学总分来判断其等级。

```
def judgeGrade(self):
    if self.__s_score>=90 and self.__s_score<=100:
        return "您的等级是优秀！"
    elif self.__s_score>=80 and self.__s_score<90:
        return "您的等级是良好！"
    elif self.__s_score>=70 and self.__s_score<80:
        return "您的等级是中等！"
    elif self.__s_score>=60 and self.__s_score<=70:
        return "您的等级是及格！"
    elif self.__s_score>=0 and self.__s_score<=60:
        return "您的等级是不及格！"
    elif self.__s_score<0 or self.__s_score>100:
        return "成绩不在0~100之间！"
    #多条件分支结束
#judgeGrade()函数结束
```

第六步：设计 getSid() 函数返回学号，并设计 _ _del_ _() 析构函数的具体内容，在其中输出三个属性的最后内容。

```
def getSid(self):
    return self.__s_id
def __del__(self):                                  #用析构函数分别输出三个私有变量
    print("学号是: "+self.__s_id)
    print("年龄是: "+str(self.__s_age))              #str()将整型转换为字符串
    print("入学分数是: "+str(self.__s_score)+"\n")   #str()将小数转换为字符串
#析构函数结束
```

第七步：设计主函数 _ _main_ _，在其中为类新建对象并测试以上三个方法。

```
if __name__=="__main__":                            #此处为类外的主函数
  s1=Student("s001", 20, 120.5)                     #此处为自动调用构造函数__init__()
  print(s1.getSid(),s1.judgeGrade())
  s2=Student("s002", 25, 95.5)
  print(s2.getSid(),s2.judgeGrade())
  s3=Student("s003", 19, -80.5)
  print(s3.getSid(),s3.judgeGrade())
  #一定要用del 对象名来调用析构函数，手动释放对象，才能看到输出结果
  del s1  #先释放s1对象
  del s2  #再释放s2对象
  del s3  #最后释放s3对象
```

第八步：将所有代码放入 Student.py 文件中，如图 7-3 中（a）、（b）、（c）、（d）所示，并调试。

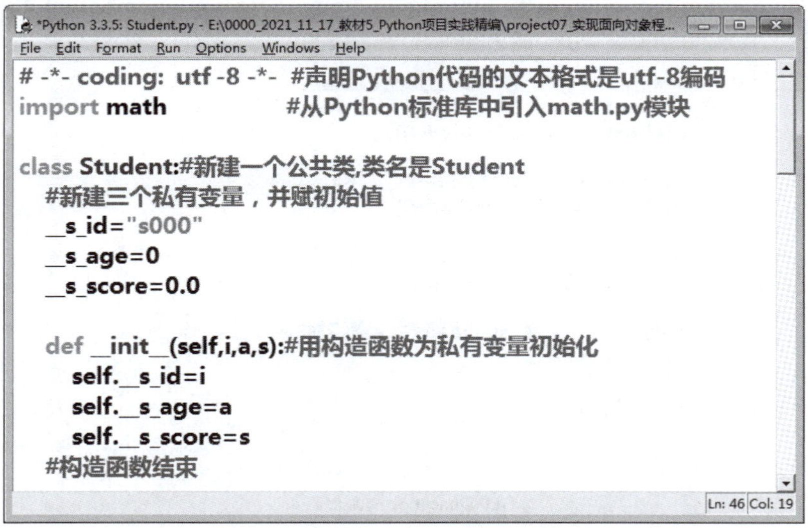

```
*Python 3.3.5: Student.py - E:\0000_2021_11_17_教材5_Python项目实践精编\project07_实现面向对象程...
File  Edit  Format  Run  Options  Windows  Help
# -*- coding: utf-8 -*-  #声明Python代码的文本格式是utf-8编码
import math              #从Python标准库中引入math.py模块

class Student:#新建一个公共类,类名是Student
  #新建三个私有变量，并赋初始值
  __s_id="s000"
  __s_age=0
  __s_score=0.0

  def __init__(self,i,a,s):#用构造函数为私有变量初始化
    self.__s_id=i
    self.__s_age=a
    self.__s_score=s
  #构造函数结束
Ln: 46 Col: 19
```

（a）Student.py 的源代码 1

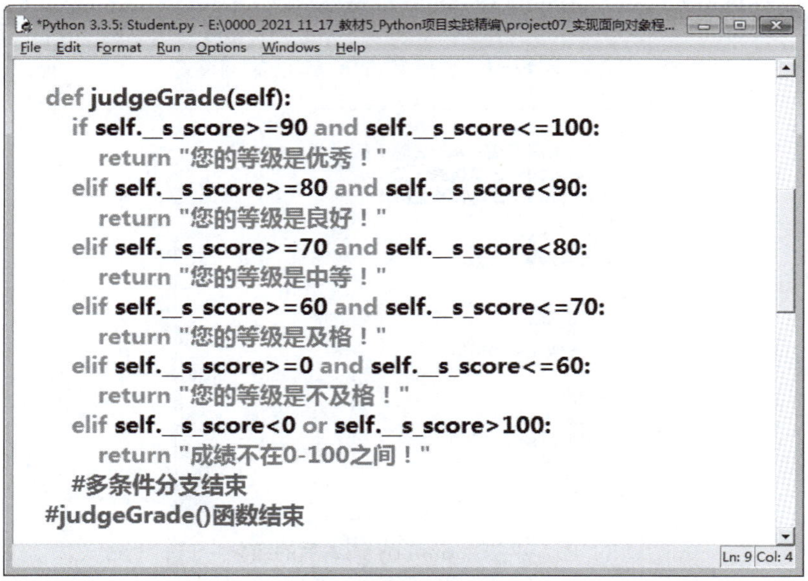

```
*Python 3.3.5: Student.py - E:\0000_2021_11_17_教材5_Python项目实践精编\project07_实现面向对象程...
File  Edit  Format  Run  Options  Windows  Help

  def judgeGrade(self):
    if self.__s_score>=90 and self.__s_score<=100:
      return "您的等级是优秀！"
    elif self.__s_score>=80 and self.__s_score<90:
      return "您的等级是良好！"
    elif self.__s_score>=70 and self.__s_score<80:
      return "您的等级是中等！"
    elif self.__s_score>=60 and self.__s_score<=70:
      return "您的等级是及格！"
    elif self.__s_score>=0 and self.__s_score<=60:
      return "您的等级是不及格！"
    elif self.__s_score<0 or self.__s_score>100:
      return "成绩不在0-100之间！"
    #多条件分支结束
  #judgeGrade()函数结束
Ln: 9 Col: 4
```

（b）Student.py 的源代码 2

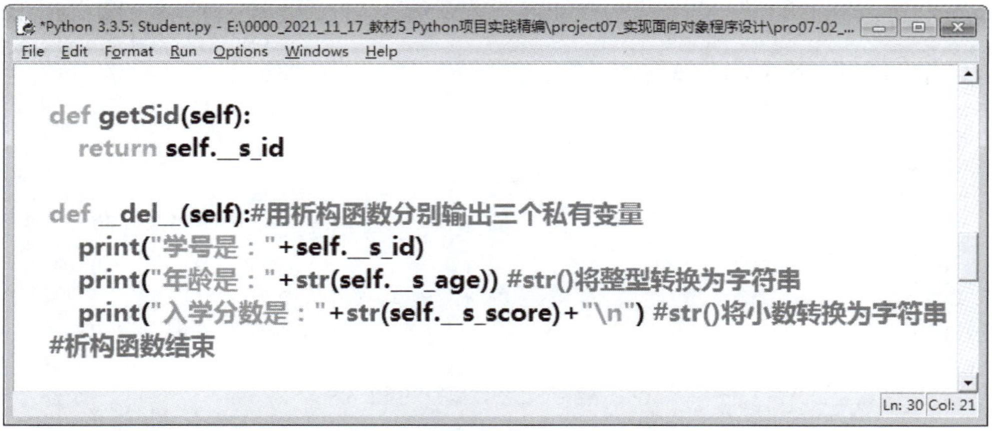

```
*Python 3.3.5: Student.py - E:\0000_2021_11_17_教材5_Python项目实践精编\project07_实现面向对象程序设计\pro07-02_...
File  Edit  Format  Run  Options  Windows  Help

  def getSid(self):
    return self.__s_id

  def __del__(self):#用析构函数分别输出三个私有变量
    print("学号是："+self.__s_id)
    print("年龄是："+str(self.__s_age)) #str()将整型转换为字符串
    print("入学分数是："+str(self.__s_score)+"\n") #str()将小数转换为字符串
  #析构函数结束
Ln: 30 Col: 21
```

（c）Student.py 的源代码 3

图 7-3　Student.py 的源代码

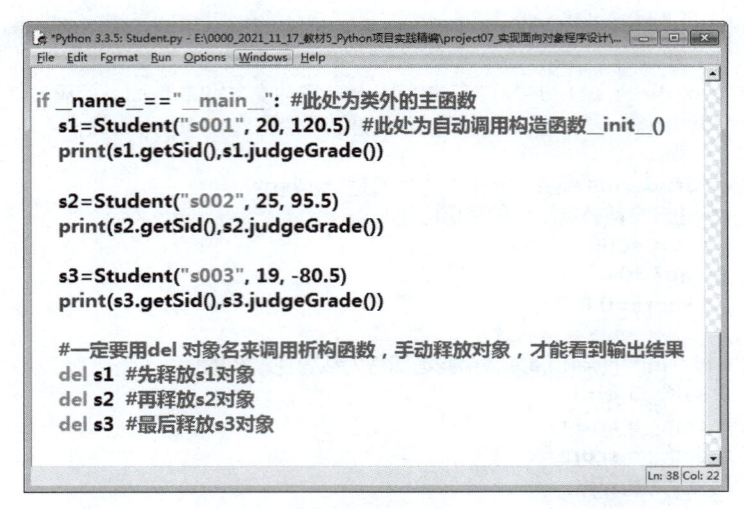

（d）Student.py 的源代码 4

图 7-3　Student.py 的源代码（续）

调试以上程序，运行结果如图 7-4 所示。

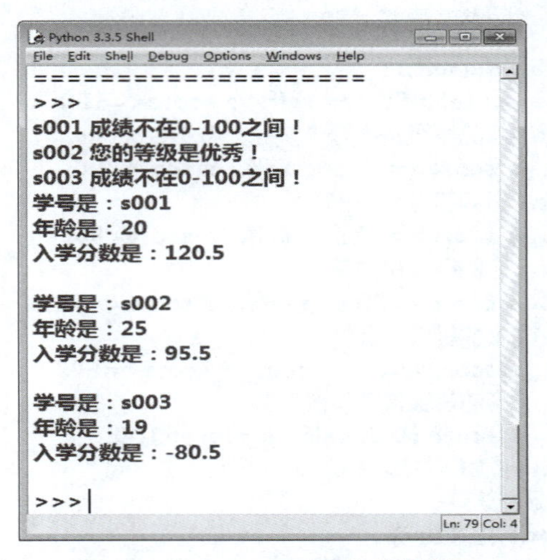

图 7-4　Student.py 调试后的结果

第九步：修改以上程序，用列表和循环来优化程序，提高代码效率。

```
# -*- coding: utf-8 -*-                                  #声明Python代码的文本格式是utf-8编码
import math                                              #从Python标准库中引入math.py模块
class Student:#新建一个公共类，类名是Student
#新建三个私有变量，并赋初始值
    __s_id="s000"
    __s_age=0
    __s_score=0.0
    def __init__(self,i,a,s):                            #用构造函数为私有变量初始化
        self.__s_id=i
        self.__s_age=a
        self.__s_score=s
    #构造函数结束
    def judgeGrade(self):
        if self.__s_score>=90 and self.__s_score<=100:
            return "您的等级是优秀！"
        elif self.__s_score>=80 and self.__s_score<90:
            return "您的等级是良好！"
        elif self.__s_score>=70 and self.__s_score<80:
            return "您的等级是中等！"
```

```
        elif self.__s_score>=60 and self.__s_score<=70:
            return "您的等级是及格！"
        elif self.__s_score>=0 and self.__s_score<=60:
            return "您的等级是不及格！"
        elif self.__s_score<0 or self.__s_score>100:
            return "成绩不在0-100之间！"
        #多条件分支结束
#judgeGrade()函数结束
    def getSid(self):
        return self.__s_id
    def output(self):                                          #用输出函数分别输出三个私有变量
        print("\n学号是: "+self.__s_id)
        print("年龄是: "+str(self.__s_age))                      #str()将整型转换为字符串
        print("入学分数是: "+str(self.__s_score))                #str()将小数转换为字符串
    #输出函数结束
if __name__=="__main__":                                       #此处为类外的主函数
    id=["s001","s002","s003","s004","s005","s006","s007"]#定义存储学号的列表
    age=[20,25,19,24,23,26,22]                                 #定义存储年龄的列表
    score=[98.5,83.5,78.5,67.5,54.5,120.5,-45.5]               #定义存储入学成绩的列表
    s=[Student(id[i],age[i],score[i]) for i in range(7)]      #用列表推导式新建7个学生对象
    for obj in s:                                              #用循环遍历输入、输出和学生等级判断
        obj.output()
        print(obj.judgeGrade())
```

调试以上程序，运行结果如下：

```
学号是: s001
年龄是: 20
入学分数是: 98.5
您的等级是优秀!
学号是: s002
年龄是: 25
入学分数是: 83.5
您的等级是良好!
学号是: s003
年龄是: 19
入学分数是: 78.5
您的等级是中等!
学号是: s004
年龄是: 24
入学分数是: 67.5
您的等级是及格!
学号是: s005
年龄是: 23
入学分数是: 54.5
您的等级是不及格!
学号是: s006
年龄是: 26
入学分数是: 120.5
成绩不在0-100之间!
学号是: s007
年龄是: 22
入学分数是: -45.5
成绩不在0-100之间!
```

四、任务小结

（1）_ _init_ _() 方法是一个特殊的方法，类似 Java 中的构造方法，每当创建一个类的实例时，Python 会自动执行它。_ _init_ _() 方法必须包含一个 self 参数，并且必须放在第一个，它是一个指向实例本身的引用，用于访问类中的属性和方法。在方法调用时会自动传递实际参数 self。

（2）_ _init_ _() 方法中，除了 self 参数外，还可自定义一些参数，参数间使用逗号进行分隔。例如：

def _ _init_ _(self,id,speed,temperature):。

（3）_ _del_ _() 方法中，要在第一个位置放入 self 参数，它是用来释放对象。一般使用 delete 对象名来释放对象。

（4）直接创建 Python 对象数组的方法。

```
matrix=[0,1,2,3]
```

（5）间接定义对象数组的方法。

```
matrix=[0 for i in range(4)]
print(matrix)
```

（6）Numpy 方法创建对象数组。Numpy 内置了从头开始创建数组的函数：zeros(shape) 将创建一个用指定形状来填充的数组（而且是用 0 来填充）。默认的 dtype 是 float64。

```
#coding=utf-8
import numpy as np
a=np.array([1,2,3,4,5])
print(a)
b=np.zeros((2,3))
print(b)
c=np.arrange(10)
print(c)
d=np.arrange(2,10,dtype=np.float)
print(d)
e=np.linspace(1.0,4.0,6)
print(e)
f=np.indices((3,3))
print(f)
```

（7）从其他 Python 数据结构（列表、元组）转换生成数组。

① 列表转数组。

```
a=[]
a.append((1,2,4))
a.append((2,3,4))
a=np.array(2)
a.flatten()
```

② 元组转数组。

```
import numpy as np
myList=[1,2,3]
print tuple(mylist)
iarray=np.array(tuple(mylist))
print iarray
```

（8）用列表推导式生成对象数组，生成三个对象，再用循环实现三个对象的输入、处理和输出函数。

```
vr=[VolcanoRobot() for i in range(3)]
for obj  in vr:
        obj.judge()
        obj.output()
```

五、任务拓展

（1）设计一个教师类，要求使用构造函数，并设计一个全局变量计数器 count，能用于统计学生的人数。

```
class Teacher:
    count=0                                         #全局变量
    def __init__(self,name,age):
```

```
        self.name=name
        self.age=age
        Teacher.count+=1   #指名为类Teacher的属性
    def teach(self):
        print(" is teaching!")
t1=Teacher("Mary",30)
t2=Teacher("Peter",35)
t3=Teacher("Cathy",26)
t4=Teacher("Hellen",38)
print("为Teacher类新建了%s个教师" % Teacher.count)
```

调试以上程序，运行结果如下：

```
为Teacher类新建了4个教师
```

（2）Python 中的对象数组。计算机为对象数组分配一段连续的内存，从而支持对数组随机访问；由于项的地址在编号上是连续的，数组某一项的地址可以通过将两个值相加得出，即将对象数组的基本地址和项的偏移地址相加。对象数组的基本地址就是数组的第一项的机器地址。一个项的偏移地址就等于它的索引乘以数组的一个项所需要的内存单元数目的一个常量表示 (在 Python 中，这个值总是 1)。

（3）array 模块是 Python 中实现的一种高效的数组存储类型。它和 list 相似，但是所有的数组成员必须是同一种类型，在创建数组的时候，就确定了数组的类型。

```
array.array(typecode,[initializer])
```

其中 typecode 是元素类型代码；initializer 是初始化器，若数组为空，则省略初始化器。例如：

```
arr = array.array('i',[0,1,1,3])                    print(arr)
```

① array.typecodes# 模块属性：包含所有可用类型代码的字符串

```
print('\n输出一条包含所有可用类型代码的字符串：')
print(array.typecodes)                              #注意调用者是模块名，不是某个对象
```

② array.typecode# 对象属性：创建数组的类型代码字符

```
print('\n 输出用于创建数组的类型代码字符：')
print(arr.typecode)
```

③ array.itemsize# 对象属性：包含数组的元素个数

```
print('\n 输出数组的元数个数：')
print(arr.itemsize)
```

④ array.append(x)# 对象方法：将一个新值附加到数组的末尾

```
print('\n将一个新值附加到数组的末尾：')
arr.append(4)
print(arr)
```

⑤ array.buffer_info()# 对象方法：获取数组存储器中的地址、元素的个数

```
print('\n获取数组在存储器中的地址、元素的个数，以元组形式（地址、长度）返回：')
print(arr.buffer_info())
```

⑥ array.count(x)# 对象方法：获取元素 X 在数组中出现的次数

```
print('\n获取元素1在数组中出现的次数：')
print(arr.count(1))
```

⑦ array.extend(iterable) # 对象方法：将可迭代对象的原始序列附加到数组的末尾，合并两个序列

```
print('\n将可迭代对象的元素序列附加到数据的末尾，合并两个序列：')
```

注意： 附加元素数值类型必须与调用对象的元素的数值类型一致

```
_list = [5,6,7]
arr.extend(_list)
print(arr)
```

⑧ array.fromlist(list)　　# 对象方法：将列表中的元素追加到数组后面，相当于 for x in list:a.append(x)

```
print('\n将列表中的元素追加到数组后面，相当于for x in list:a.append(x):')
arr.fromlist(_list)
print(arr)
```

⑨ array.index(x)　　# 对象方法：返回数组中 x 的最小下标

```
print('\n返回数组中1的最小下标: ')
print(arr.index(1))
```

⑩ array.insert(1)　　# 对象方法：在下表 1（负值表示倒数）之前插入值 x

```
print('\n在下表1（负值表示倒数）之前插入值0: ')
arr.insert(1,0)
print(arr)
```

⑪ array.pop(i)　　# 对象方法：删除索引为 i 的项，并返回它

```
print('\n删除索引为4的项，并返回它:')
print(arr.pop(4))
print(arr)
```

⑫ array.remove(x)　　# 对象方法：删除第一次出现的元素 x

```
print('\n删除第一次出现的元素5: ')
arr.remove(5)
print(arr)
```

⑬ array.reverse()　　# 对象方法：反转数组中的元素值

```
print('\n将数组arr中元素的顺序反转: ')
arr.reverse()
print(arr)
```

⑭ print('\n 将数组 arr 转换为具有相同元素的列表：')

```
li = arr.tolist()
print(li)
```

六、任务思考

请用构造函数和析构函数及对象数组修改上一任务中根据煤矿瓦斯浓度来判断瓦斯爆炸的探测机器人类。

视 频

实现单继承

任务三　实现单继承

一、任务描述

上海御恒信息科技有限公司接到一个家政公司的一份订单，要求用类的单继承来设计洗衣机器人和做饭机器人。公司刚招聘了一名程序员小张，软件开发部经理要求他尽快熟悉 Python 的单继承，小张按照经理的要求进行设计并分析任务。

二、任务分析

首先要设计基类（父类）Robot，它有可继承的实例变量：id，speed 和 studyAbility，此外它还有三个构造方法 Robot()，分别对实例变量进行初始化。此外还有一个 processData() 处理方法、一个 output() 输出方法、一个测试用的主方法 _ _main_ _()。其次为了能让派生类（子类）WashingRobot 和 CookingRobot 从基类 Robot 继承，要修改派生类的构造，并设置用 super() 来调用基类的函数。类的继承的设计结构如图 7-5 所示。

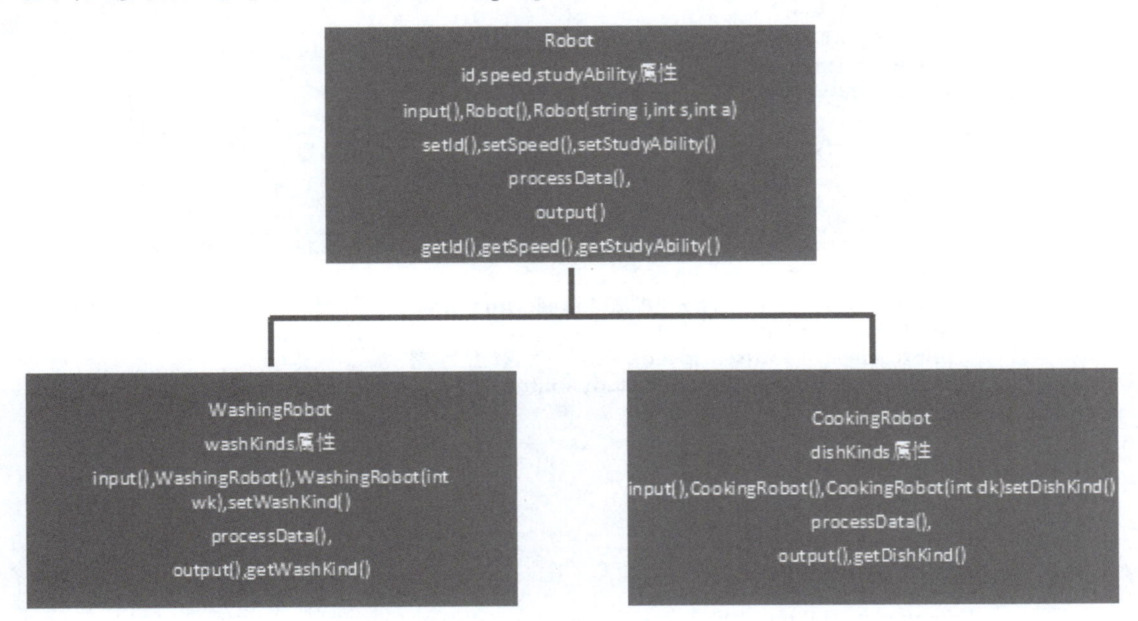

图 7-5　类继承的设计结构

三、任务实施

第一步：新建类 Robot，文件名为 Robot.py，如图 7-6、图 7-7、图 7-8、图 7-9 所示。

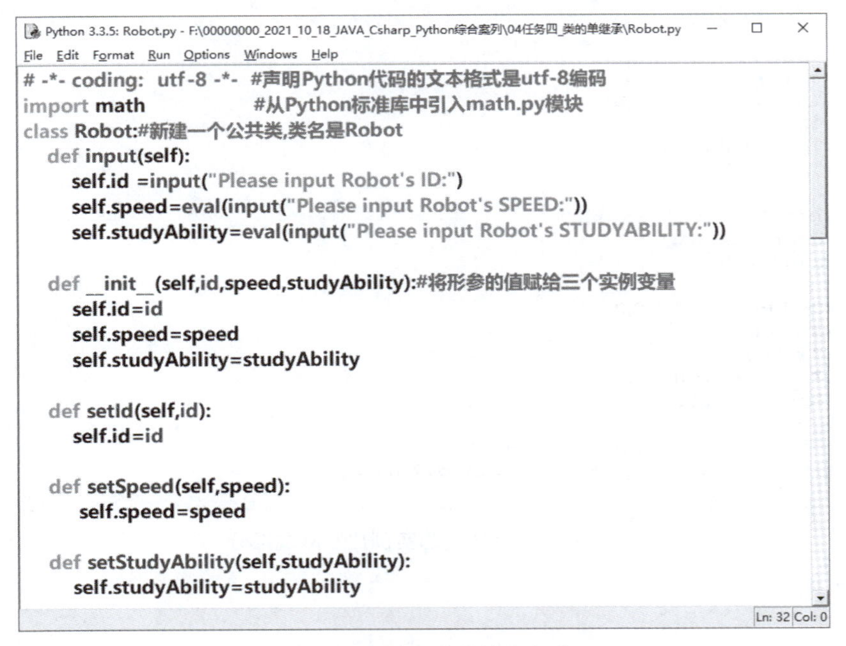


```
# -*- coding:  utf-8 -*-  #声明Python代码的文本格式是utf-8编码
import math              #从Python标准库中引入math.py模块
class Robot:#新建一个公共类,类名是Robot
   def input(self):
      self.id =input("Please input Robot's ID:")
      self.speed=eval(input("Please input Robot's SPEED:"))
      self.studyAbility=eval(input("Please input Robot's STUDYABILITY:"))

   def __init__(self,id,speed,studyAbility):#将形参的值赋给三个实例变量
      self.id=id
      self.speed=speed
      self.studyAbility=studyAbility

   def setId(self,id):
      self.id=id

   def setSpeed(self,speed):
       self.speed=speed

   def setStudyAbility(self,studyAbility):
      self.studyAbility=studyAbility
```

图 7-6　Robot 类的输入部分

```
Python 3.3.5: Robot.py - F:\00000000_2021_10_18_JAVA_Csharp_Python综合案列\04任务四_类的单继承\Robot.py
File Edit Format Run Options Windows Help

def processData(self):
    if self.studyAbility>10:#第一个条件
        print("你的学习能力超强！")
    elif self.studyAbility>5:#第二个条件
        print("你的学习能力中等！")
    else:#第三个条件
        print("你的学习能力较弱！")
    #多条件分支结束
#processData()函数结束

Ln: 32 Col: 0
```

图 7-7　Robot 类的处理部分

```
Python 3.3.5: Robot.py - F:\00000000_2021_10_18_JAVA_Csharp_Python综合案列\04任务四_类的单继承\Robot.py
File Edit Format Run Options Windows Help

def output(self):#用输出函数分别输出id,speed,studyAbility
    print("id="+self.id)
    print("speed="+str(self.speed)) #str()将整型转换为字符串
    print("studyAbility="+str(self.studyAbility)+"\n")
#输出函数结束

def getId(self):
    return self.id

def getSpeed(self):
    return self.speed

def getStudyAbility(self):
    return self.studyAbility

Ln: 32 Col: 0
```

图 7-8　Robot 类的输出部分

```
Python 3.3.5: Robot.py - F:\00000000_2021_10_18_JAVA_Csharp_Python综合案列\04任务四_类的单继承\Robot.py
File Edit Format Run Options Windows Help

if __name__=="__main__":
    r1=Robot("0000",0,0)
    r1.input()
    r1.processData()
    r1.output()

    r2=Robot("r002",35,16)
    r2.processData()
    r2.output()

    r3=Robot("0000",0,0)
    r3.setId("r003")
    r3.setSpeed(120)
    r3.setStudyAbility(3)
    r3.processData()
    print("id=" + r3.getId())
    print("speed=" + str(r3.getSpeed()))
    print("studyAbility=" + str(r3.getStudyAbility()))

Ln: 32 Col: 0
```

图 7-9　Robot 类的实例化及测试部分

运行结果如图 7-10 所示。

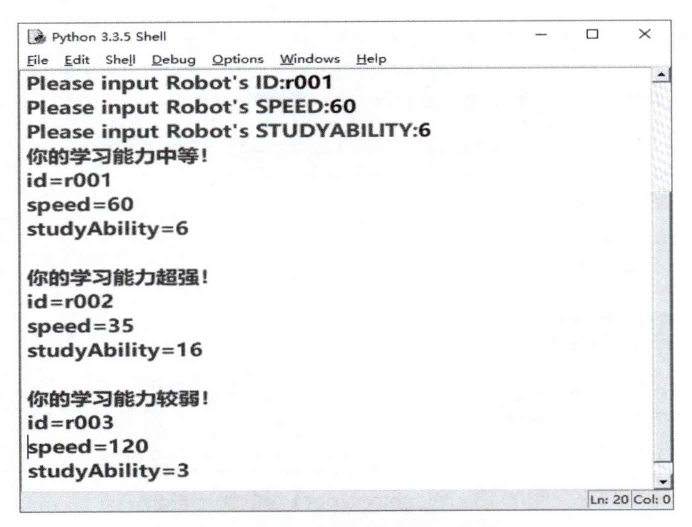

```
Please input Robot's ID:r001
Please input Robot's SPEED:60
Please input Robot's STUDYABILITY:6
你的学习能力中等!
id=r001
speed=60
studyAbility=6

你的学习能力超强!
id=r002
speed=35
studyAbility=16

你的学习能力较弱!
id=r003
speed=120
studyAbility=3
```

图 7-10　Robot 类的测试结果

第二步:新建 WashingRobot 类，文件名是 WashingRobot.py，如图 7-11、图 7-12、图 7-13、图 7-14 所示。

```python
# -*- coding:  utf-8 -*-  #声明Python代码的文本格式是utf-8编码
import math              #从Python标准库中引入math.py模块
class WashingRobot:#新建一个公共类,类名是WashingRobot
   def input(self):
      self.id =input("Please input WashingRobot's ID:")
      self.speed=eval(input("Please input WashingRobot's SPEED:"))
      self.washKinds=eval(input("Please input WashingRobot's washKinds:"))

   def __init__(self,id,speed,washKinds):#将形参的值赋给三个实例变量
      self.id=id
      self.speed=speed
      self.washKinds=washKinds

   def setId(self,id):
      self.id=id

   def setSpeed(self,speed):
       self.speed=speed

   def setWashKinds(self,washKinds):
      self.washKinds=washKinds
```

图 7-11　WashingRobot 类的输入部分

```python
   def processData(self):
      if self.washKinds>20:#第一个条件
         print("你的Washing能力超强! ")
      elif self.washKinds>5:#第二个条件
         print("你的Washing能力中等! ")
      else:#第三个条件
         print("你的Washing能力较弱! ")
      #多条件分支结束
   #processData()函数结束
```

图 7-12　WashingRobot 类的处理部分

```
    def output(self):#用输出函数分别输出id,speed,washKinds
        print("id="+self.id)
        print("speed="+str(self.speed)) #str()将整型转换为字符串
        print("washKinds="+str(self.washKinds)+"\n")
    #输出函数结束

    def getId(self):
        return self.id

    def getSpeed(self):
        return self.speed

    def getWashKinds(self):
        return self.washKinds
```

图 7-13　WashingRobot 类的输出部分

```
if __name__=="__main__":
    r1=WashingRobot("0000",0,0)
    r1.input()
    r1.processData()
    r1.output()

    r2=WashingRobot("wr002",35,16)
    r2.processData()
    r2.output()

    r3=WashingRobot("0000",0,0)
    r3.setId("wr003")
    r3.setSpeed(120)
    r3.setWashKinds(3)
    r3.processData()
    print("id=" + r3.getId())
    print("speed=" + str(r3.getSpeed()))
    print("washKinds=" + str(r3.getWashKinds()))
```

图 7-14　WashingRobot 类的实例化及测试部分

运行结果如图 7-15 所示。

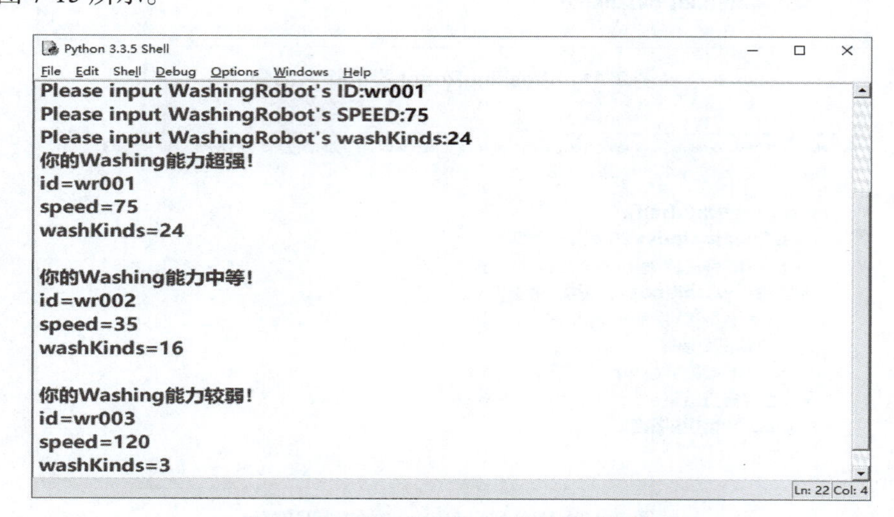

Python 3.3.5 Shell
Please input WashingRobot's ID:wr001
Please input WashingRobot's SPEED:75
Please input WashingRobot's washKinds:24
你的Washing能力超强!
id=wr001
speed=75
washKinds=24
你的Washing能力中等!
id=wr002
speed=35
washKinds=16
你的Washing能力较弱!
id=wr003
speed=120
washKinds=3

图 7-15　WashingRobot 类的测试结果

第三步:新建 CookingRobot 类，文件名是 CookingRobot.py，如图 7-16、图 7-17、图 7-18、图 7-19、图 7-20 所示。

```
# -*- coding:  utf-8 -*-  #声明Python代码的文本格式是utf-8编码
import math              #从Python标准库中引入math.py模块
class CookingRobot:#新建一个公共类,类名是CookingRobot
   def input(self):
      self.id =input("Please input CookingRobot's ID:")
      self.speed=eval(input("Please input CookingRobot's SPEED:"))
      self.dishKinds=eval(input("Please input CookingRobot's dishKinds:"))

   def __init__(self,id,speed,dishKinds):#将形参的值赋给三个实例变量
      self.id=id
      self.speed=speed
      self.dishKinds=dishKinds

   def setId(self,id):
      self.id=id

   def setSpeed(self,speed):
      self.speed=speed

   def setDishKinds(self,dishKinds):
      self.dishKinds=dishKinds
```

图 7-16　CookingRobot 类的输入部分

```
   def processData(self):
      if self.dishKinds>8:#第一个条件
         print("你的Cooking能力超强！")
      elif self.dishKinds>4:#第二个条件
         print("你的Cooking能力中等！")
      else:#第三个条件
         print("你的Cooking能力较弱！")
      #多条件分支结束
   #processData()函数结束
```

图 7-17　CookingRobot 类的处理部分

```
   def output(self):#用输出函数分别输出id,speed,dishKinds
      print("id="+self.id)
      print("speed="+str(self.speed)) #str()将整型转换为字符串
      print("dishKinds="+str(self.dishKinds)+"\n")
   #输出函数结束

   def getId(self):
      return self.id

   def getSpeed(self):
      return self.speed

   def getDishKinds(self):
      return self.dishKinds
```

图 7-18　CookingRobot 类的输出部分

```
if __name__=="__main__":
    cr1=CookingRobot("0000",0,0)
    cr1.input()
    cr1.processData()
    cr1.output()

    cr2=CookingRobot("cr002",85,5)
    cr2.processData()
    cr2.output()

    cr3=CookingRobot("0000",0,0)
    cr3.setId("cr003")
    cr3.setSpeed(120)
    cr3.setDishKinds(3)
    cr3.processData()
    print("id=" + cr3.getId())
    print("speed=" + str(cr3.getSpeed()))
    print("dishKinds=" + str(cr3.getDishKinds()))
```

图 7-19　CookingRobot 类的实例化及测试部分

运行结果如图 7-20 所示。

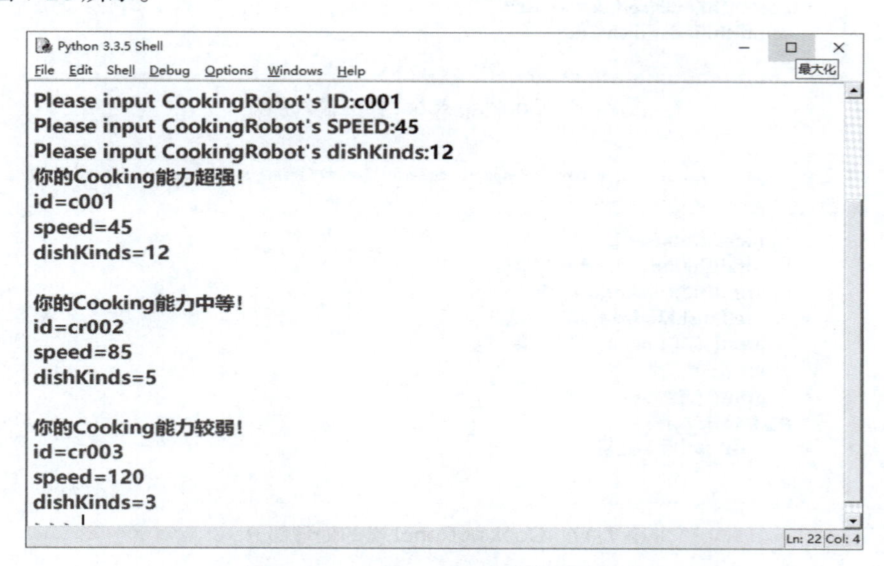

Python 3.3.5 Shell
File Edit Shell Debug Options Windows Help
Please input CookingRobot's ID:c001
Please input CookingRobot's SPEED:45
Please input CookingRobot's dishKinds:12
你的Cooking能力超强!
id=c001
speed=45
dishKinds=12
你的Cooking能力中等!
id=cr002
speed=85
dishKinds=5
你的Cooking能力较弱!
id=cr003
speed=120
dishKinds=3
Ln: 22 Col: 4

图 7-20　CookingRobot 类的测试结果

第四步：修改 Robot 类为基类（也就是父类），文件名为 Robot.py，如下所示。

```
# -*- coding: utf-8 -*-                                 #声明Python代码的文本格式是utf-8编码
import math                                             #从Python标准库中引入math.py模块
class Robot:                                            #新建一个公共类，类名是Robot
    def input(self):                                    #通过键盘输入为三个实例变量赋值
        self.id =input("\nPlease input Robot's ID:")
        self.speed=eval(input("Please input Robot's SPEED:"))
        self.studyAbility=eval(input("Please input Robot's STUDYABILITY:"))
    def __init__(self):                                 #不带参数的默认构造函数，使用以下默认值
        self.id="r001"
        self.speed=100
        self.studyAbility=20
    def __init__(self,id,speed,studyAbility):#带三个参数的构造函数，将形参的值赋给三个实例变量
        self.id=id
        self.speed=speed
        self.studyAbility=studyAbility
    def setId(self,id):                                 #将参数id赋给实例变量id
```

```
        self.id=id
    def setSpeed(self,speed):                              #将参数speed赋给实例变量speed
         self.speed=speed
    def setStudyAbility(self,studyAbility):#将参数studyAbility赋给实例变量studyAbility
        self.studyAbility=studyAbility
    def processData(self):
        if self.studyAbility>10:                            #学习能力超过10项
            print("\n你的学习能力超强！")
        elif self.studyAbility>5:                           #学习能力在6-9项之间
            print("\n你的学习能力中等！")
        else:                                               #学习能力在6以下
            print("\n你的学习能力较弱！")
        #多条件分支结束
    #processData()函数结束
    def output(self):                                      #用输出函数分别输出id,speed,studyAbility
        print("id="+self.id)
        print("speed="+str(self.speed))                             #str()将整型转换为字符串
        print("studyAbility="+str(self.studyAbility)+"\n")
    #输出函数结束
    def getId(self):                                                #将实例变量id输出
        return self.id
    def getSpeed(self):                                             #将实例变量speed输出
        return self.speed
    def getStudyAbility(self):                                      #将实例变量studyAbility输出
        return self.studyAbility
```

第五步：修改 WashingRobot 类为派生类，从 Robot 继承，文件名是 WashingRobot.py，如下所示。

```
# -*- coding: utf-8 -*-                                    #声明Python代码的文本格式是utf-8编码
from Robot import *                                        #从Robot.py中导入所有信息
class WashingRobot(Robot):                                 #派生类WashingRobot从基类Robot继承
    def input(self):
        super().input()
        self.washKinds=eval(input("Please input WashingRobot's washKinds:"))
    def __init__(self,id,speed,studyAbility,washKinds): #将形参的值赋给三个实例变量
        Robot.__init__(self,id,speed,studyAbility)
        self.washKinds=washKinds
    def setWashKinds(self,washKinds):
        self.washKinds=washKinds
    def processData(self):
        if self.washKinds>20:                              #第一个条件
            print("\n你的Washing能力超强！")
        elif self.washKinds>5:                             #第二个条件
            print("\n你的Washing能力中等！")
        else:                                              #第三个条件
            print("\n你的Washing能力较弱！")
        #多条件分支结束
    #processData()函数结束
    def output(self):                                      #用输出函数分别输出id,speed,washKinds
        super().output()
        print("washKinds="+str(self.washKinds)+"\n")
    #输出函数结束
    def getWashKinds(self):
        return self.washKinds
```

第六步：修改 CookingRobot 类为派生类，从 Robot 继承，文件名是 CookingRobot.py，如下所示。

```
# -*- coding: utf-8 -*-                                    #声明Python代码的文本格式是utf-8编码
from Robot import *
class CookingRobot(Robot):                                 #派生类CookingRobot从基类Robot继承
    def input(self):
        super().input()
```

```
        self.dishKinds=eval(input("Please input CookingRobot's dishKinds:"))
    def __init__(self,id,speed,studyAbility,dishKinds): #将形参的值赋给三个实例变量
        Robot.__init__(self,id,speed,studyAbility)       #调用基类Robot的构造函数
        self.dishKinds=dishKinds
    def setDishKinds(self,dishKinds):
        self.dishKinds=dishKinds
    def processData(self):
        if self.dishKinds>8:                              #第一个条件
            print("\n你的Cooking能力超强！")
        elif self.dishKinds>4:                            #第二个条件
            print("\n你的Cooking能力中等！")
        else:                                             #第三个条件
            print("\n你的Cooking能力较弱！")
        #多条件分支结束
    #processData()函数结束
    def output(self):                                     #用输出函数分别输出id,speed,dishKinds
        super().output()
        print("dishKinds="+str(self.dishKinds))
    #输出函数结束
    def getDishKinds(self):
        return self.dishKinds
```

第七步：修改 MainProgram 类，分别为以上三个类实例化，文件名是 MainProgram.py，如下所示。

```
# -*- coding: utf-8 -*-                                   #声明Python代码的文本格式是utf-8编码
from Robot import *
from WashingRobot import *
from CookingRobot import *
import math                                               #从Python标准库中引入math.py模块
if __name__=="__main__":
    r1=Robot("0000",0,0)
    r1.input()
    r1.processData()
    r1.output()
    r2=Robot("r002",35,16)
    r2.processData()
    r2.output()
    r3=Robot("0000",0,0)
    r3.setId("r003")
    r3.setSpeed(120)
    r3.setStudyAbility(3)
    r3.processData()
    print("id=" + r3.getId())
    print("speed=" + str(r3.getSpeed()))
    print("studyAbility=" + str(r3.getStudyAbility()))
    wr1=WashingRobot("0000",0,0,0)
    wr1.input()
    wr1.processData()
    wr1.output()
    wr2=WashingRobot("wr002",35,10,16)
    wr2.processData()
    wr2.output()
    wr3=WashingRobot("0000",0,0,0)
    wr3.setId("wr003")
    wr3.setSpeed(120)
    wr3.setStudyAbility(4)
    wr3.setWashKinds(3)
    wr3.processData()
    print("id=" + wr3.getId())
    print("speed=" + str(wr3.getSpeed()))
    print("studyKinds=" + str(wr3.getStudyAbility()))
    print("washKinds=" + str(wr3.getWashKinds()))
```

```
    cr1=CookingRobot("0000",0,0,0)
    cr1.input()
    cr1.processData()
    cr1.output()
    cr2=CookingRobot("cr002",85,5,6)
    cr2.processData()
    cr2.output()
    cr3=CookingRobot("0000",0,0,0)
    cr3.setId("cr003")
    cr3.setSpeed(120)
    cr3.setStudyAbility(12)
    cr3.setDishKinds(3)
    cr3.processData()
    print("id=" + cr3.getId())
    print("speed=" + str(cr3.getSpeed()))
    print("studyKinds=" + str(cr3.getStudyAbility()))
    print("dishKinds=" + str(cr3.getDishKinds()))
```

调试 Robot 类，运行结果如下：

```
Please input Robot's ID:r001
Please input Robot's SPEED:45
Please input Robot's STUDYABILITY:6
你的学习能力中等!
id=r001
speed=45
studyAbility=6
你的学习能力超强!
id=r002
speed=35
studyAbility=16
你的学习能力较弱!
id=r003
speed=120
studyAbility=3
```

调试 WashingRobot 类，运行结果如下：

```
Please input Robot's ID:wr001
Please input Robot's SPEED:45
Please input Robot's STUDYABILITY:12
Please input WashingRobot's washKinds:25
你的Washing能力超强!
id=wr001
speed=45
studyAbility=12
washKinds=25
你的Washing能力中等!
id=wr002
speed=35
studyAbility=10
washKinds=16
你的Washing能力较弱!
id=wr003
speed=120
studyKinds=4
washKinds=3
```

调试 CookingRobot 类，运行结果如下：

```
Please input Robot's ID:cr001
Please input Robot's SPEED:35
```

```
Please input Robot's STUDYABILITY:13
Please input CookingRobot's dishKinds:108
你的Cooking能力超强!
id=cr001
speed=35
studyAbility=13
dishKinds=108
你的Cooking能力中等!
id=cr002
speed=85
studyAbility=5
dishKinds=6
你的Cooking能力较弱!
id=cr003
speed=120
studyKinds=12
dishKinds=3
```

四、任务小结

（1）OOP 可以从现有类定义新类，这被称为继承。在程序设计中实现继承，表示这个类拥有它继承的类的所有公有成员或者受保护成员。在 OOP 编程中，被继承的类称为父类或基类，新的类称为子类或派生类。

（2）通过继承不仅可以实现代码的重用，还可以通过继承来理顺类与类之间的关系。在 Python 中，可以定义在类定义语句中，类名右侧使用一对小括号将继承的基类名括起来，从而实现类的继承。

（3）基类的成员都会被派生类继承，当基类中的某个方法不完全适用于派生类时，就需要在派生类中重写父类的这个方法。

（4）要让派生类调用基类的 _ _init_ _() 方法进行必要的初始化，需要在派生类使用 super() 函数调用基类的 _ _init_ _() 方法。例如：super()._ _init_ _()

五、任务拓展

（1）OPP 重点在函数的设计上，OOP 重点是将数据和方法封装到对象上。继承是 OOP 泛型软件重用的重要且强大的特征，例如要定义类对圆、矩形、三角形建模。这些类有很多共性，设计继承是避免冗余并使系统更易维护的方法。一个具有很多类的共性的类，称为通用类（父类），它扩展出来的多个特定的类就是子类。

（2）设计四个类分别为 Shape、Circle、Rectangle、Triangle，设计图如图 7-21 所示。

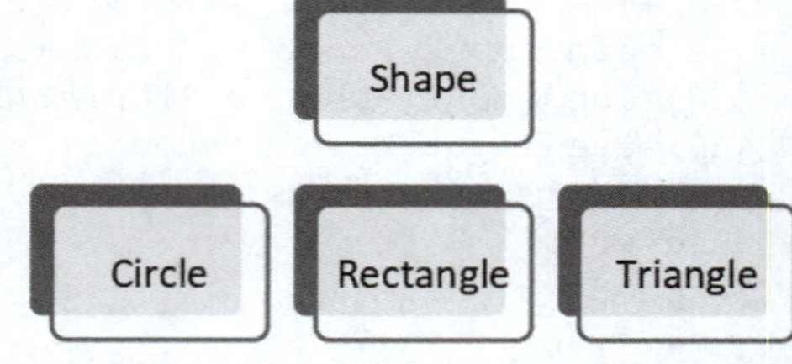

图 7-21　四个类分别独立实现的设计图

第一步：设计 Shape 类。

```
#filename:Shape.py
import math
class Shape:
    __color="black"
    def setColor(self,color):
        self.__color=color
    def judgeColor(self):
        if self.__color=="Red":
            print("形状的颜色是红色")
        elif self.__color=="Yellow":
            print("形状的颜色是黄色")
        elif self.__color=="Green":
            print("形状的颜色是绿色")
        else:
```

```
            print("您设置的颜色不在指定颜色中！")
    def getColor(self):
        return self.__color
s1=Shape()
s1.setColor("Black")
print("color=",s1.getColor())
s1.judgeColor()
```

调试以上程序，运行结果如下：

```
color= Black
您设置的颜色不在指定颜色中!
```

第二步：设计 Circle 类。

```
#Circle.py
import math
class Circle:
    __radius=0.0
    __circleArea=0.0
    def input(self,radius):
        self.__radius=radius
    def judge(self):
        if self.__radius<0:
            return "半径不能为零！"
        else:
            return "半径符合计算要求！"
    def  calcArea(self):
        self.__circleArea=math.pi*math.pow(self.__radius,2)
        self.__circleArea=round(self.__circleArea,2)
    def output(self):
        print("半径为：",self.__radius,"的圆面积是：",self.__circleArea)
c1=Circle()
c1.input(2.0)
print(c1.judge())
c1.calcArea()
c1.output()
```

调试以上程序，运行结果如下：

```
半径符合计算要求!
半径为:  2.0 的圆面积是:  12.57
```

第三步：设计 Rectangle 类。

```
#Rectangle.py
import math
class Rectangle:
    __width=0.0
    __height=0.0
    __rectangleArea=0.0
    def input(self,width,height):
        self.__width=width
        self.__height=height
    def judge(self):
        if self.__width<0 or self.__height<0:
            return "矩形的长和宽不能为零！"
        else:
            return "矩形的长和宽符合计算要求！"
    def  calcArea(self):
        self.__rectangleArea=round(self.__width*self.__height,2)
    def output(self):
```

```
        print("长为: ",self.__width,"宽为: ",self.__height,"的矩形面积是: ",self.__
                rectangleArea)
r1=Rectangle()
r1.input(3.1,4.2)
print(r1.judge())
r1.calcArea()
r1.output()
```

调试以上程序，运行结果如下：

```
矩形的长和宽符合计算要求!
长为:  3.1 宽为:  4.2 的矩形面积是:  13.02
```

第四步：设计 Triangle 类。

```
#Triangle.py
import math
class Triangle:
    __sideA=0.0
    __sideB=0.0
    __sideC=0.0
    __TriangleArea=0.0
    def input(self,a,b,c):
        self.__sideA=a
        self.__sideB=b
        self.__sideC=c
    def judge(self):
        if (self.__sideA+self.__sideB)>self.__sideC and \
           (self.__sideB+self.__sideC)>self.__sideA and \
           (self.__sideC+self.__sideA)>self.__sideB :
            return "三角形的任意两边之和要大于第三边! "
        else:
            return "这不是三角形! "
    def  calcArea(self):
          p=(self.__sideA+self.__sideB+self.__sideC)/2self.__TriangleArea=round(math.
sqrt(p*(p-self.__sideA)*(p-self.__sideB)*(p-self.__sideC)))
    def output(self):
        print("三角形的三边为: ",self.__sideA,",",self.__sideB,",",self.__sideC,"的三角形
              面积是: ",self.__TriangleArea)
t1=Triangle()
t1.input(3,4,5)
print(t1.judge())
t1.calcArea()
t1.output()
t2=Triangle()
t2.input(1,2,3)
print(t2.judge())
t2.calcArea()
t2.output()
```

调试以上程序，运行结果如下：

```
三角形的任意两边之和要大于第三边!
三角形的三边为:  3 , 4 , 5 的三角形面积是:  6
这不是三角形!
三角形的三边为:  1 , 2 , 3 的三角形面积是:  0
```

（3）修改以上程序，Shape 为基类，Circle、Rectangle、Triangle 这三个类是 Shape 的派生类，设计图如图 7-22 所示，具体代码可参照以上单个文件并加入单继承的结构，后面会在项目实训中详细介绍如何书写该程序。

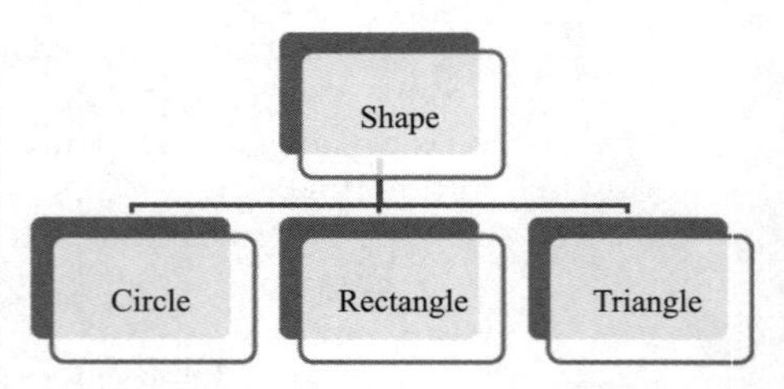

图 7-22　Shape 的单继承类图

六、任务思考

请自己设计一个 Person 基类，它有两个派生类 Student 和 Teacher。

任务四　实现多继承

一、任务描述

视 频

实现多继承

上海御恒信息科技有限公司接到一个家政公司的一份订单，要求用类的多继承来设计一个多功能机器人，这个多功能机器人既可以做饭也可以洗衣服。公司刚招聘了一名程序员小张，软件开发部经理要求他尽快熟悉 Python 的多继承，小张按照经理的要求进行设计并分析任务如下。

二、任务分析

首先要设计基类 WashingRobot 和 CookingRobot，它有可继承的实例变量：washSkill 和 cookSkill，此外它们还有各自的构造方法 _ _init()_ _ 分别对各自的实例变量进行初始化。另外还各有一个 output() 输出方法。其次要设计派生类 SuperRobot，让它从基类 WashingRobot 和 CookingRobot 继承，并设置用 super() 来调用基类的函数。类的继承的设计结构如图 7-23 所示。

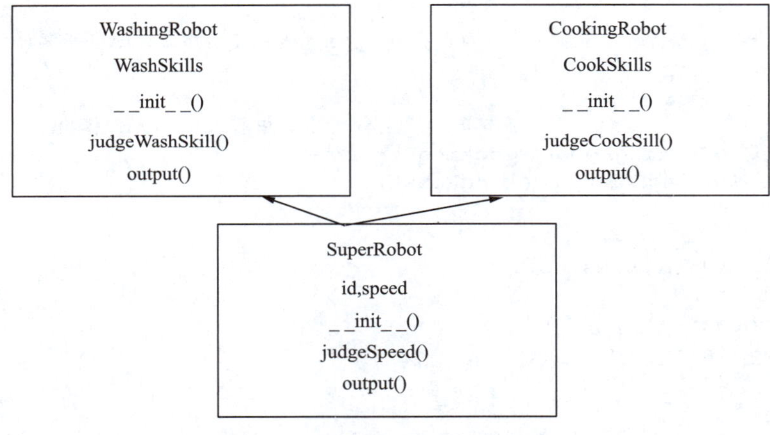

图 7-23　多继承的设计结构

三、任务实施

第一步：设计 WashingRobot.py 文件，它包括基类 WashingRobot。

```
# -*- coding: utf-8 -*-                    #声明Python代码的文本格式是utf-8编码
import math
class WashingRobot:                        #基类
    _washSkills=0
    def __init__(self,ws):
        self._washSkills=ws
    def judgeWashSkill(self):
        if self._washSkills>18:
            print("\n你的Washing能力超强！")
        elif self._washSkills>10:
            print("\n你的Washing能力中等！")
        else:
            print("\n你的Washing能力较弱！")
    def outWashing(self):
        print("washSkills="+str(self._washSkills))
```

注意：基类可被继承的属性成员是前面加一个下画线。

第二步：设计 CookingRobot.py 文件，它包括基类 CookingRobot。

```
# -*- coding: utf-8 -*-                    #声明Python代码的文本格式是utf-8编码
import math
class CookingRobot:                        #基类
    _cookSkills=0
    def __init__(self,ck):
        self._cookSkills=ck
    def judgeCookSkill(self):
        if self._cookSkills>8:
            print("\n你的Cooking能力超强！")
        elif self._cookSkills>4:
            print("\n你的Cooking能力中等！")
        else:
            print("\n你的Cooking能力较弱！")
    def outCooking(self):
        print("cookSkills="+str(self._cookSkills))
```

注意：CookingRobot也是基类。

第三步：设计 SuperRobot.py 文件，它包括派生类 SuperRobot。

```
# -*- coding: utf-8 -*-                    #声明Python代码的文本格式是utf-8编码
from WashingRobot import *
from CookingRobot import *
import math                                #从Python标准库中引入math.py模块
#新建一个派生类，分别从WashingRobot和CookingRobot继承
class SuperRobot(WashingRobot,CookingRobot):
    __id="sr000"
    __speed=0
    def __init__(self,i,s,ws,cs):
        self.__id=i
        self.__speed=s
        super().__init__(ws)
        super().__init__(cs)
    def judgeSpeed(self):
        if self.__speed>120:
            print("\n您超速了！")
        elif self._washSkills>10:
            print("\n您的速度合适！")
        else:
            print("\n您的速度较慢，有被追尾的风险！")
    def output(self):
        print("id="+self.__id)
        print("speed="+str(self.__speed))
        super().outWashing()
        super().outCooking()
    def judge(self):
        super().judgeWashSkill()
        super().judgeCookSkill()
        self.judgeSpeed()
```

注意：SuperRobt是派生类，它有两个基类。

第四步：设计 MainProgram.py 文件，它包括测试类 MainProgram。

```
# -*- coding: utf-8 -*-                    #声明Python代码的文本格式是utf-8编码
from SuperRobot import *
```

```
from CookingRobot import *
from WashingRobot import *
import math                                    #从Python标准库中引入math.py模块
if __name__=="__main__":
    print("\n1为第一个基类    WashingRobot的输出: ")
    wr1=WashingRobot(13)
    wr1.outWashing()
    print("\n2为第二个基类    CookingRobot的输出: ")
    cr1=CookingRobot(8)
    cr1.outCooking()
    print("\n3为派生类        SuperRobot的输出: ")
    sr1=SuperRobot("sr001",160,20,18)
    sr1.judge()
```

注意：要导入两个基类，一个派生类，才能在主程序里进行测试。

调试主程序 MainProgram.py，运行结果如下：

```
id=sr001
speed=160
washSkills=18
cookSkills=0
你的Washing能力中等!
你的Cooking能力较弱!
您超速了!
1为第一个基类    WashingRobot的输出:
washSkills=13
2为第二个基类    CookingRobot的输出:
cookSkills=8
3为派生类        SuperRobot的输出:
你的Washing能力中等!
你的Cooking能力较弱!
您超速了!
```

注意：派生类SuperRobot重写了两个基类的同名方法。

四、任务小结

（1）WashingRobot 是基类，包括可被继承的保护属性 _washSkills。

（2）CookingRobot 也是基类，包括可被继承的保护属性 _cookSkills。

（3）SuperRobot 是派生类，包括私有属性 __id 和 __speed。

（4）MainProgram 是测试类，测试以上三个类的功能。

五、任务拓展

（1）设计第一个基类 Mother 的模板。

```
class Mother(object):
    def __init__(self, faceValue):
        self.faceValue = faceValue
    def eat(self):
        print("eat")
    def func(self):
        print("func2")
```

（2）设计第二个基类 Father 的模板。

```
class Father(object):
    def __init__(self, money):
```

```
        self.money = money
    def play(self):
        print("play")
    def func(self):
        print("func1")
```

（3）设计派生类 Child 的模板。

```
from Father import Father
from Mother import Mother
class Child(Father, Mother):
    def __init__(self, money, faceValue):
        Father.__init__(self, money)
        Mother.__init__(self, faceValue)
```

（4）设计主程序来测试多继承的实现。

```
from Child import Child
def main():
    c = Child(300, 100)
    print(c.money, c.faceValue)
    c.play()
    c.eat()
    #注意：父类中方法名相同，默认调用的是在括号中排前面的父类中的方法
    c.func()
if __name__ == "__main__":
    main()
```

六、任务思考

请设计能实现派生类为家庭影院系统，基类是电视、DVD、功放、音箱的多继承程序。

综合部分

项目综合实训
运用继承计算常见形状的面积

一、项目描述

视 频

运用继承计算常见形状的面积

上海御恒信息科技有限公司接到某培训机构的一份订单，要求用 Python 的继承来实现常见形状面积的计算。公司刚招聘了一名程序员小张，软件开发部经理要求他尽快熟悉 Python 的 OOP 编程，小张按照经理的要求对问题进行了以下项目分析。

二、项目分析

先设计基类 Shape，然后再设计基类的三个派生类 Circle、Rectangle、Triangle，最后用 MainProgram 文件来测试以上四个类的功能。

三、项目实施

第一步：将基类 Shape 放入 Shape.py 文件。

```
#filename:Shape.py
import math
class Shape:
    __color="black"
    def setColor(self,color):
        self.__color=color
    def judgeColor(self):
```

```
        if self.__color=="Red":
            print("形状的颜色是红色")
        elif self.__color=="Yellow":
            print("形状的颜色是黄色")
        elif self.__color=="Green":
            print("形状的颜色是绿色")
        else:
            print("您设置的颜色不在指定颜色中！")
    def getColor(self):
        return self.__color
    def judge(self):
        return Null
    def calcArea(self):
        return Null
```

第二步：将派生类 Circle 放入 Circle.py 文件。

```
#Circle.py
from Shape import *
class Circle(Shape):
    __radius=0.0
    __circleArea=0.0
    def input(self,radius,color):
        self.__radius=radius
        super().setColor(color)
    def judge(self):
        if self.__radius<0:
            return "\n2.派生类Circle的半径不能为零！"
        else:
            return "\n2.派生类Circle的半径符合计算要求！"
    def  calcArea(self):
        self.__circleArea=math.pi*math.pow(self.__radius,2)
        self.__circleArea=round(self.__circleArea,2)
    def output(self):
          print("半径为：",self.__radius,"的圆面积是：",self.__circleArea," 颜色是：
",super().getColor())
```

第三步：将派生类 Rectangle 放入 Rectangle.py 文件。

```
#Rectangle.py
from Shape import *
class Rectangle(Shape):
    __width=0.0     __height=0.0     __rectangleArea=0.0
    def input(self,width,height,color):
        self.__width=width          self.__height=height
        super().setColor(color)
    def judge(self):
        if self.__width<0 or self.__height<0:
            return "\n3.派生类Rectangle的矩形的长和宽不能为零！"
        else:
            return "\n3.派生类Rectangle的矩形的长和宽符合计算要求！"
    def  calcArea(self):
        self.__rectangleArea=round(self.__width*self.__height,2)
    def output(self):
        print("长为：",self.__width,"宽为：",self.__height,\
            "的矩形面积是：",self.__rectangleArea," 颜色是：",super().getColor())
```

第四步：将派生类 Friangle 放入 Friangle.py 文件。

```
#Triangle.py
from Shape import *
class Triangle(Shape):
```

```
    __sideA=0.0    __sideB=0.0    __sideC=0.0    __TriangleArea=0.0
    def input(self,a,b,c,color):
        self.__sideA=a
        self.__sideB=b
        self.__sideC=c
        super().setColor(color)
    def  judge(self):
        if (self.__sideA+self.__sideB)>self.__sideC and \
           (self.__sideB+self.__sideC)>self.__sideA and \
           (self.__sideC+self.__sideA)>self.__sideB :
            return "\n4.派生类Triangle的三角形的任意两边之和要大于第三边！"
        else:
            return "\n4.派生类Triangle的这不是三角形！"
    def  calcArea(self):
         p=(self.__sideA+self.__sideB+self.__sideC)/2 self.__TriangleArea=round(math.
sqrt(p*(p-self.__sideA)*(p-self.__sideB)*(p-self.__sideC)))
    def output(self):
        print("三角形的三边为: ",self.__sideA,",",self.__sideB,",",self.__sideC,\
            "的三角形面积是: ",self.__TriangleArea," 颜色是: ",super().getColor())
```

第五步：在 MainProgram.py 文件中测试以上四个类的功能。

```
#filename:MainProgram.py
from Shape import *
from Circle import *
from Rectangle import *
from Triangle import *
#以下测试基类Shape
s1=Shape()
s1.setColor("Black")
print("1.基类Shape的color=",s1.getColor())
s1.judgeColor()
#以下测试派生类Circle
c1=Circle()
c1.input(2.0,"Red")
print(c1.judge())
c1.calcArea()
c1.output()
#以下测试派生类Rectangle
r1=Rectangle()
r1.input(3.1,4.2,"Yellow")
print(r1.judge())
r1.calcArea()
r1.output()
#以下测试派生类Triangle
t1=Triangle()
t1.input(3,4,5,"Green")
print(t1.judge())
t1.calcArea()
t1.output()
t2=Triangle()
t2.input(1,2,3,"White")
print(t2.judge())
t2.calcArea()
t2.output()
```

调试 MainProgram.py 文件，运行结果如下：

```
1.基类Shape的color= Black
您设置的颜色不在指定颜色中！
2.派生类Circle的半径符合计算要求！
半径为:  2.0 的圆面积是:  12.57  颜色是:  Red
```

```
3.派生类Rectangle的矩形的长和宽符合计算要求!
长为: 3.1 宽为: 4.2 的矩形面积是: 13.02 颜色是: Yellow
4.派生类Triangle的三角形的任意两边之和要大于第三边!
三角形的三边为: 3 , 4 , 5 的三角形面积是: 6 颜色是: Green
4.派生类Triangle的这不是三角形!
三角形的三边为: 1 , 2 , 3 的三角形面积是: 0 颜色是: White
```

四、项目小结

（1）用注释架构程序，会使编程思路清晰。

（2）用多文件操作来分解整个程序，使代码得到优化，便于分别调试。

（3）修改算法并不断完善程序。

项目实训评价表

项目七 设计面向对象程序						
	内容					
	评价项目	整体架构（20%）	注释（20%）	算法设计（30%）	代码优化（30%）	综合评价（100%）
职业能力	任务一 实现类的封装					
	任务二 设计类的构造函数与析构函数					
	任务三 实现单继承					
	任务四 实现多继承					
	项目综合实训 运用继承计算常见形状的面积					
通用能力	阅读代码的能力					
	调试修改代码的能力					

评价等级说明表	
等级	说明
90% ~ 100%	能高质、高效地完成此学习目标的全部内容，并能解决遇到的特殊问题
70% ~ 80%	能高质、高效地完成此学习目标的全部内容
50% ~ 60%	能圆满完成此学习目标的全部内容，不需任何帮助和指导

项目八

实现异常处理和文件操作

学习目标

【知识目标】

1. 了解异常的基本处理方法
2. 了解异常的抛出与异常类的自定义
3. 掌握文本的输入与输出
4. 掌握文件的目录与对话框操作
5. 掌握文件的高级操作

【能力目标】

1. 能够根据企业的需求选择合适的异常处理
2. 能够运用异常的抛出与异常类的自定义编写简单的 Python 程序
3. 能够使用文本的输入与输出进行简单程序设计
4. 能够实现文件的目录与对话框操作
5. 能够实现文件的高级操作

【素质目标】

1. 树立创新意识、创新精神
2. 能够和团队成员协商，共同完成实训任务
3. 能够借助网络平台搜集异常处理和文件操作的相关信息
4. 具备数据思维和使用数据发现问题的能力

思维导图

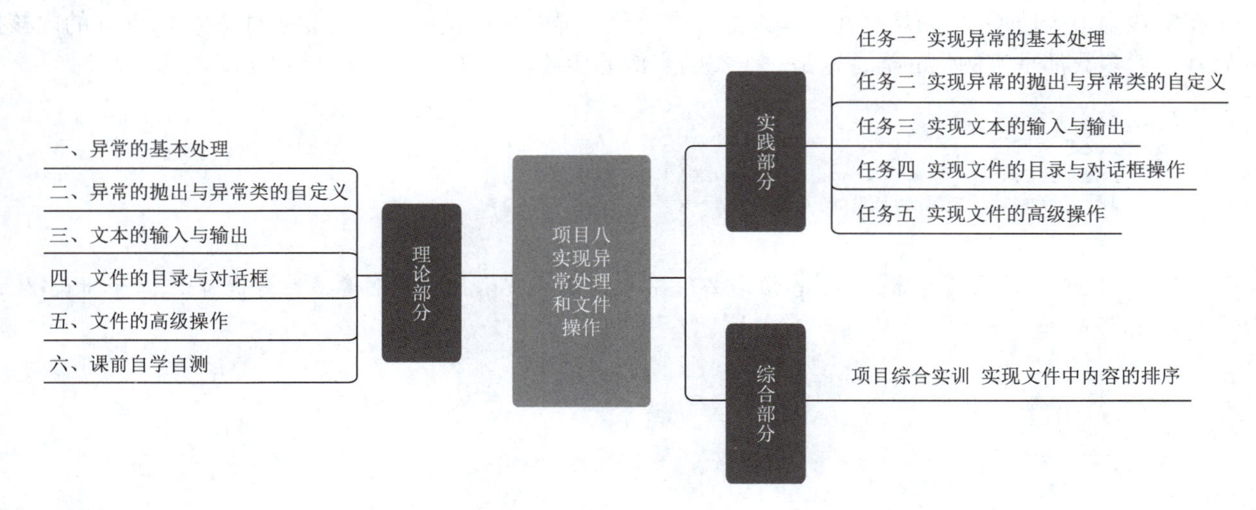

理论部分

一、异常的基本处理

（1）什么是异常？

异常是一个事件在程序执行过程中发生，影响了程序的正常执行。一般情况下，在 Python 无法正常处理程序时就会发生一个异常。异常是 Python 的一个对象，它表示错误。当 Python 脚本发生异常时需要捕获处理它，否则程序会终止执行。

（2）异常处理。

捕捉异常可以使用 try/except 语句。try/except 语句用来检测 try 语句块中的错误，从而让 except 语句捕获异常信息并处理。如果不想在异常发生时结束程序，只需在 try 里捕获它。

（3）异常处理的基本语法。

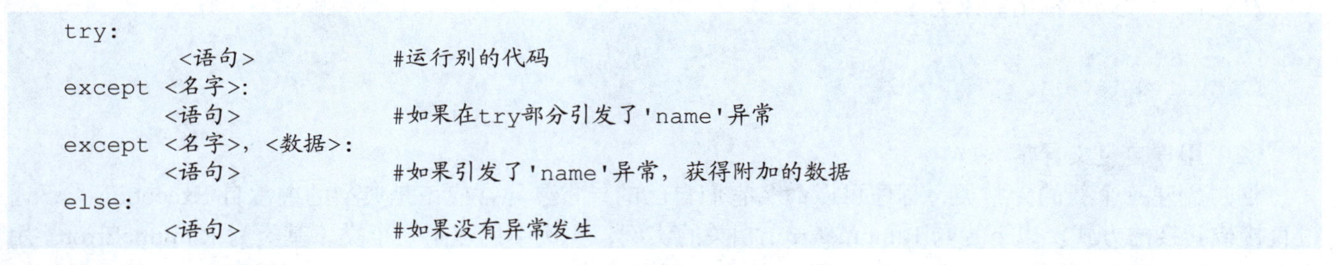

```
try:
        <语句>              #运行别的代码
except <名字>:
       <语句>               #如果在try部分引发了'name'异常
except <名字>, <数据>:
       <语句>               #如果引发了'name'异常，获得附加的数据
else:
       <语句>               #如果没有异常发生
```

（4）try 的工作原理。

当开始一个 try 语句后，Python 就在当前程序的上下文中做标记，这样当异常出现时就可以回到这里，try 子句先执行，接下来会发生什么依赖于执行时是否出现异常。如果当 try 后的语句执行时发生异常，Python 就跳回到 try 并执行第一个匹配该异常的 except 子句，异常处理完毕，控制流就通过整个 try 语句（除非在处理异常时又引发新的异常）。如果在 try 后的语句里发生了异常，却没有匹配的 except 子句，异常将被递交到上层的 try，或者到程序的最上层（这样将结束程序，并打印默认的出错信息）。如果在 try 子句执行时没有发生异常，Python 将执行 else 语句后的语句（如果有 else 的话），然后控制流通过整个 try 语句。

二、异常的抛出与异常类的自定义

（1）抛出或触发异常。

可以使用 raise 语句自己触发异常，raise 语法格式如下：

```
raise [Exception [, args [, traceback]]]
```

语句中 Exception 是异常的类型（例如，NameError），args 是自已提供的异常参数，最后一个参数是可选的（在实践中很少使用），如果存在，是跟踪异常对象。异常可以是字符串，类或对象。Python 的内核提供的异常，大多数都是实例化的类，这是一个类的实例的参数。定义一个异常，如下所示：

```
def functionName( level ):
    if level < 1:
        raise Exception("Invalid level!", level)
        #触发异常后，后面的代码就不会再执行
```

注意：为了能够捕获异常，except语句必须用相同的异常来抛出类对象或者字符串。例如捕获以上异常，except语句如下所示：

```
try:
    正常逻辑
except Exception,err:
    触发自定义异常
else:
    其余代码
```

案例如下：

```
#!/usr/bin/python
# -*- coding: utf-8 -*-
# 定义函数
def mye( level ):
    if level < 1:
        raise Exception,"Invalid level!"
        #触发异常后，后面的代码就不会再执行
try:
    mye(0)              #触发异常
except Exception,err:
    print 1,err
else:
    print 2
```

执行以上代码，输出结果为：

```
$ python test.py
1 Invalid level!
```

（2）用户自定义异常。

通过创建一个新的异常类，程序可以命名它们自己的异常。异常应该是典型的继承自 Exception 类，通过直接或间接的方式。以下为与 RuntimeError 相关的实例，实例中创建了一个类，基类为 RuntimeError，用于在异常触发时输出更多的信息。在 try 语句块中，用户自定义的异常后执行 except 块语句，变量 e 是用于创建 Networkerror 类的实例。

```
class Networkerror(RuntimeError):
    def __init__(self, arg):
        self.args = arg
```

在定义以上类后，可以触发该异常，如下所示：

```
try:
    raise Networkerror("Bad hostname")
except Networkerror,e:
    print e.args
```

（3）使用 except 而不带任何异常类型。

可以不带任何异常类型使用 except，以下方式 try-except 语句捕获所有发生的异常。但这不是一个很好的方式，不能通过该程序识别出具体的异常信息。因为它捕获所有的异常。如下所示：

```
try:
    正常的操作
except:
    发生异常，执行这块代码
  else:
    如果没有异常执行这块代码
```

（4）使用 except 同时设置多种异常类型。

使用相同的 except 语句来处理多个异常信息，如下所示：

```
try:
    正常的操作
except(Exception1[, Exception2[,...ExceptionN]]):
发生以上多个异常中的一个，执行这块代码
else:
如果没有异常执行这块代码
```

（5）try-finally 语句无论是否发生异常都将执行最后的代码。语法如下：

```
try:
<语句>
finally:
<语句>     #退出try时总会执行
raise
```

实例如下：

```
#!/usr/bin/python
# -*- coding: utf-8 -*-
try:
    fh = open("testfile", "w")
    fh.write("这是一个测试文件，用于测试异常!!")
finally:
    print "Error: 没有找到文件或读取文件失败"
```

如果打开的文件没有可写权限，输出如下所示：

```
$ python test.py
Error: 没有找到文件或读取文件失败
```

同样的例子也可以写成如下方式：

```
#!/usr/bin/python
# -*- coding: utf-8 -*-
try:
    fh = open("testfile", "w")
    try:
        fh.write("这是一个测试文件，用于测试异常!!")
    finally:
        print "关闭文件"
        fh.close()
except IOError:
    print "Error: 没有找到文件或读取文件失败"
```

当在 try 块中抛出一个异常，立即执行 finally 块代码。

finally 块中的所有语句执行后，异常被再次触发，并执行 except 块代码。

参数的内容不同于异常。一个异常可以带上参数，可作为输出的异常信息参数。可以通过 except 语句来捕获异常的参数，如下所示：

```
try:
    正常的操作
   ......................
except ExceptionType, Argument:
    可以在这输出 Argument 的值...
```

变量接收的异常值通常包含在异常的语句中。在元组的表单中变量可以接收一个或者多个值。元组通常包含错误字符串，错误数字，错误位置。

以下为单个异常的实例：

```
#!/usr/bin/python
# -*- coding: utf-8 -*-
#定义函数
def temp_convert(var):
    try:
        return int(var)
    except ValueError, Argument:
        print "参数没有包含数字\n", Argument
#调用函数
temp_convert("xyz")
```

以上程序执行结果如下：

```
$ python test.py
参数没有包含数字
invalid literal for int() with base 10: 'xyz'
```

三、文本的输入与输出

（1）File 对象的属性。

一个文件被打开后，有一个 file 对象，可以得到有关该文件的各种信息。

表 8-1 是和 file 对象相关的所有属性的列表。

表 8-1　和 file 对象相关的所有属性

属　性	描　述
file.closed	如果文件已被关闭返回 true，否则返回 false
file.mode	返回被打开文件的访问模式
file.name	返回文件的名称
file.softspace	如果用 print 输出后，必须跟一个空格符，则返回 false，否则返回 true

例子：

```
#!/usr/bin/python# -*- coding: utf-8 -*-
#打开一个文件
fo = open("foo.txt", "w")
print "文件名: "
fo.nameprint "是否已关闭 : "
fo.closed
print "访问模式 : "
fo.modeprint "末尾是否强制加空格 : "
fo.softspace
```

以上实例输出结果：

```
文件名:  foo.txt
```

```
是否已关闭 ：  False
访问模式 ：  w
末尾是否强制加空格 ：  0
```

（2）close() 方法。

file 对象的 close() 方法刷新缓冲区里任何还没写入的信息，并关闭该文件，这之后便不能再进行写入。

当一个文件对象的引用被重新指定给另一个文件时，Python 会关闭之前的文件。用 close() 方法关闭文件是一个很好的习惯。

语法如下：

```
fileObject.close()
```

例子：

```
#!/usr/bin/python# -*- coding: utf-8 -*-
 #打开一个文件
fo = open("foo.txt", "w")
print "文件名： "
fo.name
 #关闭打开的文件
fo.close()
```

以上实例输出结果：

```
文件名：  foo.txt
```

（3）读写文件。

file 对象提供了一系列方法，能让文件访问更轻松。来看如何用 write() 和 read() 方法来读取和写入文件。

注意：Python字符串可以是二进制数据，而不仅仅是文字。

① write() 方法可将任何字符串写入一个打开的文件。write() 方法不会在字符串的结尾添加换行符 ('\n')。语法如下：

```
fileObject.write(string)
```

在这里被传递的参数是要写入到已打开文件的内容。例子：

```
#!/usr/bin/python# -*- coding: utf-8 -*-
 #打开一个文件
fo = open("foo.txt", "w")
fo.write( "www.runoob.com!\nVery good site!\n")
 #关闭打开的文件
fo.close()
```

上述方法会创建 foo.txt 文件，并将收到的内容写入该文件，并最终关闭文件。如果打开这个文件，将看到以下内容：

```
$ cat foo.txt
www.runoob.com!Very good site!
```

② read() 方法从一个打开的文件中读取一个字符串。语法如下：

```
fileObject.read([count])
```

在这里，被传递的参数是要从已打开文件中读取的字节计数。该方法从文件的开头开始读入，如果没有传入 count，它会尝试尽可能多地读取更多的内容，很可能是直到文件的末尾。这里用到以上创建的 foo.txt 文件。

例子：

```
#!/usr/bin/python# -*- coding: utf-8 -*-
```

```
 # 打开一个文件
fo = open("foo.txt", "r+")
str = fo.read(10)
print "读取的字符串是 : ", str
# 关闭打开的文件
fo.close()
```

以上实例输出结果：

```
读取的字符串是: www.runoob
```

四、文件的目录与对话框

（1）Python 里的目录。

所有文件都包含在各个不同的目录下，不过 Python 也能轻松处理。os 模块有许多方法创建、删除和更改目录。

（2）mkdir() 方法。

可以使用 os 模块的 mkdir() 方法在当前目录下创建新的目录。需要提供一个包含要创建的目录名称的参数。语法如下：

```
os.mkdir("newdir")
```

下例将在当前目录下创建一个新目录 test。

```
#!/usr/bin/python# -*- coding: utf-8 -*-
import os
 # 创建目录test
os.mkdir("test")
```

（3）chdir() 方法。

可以用 chdir() 方法来改变当前的目录。chdir() 方法需要的一个参数是想设成当前目录的目录名称。语法如下：

```
os.chdir("newdir")
```

下例将进入 "/home/newdir" 目录。

```
#!/usr/bin/python# -*- coding: utf-8 -*-
import os
 # 将当前目录改为"/home/newdir"
os.chdir("/home/newdir")
```

（4）getcwd() 方法。

getcwd() 方法显示当前的工作目录。语法如下：

```
os.getcwd()
```

下例给出当前目录。

```
#!/usr/bin/python# -*- coding: utf-8 -*-
import os
 #给出当前的目录
print os.getcwd()
```

（5）rmdir() 方法。

rmdir() 方法删除目录，目录名称以参数传递。在删除这个目录之前，它的所有内容应该先被清除。语法如下：

```
os.rmdir('dirname')
```

以下是删除 " /tmp/test" 目录的例子。目录的完全合规的名称必须被给出，否则会在当前目录下搜索该目录。

```
#!/usr/bin/python# -*- coding: utf-8 -*-
import os
 #删除"/tmp/test"目录
os.rmdir( "/tmp/test"  )
```

（6）文件、目录相关的方法。

① 创建空文件：os.mknod(" 文件名 .txt")。

② 直接打开一个文件，如果文件不存在则创建文件：fp = open(" 文件名 .txt",w)。

③ 创建目录：os.mkdir(" 目录名 ")。

④ 删除目录：os.rmdir(" 目录名 ")。

（7）文件对话框。

① 导入打开文件对话框 from tkinter.filedialog import askopenfilename。

② 导入另存为对话框 from tkinter.filedialog import asksaveasfilename。

③ 调用打开文件对话框 filenameforReading=askopenfilename()。

④ 显示相关内容 print("You can read from "+filenameforReading)。

⑤ 打开另存为对话框 filenameforWriting=asksaveasfilename()。

⑥ 显示相关内容 print("You can write data to " + filenameforWriting)。

五、文件的高级操作

（1）谈到“文本处理”时，通常是指处理的内容。Python 将文本文件的内容读入可以操作的字符串变量非常容易。文件对象提供了三个“读”方法：.read()、.readline() 和 .readlines()。每种方法可以接受一个变量以限制每次读取的数据量，但它们通常不使用变量。 .read() 每次读取整个文件，它通常用于将文件内容放到一个字符串变量中。然而 .read() 生成文件内容最直接的字符串表示，但对于连续的面向行的处理，它却是不必要的，并且如果文件大于可用内存，则不可能实现这种处理。 .readline() 和 .readlines() 非常相似。它们都在类似于以下的结构中使用：

```
fh = open('c:autoexec.bat')
for line in fh.readlines():
 print line
```

.readline() 和 .readlines() 之间的差异是后者一次读取整个文件，象 .read() 一样。.readlines() 自动将文件内容分析成一个行的列表，该列表可以由 Python 的 for ... in ... 结构进行处理。另一方面，.readline() 每次只读取一行，通常比 .readlines() 慢得多。仅当没有足够内存可以一次读取整个文件时，才应该使用 .readline()。

（2）Python 中文件操作可以通过 open() 函数，这的确很像 C 语言中的 fopen。通过 open() 函数获取一个 文件对象 file object，然后调用 read()，write() 等方法对文件进行读写操作。

① .open()

使用 open() 函数打开文件后一定要记得调用文件对象的 close() 方法。比如可以用 try/finally 语句来确保最后能够关闭文件。

```
file_object = open('thefile.txt')
try:
    all_the_text = file_object.read( )
finally:
    file_object.close( )
```

注意：不能把open()语句放在try块里，因为当打开文件出现异常时，文件对象file_object无法执行close()方法。

②. 读文件

读文本文件

```
input = open('data', 'r')
```

第二个参数默认为 r

```
input = open('data')
```

读二进制文件

```
input = open('data', 'rb')
```

读取所有内容

```
file_object = open('thefile.txt')
try:
    all_the_text = file_object.read( )
finally:
    file_object.close( )
```

读固定字节

```
file_object = open('abinfile', 'rb')
try:
    while True:
        chunk = file_object.read(100)
        if not chunk:
            break
        do_something_with(chunk)
finally:
    file_object.close( )
```

读每行

```
list_of_all_the_lines = file_object.readlines( )
```

如果文件是文本文件，还可以直接遍历文件对象获取每行：

```
for line in file_object:
    process line
```

③. 写文件

写文本文件

```
output = open('data', 'w')
```

写二进制文件

```
output = open('data', 'wb')
```

追加写文件

```
output = open('data', 'w+')
```

写数据

```
file_object = open('thefile.txt', 'w')
file_object.write(all_the_text)
file_object.close( )
```

写入多行

```
file_object.writelines(list_of_text_strings)
```

注意：调用writelines()函数写入多行在性能上会比使用write()函数一次性写入要高。

（3）Python 文件读写操作要点。

打开文件和进行写操作

```
f=open('test.txt','w')
f.write('hello')
f.writelines(['hi','haha'])            #多行输入
f.close()
#append data
f=open('test.txt','a')
f.write('hello')
f.writelines(['hi','haha'])
f.close()
#连续写入后会自动关闭
open('test.txt','a').write('11111\r\n')
#把result里的元素依次填到open函数里去
result={'hello','u'}
exec open('test.txt') in result
#定义列表
selected = []                          # temp list to hold matches
fp = open('test.txt')
for line in fp.readlines():            # Py2.2 -> "for line in fp:"
    selected.append(line)
del line                               # Cleanup transient variable
#打开文件test.txt
open( 'test.txt' ).readlines()
```

六、课前自学自测

（1）请问异常的基本编写结构有哪几种？

（2）请问文件读写操作都有哪几种写法？

实践部分

实训准备

【核心概念】

1. 异常的基本处理
2. 异常的抛出与异常类的自定义、文本的输入与输出
3. 文件的目录与对话框操作、当前系统时间

【实训目标】

1. 了解如何运用异常的基本处理进行编程
2. 掌握运用异常的抛出与异常类的自定义进行编程
3. 了解运用文本的输入与输出进行编程
4. 掌握文件的目录与对话框操作
5. 掌握文件的高级操作

【实训项目描述】

1. 本项目有5个任务，从运用异常的基本处理进行编程开始，引出异常的抛出与异常类的自定义、文本的输入与输出、文件目录与对话框操作、文件高级操作等任务

2. 明白编程的基本思维模式，如何从面向过程的编程思路过渡到面向对象编程的思路

3. 学会软件的具体开发流程并学会规范程序设计的风格

【实训步骤】

1. 运用异常的基本处理进行编程

2. 运用异常的抛出与异常类的自定义进行编程

3. 运用文本的输入与输出进行编程

4. 实现文件的目录与对话框操作

5. 实现文件的高级操作

任务一　实现异常的基本处理

视 频

实现异常的基本处理

一、任务描述

上海御恒信息科技有限公司接到客户的一份订单，要求用 Python 的异常处理来实现一个为学生分橘子的程序。公司刚招聘了一名程序员小张，软件开发部经理要求他尽快熟悉 Python 的异常处理，小张按照经理的要求选取了相关的算法来进行任务分析。

二、任务分析

在 C 语言或 Java 语言中，编译器可以捕获很多语法错误。但在 Python 中，只有在程序运行后才会执行语法检查。所以只有在运行或测试程序时，才会真正知道该程序能不能正常运行。因此掌握一定的异常处理语句和程序调试方法是十分必要的。下面就通过任务实施来从无类无异常处理到有类有异常处理逐步完善程序。

三、任务实施

第一步：书写一个无类无异常处理的程序，源代码如图 8-1 所示。

调试以上程序，运行结果如图 8-2 所示。

```
import math

#orange, student, myDivision, myFree;
print("\n--------现在分橘子了------");

orange = 100
student = 0

myDivision =int(orange / student)
myFree = orange - myDivision * student

if myFree > 0:
    print("orange=", orange)
    print("student=" , student)
    print("myDivision=", myDivision)
    print("myFree=", myFree)
else:
    print("已经全部分配完成，无剩余！")
```

图 8-1　无类无异常的程序

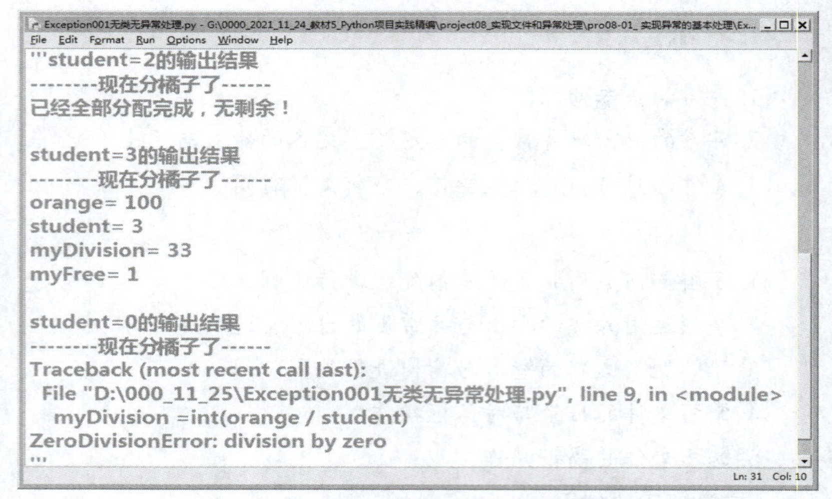

图 8-2　无类无异常分橘子程序的结果

注意：在程序编写的过程中，语法无错，逻辑无错，但运行时可能发生错误，这个称为异常，以上发生的异常是ZeroDivisionError：division by Zero，也就是在除法中分母不能为零，但以上程序是系统显示错误，应该自己设计异常处理。

第二步：无类有异常处理。

```
import math
try:
    #orange, student, myDivision, myFree;
    print("\n--------现在分橘子了------");
    orange = 100
    student = 0
    myDivision =int(orange / student)
    myFree = orange - myDivision * student
    if myFree > 0:
        print("orange=", orange)
        print("student=" , student)
        print("myDivision=", myDivision)
        print("myFree=", myFree)
    else:
        print("已经全部分配完成，无剩余！")
except ZeroDivisionError:
    print("1.自定义异常信息：分母不能为零！！！")
```

调试以上程序：当student=2或=3时，程序结果不变，因为分母不为零，不会产生异常。当student=0时，因为分母为零，会产生异常。程序结果显示如下：

```
--------现在分橘子了------
1.自定义异常信息：分母不能为零！！！
```

Python中常用的异常：

NameError,IndexError,IndentationError,ValueError,IOError,ImportError,AttributeError,TypeError,MemoryError,ZeroDivisionError

注意：try: ... except ZeroDivisionError:这条语句可以实现异常处理的自定义消息显示。try:后书写可能发生异常的代码，except后书写具体的异常名称，except下方书写自定义异常消息。

第三步：有类无异常处理。

```
import math
class DivisionOrange:
    __orange=0
    __student=0
    __myDivision=0
    __myFree=0
    def __init__(self):
        print("--------现在分橘子了------");
    def myInput(self):
        self.__orange=int(input("请输入橘子的个数："))
        self.__student=int(input("请输入学生的个数："))
    def calc(self):
        self.__myDivision =int(self.__orange / self.__student)
        self.__myFree = self.__orange - self.__myDivision * self.__student
    def myOutput(self):
        if self.__myFree > 0:
            print("orange=", self.__orange)
            print("student=" , self.__student)
```

```
            print("myDivision=", self.__myDivision)
            print("myFree=", self.__myFree)
            print("")
        else:
            print("已经全部分配完成，无剩余！\n")
if __name__=="__main__":
    myObj=[DivisionOrange() for i in range(3)]
    for obj in myObj:
        obj.myInput()
        obj.calc()
        obj.myOutput()
```

调试以上程序，运行结果如下：

```
--------现在分橘子了------
--------现在分橘子了------
--------现在分橘子了------
请输入橘子的个数: 100
请输入学生的个数: 20
已经全部分配完成，无剩余!
请输入橘子的个数: 100
请输入学生的个数: 30
orange= 100
student= 30
myDivision= 3
myFree= 10
请输入橘子的个数: 100
请输入学生的个数: 0
Traceback (most recent call last):
  File "D:\000_11_25\Exception002有类有异常处理.py", line 33, in <module>
    obj.calc()
  File "D:\000_11_25\Exception002有类有异常处理.py", line 16, in calc
    self.__myDivision =int(self.__orange / self.__student)
ZeroDivisionError: division by zero
```

注意： 封装算法到类中，但异常由系统处理。

第四步：有类有一个异常处理。

```
import math
class DivisionOrange:
    __orange=0
    __student=0
    __myDivision=0
    __myFree=0
    def __init__(self):
        print("--------现在分橘子了------");
    def myInput(self):
        self.__orange=int(input("请输入橘子的个数: "))
        self.__student=int(input("请输入学生的个数: "))
    def calc(self):
        self.__myDivision =int(self.__orange / self.__student)
        self.__myFree = self.__orange - self.__myDivision * self.__student
    def myOutput(self):
        if self.__myFree > 0:
            print("orange=", self.__orange)
            print("student=" , self.__student)
            print("myDivision=", self.__myDivision)
            print("myFree=", self.__myFree)
            print("")
        else:
```

```
            print("已经全部分配完成，无剩余！\n")
if __name__=="__main__":
    try:
        myObj=[DivisionOrange() for i in range(3)]
        for obj in myObj:
            obj.myInput()
            obj.calc()
            obj.myOutput()
    except ZeroDivisionError:
        print("自定义异常信息：分母不能为零！！！")
```

调试以上程序，运行结果如下：

```
---------现在分橘子了-------
---------现在分橘子了-------
---------现在分橘子了-------
请输入橘子的个数：100
请输入学生的个数：20
已经全部分配完成，无剩余！
请输入橘子的个数：100
请输入学生的个数：30
orange= 100
student= 30
myDivision= 3
myFree= 10
请输入橘子的个数：100
请输入学生的个数：0
自定义异常信息：分母不能为零！！！
```

注意：如果像以下代码，将异常处理写在算法函数中，而主函数中没有异常处理，会显示多余的信息。所以异常处理还是写在主函数中逻辑更加清晰。

```
def calc(self):
    try:
        self.__myDivision =int(self.__orange / self.__student)
        self.__myFree = self.__orange - self.__myDivision * self.__student
    except ZeroDivisionError:
        print("自定义异常信息：分母不能为零！！！")
```

第五步：有类有多个异常处理分开写。

```
import math
class DivisionOrange:
    __orange=0
    __student=0
    __myDivision=0
    __myFree=0
    def __init__(self):
        print("---------现在分橘子了-------");
    def myInput(self):
        self.__orange=int(input("请输入橘子的个数："))
        self.__student=int(input("请输入学生的个数："))
    def calc(self):
        self.__myDivision =int(self.__orange / self.__student)
        self.__myFree = self.__orange - self.__myDivision * self.__student
    def myOutput(self):
        if self.__myFree > 0:
            print("orange=", self.__orange)
            print("student=" , self.__student)
            print("myDivision=", self.__myDivision)
            print("myFree=", self.__myFree)
```

```
            print("")
        else:
            print("已经全部分配完成，无剩余！\n")
if __name__=="__main__":
    try:
        myObj=[DivisionOrange() for i in range(3)]
        for obj in myObj:
            obj.myInput()
            obj.calc()
            obj.myOutput()
    except ZeroDivisionError as zde:
        print("异常信息1：分母不能为零！！！",zde)
    except ValueError as ve:
        print("异常信息2：传入的值必须为正整数！！！",ve)
```

调试以上程序，运行结果如下：

```
'''程序调试两次，结果分别如下：
>>>
--------现在分橘子了------
--------现在分橘子了------
--------现在分橘子了------
请输入橘子的个数：100
请输入学生的个数：0
异常信息1：分母不能为零！！！ division by zero
>>>
--------现在分橘子了------
--------现在分橘子了------
--------现在分橘子了------
请输入橘子的个数：100
请输入学生的个数：a3
异常信息2：传入的值必须为正整数！！！ invalid literal for int() with base 10: 'a3'
'''
```

注意：多个异常处理可以按照不同的异常分别输出不同的异常消息。

第六步：有类有多个异常处理连起来写。

```
import math
class DivisionOrange:
    __orange=0
    __student=0
    __myDivision=0
    __myFree=0
    def __init__(self):
        print("--------现在分橘子了------");
    def myInput(self):
        self.__orange=int(input("请输入橘子的个数："))
        self.__student=int(input("请输入学生的个数："))
    def calc(self):
        self.__myDivision =int(self.__orange / self.__student)
        self.__myFree = self.__orange - self.__myDivision * self.__student
    def myOutput(self):
        if self.__myFree > 0:
            print("orange=", self.__orange)
            print("student=" , self.__student)
            print("myDivision=", self.__myDivision)
            print("myFree=", self.__myFree)
            print("")
        else:
            print("已经全部分配完成，无剩余！\n")
```

```
if __name__=="__main__":
    try:
        myObj=[DivisionOrange() for i in range(3)]
        for obj in myObj:
            obj.myInput()
            obj.calc()
            obj.myOutput()
    except (ZeroDivisionError,ValueError) as e:   #多个异常名称之间用逗号分隔
        print("异常信息是: ",e)
```

调试以上程序，运行结果如下：

```
'''程序调试两次，结果分别如下:
--------现在分橘子了------
--------现在分橘子了------
--------现在分橘子了------
请输入橘子的个数: 100
请输入学生的个数: 0
异常信息1: 分母不能为零！！！ division by zero
>>>
--------现在分橘子了------
--------现在分橘子了------
--------现在分橘子了------
请输入橘子的个数: 100
请输入学生的个数: a3
异常信息2: 传入的值必须为正整数！！！ invalid literal for int() with base 10: 'a3'
'''
```

注意：通过一个异常的别名可以表示多个异常类，然后由系统判定发生哪个异常，输出哪个异常消息。

```
except (异常类名1,异常类名2, ...异常类名n) as e:
        print("异常信息是: ",e)
```

四、任务小结

（1）无类无异常：是系统显示异常信息。

（2）无类有异常：是用 try...except 自定义显示异常信息。

（3）有类无异常：用类封装算法，由系统显示异常信息。

（4）有类有一个异常：用类封装算法，用 try... 一个 except 自定义显示一个异常信息。

（5）有类有多个异常处理分开写：用类封装算法，用 try... 多个 except 自定义显示多个异常信息。

（6）有类有多个异常连起写：用类封装算法，用 try...except 包含多个异常类，用别名来输出系统异常消息。

五、任务拓展

（1）Python 语言不像 C++ 或 Java 语言，可以在编译器里捕获很多语法错误，它只有在程序运行后才会执行语法检查。所以只有在程序运行或测试时，才会知道该程序能不能正常运行。因此掌握一定的异常处理语句和程序调试方法很重要。

（2）编写时发生的错误，称为语法错误；编写时无错，运行时无错，但是算法有错造成输出的结果有错，称为逻辑错误；运行时发生错误称为异常。

（3）Python 中见的异常如下：

NameError 是指变量未声明错误，IndexError 是指索引越界错误，IndentationError 是指缩进错误，ValueError 是指传入值错误，KeyError 是指字典关键字不存在错误，IOError 是指输入输出错误，ImportError 是指模块找不到错误，AttributeError 是指对象属性未知错误，TypeError 是指类型不合适错误，MemoryError

是指内存不足错误，ZeroDivisionError 是指除数为 0 的错误。

六、任务思考

为火山探测机器人类设计多个 except 异常处理。

任务二　实现异常的抛出与异常类的自定义

视 频

实现异常的抛出与异常类的自定义

一、任务描述

上海御恒信息科技有限公司接到客户的一份订单，要求用 Python 的异常的抛出与异常类的自定义来处理之前已编好的程序。公司刚招聘了一名程序员小张，软件开发部经理要求他尽快熟悉 Python 的异常的抛出与异常类的自定义，小张按照经理的要求选取了相关的算法来进行任务分析。

二、任务分析

在 Python 中，可以用 try 来封装可能出现异常的算法，然后用多个 except 来处理不同的异常，显示不同的异常消息。如果当 try 语句块中没有发现异常要处理，可以添加 else 子句。如果想有无异常均要执行一个语句块（例如：退出应用程序），可以将相关代码放入 finally 子句中。如果想在算法函数中抛出异常，可以使用 raise 语句或断言 assert。如果想自己设计异常类，自行捕获异常，还可用自定义异常类。

三、任务实施

第一步：书写一个带有 else 子句的异常处理程序，源代码如图 8-3 中 (a)、(b)、(c) 所示。

```
import math
class DivisionOrange:
    __orange=0
    __student=0
    __myDivision=0
    __myFree=0
    def __init__(self):
        print("--------现在分橘子了------");
    def myInput(self):
        self.__orange=int(input("请输入橘子的个数："))
        self.__student=int(input("请输入学生的个数："))

    def calc(self):
        self.__myDivision =int(self.__orange // self.__student)
        self.__myFree = self.__orange - self.__myDivision * self.__student
```

（a）异常处理程序①

```
    def myOutput(self):
        if self.__myFree > 0:
            print("orange=", self.__orange)
            print("student=" , self.__student)
            print("myDivision=", self.__myDivision)
            print("myFree=", self.__myFree)
            print("")
        else:
            print("已经全部分配完成，无剩余！\n")
```

（b）异常处理程序②

图 8-3　异常处理程序

```python
if __name__=="__main__":
    try:
        myObj=[DivisionOrange() for i in range(3)]
        for obj in myObj:
            obj.myInput()
            obj.calc()
            obj.myOutput()
    except ZeroDivisionError as zde:
        print("异常信息1：分母不能为零！！！",zde)
    except ValueError as ve:
        print("异常信息2：传入的值必须为正整数！！！",ve)
    else:   #没有抛出异常时执行
        print("分橘子工作顺利完成！！！")
```

（c）异常处理程序③

图 8-3　异常处理程序（续）

调试以上程序，运行结果如图 8-4 中（a）、（b）所示。

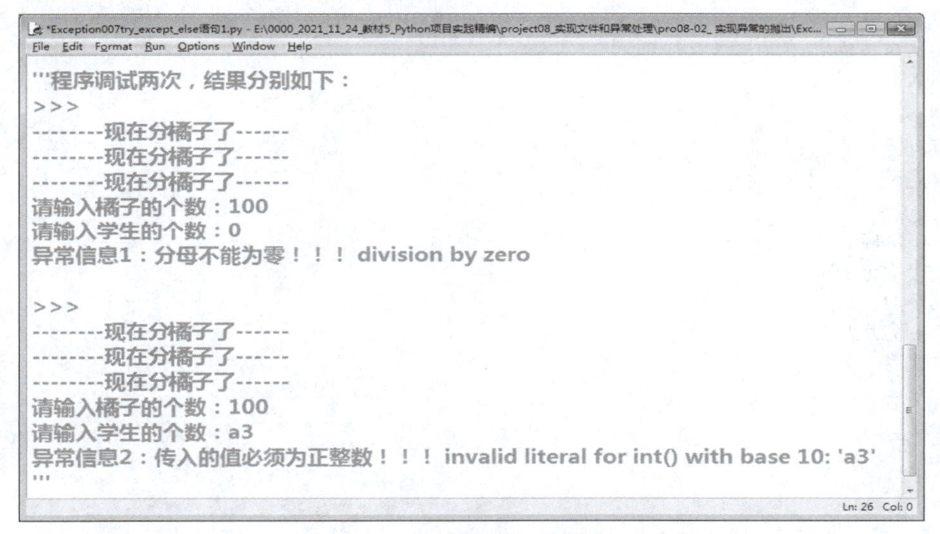

（a）带有 else 子句的异常处理程序的结果①

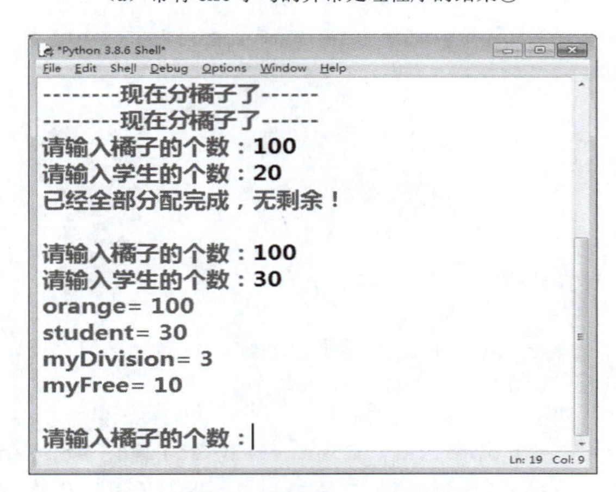

（b）带有 else 子句的异常处理程序的结果②

图 8-4　带有 else 子句的异常处理程序的结果

注意：当程序无异常发生时，try中的else子句并未执行，尝试修改主函数的代码，用一个对象来试验，在try中只调用输入和处理函数，将输出函数移到try结束之后，具体代码如下：

```
if __name__=="__main__":
    try:
        obj=DivisionOrange()
        obj.myInput()
        obj.calc()
    except ZeroDivisionError as zde:
        print("异常信息1: 分母不能为零！！！",zde)
    except ValueError as ve:
        print("异常信息2: 传入的值必须为正整数！！！",ve)
    else:   #没有抛出异常时执行
        print("分橘子工作顺利完成！！！")
    obj.myOutput()
```

调试以上程序，运行结果如下：

```
'''程序调试两次，结果分别如下:
>>>
--------现在分橘子了------
请输入橘子的个数: 100
请输入学生的个数: 20
分橘子工作顺利完成！！！
已经全部分配完成，无剩余!
>>>
--------现在分橘子了------
请输入橘子的个数: 100
请输入学生的个数: 30
分橘子工作顺利完成！！！
orange= 100
student= 30
myDivision= 3
myFree= 10
'''
```

第二步：书写一个带有 finally 子句的异常处理程序。

```
import math
class DivisionOrange:
    __orange=0
    __student=0
    __myDivision=0
    __myFree=0
    def __init__(self):
        print("--------现在分橘子了------");
    def myInput(self):
        self.__orange=int(input("请输入橘子的个数: "))
        self.__student=int(input("请输入学生的个数: "))
    def calc(self):
        self.__myDivision =int(self.__orange // self.__student)
        self.__myFree = self.__orange - self.__myDivision * self.__student
    def myOutput(self):
        if self.__myFree > 0:
            print("orange=", self.__orange)
            print("student=" , self.__student)
            print("myDivision=", self.__myDivision)
```

```
            print("myFree=", self.__myFree)
            print("")
        else:
            print("已经全部分配完成，无剩余！\n")
if __name__=="__main__":
    try:
        obj1=DivisionOrange()
        obj1.myInput()
        obj1.calc()
        obj2=DivisionOrange()
        obj2.myInput()
        obj2.calc()
        obj3=DivisionOrange()
        obj3.myInput()
        obj3.calc()
    except ZeroDivisionError as zde:
        print("异常信息1: 分母不能为零！！！",zde)
    except ValueError as ve:
        print("异常信息2: 传入的值必须为正整数！！！",ve)
    else:    #没有抛出异常时执行
        print("分橘子工作顺利完成！！！")
    finally:    #无论有无异常均要执行
        print("今天为同学们分享橘子很开心！！！")
    print("obj1输出",end="")
    obj1.myOutput()
    print("obj2输出",end="")
    obj2.myOutput()
    print("obj3输出",end="")
    obj3.myOutput()
'''程序调试两次，结果分别如下:
```

调试以上程序，运行结果如下：

```
--------现在分橘子了------
请输入橘子的个数: 100
请输入学生的个数: 20
--------现在分橘子了------
请输入橘子的个数: 100
请输入学生的个数: 30
--------现在分橘子了------
请输入橘子的个数: 100
请输入学生的个数: 0
异常信息1: 分母不能为零！！！ integer division or modulo by zero
今天为同学们分享橘子很开心！！！
obj1输出已经全部分配完成，无剩余！
obj2输出orange= 100
student= 30
myDivision= 3
myFree= 10
obj3输出已经全部分配完成，无剩余！
```

注意： 输出语句的调用位置会影响输出结果。

第三步：用 raise 子句来抛出异常。

```
import math
def myDivision():
```

```
    orange=int(input("请输入橘子的个数: "))
    student=int(input("请输入学生的人数: "))
    if orange<student:
        raise ValueError("橘子太少了, 不够分...")
    division=orange//student
    free=orange-division*student
    if free>0:
        print(orange,"个橘子","平均分给",student,"个学生",\
                "每人分",division,"个, 还剩余",free,"个。")
    else:
        print(orange,"个橘子","平均分给",student,"个学生","每人分",division,"个。")
if __name__=="__main__":
    try:
        myDivision()
    except ZeroDivisionError:
        print("\n分母不能为零! ")
    except ValueError as ve:
        print("\n异常是: ",ve)
    else:
        print("没有发生异常, 分橘子顺利完成! ")
    finally:
        print("无论有无异常均要退出程序! ")
```

调试以上程序，运行结果如下：

```
#第一次运行结果
请输入橘子的个数: 100
请输入学生的人数: 20
100 个橘子 平均分给 20 个学生 每人分 5 个。
没有发生异常, 分橘子顺利完成!
无论有无异常均要退出程序!
#第二次运行结果
请输入橘子的个数: 100
请输入学生的人数: 30
100 个橘子 平均分给 30 个学生 每人分 3 个, 还剩余 10 个。
没有发生异常, 分橘子顺利完成!
无论有无异常均要退出程序!
#第三次运行结果
请输入橘子的个数: 100
请输入学生的人数: 0
分母不能为零!
无论有无异常均要退出程序!
请输入橘子的个数: 100
请输入学生的人数: a3
异常是:  invalid literal for int() with base 10: 'a3'
无论有无异常均要退出程序!
```

注意：完整的异常处理包括try...多个except子句及一个else子句和一个finally子句，实际书写时可以根据实际情况进行组合。

第四步：用 assert 语句调试程序。

```
import math
def myDivision():
    orange=int(input("请输入橘子的个数: "))
    student=int(input("请输入学生的人数: "))
```

```
    assert orange>student,"橘子太少了，不够分..."  #应用断言调试
    division=orange//student
    free=orange-division*student
    if free>0:
        print(orange,"个橘子","平均分给",student,"个学生",\
                "每人分",division,"个，还剩余",free,"个。")
    else:
        print(orange,"个橘子","平均分给",student,"个学生","每人分",division,"个。")
if __name__=="__main__":
    try:
      myDivision()
    except AssertionError as ae:
      print("\n输入有误: ",ae)
```

调试以上程序，运行结果如下：

```
#异常情况1:
请输入橘子的个数: 100
请输入学生的人数: 0
Traceback (most recent call last):
  File "Exception010assert语句.py", line 20, in <module>
    myDivision()
  File "Exception010assert语句.py", line 9, in myDivision
    division=orange//student
ZeroDivisionError: integer division or modulo by zero
#异常情况2:
请输入橘子的个数: 100
请输入学生的人数: a3
Traceback (most recent call last):
  File "Exception010assert语句.py", line 20, in <module>
    myDivision()
  File "Exception010assert语句.py", line 5, in myDivision
    student=int(input("请输入学生的人数: "))
ValueError: invalid literal for int() with base 10: 'a3'
#异常情况3:
请输入橘子的个数: 5
请输入学生的人数: 10
输入有误:  橘子太少了，不够分...
```

注意：assert可和异常处理结合。注意区分调用函数时使用try语句块和不使用的区别。

第五步：用自定义异常类来调试程序。

```
import math
class MyException(ValueError):
    _myMessage=""
    def __init__(self,myMess):
        self._myMessage=myMess
    def putMessage(self):
        return self._myMessage
class DivisionOrange(MyException):
    __orange=0
    __student=0
    __myDivision=0
    __myFree=0
    def __init__(self,myMess):
        print("\n--------现在分橘子了------,这是"+myMess)
        super().__init__(myMess)
```

```
    def myInput(self):
        self.__orange=int(input("请输入橘子的个数: "))
        self.__student=int(input("请输入学生的个数: "))
    def calc(self):
        if self.__orange<self.__student:
            raise MyException("橘子太少了，不够分！")
        else:
            self.__myDivision =int(self.__orange // self.__student)
            self.__myFree = self.__orange - self.__myDivision * self.__student
    def myOutput(self):
        if self.__myFree > 0:
            print("orange=", self.__orange)
            print("student=" , self.__student)
            print("myDivision=", self.__myDivision)
            print("myFree=", self.__myFree)
            print("")
        else:
            print("已经全部分配完成，无剩余！")
if __name__=="__main__":
    try:
        obj1=DivisionOrange("第一次")
        obj1.myInput()
        obj1.calc()
        obj1.myOutput()
        obj2=DivisionOrange("第二次")
        obj2.myInput()
        obj2.calc()
        obj2.myOutput()
        obj3=DivisionOrange("第三次")
        obj3.myInput()
        obj3.calc()
        obj3.myOutput()
    except MyException as myex:
        print("我的自定义异常是: ",myex.putMessage())
    except ZeroDivisionError as zde:
        print("系统显示的异常是: ",zde)
    else:    #没有抛出异常时执行
        print("分橘子工作顺利完成！！！")
    finally:    #无论有无异常均要执行
        print("今天为同学们分享橘子很开心！！！\n")
```

调试以上程序，运行结果如下：

```
--------现在分橘子了------,这是第一次
请输入橘子的个数: 100
请输入学生的个数: 20
已经全部分配完成，无剩余!
--------现在分橘子了------,这是第二次
请输入橘子的个数: 100
请输入学生的个数: 30
orange= 100
student= 30
myDivision= 3
myFree= 10
#以下输出分别是两种可能的情况
--------现在分橘子了------,这是第三次
请输入橘子的个数: 100
请输入学生的个数: 300
我的自定义异常是:  橘子太少了，不够分!
今天为同学们分享橘子很开心！！！
--------现在分橘子了------,这是第三次
请输入橘子的个数: 100
请输入学生的个数: 0
```

```
系统显示的异常是： integer division or modulo by zero
今天为同学们分享橘子很开心！！！
```

注意：raise抛出消息一定是由相对应的异常类来接受。

四、任务小结

（1）try...except 子句可以处理一种异常的情况。

（2）try... 多个 except 子句可以处理多种异常的情况。

（3）try...except...else 子句可以处理正常输出无异常的情况。

（4）try...except...finally 子句可以处理有无异常均要输出的情况。

（5）raise 语句可以在某个函数中抛出异常后，再由 try...except 去捕获。

（6）使用 assert 语句对程序中某个时刻必须满足的条件进行验证。

（7）自定义异常类可以从异常的基类继承来输出其不同的异常消息。

五、任务拓展

（1）在 Python 中，还有另一种异常处理结构，它是 try...except...else 语句，就是在 try...except 语句的基础上再添加一个 else 子句，用于指定当 try 语句块中没有发现异常时要执行的语句块。该语句块中的内容当 try 语句中发现异常时，将不被执行。

（2）完整的异常处理语句应该包含 finally 代码块，通常情况下，无论程序中有无异常产生，finally 代码块中的代码都会被执行。

（3）如果某个函数或方法可能会产生异常，但不想在当前函数或方法中处理这个异常，则可以使用 raise 语句在函数或方法中抛出异常。语法格式是：raise ValueError(" 异常消息 ")。当然异常消息可以省略，如果省略，则不输出任何消息。此外使用 raise 一定要选择和算法出现的异常相匹配的异常类。

（4）可使用 IDLE 中的 DEBUG 菜单项中的 Debugger 菜单，打开 Debug Control 对话框，再打开 File 菜单中的 Open 菜单项，打开要调试的文件，右击要添加断点的代码，选择 set Breakpoint，这样执行时就能看到变量的值。

（5）BaseException 类是所有异常类的基类，它的子类是 Exception，Exception 类的子类是 StandardError，StandardError 的子类是 ArithmeticError、EnvironmentError、RuntimeError、LookupError、SyntaxError，这其中的 ArithmeticError 的子类是 ZeroDivisionError，EnvironmentError 的子类是 IOError 和 OSError，LookupError 的子类是 IndexErrort 和 KeyError，SyntaxError 的子类是 IndentationError。

六、任务思考

为火山探测机器人类设计 try...except...else...finally 异常处理程序。

任务三　实现文本的输入与输出

一、任务描述

上海御恒信息科技有限公司接到客户的一份订单，要求用 Python 的文件操作来记录支付宝蚂蚁庄园中的相关信息。公司刚招聘了一名程序员小张，软件开发部经理要求他尽快熟悉 Python 的文件操作，小张按照经理的要求选取了相关的算法来进行任务分析。

视频

实现文本的输入与输出

二、任务分析

通常高级编程语言中会提供一个内置的函数，通过接收“文件路径”以及“文件打开模式”等参数来打开一个文件对象，并返回该文件对象的文件描述符。因此通过这个函数就可以获取要操作的文件对象了。这个内置函数在 Python 中称为 open(), 在 PHP 中称为 fopen()。变量、序列和对象中存储的数据是临时的，程序结束后就会释放，数据就丢失了。为了将数据保存在磁盘上，Python 提供了内置的文件对象和对文件、目录进行操作的内置模块，可以方便地将数据保存到文件，以达到长期保存数据的目的。文件操作的过程分为打开文件、读或写操作、关闭文件。下面是具体任务实施。

三、任务实施

第一步：打开一个不存在的文件时先创建该文件。

```
file=open("myAnt.txt")
```

调试以上程序，运行结果如下：

```
Traceback (most recent call last):
  File "File01.py", line 1, in <module>
    file=open("myAnt.txt")
FileNotFoundError: [Errno 2] No such file or directory: 'myAnt.txt'
```

注意：当文件不存在时，系统显示FileNotFoundError异常信息。

第二步：为以上代码加入异常处理语句。

```
try:
    file=open("myAnt.txt")
except FileNotFoundError as fnfe:
    print("文件操作时发生的异常是: ",fnfe)
```

调试以上程序，运行结果如下：

```
= RESTART: E:\File02.py
文件操作时发生的异常是:  [Errno 2] No such file or directory: 'myAnt.txt'
```

注意：出现的异常消息由try...except来捕获并正常输出。

第三步：为以上代码继续加入 else 及 finally 子句。

```
try:
    file=open("myAnt.txt")
except FileNotFoundError as fnfe:
    print("文件操作时发生的异常是: ",fnfe)
else:
    print("文件已存在！！！")
finally:
    print("切记文件操作完要保存并关闭")
```

调试以上程序，假设当前目录下已经存在 myAnt.txt 文件，运行结果如下：

```
文件已存在！！！
切记文件操作完要保存并关闭
```

注意：设计文件打开操作的程序，要考虑添加完善的异常处理代码。

第四步：在以上代码中加入创建并打开记录蚂蚁庄园动态的文件。

```
try:
    print("\n","="*10,"蚂蚁庄园动态","="*10)
    file=open("myAnt1.txt","w")   #参数w表示以只写模式打开文件
```

```
    print("\n 即将显示······\n")
except FileNotFoundError as fnfe:
    print("文件操作时发生的异常是: ",fnfe)
else:
    print("文件已写入磁盘的当前目录中！！！")
finally:
    print("切记文件操作完要保存并关闭")
```

调试以上程序，假设当前目录下没有 myAnt.txt 文件，运行结果如图 8-5 所示。

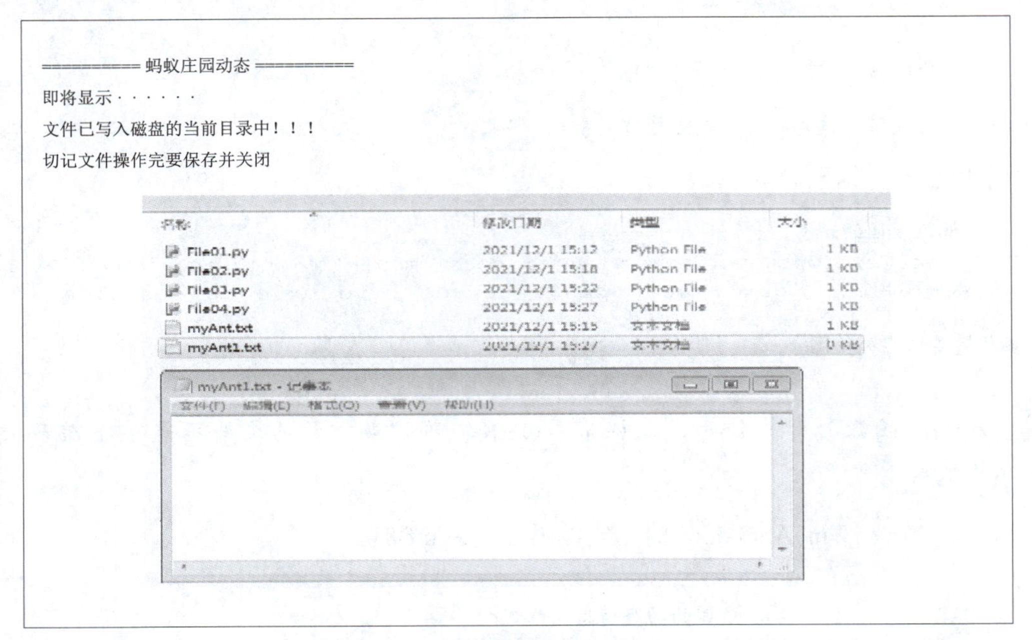

图 8-5　文件操作运行结果

注意： 以上文件的字节数为0KB，说明创建的是一个空文件。

第五步：打开一个二进制文件，例如一个图片文件 ants.jpg。

```
try:
    print("\n","="*10,"蚂蚁图片","="*10)
    file=open("ants.jpg","rb")
    #参数rb表示以只读模式打开二进制文件，指针指向文件开始位置
    print("\n 即将显示······\n")
except FileNotFoundError as fnfe:
    print("文件操作时发生的异常是: ",fnfe)
else:
    print("二进制文件ants.jpg已打开！！！")
finally:
    print("切记文件操作完要保存并关闭")
```

调试以上程序，假设当前目录下已存在 ants.jpg 文件，运行结果如下：

```
  ========== 蚂蚁图片 ==========
 即将显示······
file对象是:  <_io.BufferedReader name='ants.jpg'>
二进制文件ants.jpg已打开！！！
切记文件操作完要保存并关闭
```

注意： 以上图片文件必须存在，另外文件对象是属于_io.BufferedReader类的。

第六步：用默认的 GBK 编码格式打开一个文件 myAnt3.docx。

```
try:
    print("\n","="*10,"蚂蚁庄园的动态信息","="*10)
    file=open("myAnt3.docx","r")
    print("file对象是: ",file)
    print(file.read())
    file.close()
except FileNotFoundError as fnfe:
    print("文件操作时发生的异常是: ",fnfe)
except UnicodeDecodeError as ude:
    print("不是默认的GBK编码异常: ",ude)
else:
    print("文件myAnt3已经打开！！！")
finally:
    print("切记文件操作完要保存并关闭")
```

调试以上程序，运行结果如下：

```
========== 蚂蚁庄园的动态信息 ==========
file对象是:  <_io.TextIOWrapper name='myAnt3.docx' mode='r' encoding='cp936'>
不是默认的GBK编码异常:  'gbk' codec can't decode byte 0x9e in position 14: illegal
multibyte sequence
切记文件操作完要保存并关闭
```

注意：open()函数打开文件时，默认采用GBK编码，当打开的文件不是GBK编码时，将抛出UnicodeDecodeError。

第七步：打开一个文件 myAnt3.docx 时指定编码方式为 utf-8。

```
try:
    print("\n","="*10,"蚂蚁庄园的动态信息","="*10)
    file=open("myAnt.txt","r",encoding="utf-8")
    print("file对象是: ",file)
    print(file.read())
    file.close()
except FileNotFoundError as fnfe:
    print("文件操作时发生的异常是: ",fnfe)
except UnicodeDecodeError as ude:
    print("不是默认的GBK编码异常: ",ude)
else:
    print("文件myAnt3已经打开！！！")
finally:
    print("切记文件操作完要保存并关闭")
```

调试以上程序，运行结果如下：

```
========== 蚂蚁庄园的动态信息 ==========
file对象是:  <_io.TextIOWrapper name='myAnt.txt' mode='r' encoding='utf-8'>
Hello,my pretty little ant!!!
文件myAnt3已经打开！！！
切记文件操作完要保存并关闭
```

注意：在调用open()函数时，通过添加encoding="utf-8"参数即可实现将编码指定为utf-8。此外file.close()是关闭文件对象，close()方法先刷新缓冲区中还没有写入的信息，然后再关闭文件。关闭后不能再进行写入操作。

第八步：打开文件时使用 with 语句。

```
try:
    print("\n","="*10,"蚂蚁庄园的动态信息","="*10)
```

```
    with open("myAnt.txt","w") as file:
        pass
    print("即将显示······\n")
except FileNotFoundError as fnfe:
    print("文件操作时发生的异常是：",fnfe)
except UnicodeDecodeError as ude:
    print("不是默认的GBK编码异常：",ude)
else:
    print("文件myAnt已经打开！！！")
finally:
    print("切记文件操作完要保存并关闭")
```

调试以上程序，运行结果如下：

```
========== 蚂蚁庄园的动态信息 ==========
即将显示······
文件myAnt已经打开！！！
切记文件操作完要保存并关闭
```

注意：文件忘记关闭或打开文件时发生异常导致文件不能及时关闭，这时可使用with语句来保证语句执行完毕后可以关闭已打开的文件。

第九步：打开一个文件 myAnt2.txt，并写入一句励志信息。

```
try:
    print("\n","="*10,"蚂蚁庄园的动态信息","="*10)
    file=open("myAnt2.txt","w")
    file.write("少壮不努力，老大徒伤悲！\n")
    print("\n 已经写入一条励志信息······\n")
    print("file对象是：",file)
    file.close()
except FileNotFoundError as fnfe:
    print("文件操作时发生的异常是：",fnfe)
else:
    print("文件myAnt2已经写入内容！！！")
finally:
    print("切记文件操作完要保存并关闭")
```

调试以上程序，运行结果如图 8-6 所示。

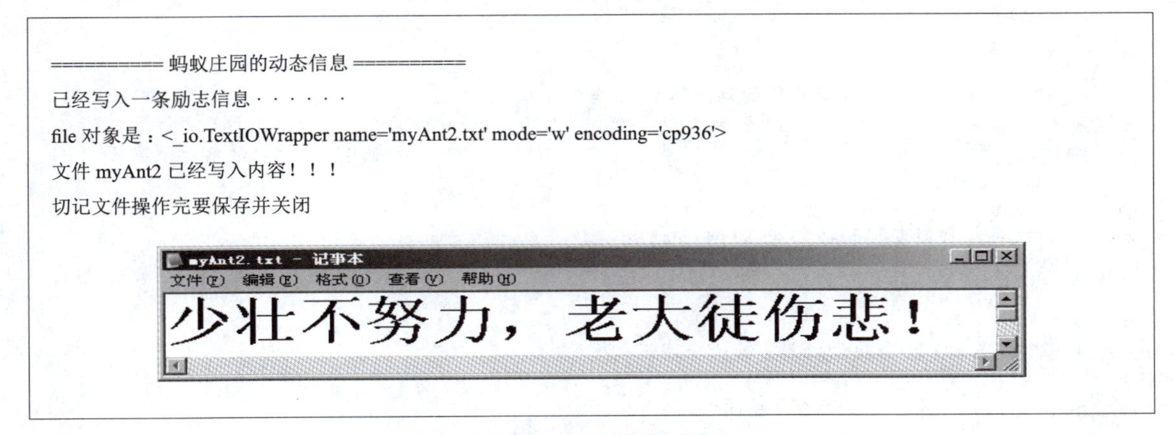

图 8-6　文件操作结果

注意：在调用write()向文件中写入内容时，打开文件时，指定的打开模式须为w或a，否则会抛出io.UnsupportedOperation没有写入权限的异常。

第十步：打开以上文件 myAnt2.txt，并在其中追加一条励志信息。

```
try:
    print("\n","="*10,"蚂蚁庄园的动态信息","="*10)
    file=open("myAnt2.txt","a")
    file.write("帮助别人就是帮助自己！\n")
    print("\n 已经追加了一条励志信息······\n")
    print("file对象是：",file)
    file.close()
except FileNotFoundError as fnfe:
    print("文件操作时发生的异常是：",fnfe)
else:
    print("文件myAnt2已经追加了新的内容！！！")
finally:
    print("切记文件操作完要保存并关闭")
```

调试以上程序，运行结果如图 8-7 所示。

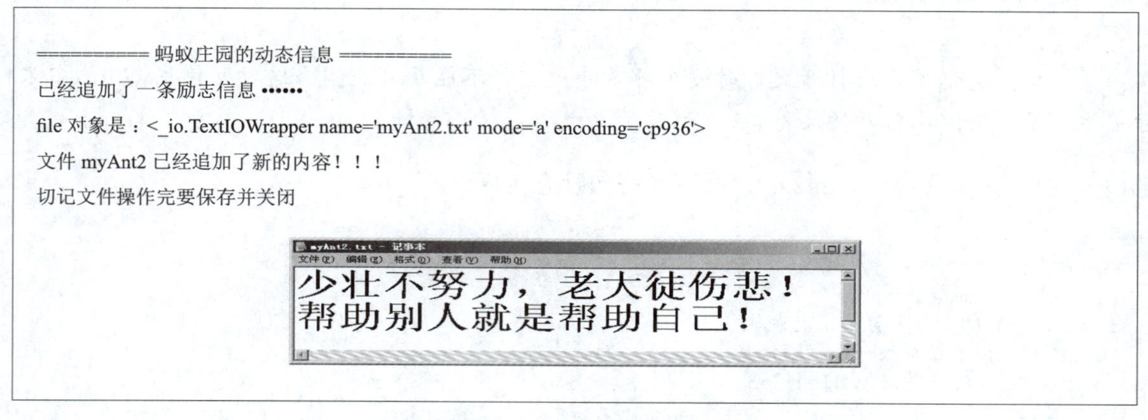

图 8-7　文件追加操作结果

注意：在写入文件是用w模式会清空原文件的内容，再写入新的内容，而如果采用a模式，则不会覆盖原有文件，而是在文件结尾新增内容。如果想将字符串列表写入文件，不添加换行符，可以用writelines()方法。

第十一步：读取文件中的指定字符。

```
try:
    print("\n","="*10,"蚂蚁庄园的动态信息","="*10)
    with open("myAnt2.txt","r") as file:                    #以只读模式打开文件
        myStr=file.read(6)                                  #读取文件中的前六个字符
        print(myStr)
except FileNotFoundError as fnfe:
    print("文件操作时发生的异常是：",fnfe)
except IOError as ie:
    print("输入输出异常是：",ie)
else:
    print("文件myAnt2需要读取其中前六个字符！！！")
finally:
    print("切记文件操作完要保存并关闭")
```

调试以上程序，运行结果如下：

```
========== 蚂蚁庄园的动态信息 ==========
少壮不努力，
文件myAnt2需要读取其中前六个字符！！！
切记文件操作完要保存并关闭
```

注意：read(size)可以读取指定字符个数的字符。如果with open("myAnt2.txt","r") as file:这段代码中的"r"改为"w"，则会显示not readable异常。

第十二步：从 myAnt3.txt 文件中读出第 4 至 7 个字符。

```
try:
    print("\n","="*10,"蚂蚁庄园的动态信息","="*10)
    with open("myAnt3.txt","r",encoding="utf-8") as file:#以只读模式打开文件
        file.seek(3)    #seek()定位的是索引位置，3表示索引3，即第4个字符位置
        myStr=file.read(4)                                  #读取文件中的第4至7个字符
        print(myStr)
except FileNotFoundError as fnfe:
    print("文件操作时发生的异常是：",fnfe)
except IOError as ie:
    print("输入输出异常是：",ie)
else:
    print("文件myAnt3需要读取其中第4至7个字符！！！")
finally:
    print("切记文件操作完要保存并关闭")
```

调试以上程序，运行结果如下：

```
========== 蚂蚁庄园的动态信息 ==========
4567
文件myAnt3需要读取其中第4至7个字符！！！
切记文件操作完要保存并关闭
```

注意：在使用seek()方法时，offset的值是按一个汉字占两个字符、英文和数字占一个字符计算的。这与read(size)方法不同。seek(移动的字符个数，指定从什么位置开始计算(0表示从文件头开始计算,1表示从当前位置开始计算,2表示从文件尾开始计算,默认为0))，要从文件尾开始计算，要在打开文件时使用b模式。

第十三步：用只读方式打开一个文件，调用 read() 读取全部动态信息。

```
try:
    print("\n","="*10,"蚂蚁庄园的动态信息","="*10)
    with open("myAnt4.txt","r") as file:                #以只读模式打开文件
        message=file.read()                             #读取全部动态信息
        print(message)
        print("\n","="*29,"over","="*29)
except FileNotFoundError as fnfe:
    print("文件操作时发生的异常是：",fnfe)
except IOError as ie:
    print("输入输出异常是：",ie)
else:
    print("显示文件myAnt4中所有的内容！！！")
finally:
    print("切记文件操作完要保存并关闭")
```

调试以上程序，运行结果如下：

```
========== 蚂蚁庄园的动态信息 ==========
少壮不努力，老大徒伤悲。
帮助别人就是帮助自己。
时不我待。
一步一个脚印。
千里之行始于足下。
今天的一小步，是明天的一大步。
```

```
 ============================== over ==============================
显示文件myAnt4中所有的内容！！！
切记文件操作完要保存并关闭
```

注意：read()方法可以读取全部动态信息。

第十四步：用循环实现一行行读取并每输出一行加一个回车。

```
try:
    print("\n","="*10,"蚂蚁庄园的动态信息","="*10)
    with open("myAnt4.txt","r") as file:                    #以只读模式打开文件
        lineNum=0                                            #存放行号
        while True:
            lineNum+=1
            row=file.readline()                              #读一行内容
            if row=='':
                break
            print(lineNum,row,end="\n")
    print("\n","="*15,"over","="*15)
except FileNotFoundError as fnfe:
    print("文件操作时发生的异常是: ",fnfe)
except IOError as ie:
    print("输入输出异常是: ",ie)
else:
    print("\n显示文件myAnt4中所有的内容！！！")
finally:
    print("\n切记文件操作完要保存并关闭")
```

调试以上程序，运行结果如下：

```
========== 蚂蚁庄园的动态信息 ==========
1 少壮不努力，老大徒伤悲。
2 帮助别人就是帮助自己。
3 时不我待。
4 一步一个脚印。
5 千里之行始于足下。
6 今天的一小步，是明天的一大步。
 =============== over ===============
显示文件myAnt4中所有的内容！！！
切记文件操作完要保存并关闭
```

注意：readline()用于每次读取一行数据，打开文件模式时要指定为r(只读)或r+(读写)。

第十五步：用 readlines() 读取全部行。

```
try:
    print("\n","="*10,"蚂蚁庄园的动态信息","="*10)
    with open("myAnt4.txt","r") as file:                    #以只读模式打开文件
        myStr=file.readlines()                               #读取全部动态信息
        print(myStr)
    print("\n","="*15,"over","="*15)
except FileNotFoundError as fnfe:
    print("文件操作时发生的异常是: ",fnfe)
except IOError as ie:
    print("输入输出异常是: ",ie)
else:
    print("\n显示文件myAnt4中所有的内容！！！")
finally:
    print("\n切记文件操作完要保存并关闭")
```

调试以上程序，运行结果如下：

```
========== 蚂蚁庄园的动态信息 ==========
['少壮不努力，老大徒伤悲。\n', '帮助别人就是帮助自己。\n', '时不我待。\n', '一步一个脚印。\n', '千里之行始于足下。\n', '今天的一小步，是明天的一大步。']
 =============== over ===============
显示文件myAnt4中所有的内容！！！
切记文件操作完要保存并关闭
```

注意：readlines()用于读取全部行，打开文件模式时要指定为r(只读)或r+(读写)。返回的是一个字符串列表，每个元素是文件的一行内容。

第十六步：将以上读取的列表内容用循环逐行输出。

```
try:
    print("\n","="*10,"蚂蚁庄园的动态信息","="*10)
    with open("myAnt4.txt","r") as file:                    #以只读模式打开文件
        myStr=file.readlines()                              #读取全部动态信息
        for str in myStr:
            print(str)
    print("\n","="*15,"over","="*15)
except FileNotFoundError as fnfe:
    print("文件操作时发生的异常是：",fnfe)
except IOError as ie:
    print("输入输出异常是：",ie)
else:
    print("\n显示文件myAnt4中所有的内容！！！")
finally:
    print("\n切记文件操作完要保存并关闭")
```

调试以上程序，运行结果如下：

```
========== 蚂蚁庄园的动态信息 ==========
少壮不努力，老大徒伤悲。
帮助别人就是帮助自己。
时不我待。
一步一个脚印。
千里之行始于足下。
今天的一小步，是明天的一大步。
 =============== over ===============
显示文件myAnt4中所有的内容！！！
切记文件操作完要保存并关闭
```

注意：readlines()在文件比较大时，输出会很慢。可以用循环将一个该内容输出。

四、任务小结

（1）os.mknod("test.txt") 表示创建空文件。

（2）fp = open("test.txt",w) 表示直接打开一个文件，如果文件不存在则创建文件。

（3）关于 open 模式，说明如下：

w：以写方式打开。

a：以追加模式打开（从 EOF 开始，必要时创建新文件）。

r+：以读写模式打开。

w+：以读写模式打开（参见 w）。

a+：以读写模式打开（参见 a）。

rb：以二进制读模式打开。

wb：以二进制写模式打开(参见 w)。

ab：以二进制追加模式打开(参见 a)。

rb+：以二进制读写模式打开(参见 r+)。

wb+：以二进制读写模式打开(参见 w+)。

ab+：以二进制读写模式打开(参见 a+)。

(4) fp.read([size]) 中 size 为读取的长度，以 byte 为单位。

(5) fp.readline([size]) 表示读一行，如果定义了 size，有可能返回的只是一行的一部分。

(6) fp.readlines([size]) 表示把文件每一行作为一个 list 的一个成员，并返回这个 list。其实它的内部是通过循环调用 readline() 来实现的。如果提供 size 参数，size 是表示读取内容的总长，也就是说可能只读到文件的一部分。

(7) fp.write(str) 表示把 str 写到文件中，write() 并不会在 str 后加上一个换行符。

(8) fp.writelines(seq) 表示把 seq 的内容全部写到文件中（多行一次性写入）。这个函数也只是忠实地写入，不会在每行后面加上任何东西。

(9) fp.close() 表示关闭文件。Python 会在一个文件不用后，自动关闭该文件，不过这一功能没有保证，最好还是养成自己关闭的习惯。如果一个文件在关闭后还对其进行操作会产生 ValueError。

五、任务拓展

(1) I/O 是指 Input/Output，也就是 Stream（流）的输入和输出。这里的输入和输出是相对于内存来说的，Input Stream（输入流）是指数据从外（磁盘、网络）流进内存，Output Stream 是数据从内存流出到外面（磁盘、网络）。程序运行时，数据都是在内存中驻留，由 CPU 这个超快的计算核心来执行，涉及数据交换的地方（通常是磁盘、网络操作）就需要 IO 接口。操作 I/O 的能力是由操作系统提供的，每一种编程语言都会把操作系统提供的低级 C 接口封装起来供开发者使用，Python 也不例外。文件读写就是一种常见的 I/O 操作。那么根据上面的描述，可以推断 Python 也应该封装操作系统的底层接口，直接提供了文件读写相关的操作方法。事实上，也确实如此，而且 Java、PHP 等其他语言也是。那么要操作的对象是什么呢？又如何获取要操作的对象呢？由于操作 I/O 的能力是由操作系统提供的，且现代操作系统不允许普通程序直接操作磁盘，所以读写文件时需要请求操作系统打开一个文件对象（通常被称为文件描述符——file descriptor，简称 fd）。

(2) 文件定位，tell() 方法指出文件内的当前位置，换句话说，下一次的读写会发生在文件开头这么多字节之后。seek(offset [,from]) 方法改变当前文件的位置。offset 变量表示要移动的字节数。from 变量指定开始移动字节的参考位置。如果 from 被设为 0，这意味着将文件的开头作为移动字节的参考位置。如果设为 1，则使用当前的位置作为移动字节的参考位置。如果设为 2，则将该文件的末尾作为移动字节的参考位置。例子就用上面创建的文件 foo.txt。

```
#!/usr/bin/python# -*- coding: UTF-8 -*-
 #打开一个文件
fo = open("foo.txt", "r+")
str = fo.read(10)
print ("读取的字符串是 : ", str)
 #查找当前位置
position = fo.tell()
print ("当前文件位置 : ", position)
 #把指针再次重新定位到文件开头
position = fo.seek(0, 0)
str = fo.read(10)
print ("重新读取字符串 : ", str# 关闭打开的文件)
fo.close()
```

以上实例运行结果如下：

```
读取的字符串是 :  www.runoob
当前文件位置 :  10
```

```
重新读取字符串 ：  www.runoob
```

（3）Python 的 os 模块提供了执行文件处理操作的方法，比如重命名和删除文件。

要使用这个模块，必须先导入它，然后才可以调用相关的各种功能。rename() 方法需要两个参数，当前的文件名和新文件名。语法如下：

```
os.rename(current_file_name, new_file_name)
```

下例将重命名一个已经存在的文件 test1.txt。

```
#!/usr/bin/python# -*- coding: utf-8 -*-
import os
 # 重命名文件test1.txt到test2.txt。
os.rename( "test1.txt", "test2.txt" )
```

可以用 remove() 方法删除文件，需要提供要删除的文件名作为参数。语法如下：

```
os.remove(file_name)
```

例子：下例将删除一个已经存在的文件 test2.txt。

```
#!/usr/bin/python# -*- coding: utf-8 -*-
import os
 #删除一个已经存在的文件test2.txt
os.remove("test2.txt")
```

（4）fp.flush() 把缓冲区的内容写入硬盘。

（5）fp.fileno() 返回一个长整型的“文件标签”。

（6）fp.isatty() 文件是否是一个终端设备文件（unix 系统中的）。

（7）fp.tell() 返回文件操作标记的当前位置，以文件的开头为原点。

（8）fp.next() 返回下一行，并将文件操作标记位移到下一行。把一个 file 用于 for … in file 这样的语句时，就是调用 next() 函数来实现遍历的。

（9）fp.seek(offset[,whence]) 将文件打操作标记移到 offset 的位置。这个 offset 一般是相对于文件的开头来计算的，一般为正数。但如果提供了 whence 参数就不一定了，whence 可以为 0 表示从头开始计算，1 表示以当前位置为原点计算，2 表示以文件末尾为原点进行计算。需要注意，如果文件以 a 或 a+ 的模式打开，每次进行写操作时，文件操作标记会自动返回到文件末尾。

（10）fp.truncate([size]) 把文件裁成规定的大小，默认的是裁到当前文件操作标记的位置。如果 size 比文件的大小还要大，依据系统的不同可能是不改变文件，也可能是用 0 把文件补到相应的大小，也可能是以一些随机的内容加上去。

六、任务思考

为火山探测机器人设计文件的基本输入与输出操作。

任务四　实现文件的目录与对话框操作

一、任务描述

视频

实现文件的目录与对话框操作

上海御恒信息科技有限公司接到客户的一份订单，要求用 Python 来管理平时存储的文件和目录。公司刚招聘了一名程序员小张，软件开发部经理要求他尽快熟悉 Python 的文件目录与对话框操作，小张按照经理的要求选取了相关的算法来进行任务分析。

二、任务分析

目录也称文件夹，它可用于分层保存文件。通过目录可以分门别类地存放文件。也可以通过目录快速找到想要的文件。在 Python 中，没有提供直接操作目录的函数或者对象，而是需要使用内置的 os 和 os.path 模块实现。此外文件对话框可以方便地进行文件的打开、保存、另存为等操作。下面通过任务实施来一步步实现其功能。

三、任务实施

第一步：用内置的 os 模块及其子模块 os.path 用于对目录或文件进行操作。

```
import os
os.name                                          #获取操作系统的类型
os.linesep                                       #获取当前操作系统上的换行符
os.sep                                           #获取当前操作系统所使用的路径分隔符
```

注意：导入os模块后，也可以使用其子模块os.path。此外os模块还提供了getcwd()、listdir(path)、mkdir()、makedirs()、rmdir()、removedirs()、chdir()、walk()等操作目录的函数。而os.path模块提供了abspath()、exists()、join()、splitext()、basename()、dirname()、isdir()等操作目录的函数。

第二步：相对路径与绝对路径。

```
import os
print(os.getcwd())                               #输出当前目录
with open(r"demo/message.txt") as file           #通过相对路径打开文件，r表示原样输出
   pass
print(os.path.abspath("demo\message.txt"))       #获取绝对路径
print(os.path.join("d:\myCode","demo\message.txt"))  #路径拼接
```

注意：使用os.path.join()函数，可正确处理不同操作系统的路径分隔符。

第三步：判断目录是否存在。

```
import os
print(os.path.exists("d:\demo"))                 #判断目录是否存在
print(os.path.exists("d:\\demo"\test.txt))       #判断文件是否存在
```

注意：exists是判断是否存在。

第四步：创建目录。

```
import os
os.makedirs("d:\\myTest\\dir\\myDir")            #创建三级目录
path="d:\\myDir"
if not os.path.exists(path)
os.mkdir(path)                                   #创建目录
print("目录创建成功！")
else:
    print("该目录已经存在！")
```

注意：创建目录是有先后顺序的，先创建一级，再创建二级，以此类推。

第五步：删除目录。

```
import os
path="d:\\myTest\\dir\\myDir"
```

```
if  os.path.exists(path)
os.rmdir(path)      #删除目录
print("目录删除成功！")
else:
    print("该目录不存在！")
```

注意：rmdir()只能删除空的目录，如要删除非空目录要用shutil.rmtree(path)。

第六步：遍历目录。

```
import os
tuples=os.walk("d:\\myTest")
for tuple1 intuples:
   print(tuple1,"\n")
path="d:\\myDemo"
print("[",path,"]目录下包括的文件和目录：")
for root,dirs,files in os.walk(path,topdown=True):
  for name in dirs:
     Print("目录",os.path.join(root,name))
  for name in files:
     Print("文件",os.path.join(root,name)))
```

注意：walk()函数只在UNIX和Windows系统中有效。

第七步：删除文件。

```
import os
path="mrsoft.txt"
if os.path.exists(path):
   os.remove(path)
  print("文件删除完毕")
```

注意：删除文件前先判断文件是否存在。

第八步：重命名文件和目录。

```
import os
src="d:\\lx1.txt"
dst="d:\\lx2.txt"
os.rename(src,dst)
if os.path.exists(src):
  os.rename(src,dst)
  print("文件重命名完毕！")
else:
  print("文件不存在")
```

注意：rename()也可以重命名目录，只要把目录名换成文件名即可，另外只能修改最后一级的目录名称。

第九步：获取文件的基本信息。

```
import os
fileinfo=os.stat("mr.png")
print("文件的完整路径:",os.path.abspath("mr.png"))
print("索引号：",fileinfo.st_ino)
print("设备名：",fileinfo.st_dev)
print("文件大小：",fileinfo.st_size,"字节")
print("最后一次访问时间：",fileinfo.st_atime)
```

```
print("最后一次修改时间: ",fileinfo.st_mtime)
Print("最后一次状态变化时间: ",fileinfo.st_ctime)
```

注意：stat()函数返回的是一个对象，该对象包含st_mode保护模式,st_ino索引号,st_nlink被连接数目,st_size文件大小，st_mtime最后一次修改时间。

第十步：文件对话框。如图 8-8 中 a、b、c 所示。

```
from tkinter.filedialog import askopenfilename
from tkinter.filedialog import asksaveasfilename
filenameforReading=askopenfilename()
print("You can read from "+filenameforReading)
filenameforWriting=asksaveasfilename()
print("You can write data to " + filenameforWriting)
```

（a）文件对话框①

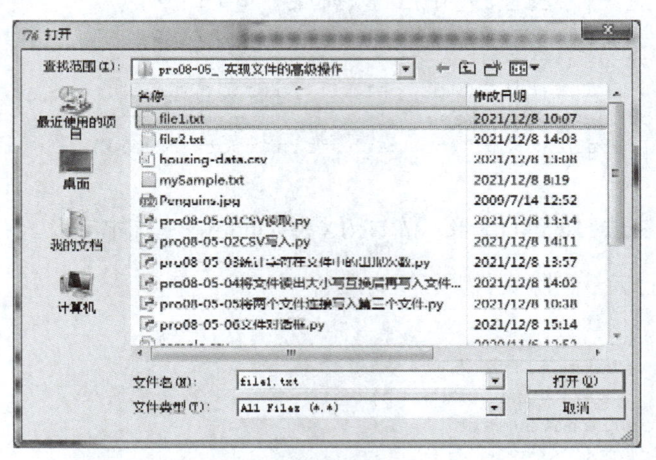

（b）文件对话框②

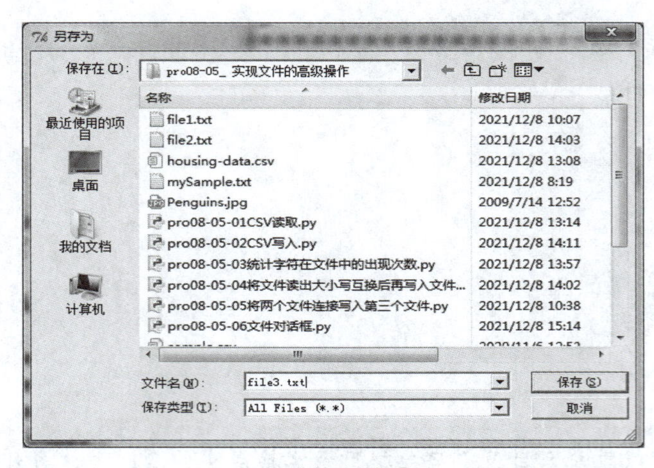

（c）文件对话框③

图 8-8　文件对话框

```
    You can read from E:/0000_2021_11_24_教材5_Python项目实践精编/project08_实现异常处理和文件操作/pro08-05_ 实现文件的高级操作/file1.txt
    You can write data to E:/0000_2021_11_24_教材5_Python项目实践精编/project08_实现异常处理和文件操作/pro08-05_ 实现文件的高级操作/file3.txt
```

注意：文件对话框要书写这两句导入。

```
from tkinter.filedialog import askopenfilename
from tkinter.filedialog import asksaveasfilename
```

四、任务小结

（1）创建目录。

```
os.mkdir("file")
```

（2）复制文件。

```
shutil.copyfile("oldfile","newfile")        #oldfile和newfile都只能是文件
shutil.copy("oldfile","newfile")            #oldfile只能是文件夹，newfile可以是文件，也可以是目标目录
```

（3）复制文件夹。

```
shutil.copytree("olddir","newdir")          #olddir和newdir都只能是目录，且newdir必须不存在
```

（4）重命名文件（目录）。

```
os.rename("oldname","newname"               #文件或目录都是使用这条命令
```

（5）移动文件（目录）。

```
shutil.move("oldpos","newpos")
```

（6）删除文件。

```
os.remove("file")
shutil.rmtree("dir")                        #空目录、有内容的目录都可以删
```

（7）转换目录。

```
os.chdir("path")                            #换路径
```

五、任务拓展

Python 中对文件、文件夹操作时经常用到的 os 模块和 shutil 模块常用方法。

（1）得到当前工作目录，即当前 Python 脚本工作的目录路径。

```
os.getcwd()
```

（2）切换工作目录。

```
os.chdir(des)
```

（3）返回指定目录下的所有文件和目录名。

```
os.listdir()
```

（4）函数用来删除一个文件。

```
os.remove()
```

（5）创建单个目录。

```
os.mkdir（"test"）
```

（6）创建多级目录。

```
os.makedirs（r"c: \python\test"）
```

（7）删除目录。

```
os.rmdir()                          #目录非空删不掉
```

（8）删除多个目录。

```
os.removedirs（r"c: \python"）              #目录非空删不掉
shutil.rmtree("dir")                        #空目录、有内容的目录都可以删
```

（9）检验给出的路径是否是一个文件。

```
os.path.isfile()
```

（10）检验给出的路径是否是一个目录。

```
os.path.isdir()
```

（11）判断是否是绝对路径。

```
os.path.isabs()
```

（12）检验给出的路径是否真的存在。

```
os.path.exists()
```

（13）返回一个路径的目录名和文件名。

```
os.path.split()
eg os.path.split('/home/swaroop/byte/code/poem.txt') #结果: ('/home/swaroop/byte/code',
'poem.txt')
```

（14）获取路径名。

```
os.path.dirname()                   #其结果跟os.path.split返回的元组的第1个元素一样
```

（15）获取文件名。

```
os.path.basename()                  #其结果跟os.path.split返回的元组的第2个元素一样
```

（16）分离扩展名。

```
os.path.splitext()                  #得到一个二元组，分别是名字和扩展名
```

（17）运行 shell 命令。

```
os.system()
```

（18）读取和设置环境变量。

```
os.getenv()                         #与os.putenv()
```

（19）给出当前平台使用的行终止符。

```
os.linesep                          #Windows使用'\r\n'，Linux使用'\n'而Mac使用'\r'
```

（20）指示正在使用的平台。

```
os.name                     #对于Windows，它是'nt'，而对于Linux/Unix用户，它是'posix'
```

（21）重命名。

```
os.rename("oldname","newname") #文件或目录都是使用这条命令
```

（22）获取文件属性。

```
os.stat（file）
```

（23）获取文件大小。

```
os.path.getsize（filename）
```

（24）修改文件权限与时间戳。

```
os.chmod(file)
```

（25）终止当前进程。

```
os.exit()
```

六、任务思考

如何设计不同的目录操作？

任务五　实现文件的高级操作

一、任务描述

上海御恒信息科技有限公司接到客户的一份订单，要求用 Python 来设计文件高级操作。公司刚招聘了一名程序员小张，软件开发部经理要求他尽快熟悉 Python 中的文件高级操作，小张按照经理的要求选取了相关的算法来进行任务分析。

二、任务分析

read() 读取整个文件，将换行符和每行内容组合成一个字符串；readline() 是每执行一次读取一行，再次执行读取下一行；readlines() 是读取整个文件到一个迭代器（列表）以供遍历，每行内容是列表中的一个元素所以在读取文件内容时根据整个程序的情况来决定选择哪个读取函数更合适。

三、任务实施

第一步：读一个 CSV 格式文件。

```
import os
try:
    myFile=open("sample2.csv","r")    #以只读方式打开sample2.csv文件
    myList=[]                          #新建一个空列表myList
    #用循环将文件中的每一个逗号分隔的作为元素追加到列表myList中
    for myLine in myFile:
        myList.append(myLine.strip("\n").split(","))
    myFile.close()                     #关闭文件myFile
    print(myList)                      #输出列表myList
except FileNotFoundError as fnfe:
    print("文件操作时发生的异常是：",fnfe)
except IOError as ie:
    print("输入输出异常是：",ie)
else:
    print("文件需要读取所有内容！！！")
finally:
    print("切记文件操作完要保存并关闭")
```

调试以上程序，运行结果如下：

```
    [['EmployeeKey', 'ParentEmployeeKey', 'FirstName', 'LastName', 'Title', 'StoreKey',
'HireDate', 'BirthDate', 'MaritalStatus', 'Gender', 'BaseRate'], ['1', '', 'John',
'Wiseman', 'Sales Group Manager', '1', '1999/1/8', '1973/8/27', 'S', 'M', ' ?25.00 '],
['2', '1', 'David', 'Guo', 'Sales Region Manager', '1', '1999/1/8', '1968/2/27', 'M', 'F',
' ?25.00 '], ['3', '2', 'Kim', 'Jin', 'Sales State Manager', '1', '1999/1/8', '1968/3/20',
'S', 'F', ' ?25.00 '], ['']]
    文件需要读取所有内容！！！
```

```
切记文件操作完要保存并关闭
```

注意：.csv文件是Excel表格，但是用记事本打开是用逗号来分隔每一列的。

第二步：将一个列表的内容写入一个 CSV 格式文件中。

```
import os
try:
    myList=[                                #新建一个列表myList,将表格内容作为列表元素存入
                      ['s_id', 's_name', 's_mobile'], \
                      ['1', 'John',   '13823423441'],\
                      ['2', 'mary',   '13323423321'],\
                      ['3', 'John',   '13823423441'] \
                   ]
    myFile=open("sample2.csv","w")          #以写入方式打开sample2.csv文件

    #用循环将列表中的每一个逗号分隔的内容写入文件myFile中
    for myLine in myList:
        myFile.write(",".join(myLine)+"\n")
    myFile.close()                          #关闭文件myFile
except FileNotFoundError as fnfe:
    print("文件操作时发生的异常是: ",fnfe)
except IOError as ie:
    print("输入输出异常是: ",ie)
else:
    print("已在文件中写入了列表中的所有内容！！！")
finally:
    print("切记文件操作完要保存并关闭")
```

调试以上程序，运行结果如图 8-9，图 8-10 所示。

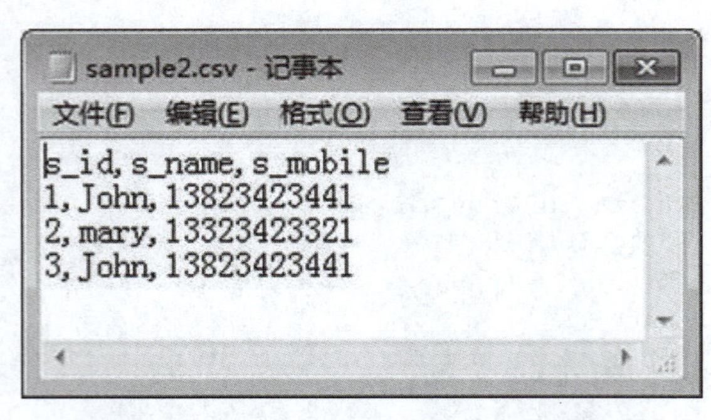

图 8-9　在记事本显示 sample2.csv 文件内容

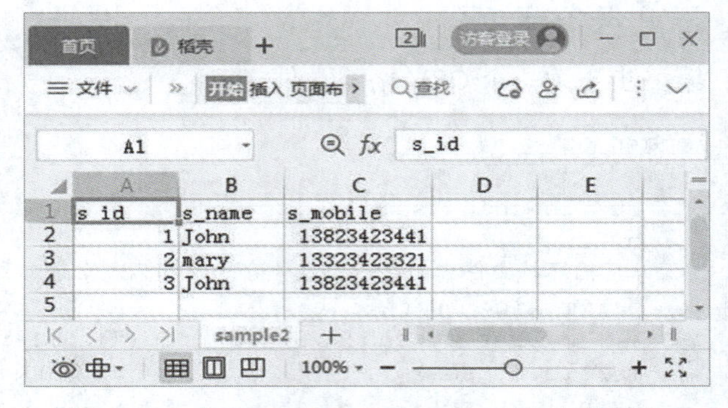

图 8-10　在 Excel 中显示 sample2.csv 文件内容

注意：列表写入后不能清空，否则写入的就是一个空文件；循环是从列表中读出，然后写入文件。

第三步：统计某个字符在某个文件里到底出现了多少次？

```
import os
try:
    myFile=open("D:\\mySample.txt","r") #打开D:\mySample.txt文件
    myStr=myFile.read()                 #将整个文件读出并放入myStr
    myCount=0                           #初始化计数器为0
    myChar=input("请输入指定的字符: ")
    #用循环将文件中的每一个字符和要比较的字符作对比，如果相同，计数器加1
    for index in range(len(myStr)):
        if myStr[index]==myChar:
            myCount+=1
    print("文件中出现的",myChar,"字符总共有",myCount,"个。")
```

```
    myFile.close()
except FileNotFoundError as fnfe:
    print("文件操作时发生的异常是: ",fnfe)
except IOError as ie:
    print("输入输出异常是: ",ie)
else:
    print("已从文件中读取了所有内容！！！")
finally:
    print("切记文件操作完要保存并关闭")
```

调试以上程序，运行结果如下：

```
请输入指定的字符: a
文件中出现的 a 字符总共有 176 个。
已从文件中读取了所有内容！！！
切记文件操作完要保存并关闭
```

注意：循环读取和比较的是每一个字符，不是一个单词。

第四步：将一个英文文本文件中的所有大小写字母互换写入另一个文本文件中。

```
import os
try:
    myFile=open("file1.txt","r+")            #r+可以读出也可以被写入
    myList=myFile.readlines()                #读取文件至一个列表中
    youFile=open("file2.txt","w")            #w表示以只写模式打开
    youFile.write("以下为file1.txt中大小写字母互换后的内容。\n")
    for myRow in myList:
        youFile.write(myRow.swapcase())      #在file2.txt中写入大小写字母互换后的内容
    youFile.close()                          #关闭第二个文件
    myFile.close()                           #关闭第一个文件
except FileNotFoundError as fnfe:
    print("文件操作时发生的异常是: ",fnfe)
except IOError as ie:
    print("输入输出异常是: ",ie)
else:
    print("已从一个文件中读取了所有内容修改后并写入了另一个文件！！！")
finally:
    print("切记文件操作完要保存并关闭")
```

调试以上程序，运行结果如图 8-11、图 8-12 所示。

file1.txt - 记事本

文件(F) 编辑(E) 格式(O) 查看(V) 帮助(H)

The MIT License (MIT)Copyright (c) 2015 Thomas Kluyver and contributors
Permission is hereby granted, free of charge, to any person obtaining a copyof
this software and associated documentation files (the "Software"), to dealin
the Software without restriction, including without limitation the rightsto
use, copy, modify, merge, publish, distribute, sublicense, and/or sellcopies of
the Software, and to permit persons to whom the Software isfurnished to do so,
subject to the following conditions:The above copyright notice and this
permission notice shall be included inall copies or substantial portions of the
Software.THE SOFTWARE IS PROVIDED "AS IS", WITHOUT WARRANTY OF ANY KIND,
EXPRESS ORIMPLIED, INCLUDING BUT NOT LIMITED TO THE WARRANTIES OF
MERCHANTABILITY,FITNESS FOR A PARTICULAR PURPOSE AND NONINFRINGEMENT. IN NO
EVENT SHALL THEAUTHORS OR COPYRIGHT HOLDERS BE LIABLE FOR ANY CLAIM, DAMAGES OR
OTHERLIABILITY, WHETHER IN AN ACTION OF CONTRACT, TORT OR OTHERWISE, ARISING
FROM,OUT OF OR IN CONNECTION WITH THE SOFTWARE OR THE USE OR OTHER DEALINGS IN
THE SOFTWARE.

图 8-11　第一个文件的内容

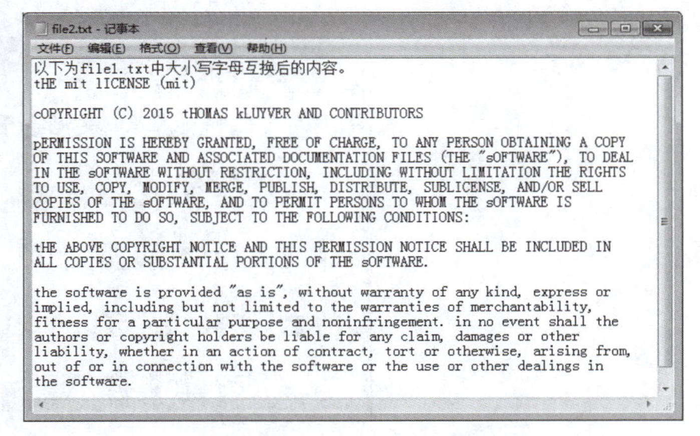

file2.txt - 记事本

文件(F) 编辑(E) 格式(O) 查看(V) 帮助(H)

以下为file1.txt中大小写字母互换后的内容。
tHE mit lICENSE (mit)

cOPYRIGHT (C) 2015 tHOMAS kLUYVER AND CONTRIBUTORS

pERMISSION IS HEREBY GRANTED, FREE OF CHARGE, TO ANY PERSON OBTAINING A COPY
OF THIS SOFTWARE AND ASSOCIATED DOCUMENTATION FILES (THE "sOFTWARE"), TO DEAL
IN THE sOFTWARE WITHOUT RESTRICTION, INCLUDING WITHOUT LIMITATION THE RIGHTS
TO USE, COPY, MODIFY, MERGE, PUBLISH, DISTRIBUTE, SUBLICENSE, AND/OR SELL
COPIES OF THE sOFTWARE, AND TO PERMIT PERSONS TO WHOM THE sOFTWARE IS
FURNISHED TO DO SO, SUBJECT TO THE FOLLOWING CONDITIONS:

tHE ABOVE COPYRIGHT NOTICE AND THIS PERMISSION NOTICE SHALL BE INCLUDED IN
ALL COPIES OR SUBSTANTIAL PORTIONS OF THE sOFTWARE.

the software is provided "as is", without warranty of any kind, express or
implied, including but not limited to the warranties of merchantability,
fitness for a particular purpose and noninfringement. in no event shall the
authors or copyright holders be liable for any claim, damages or other
liability, whether in an action of contract, tort or otherwise, arising from,
out of or in connection with the software or the use or other dealings in
the software.

图 8-12　第二个文件的内容

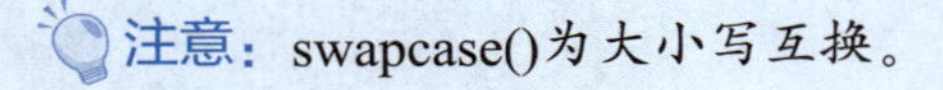

注意：swapcase()为大小写互换。

第五步：将两个文件连接起来存入第三个文件。

```
import os
try:
    myFile1=open("sfile1.txt","r")      #r为读出模式
    myFile2=open("sfile2.txt","r")      #r为读出模式
    myFile3=open("sfile3.txt","w")      #w为写入模式
    str1=myFile1.read()                 #从第一个文件读出
    str2=myFile2.read()                 #从第二个文件读出
    myList=list(str1+"\n"+str2)         #将两个字符串连接后写入列表
    str3="".join(myList)                #将列表中的内容写入第三个字符串
    myFile3.write(str3)                 #将第三个字符串中的内容写入第三个文件
    myFile3.close()                     #关闭第三个文件
    myFile2.close()                     #关闭第二个文件
    myFile1.close()                     #关闭第一个文件
except FileNotFoundError as fnfe:
    print("文件操作时发生的异常是: ",fnfe)
except IOError as ie:
    print("输入输出异常是: ",ie)
else:
    print("已将两个文件的内容合并后写入了第三个文件！！！")
finally:
    print("切记文件操作完要保存并关闭")
```

调试以上程序，运行结果如图 8-13、图 8-14、图 8-15 所示。

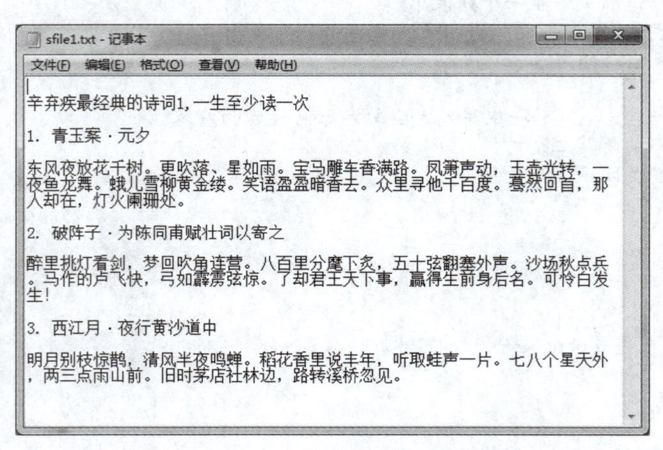

图 8-13　第一个文件的内容

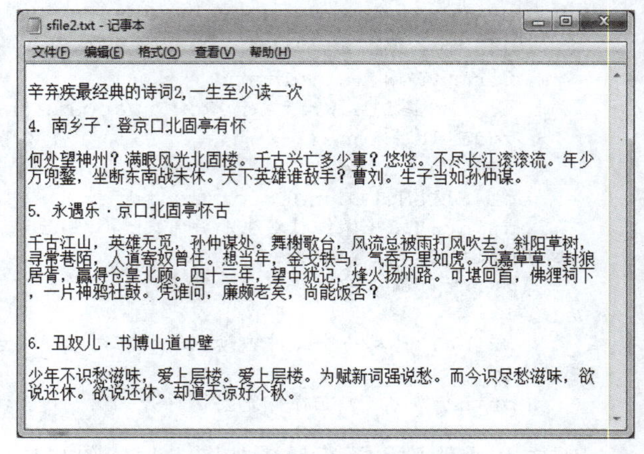

图 8-14　第二个文件的内容

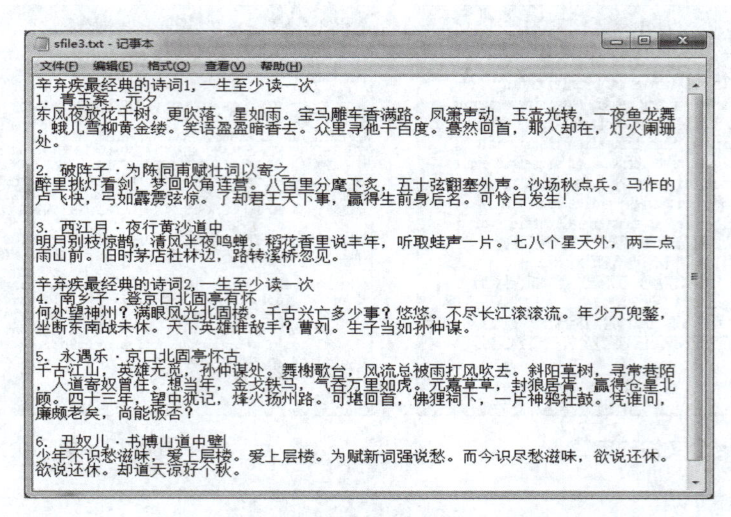

图 8-15　第三个文件的内容

注意：两个文件的内容连接好后要放入列表中。

四、任务小结

（1）使用 myFile=open("sample2.csv","r") 读一个 CSV 格式文件。
（2）使用 myList.append(myLine.strip("\n").split(",")) 将文件中内容写入列表。
（3）使用 myFile=open("sample2.csv","w") 写入一个 CSV 格式文件。
（4）使用 myFile.write(",".join(myLine)+"\n") 将多个字符串连接起来。
（5）使用 youFile.write(myRow.swapcase()) 将文件大小写互换后写入文件。
（6）使用 myList=list(str1+"\n"+str2) 将两个字符串连接后转换成列表。
（7）使用 str3="".join(myList) 将列表中的内容和相关字符串连接再写入一个字符串。

五、任务拓展

（1）file 在 Python 是一个特殊的类型，它用于在 Python 程序中对外部的文件进行操作。在 Python 中一切都是对象，file 也不例外，file 有 file 的方法和属性。下面先来看如何创建一个 file 对象：

```
* file(name[, mode[, buffering]])
```

（2）file() 函数用于创建一个 file 对象，它有一个别名叫 open()，可能更形象一些，它是内置函数。它的参数都是以字符串的形式传递的。name 是文件的名字。

mode 是打开的模式，可选的值为 “r” “w” “a” “U”，分别代表读（默认）写添加支持各种换行符的模式。用 w 或 a 模式打开文件的话，如果文件不存在，那么就自动创建。此外，用 w 模式打开一个已经存在的文件时，原有文件的内容会被清空，因为一开始文件的操作的标记是在文件的开头的，这时候进行写操作，无疑会把原有的内容给抹掉。由于换行符在不同的系统中有不同模式，比如在 UNIX 中是一个 ‘\n’，而在 Windows 中是 ‘\r\n’，用 U 模式打开文件，就是支持所有的换行模式，也就说 ‘\r’ ‘\n’ ‘\r\n’ 都可表示换行，会有一个 tuple 用来存贮这个文件中用到过的换行符。不过虽说换行有多种模式，读到 Python 中统一用 \n 代替。在模式字符的后面，还可以加上 + b t 这两种标识，分别表示可以对文件同时进行读写操作和用二进制模式、文本模式（默认）打开文件。

buffering 如果为 0 表示不进行缓冲；如果为 1 表示进行 “行缓冲”；如果是一个大于 1 的数表示缓冲区的大小，应该是以字节为单位的。

（3）file 对象的属性。

```
closed:          #标记文件是否已经关闭，由close()改写。
encoding:        #文件编码。
mode:            #打开模式。
name:            #文件名。
newlines:        #文件中用到的换行模式，是一个tuple。
softspace:       #boolean型，一般为0，据说用于print。
```

（4）file 的读写方法。

```
f.read([size]): size为读取的长度，以byte为单位。
f.readline([size]): 读一行，如果定义了size，有可能返回的只是一行的一部分。
f.readlines([size]): 把文件每一行作为一个list的一个成员，并返回这个list。其实它的内部是通过循环调用readline()来实现的。如果提供size参数，size是表示读取内容的总长，也就是说可能只读到文件的一部分。
f.write(str): 把str写到文件中，write()并不会在str后加上一个换行符。
f.writelines(seq): 把seq的内容全部写到文件中。这个函数也只是忠实地写入，不会在每行后面加上任何东西。
```

（5）file 的其他方法。

```
f.close(): 关闭文件。Python会在一个文件不用后自动关闭文件，不过这一功能没有保证，最好还是养成自己关闭的习惯。如果一个文件在关闭后还对其进行操作会产生ValueError。
f.flush(): 把缓冲区的内容写入硬盘。
```

```
    f.fileno(): 返回一个长整型的“文件标签”。
    f.isatty(): 文件是否是一个终端设备文件（unix系统中的）。
    f.tell(): 返回文件操作标记的当前位置，以文件的开头为原点。
    f.next(): 返回下一行，并将文件操作标记位移到下一行。把一个file用于for … in file这样的语句时，就是调用next()函数来实现遍历的。
    f.seek(offset[,whence]): 将文件打操作标记移到offset的位置。这个offset一般是相对于文件的开头来计算的，一般为正数。但如果提供了whence参数就不一定了，whence可以为0表示从头开始计算，1表示以当前位置为原点计算。2表示以文件末尾为原点进行计算。需要注意，如果文件以a或a+的模式打开，每次进行写操作时，文件操作标记会自动返回到文件末尾。
    f.truncate([size]): 从文件开头去掉size长度的信息，size不写时就将光标当前位置到文件属性尾部的内容全部去掉。
```

（6）读写文件。

```
#! /usr/bin/python
#-*- coding: utf-8 -*-

spath="D:/download/baa.txt"
f=open(spath,"w")        #Opens file for writing.Creates this file doesn't exist
f.write("First line 1.\n" )
f.writelines("First line 2.")
f.close()
f=open(spath,"r")        #Opens file for reading
for  line   in  f:
      print("每一行的数据是:%s" % line)
f.close()
```

（7）遍历文件夹和文件。

```
import  os
import  os.path
#os，os.path里包含大多数文件访问的函数，所以要先引入它们
#请按照实际情况修改这个路径
rootdir="d:/download"
for  parent, dirnames, filenames   in  os.walk(rootdir):
      #  case 1:
      for  dirname   in  dirnames:
          print("parent is:"+parent)
          print("dirname is:"+dirname)
      #  case 2:
      for  filename   in  filenames:
          print("parentis:"+parent)
          print("filename with full path :"+os.path.join(parent, filename))
```

知识点：

① os.walk 返回一个三元组。其中 dirnames 是所有文件夹名字（不包含路径），filenames 是所有文件的名字（不包含路径）。parent 表示父目录。

② case1 演示了如何遍历所有目录。

③ case2 演示了如何遍历所有文件。

④ os.path.join(dirname,filename)：将形如 "/a/b/c" 和 "d.java" 变成 "/a/b/c/d.java"。

（8）分割路径和文件名。

```
import  os.path
```

常用函数有三种：分隔路径，找出文件名，找出盘符（Windows 系统），找出文件的扩展名。

根据机器的实际情况修改下面参数

```
spath =  "  D:/download/repository.7z  "
#   case 1:
p,f = os.path.split(spath);
```

```
print ( " dir is: " + p)
print ( " file is: " + f)
# case 2:
drv,left = os.path.splitdrive(spath);
print ( " driver is: " + drv)
print ( " left is: " + left)
# case 3:
f,ext = os.path.splitext(spath);
print ( " f is: " + f)
print ( " ext is: " + ext)
```

这三个函数都返回二元组。

case1：分隔目录和文件名。

case2：分隔盘符和文件名。

case3：分隔文件和扩展名。

（9）总结5个函数。

```
os.walk(spath)
os.path.split(spath)
os.path.splitdrive(spath)
os.path.splitext(spath)
os.path.join(path1,path2)
```

（10）复制文件。

```
import shutil
import os
import os.path
src = " d:\\download\\test\\myfile1.txt "
dst = " d:\\download\\test\\myfile2.txt "
dst2 = " d:/download/test/测试文件夹.txt "
dir1 = os.path.dirname(src)
print ( " dir1 %s " % dir1)
if (os.path.exists(src) == False):
    os.makedirs(dir1)
f1 = open(src, " w " )
f1.write( " line a\n " )
f1.write( " line b\n " )
f1.close()
shutil.copyfile(src, dst)
shutil.copyfile(src, dst2)
f2 = open(dst, " r " )
for line in f2:
    print (line)
f2.close()

#测试复制文件夹树
try :
    srcDir = " d:/download/test "
    dstDir = " d:/download/test2 "
      #如果dstDir已经存在,那么shutil.copytree方法会报错
      #这也意味着不能直接用d: 作为目标路径
    shutil.copytree(srcDir, dstDir)
except Exception as err:
      print (err)

'''
    知识点:
    * shutil.copyfile: 如何复制文件
    * os.path.exists: 如何判断文件夹是否存在
    * shutil.copytree: 如何复制目录树
```

```
'''
```

（11）总结 4 个函数。

```
os.path.dirname(path)
os.path.exists(path)
shutil.copyfile(src, dst)
shutil.copytree(srcDir, dstDir)
```

（12）文件备份小程序。

```
import  os
import  shutil
import  datetime
```

作用：将目录备份到其他路径。

实际效果：假设给定目录 "/media/data/programmer/project/python"，

备份路径 "/home/diegoyun/backup/"，则会将 Python 目录备份到备份路径下，形如：/home/diegoyun/backup/yyyymmddHHMMSS/python/xxx/yyy/zzz。

用法：更改这两个参数。

backdir: 备份目的地。

copydirs: 想要备份的文件夹。

```
'''
def  mainLogic():
      #  add dirs you want to copy
    backdir =  "  d:\\test  "
      print (backdir)
    copydirs = []
    copydirs.append(  "  d:\\temp  " );
      #  copydirs.append("d:\\test");
      print (  "  Copying files   ===================  " )
    start = datetime.datetime.now()
      #  gen a data folder for backup
    backdir = os.path.join(backdir,start.strftime(  "  %Y-%m-%d  " ))
      #  print("backdir is:"+backdir)
    kc = 0
      for  d   in  copydirs:
        kc = kc + copyFiles(d,backdir)
    end = datetime.datetime.now()
      print (  "  Finished! ===================  " )
      print (  "  Total files :   "   +  str(kc) )
      print (  "  Elapsed time :  "  +  str((end - start).seconds) +  "   seconds  " )
def  copyFiles(copydir,backdir):
    prefix = getPathPrefix(copydir)
      #  print("prefix is:"+prefix )
    i = 0
      for  dirpath,dirnames,filenames   in  os.walk(copydir):
          for  name   in  filenames:
            oldpath = os.path.join(dirpath,name)
            newpath = omitPrefix(dirpath,prefix)
              print (  "  backdir is:  " + backdir )
            newpath = os.path.join(backdir,newpath)
              print (  "  newpath is:  " + newpath)
              if  os.path.exists(newpath) != True:
                os.makedirs(newpath)
            newpath = os.path.join(newpath,name)
              print (  "  From:  " + oldpath +  "   to:  " + newpath)
            shutil.copyfile(oldpath,newpath)
            i = i + 1
```

```
        return  i
def  getPathPrefix(fullpath):
        #  Giving /media/data/programmer/project/ , get the prefix
        #  /media/data/programmer/
      l = fullpath.split(os.path.sep)
        #  print(str(l[-1]==""))
        if  l[ - 1 ] ==  "" :
          tmp = l[ - 2 ]
        else :
          tmp = l[ - 1 ]
        return  fullpath[0:len(fullpath) - len(tmp) - 1 ]
def  omitPrefix(fullpath,prefix):
        #  Giving /media/data/programmer/project/python/tutotial/file/test.py ,
        #  and prefix is Giving /media/data/programmer/project/,
        #  return path as python/tutotial/file/test.py
        return  fullpath[len(prefix) + 1 :]
mainLogic()
```

六、任务思考

用 Python 语言中的文件操作将指定的目录备份到其他路径中。

综合部分

项目综合实训
实现文件中内容的排序

一、项目描述

上海御恒信息科技有限公司接到一个订单，需要为某成人英语培训机构设计文件中内容排序的程序。程序员小张根据以上要求进行相关程序的架构设计后，按照项目经理的要求开始做以下的项目分析。

二、项目分析

该项目需要先设计异常处理结构，能对文件未找到、输入输出等异常进行处理；然后打开文件进行读取，将读取的内容写入进行排序后再写入新的文件中。

三、项目实施

第一步：根据要求，设计异常处理结构。

```
import os
try:
except FileNotFoundError as fnfe:
    print("文件操作时发生的异常是: ",fnfe)
except IOError as ie:
    print("输入输出异常是: ",ie)
else:
    print("已将文件的内容按总成绩由高到低排序后写入MyScore2.txt中！！！")
finally:
    print("切记文件操作完要保存并关闭")
```

第二步：将第一个文件中的内容读出。

```
#1.读文件
   myFile1=open("MyScore1.txt","r")
   myFile2=open("MyScore2.txt","w")
```

```
    myContents=myFile1.readlines()
    removeFirstRow=myContents.pop(0).split(",")        #移除第一行表头
    rowCount=len(myContents)                           #计算表格的有效行数
    print("该表格的有效行数为",rowCount,"行。")
    scoreList=[]                                       #新建一个空列表
    for row in myContents:                             #取出每行数据
        element=row.split(",")
        elementList=[]
        for index in range(len(element)):
            elementList.append(element[index])
        scoreList.append(elementList)
    print(scoreList)
```

第三步：对读出的学生的总成绩进行降序排列。

```
#2.学生的总成绩排序
    sortList=[]
    for i in range(rowCount-1):
        for j in range(4-i):
            if int(scoreList[j][5])<int(scoreList[j+1][5]):
                sortList=scoreList[j]
                scoreList[j]=scoreList[j+1]
                scoreList[j+1]=sortList
    print(scoreList)
```

第四步：将排序后的成绩写入第二个文件中。

```
#3.排序后的写入
    myFile1.seek(0,0)
    myContents=myFile1.readline()
    myFile2.write(myContents)                          #写入表头
    for i in range(rowCount):
        for j in range(5):
            myFile2.write(str(scoreList[i][j])+",")   #写入每行有效数据
        myFile2.write(str(scoreList[i][j+1]))          #写入每行最后一个数据
    myFile2.close()
    myFile1.close()
```

第五步：以下为完整代码。

```
import os
try:
    #1.将第一个文件中的内容读出
    myFile1=open("MyScore1.txt","r")
    myFile2=open("MyScore2.txt","w")
    myContents=myFile1.readlines()
    removeFirstRow=myContents.pop(0).split(","        #移除第一行表头
    rowCount=len(myContents)                           #计算表格的有效行数
    print("该表格的有效行数为",rowCount,"行。")
    scoreList=[]                                       #新建一个空列表
    for row in myContents:                             #取出每行数据
        element=row.split(",")
        elementList=[]
        for index in range(len(element)):
            elementList.append(element[index])
        scoreList.append(elementList)
    print(scoreList)
    #2.学生的总成绩排序
    sortList=[]
    for i in range(rowCount-1):
        for j in range(4-i):
            if int(scoreList[j][5])<int(scoreList[j+1][5]):
```

```
            sortList=scoreList[j]
            scoreList[j]=scoreList[j+1]
            scoreList[j+1]=sortList
   print(scoreList)
   #3.将排序后的成绩写入第二个文件
   myFile1.seek(0,0)
   myContents=myFile1.readline()
   myFile2.write(myContents)                        #写入表头
   for i in range(rowCount):
      for j in range(5):
         myFile2.write(str(scoreList[i][j])+",")    #写入每行有效数据
      myFile2.write(str(scoreList[i][j+1]))         #写入每行最后一个数据
   myFile2.close()
   myFile1.close()
except FileNotFoundError as fnfe:
    print("文件操作时发生的异常是: ",fnfe)
except IOError as ie:
    print("输入输出异常是: ",ie)
else:
    print("已将文件的内容按总成绩由高到低排序后写入MyScore2.txt中！！！")
finally:
    print("切记文件操作完要保存并关闭")
```

调试后的结果运行如图 8-16 所示。

（1）文件的原始内容。

（2）程序运行后的显示。

该表格的有效行数为 5 行。

[['s01', ' 张三丰 ', '85', '76', '97', '351\n'],

['s02', ' 霍元甲 ', '70', '60', '75', '285\n'],

['s03', ' 李小龙 ', '95', '98', '92', '375\n'],

['s04', ' 绿巨人 ', '72', '62', '75', '289\n'],

['s05', ' 钢铁侠 ', '93', '96', '90', '369\n']]

已将文件的内容按总成绩由高到低排序后写入 MyScore2.txt 中！！！

切记文件操作完要保存并关闭

（3）排序后写入另一个文件后的结果，如图 8-17 所示。

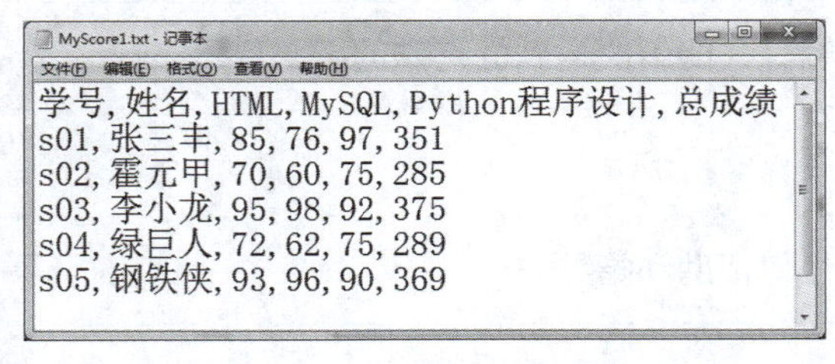
学号, 姓名, HTML, MySQL, Python程序设计, 总成绩
s01, 张三丰, 85, 76, 97, 351
s02, 霍元甲, 70, 60, 75, 285
s03, 李小龙, 95, 98, 92, 375
s04, 绿巨人, 72, 62, 75, 289
s05, 钢铁侠, 93, 96, 90, 369

图 8-16 排序前的文件内容

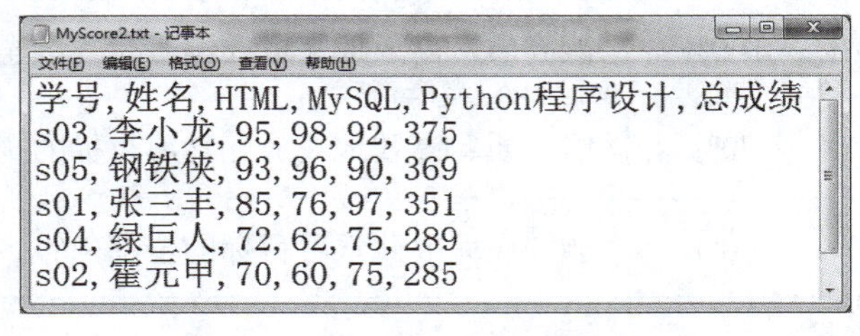
学号, 姓名, HTML, MySQL, Python程序设计, 总成绩
s03, 李小龙, 95, 98, 92, 375
s05, 钢铁侠, 93, 96, 90, 369
s01, 张三丰, 85, 76, 97, 351
s04, 绿巨人, 72, 62, 75, 289
s02, 霍元甲, 70, 60, 75, 285

图 8-17 排序后的文件内容

四、项目小结

（1）用异常处理架构程序，会使程序更完整。

（2）用读文件、排序、写文件来完成程序的基本功能。

（3）设计算法并不断完善程序。

项目实训评价表

<table>
<tr><th colspan="7">项目八　实现异常处理和文件操作</th></tr>
<tr><th></th><th colspan="6">内　容</th></tr>
<tr><th></th><th>评 价 项 目</th><th>异常架构（20%）</th><th>注释（20%）</th><th>读写操作（30%）</th><th>算法设计（30%）</th><th>综合评价（100%）</th></tr>
<tr><td rowspan="6">职业能力</td><td>任务一　实现异常的基本处理</td><td></td><td></td><td></td><td></td><td></td></tr>
<tr><td>任务二　实现异常的抛出与异常类的自定义</td><td></td><td></td><td></td><td></td><td></td></tr>
<tr><td>任务三　实现文本的输入与输出</td><td></td><td></td><td></td><td></td><td></td></tr>
<tr><td>任务四　实现文件的目录与对话框操作</td><td></td><td></td><td></td><td></td><td></td></tr>
<tr><td>任务五　实现文件的高级操作</td><td></td><td></td><td></td><td></td><td></td></tr>
<tr><td>项目综合实训　实现文件中内容的排序</td><td></td><td></td><td></td><td></td><td></td></tr>
<tr><td rowspan="2">通用能力</td><td colspan="2">阅读代码的能力</td><td></td><td></td><td></td><td></td></tr>
<tr><td colspan="2">调试修改代码的能力</td><td></td><td></td><td></td><td></td></tr>
</table>

<table>
<tr><th colspan="2">评价等级说明表</th></tr>
<tr><th>等　级</th><th>说　明</th></tr>
<tr><td>90% ~ 100%</td><td>能高质、高效地完成此学习目标的全部内容，并能解决遇到的特殊问题</td></tr>
<tr><td>70% ~ 80%</td><td>能高质、高效地完成此学习目标的全部内容</td></tr>
<tr><td>50% ~ 60%</td><td>能圆满完成此学习目标的全部内容，不需任何帮助和指导</td></tr>
</table>

项目九

实现 GUI 的编程

教学目标

【知识目标】

1. 了解简单的 GUI 程序
2. 了解几何管理器
3. 掌握 GUI 高级编程
4. 掌握 GUI 综合布局
5. 掌握简易计算器的设计

【能力目标】

1. 能够根据企业的需求设计合适的 GUI 程序
2. 能够运用几何管理器编写简单的 GUI 程序
3. 能够实现 GUI 高级编程
4. 能够实现 GUI 综合布局
5. 能够设计简易的计算器

【素质目标】

1. 树立创新意识、创新精神
2. 能够和团队成员协商，共同完成实训任务
3. 能够借助网络平台搜集 GUI 编程的相关信息
4. 具备数据思维和使用数据发现问题的能力

思维导图

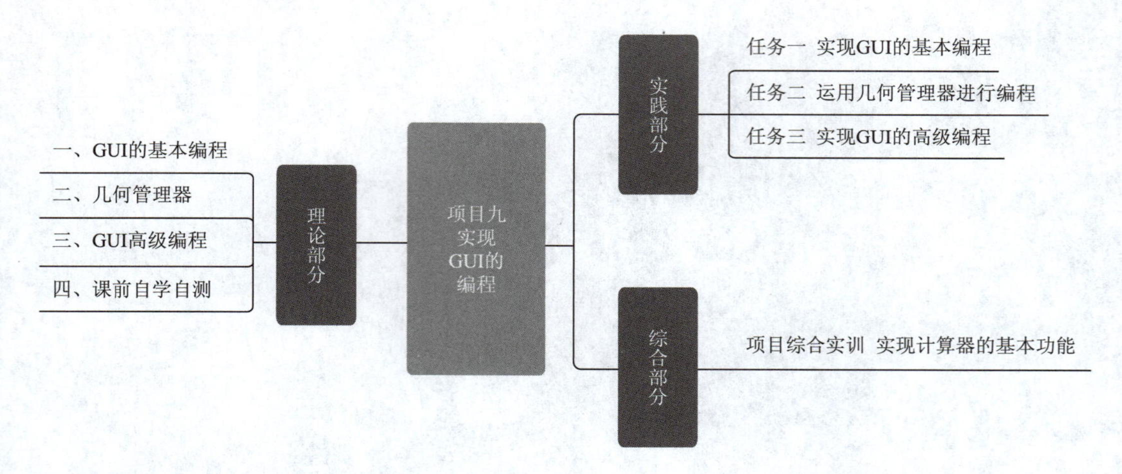

理论部分

一、GUI 的基本编程

（1）常用 Python GUI 库。

① Tkinter：Tkinter 模块（Tk 接口）是 Python 的标准 Tk GUI 工具包的接口。Tk 和 Tkinter 可以在大多数的 Unix、Windows 和 Macintosh 平台中使用。Tk8.0 的后续版本可实现本地窗口风格，并能跨平台。

② wxPython：wxPython 是一款开源软件，是 Python 语言的一套优秀的 GUI 图形库，允许 Python 程序员很方便的创建完整的、功能健全的 GUI 用户界面。

③ Jython：Jython 程序可以和 Java 无缝集成。除了一些标准模块，Jython 可以使用 Java 的模块。Jython 几乎拥有标准 Python 中不依赖于 C 语言的全部模块。比如 Jython 的用户界面将使用 Swing，AWT 或者 SWT。Jython 可以被动态或静态地编译成 Java 字节码。

（2）Tkinter 编程。

Tkinter 是 Python 的标准 GUI 库。Python 使用 Tkinter 可以快速地创建 GUI 应用程序。由于 Tkinter 是内置到 Python 的安装包中，只要安装好 Python 之后就能 import Tkinter 库，而且 IDLE 也是用 Tkinter 编写而成，对于图形界面 Tkinter 还是能应付自如。

注意：Python 3.x 版本使用的库名为 tkinter，即首写字母 T 为小写。

二、几何管理器

Tkinter 控件有特定的几何状态管理方法，管理整个控件区域组织，Tkinter 支持三种几何管理器：网格管理器，包管理器，位置管理器。由于每个管理器都有自己放置小构件的风格，最好不要在同一个容器中的小构件使用多个管理器。可以使用框架作为子容器以获取期望的布局。

（1）网格管理器。

网格管理器可以将小构件放在某个特定的行和列内，也可以使用 rowspan 和 columnspan 参数将小构件放在多行和多列中，例如：

```
message = Message(window, text = "This Message occupies three rows and two columns")
message.grid(row = 1, column = 1, rowspan = 3, columnspan = 2)
Label(window, text = "First Name:").grid(row = 1, column = 3)
Entry(window).grid(row = 1, column = 4, padx = 5, pady = 5)
Label(window, text = "Last Name:").grid(row = 2, column = 3)
```

```
Entry(window).grid(row = 2, column = 4)
Button(window, text="Get Name").grid(row=3,padx = 5, pady = 5,column = 4, sticky = E)
```

（2）包管理器。

包管理器依次地将一个小构件放置在另一个的顶部或将小构件一个挨着一个地放置。

① Label(window, text = "Blue", bg="blue").pack()。

```
#fill通过X, Y, BOTH 来填充水平，垂直，或者两个方向的空间
#expand告诉管理器分配额外的空间给小构件
Label(window, text = "Red", bg = "red").pack(fill = BOTH, expand = 1)
Label(window, text = "Green", bg = "green").pack(fill = BOTH)
```

② side 可以是 LEFT、RIGHT、TOP、BOTTOM，默认是 TOP。

```
Label(window, text = "Blue", bg="blue").pack(side = LEFT)
Label(window, text = "Red", bg = "red").pack(side = LEFT, fill = BOTH, expand = 1)
Label(window, text = "Green", bg = "green").pack(side = LEFT, fill = BOTH)
```

（3）位置管理器。

位置管理器将小构件放在绝对位置上。

```
Label(window, text = "Blue", bg = "blue").place(x = 20, y = 20)
Label(window, text = "Red", bg = "red").place(x = 50, y = 50)
Label(window, text = "Green", bg = "green").place(x = 80, y = 80)
```

三、GUI 高级编程

（1）创建多个列表。

```
li      = ['C','python','php','html','SQL','java']
movie   = ['CSS','jQuery','Bootstrap']
listb   = Listbox(root)       listb2 = Listbox(root)          #创建两个列表组件
for item in li:                                               #第一个小部件插入数据
    listb.insert(0,item)
for item in movie:                                            #第二个小部件插入数据
    listb2.insert(0,item)
listb.pack()         listb2.pack()                            #将小部件放置到主窗口中
root.mainloop()                                               #进入消息循环
```

（2）Tkinter 组件。

Tkinter 提供了各种控件，如按钮、标签和文本框，这些可以在 GUI 应用程序中使用。这些控件通常被称为控件或者部件。目前有以下几种常用的 Tkinter 部件。下面进行详细描述。

Button：按钮控件，在程序中显示按钮。

Canvas：画布控件，显示图形元素如线条或文本。

Checkbutton：多选框控件，用于在程序中提供多项选择框。

Entry：输入控件，用于显示简单的文本内容。

Frame：框架控件，在屏幕上显示一个矩形区域，多用来作为容器。

Label：标签控件，可以显示文本和位图。

Listbox：列表框控件，在 Listbox 窗口小部件是用于显示一个字符串列表给用户。

Menubutton：菜单按钮控件，用于显示菜单项。

Menu：菜单控件，用于显示菜单栏，下拉菜单和弹出菜单。

Message：消息控件，用于显示多行文本，与 label 比较类似。

Radiobutton：单选按钮控件，显示一个单选的按钮状态。

Scale：范围控件，显示一个数值刻度，为输出限定范围的数字区间。

Scrollbar：滚动条控件，当内容超过可视化区域时使用，如列表框。

Text：文本控件，用于显示多行文本。

Toplevel：容器控件，用于提供一个单独的对话框，和 Frame 比较类似。

Spinbox：输入控件，与 Entry 类似，但是可以指定输入范围值。

PanedWindow：是一个窗口布局管理的插件，可以包含一个或者多个子控件。

LabelFrame：是一个简单的容器控件。常用于复杂的窗口布局。

tkMessageBox：用于显示应用程序的消息框。

（3）标准属性。

标准属性是所有控件的共同属性，如大小、字体和颜色等。以下为属性描述。

Dimension：控件大小。

Color：控件颜色。

Font：控件字体。

Anchor：锚点。

Relief：控件样式。

Bitmap：位图。

Cursor：光标。

四、课前自学自测

（1）如何实现 GUI 的基本编程？

（2）如何运用几何管理器进行编程？

（3）如何实现 GUI 的高级编程？

【核心概念】

1. 简单的 GUI 程序
2. 几何管理器
3. GUI 高级编程
4. GUI 综合布局

【实训目标】

1. 了解如何运用简单的 GUI 程序进行编程
2. 掌握运用几何管理器进行编程
3. 了解运用 GUI 高级编程进行编程
4. 掌握 GUI 综合布局及简易计算器的设计

【实训项目描述】

1. 本项目有 3 个任务，从运用简单的 GUI 程序进行编程开始，引出几何管理器、GUI 高级编程、简易计算器的设计等任务

2. 明白编程的基本思维模式，如何从面向过程的编程思路过渡到面向对象编程的思路

3. 学会软件的具体开发流程并学会规范程序设计的风格

【实训步骤】

1. 运用简单的 GUI 程序进行编程

2. 运用几何管理器进行编程
3. 运用 GUI 高级编程进行编程
4. 简易计算器的设计

任务一 实现GUI的基本编程

一、任务描述

上海御恒信息科技有限公司接到一家培训机构的订单，要求使用 Tkinter 开发 GUI 应用程序。公司刚招聘了一名程序员小张，软件开发部经理要求他尽快熟悉 Python 中的 Tkinter 库，小张按照经理的要求开始做以下的任务分析。

二、任务分析

Python 中的 turtle 模块可以绘制几何图形，但不能创建 GUI，而 Tkinter（Tk interface）是一个可被许多基于 Windows、Mac、Unix 的程序设计语言用来开发 GUI 程序的 GUI 库，它是接口，也是 GUI 开发的标准。Tkinter 包含了创建各种 GUI 的类、Tk 类还能创建一个放置 GUI 可视化组件的窗口。下面通过任务实施来实现 GUI 的基本编程。

三、任务实施

第一步：实现简单的 GUI 窗口及相关组件。

```
from tkinter import *            #从tkinter模块中导入所有类、函数和常量的定义
myWindow=Tk()                    #用Tk类创建一个GUI窗口对象
#新建标签对象并指明父容器是myWindow
myLabel=Label(myWindow,text="Welcome to Shanghai!")
#新建按钮对象并指明父容器是myWindow
myButton=Button(myWindow,text="This is a test Button.")
myLabel.pack()                   #在窗口上放置一个标签
myButton.pack()                  #在窗口上放置一个按钮
myWindow.mainloop()              #创建一个循环事件来持续处理事件直到主窗口关闭
```

调试以上程序，运行结果如图 9-1 所示。

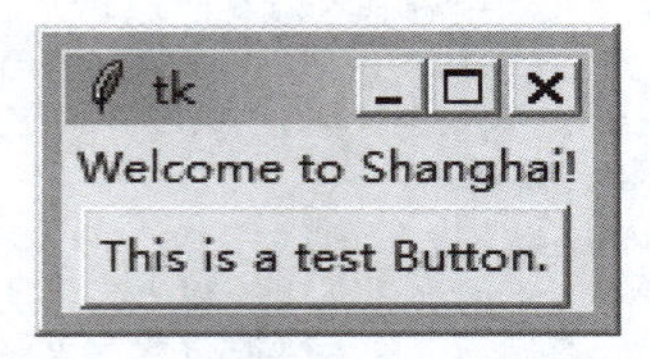

图 9-1 实现简单的 GUI 窗口及相关组件

注意：先建父容器Tk()，再将其放入Label()和Button()中作为第一个参数，然后用pack()将Label和Button放入窗口，最后用mainloop()来循环处理事件直到窗口关闭。

第二步：实现事件的处理。

```
#1.从tkinter模块中导入所有类、函数和常量的定义
from tkinter import *
#2.定义了一个确定按钮函数
def myButtonOk():
    print("您单击了确定按钮！")
#3.定义了一个取消按钮函数
```

```
def myButtonCancel():
    print("您单击了取消按钮！")
#4.Tk类创建一个GUI窗口对象
myWindow=Tk()
#5.新建按钮，其前景色为红色(默认是黑色)并绑定myButtonOK函数，父容器是myWindow
myBtnOk=Button(myWindow,text="确定",fg="red",command=myButtonOk)
#6.新建按钮，其背景色为黄色(默认是灰色)并绑定myButtonCancel函数，父容器是myWindow
myBtnCancel=Button(myWindow,text="取消",bg="yellow",command=myButtonCancel)
#7.在窗口上放置两个按钮
myBtnOk.pack()
myBtnCancel.pack()
#8.创建一个循环事件来持续处理事件直到主窗口关闭
myWindow.mainloop()
```

调试以上程序，运行结果如图 9-2 所示。

您单击了确定按钮！
您单击了取消按钮！

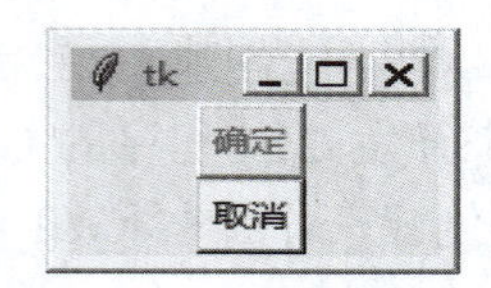

图 9-2　实现事件的处理

注意： 可以用一个Button小构件类绑定一个函数，然后等事件发生时进行调用。

第三步：用类封装以上事件程序。

```
#1.从tkinter模块中导入所有类、函数和常量的定义
from tkinter import *
#2.定义一个类来封装事件处理
class EventHandle:
    #2.1定义一个构造函数来创建窗口、按钮
    def __init__(self):
        #2.1.1用Tk类创建一个GUI窗口对象
        myWindow=Tk()
        #2.1.2新建按钮，其前景色为红色(默认是黑色)并绑定myButtonOK函数，父容器是myWindow
        myBtnOk=Button(myWindow,text="确定",fg="red",command=self.myButtonOk)
        #2.1.3新建按钮，其背景色为黄色(默认是灰色)并绑定myButtonCancel函数，父容器是myWindow
        myBtnCancel=Button(myWindow,text="取消",bg="yellow",command=self.myButtonCancel)
        #2.1.4新建按钮，并修改它的相关属性
        myBtnExit=Button(myWindow,text="Exit",command=self.myButtonExit)
        myBtnExit["text"]="退出"                  #按钮上文本
        myBtnExit["bg"]="red"                     #按钮背景色
        myBtnExit["fg"]="#AB84F9"                 #按钮前景色
        myBtnExit["cursor"]="plus"                #按钮光标
        myBtnExit["justify"]="left"               #按钮对齐方式
        #2.1.5在窗口上放置3个按钮
        myBtnOk.pack()
        myBtnCancel.pack()
        myBtnExit.pack()
        #2.1.6创建一个循环事件来持续处理事件直到主窗口关闭
        myWindow.mainloop()
    #2.2定义了一个确定按钮函数
    def myButtonOk(self):
        print("您单击了确定按钮！")
    #2.3定义了一个取消按钮函数
    def myButtonCancel(self):
```

```
        print("您单击了取消按钮！")
    #2.4定义了一个退出按钮函数
    def myButtonExit(self):
        print("您单击了退出按钮！")
#3.为类新建对象并自动调用构造函数实现窗口中的事件处理
myObj=EventHandle()
```

调试以上程序，运行结果如图 9-3、图 9-4 所示。

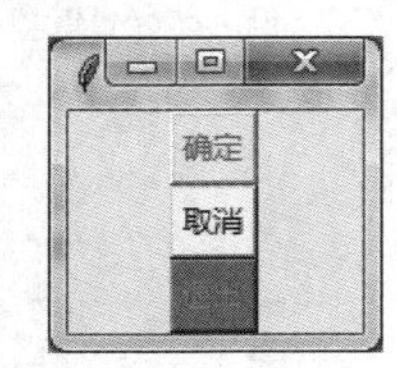

图 9-3　新建按钮

您单击了确定按钮！
您单击了取消按钮！
您单击了退出按钮！

图 9-4　单击相应按钮后的显示

注意：command=self.myButtonOk中的self不要遗忘，还有函数中的第一个参数也是self。

第四步：各种小构件案例。

```
#1.从tkinter模块中导入所有类、函数和常量的定义
from tkinter import *
#2.定义一个类来封装事件处理
class MyTkinterDemo:
    #2.1定义一个构造函数来创建窗口、按钮
    def __init__(self):
        #2.1.1用Tk类创建一个GUI窗口对象
        myWindow=Tk()
        myWindow.title("各种小构件案例")
        #2.1.2添加一个复选框、一个单选按钮到一个容器小构件中
        myFrame=Frame(myWindow)
        myFrame.pack()
        #2.1.3为变量v1设置存入整数值并创建一个复选框
        self.v1=IntVar()
        cbxBold=Checkbutton(myFrame,text="Bold",\
                    variable=self.v1,command=self.myCheckButton)
        #2.1.4为变量v2设置存入整数值并创建两个单选按钮
        self.v2=IntVar()
        rdoRed=Radiobutton(myFrame,text="Red",bg="red",\
                   variable=self.v2,value=1,command=self.myRadioButton)
        rdoYellow=Radiobutton(myFrame,text="Yellow",bg="yellow",\
                   variable=self.v2,value=2,command=self.myRadioButton)
        #2.1.5将一个复选框和两个单选按钮放入一行三列的表格中
        cbxBold.grid(row=1,column=1)
        rdoRed.grid(row=1,column=2)
        rdoYellow.grid(row=1,column=3)
        #2.1.6添加一个标签、文本框、按钮、自动标签到另一个容器小构件中
        yourFrame=Frame(myWindow)
        yourFrame.pack()
        myLabel=Label(yourFrame,text="请输入您的姓名：")
        self.name=StringVar()
        entryName=Entry(yourFrame,textvariable=self.name)
        btnGetName=Button(yourFrame,text="Get Name",command=self.myProcessButton)
        myMessage=Message(yourFrame,text="这是一个小构件演示")
        myLabel.grid(row=1,column=1)
        entryName.grid(row=1,column=2)
        btnGetName.grid(row=1,column=3)
        myMessage.grid(row=1,column=4)
        #2.1.7添加文本框
        myText=Text(myWindow)
```

```
        myText.pack()
        myText.insert(END,"Tip\n这是学习Tkinter的最好方式")
        myText.insert(END,"Tip\n要仔细设计案例")
        myText.insert(END,"Tip\n去创建你自己的应用程序")
        #2.1.8创建一个循环事件来持续处理事件直到主窗口关闭
        myWindow.mainloop()
    #2.2定义了一个确定按钮函数
    def myCheckButton(self):
        print("复选框是 " +("checked" if self.v1.get()==1 else "unchecked"))
    #2.3定义了一个取消按钮函数
    def myRadioButton(self):
        print("单选钮是 " +("Red" if self.v2.get()==1 else "Yellow"))
    #2.4定义了一个显示名称的按钮函数
    def myProcessButton(self):
        print("您的姓名是 " +self.name.get())
#3.为类新建对象并自动调用构造函数实现窗口中的事件处理
myObj=MyTkinterDemo()
```

调试以上程序，运行结果如图 9-5、图 9-6 所示。

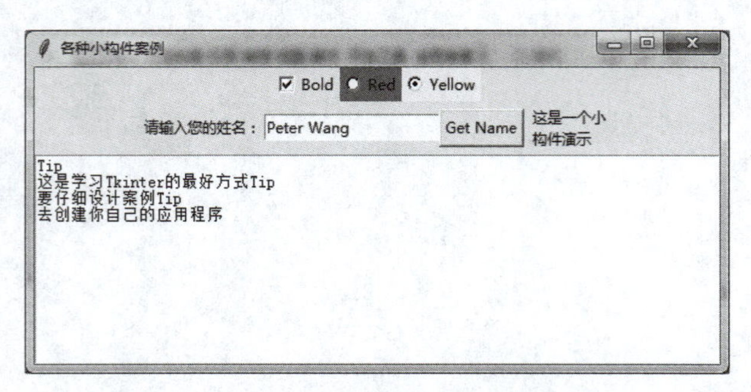

图 9-5　各种小构件案例

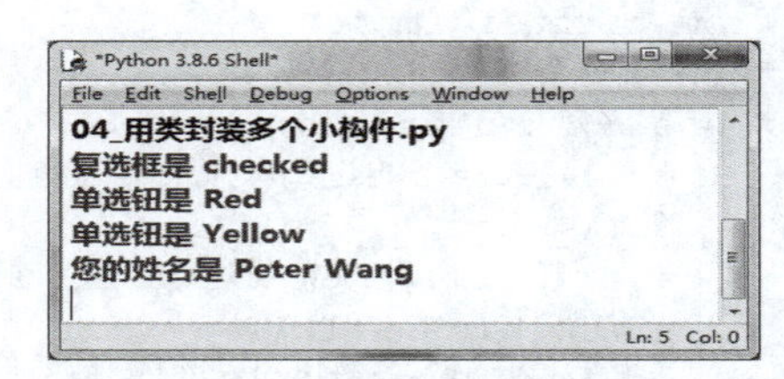

图 9-6　各种小构件事件实现后的显示

注意：定义一个类来创建GUI和处理GUI事件的优点是可以对类进行重用，函数放入类中可以访问类中的实例数据域。此外Frame可以放单选钮或复选框。输入域的输入值必须是IntVar、DoubleVar、StringVar对象之一。网络几何管理器可以实现m行n列的小构件的放置。

第五步：设计改变标签颜色、字体和内容的程序。

```
#1.从tkinter模块中导入所有类、函数和常量的定义
from tkinter import *
#2.定义一个类来封装事件处理
class ChangeColorFontDemo:
    #2.1定义一个构造函数来创建窗口、按钮
    def __init__(self):
        #2.1.1用Tk类创建一个GUI窗口对象
        myWindow=Tk()
        myWindow.title("改变标签的颜色、字体及内容")
        #2.1.2添加一个标签到第一个容器小构件中
        myFrame=Frame(myWindow)
        myFrame.pack()
        self.lblDisp=Label(myFrame,text="编程真有趣！")
        self.lblDisp.pack()
        #2.1.3添加一个标签、文本框、按钮、单选按钮到第二个容器小构件中
        yourFrame=Frame(myWindow)
        yourFrame.pack()
        lblInput=Label(yourFrame,text="请输入文本！")
        self.msg=StringVar()
        entryInput=Entry(yourFrame,textvariable=self.msg)
        btnChangeText=Button(yourFrame,text="改变文本",command=self.myProcessButton)
```

```
        self.v1=StringVar()
        rdoRed=Radiobutton(yourFrame,text="Red",bg="red",\
                           variable=self.v1,value="R",command=self.myRadioButton)
        rdoYellow=Radiobutton(yourFrame,text="Yellow",bg="yellow",\
                              variable=self.v1,value="Y",command=self.myRadioButton)
        #2.1.4将以上小构件放入一行五列的表格中
        lblInput.grid(row=1,column=1)
        entryInput.grid(row=1,column=2)
        btnChangeText.grid(row=1,column=3)
        rdoRed.grid(row=1,column=4)
        rdoYellow.grid(row=1,column=5)
        #2.1.5创建一个循环事件来持续处理事件直到主窗口关闭
        myWindow.mainloop()
    #2.2定义了一个处理按钮函数
    def myProcessButton(self):
        if self.v1.get()=="R":
            self.lblDisp["fg"]="red"
        elif self.v1.get()=="Y":
            self.lblDisp["fg"]="yellow"
    #2.3定义了一个单选按钮函数
    def myRadioButton(self):
        self.lblDisp["text"]=self.msg.get()
#3.为类新建对象并自动调用构造函数实现窗口中的事件处理
myObj=ChangeColorFontDemo()
```

调试以上程序，运行结果如图 9-7 所示。

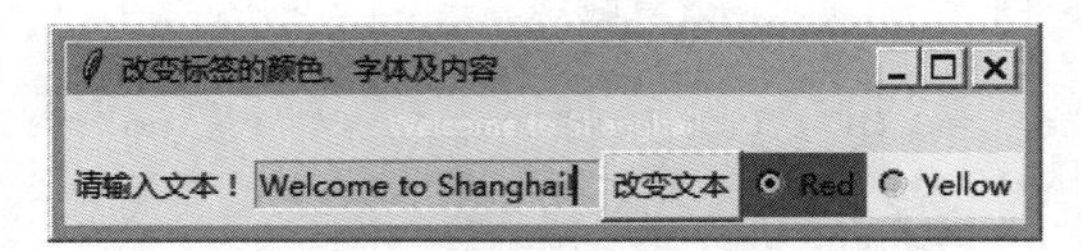

图 9-7 设计改变标签颜色、字体和内容的程序

注意：通过调用方法来改变标签的前景色。

第六步：可以使用 Canvas 画布小构件来显示图形。

```
#1.从tkinter模块中导入所有类、函数和常量的定义
from tkinter import *
#2.定义一个类来封装事件处理
class MyCanvas:
    #2.1定义一个构造函数来创建窗口、按钮
    def __init__(self):
        #2.1.1用Tk类创建一个GUI窗口对象
        myWindow=Tk()
        myWindow.title("使用Canvas画布小构件来显示图形")
        #2.1.2在窗口中放置画布，其尺寸是200*100
        self.canvas=Canvas(myWindow,width=200,height=100,bg="white")
        self.canvas.pack()
        #2.1.3在窗口中放置框架
        myFrame=Frame(myWindow)
        myFrame.pack()
        #2.1.4在框架中放置7个按钮，它们分别调用7个相对应的函数
        btnRect=Button(myFrame,text="矩形",command=self.paintRect)
        btnOval=Button(myFrame,text="椭圆",command=self.paintOval)
        btnArc=Button(myFrame,text="弧形",command=self.paintArc)
        btnPolygon=Button(myFrame,text="多边形",command=self.paintPolygon)
        btnLine=Button(myFrame,text="直线",command=self.paintLine)
        btnString=Button(myFrame,text="字符串",command=self.paintString)
        btnClear=Button(myFrame,text="清空",command=self.paintClear)
        #2.1.5将按钮放置在一行7列的网格中
```

```
        btnRect.grid(row=1,column=1)
        btnOval.grid(row=1,column=2)
        btnArc.grid(row=1,column=3)
        btnPolygon.grid(row=1,column=4)
        btnLine.grid(row=1,column=5)
        btnString.grid(row=1,column=6)
        btnClear.grid(row=1,column=7)
        #2.1.6创建一个循环事件来持续处理事件直到主窗口关闭
        myWindow.mainloop()
    #2.2定义了一个绘制矩形函数
    def paintRect(self):
        self.canvas.create_rectangle(10,10,190,90,tags="rect")
    #2.3定义了一个绘制椭圆函数
    def paintOval(self):
        self.canvas.create_oval(10,10,190,90,fill="red",tags="oval")
    #2.4定义了一个绘制弧形函数
    def paintArc(self):
        self.canvas.create_arc(10,10,190,90,start=0,extent=90,width=8,
                               fill="red",tags="arc")
    #2.5定义了一个绘制多边形函数
    def paintPolygon(self):
        self.canvas.create_polygon(10,10,190,90,30,50,tags="polygon")
     #2.6定义了一个绘制直线函数
    def paintLine(self):
        self.canvas.create_line(10,10,190,90,fill="red",tags="line")
        self.canvas.create_line(10,90,190,10,width=9,arrow="last",activefill="blue",tags="line")
    #2.7定义了一个绘制字符串函数
    def paintString(self):
        self.canvas.create_text(60,40,text="This is a string",font="微软雅黑",tags="string")
    #2.8定义了一个清除画布函数
    def paintClear(self):
        self.canvas.delete("rect","oval","arc","polygon","line","string")
#3.为类新建对象并自动调用构造函数实现窗口中的事件处理
myObj=MyCanvas()
```

调试以上程序，运行结果如图 9-8 ～图 9-15 所示。

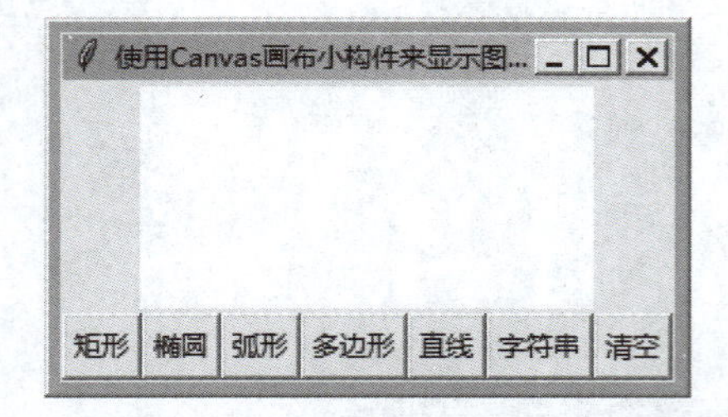

图 9-8　用 Canvas 画布小构件来显示图形

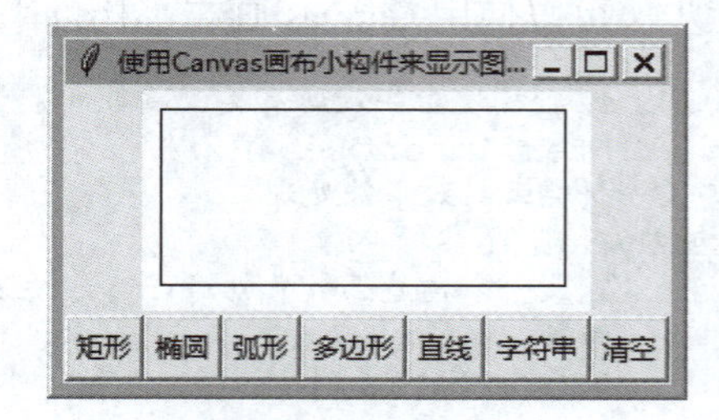

图 9-9　显示矩形

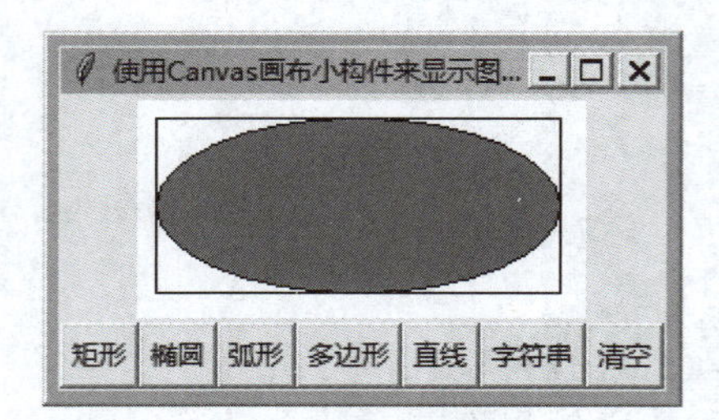

图 9-10　显示椭圆

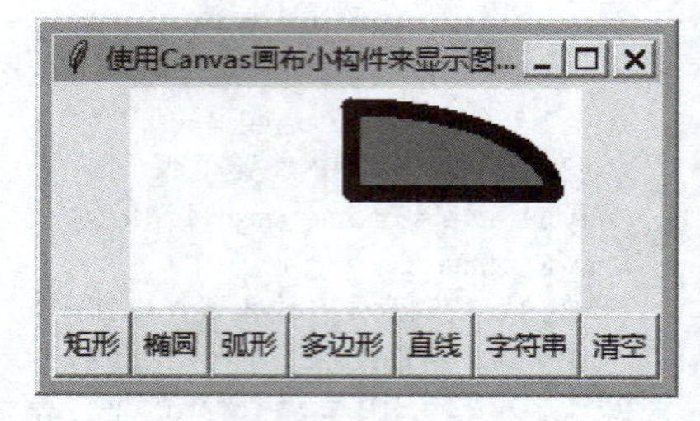

图 9-11　显示弧形

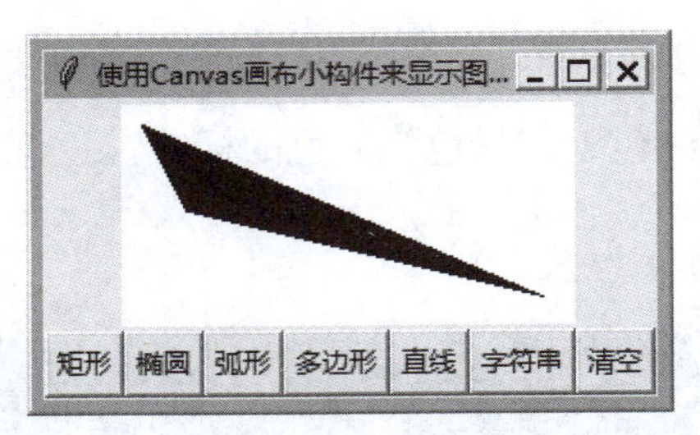

图 9-12　显示多边形

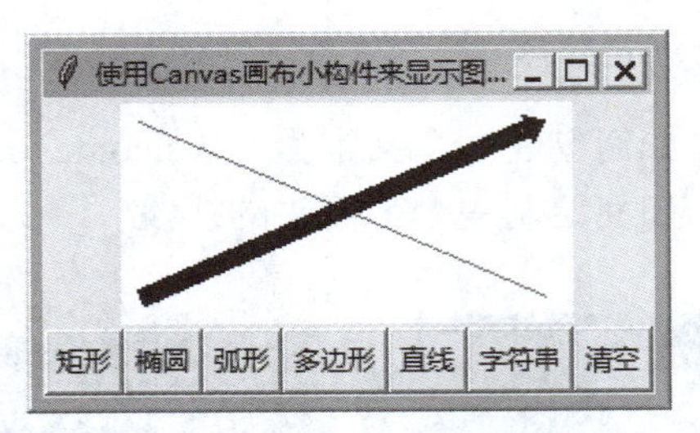

图 9-13　显示直线

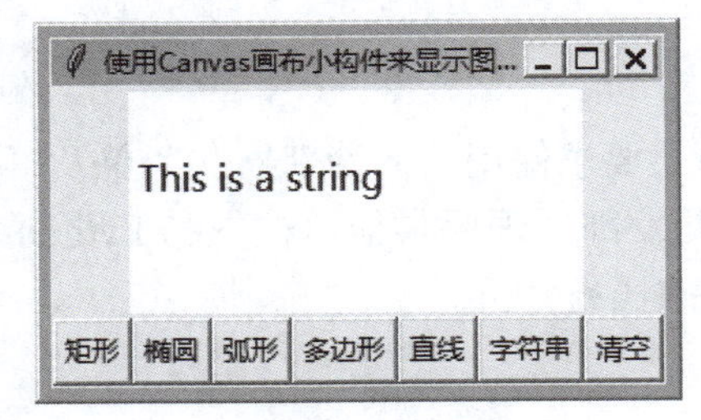

图 9-14　显示字符串

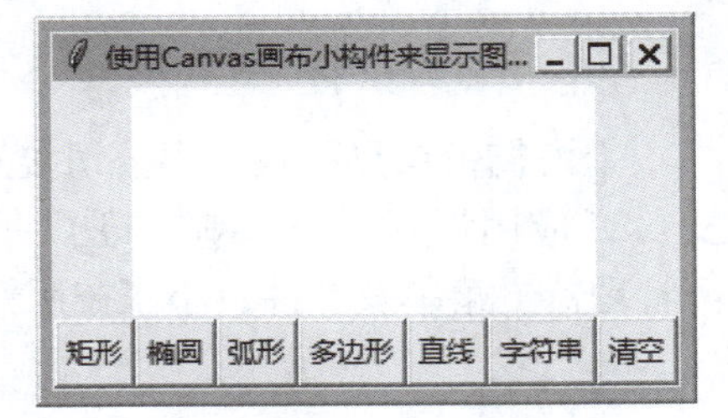

图 9-15　清空画布

注意：绘制的图形的区域是第四象限，以左上角（0,0）为坐标，x坐标向右增加，而y坐标向下增加。传统的坐标系是在第一象限。所有绘图方法用tags参数标识所绘图形。这些tags用在delete方法中用于从画布上清除图形。

四、任务小结

（1）使用 Tkinter 可以创建一个简单的 GUI 程序。

（2）使用绑定到小构件命令选项的回调函数来处理事件。

（3）使用标签、输入域、按钮、复选按钮、单选按钮、消息和文本创建 GUI。

（4）在画布上绘制线段、矩形、椭圆、多边形和圆弧并显示文本字符串。

五、任务拓展

（1）Tkinter 的 GUI 类定义常见的 GUI 小构件（它们的第一个参数都是父容器）。

Button：按钮；Canvas：绘制图形的结构化图形；Entry：文本框；Text：文本框；Checkbutton：复选按钮；Radiobutton：单选按钮；Message：在指定的宽高比中显示文本；Frame：可包含其他小构件的容器；Label：显示文本和图像的标签；Menu：下拉和弹出菜单的菜单栏；Menubutton：下拉菜单的菜单按钮。

（2）指定颜色可以用 #RRGGBB 显示指定。

（3）指定字符串的字体，包括字体名、大小和风格。如：Courier 20 bold italic overstrike underline。

（4）默认情况下，标签或按钮上的文本是居中的，使用命名常量 LEFT、CENTER、RIGHT 的 justify 选项可以改变它的基准线。也可插入‘\n’来插入新行。

（5）可以通过 cursor 选项指定 arrow（默认值）,circle、cross、plus 或其他图形的字符串来指定鼠标的风格。

（6）构建一个小构件时，可在构造方法中指定它的属性，例如 fg、bg、font、cursor、text、command。

```
myBtnExit=Button(myWindow,text="Exit",command=self.myButtonExit)
        myBtnExit["text"]="退出"                #按钮上文本
        myBtnExit["bg"]="red"                   #按钮背景色
        myBtnExit["fg"]="#AB84F9"               #按钮前景色
        myBtnExit["cursor"]="plus"              #按钮光标
        myBtnExit["justify"]="left"             #按钮对齐方式
```

六、任务思考

（1）如何创建一个文本为 “Welcome to Shanghai.”，前景色为红色，背景色为蓝色的标签？
（2）如何绘制一个带箭头的线段？

任务二 运用几何管理器进行编程

视频

运用几何管理器进行编程

一、任务描述

上海御恒信息科技有限公司接到一家培训机构的订单，要求使用几何管理器、菜单及事件来开发 GUI 应用程序。公司刚招聘了一名程序员小张，软件开发部经理要求他尽快熟悉 Python 中的几何管理器、菜单及事件，小张按照经理的要求开始做以下的任务分析。

二、任务分析

Python 中的 Tkinter 是使用几何管理器将小构件放入容器中的。Tkinter 支持三种几何管理器：网络管理器、包管理器和位置管理器。由于每个管理器都有自己放置小构件的风格。最好不要对同一容器中的小构件们使用多个管理器。可以使用框架作为子容器来获得期望的布局。下面通过任务实施来实现这三种几何管理器。

三、任务实施

第一步：实现网络管理器。

```
#1.从tkinter模块中导入所有类、函数和常量的定义
from tkinter import *
#2.定义一个类来封装事件处理
class MyGridManager:
    #2.1定义一个构造函数来创建窗口、按钮
    def __init__(self):
        #2.1.1用Tk类创建一个GUI窗口对象
        myWindow=Tk()
        myWindow.title("使用网络管理器")
        #2.1.2在窗口中放置画布，其尺寸是200*100
        message=Message(myWindow,text="消息内容占用三行两列")
        message.grid(row=1,column=1,rowspan=3,columnspan=2)
        Label(myWindow,text="名: ").grid(row=1,column=3)
        Entry(myWindow).grid(row=1,column=4,padx=5,pady=5)
        Label(myWindow,text="姓: ").grid(row=2,column=3)
        Entry(myWindow).grid(row=2,column=4)
        Button(myWindow,text="显示姓名").grid(row=3,padx=5,pady=5,column=4,sticky=E)
        #2.1.3 创建一个窗口事件的循环
        myWindow.mainloop()
#3.为类新建对象并自动调用构造函数实现窗口中的事件处理
myObj=MyGridManager()
```

调试以上程序，运行结果如图 9-16 所示。

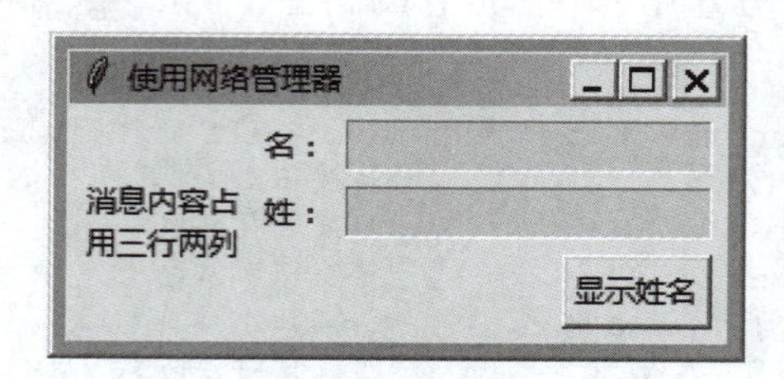

图 9-16　使用网格管理器

注意：sticky=E设置显示在单元格的东边，它有这些方向（S、N、E、W）或者NW、NE、SW和SE。padx和pady填充单元格中水平方向和垂直方向上的可选空间。

第二步：实现包管理器。

```
#1.从tkinter模块中导入所有类、函数和常量的定义
from tkinter import *
#2.定义一个类来封装事件处理
class MyPackManager:
    #2.1定义一个构造函数来创建窗口、标签
    def __init__(self):
        #2.1.1用Tk类创建一个GUI窗口对象
        myWindow=Tk()
        myWindow.title("使用包管理器")
        #2.1.2在窗口中放置三个标签(fill使用X,Y,BOTH填充方向,expand为额外空间)
        Label(myWindow,text="Blue",bg="blue").pack()
        Label(myWindow,text="Red",bg="red").pack(fill=BOTH,expand=1)
        Label(myWindow,text="Green",bg="green").pack(fill=BOTH)
        #2.1.3 创建一个窗口事件的循环
        myWindow.mainloop()
#3.为类新建对象并自动调用构造函数实现窗口中的事件处理
myObj=MyPackManager()
```

调试以上程序，运行结果如图 9-17 所示。

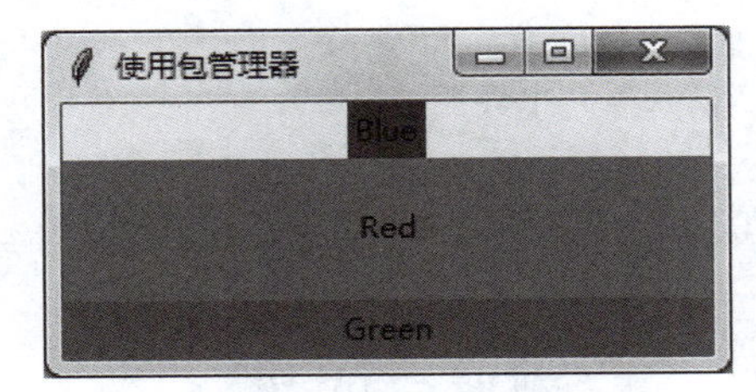

图 9-17 使用包管理器 1

注意：fill选项使用命名常量X、Y或者Both填充水平、垂直或者两个方向的空间。

选项 expand 告诉包管理器分配额外的空间给小构件框。如果父小构件比容纳所有打包小构件的所需空间都大，那么额外的空间被分配给小构件们，它们的 expand 选项被设置为非零值。

修改以上包管理器。

```
#1.从tkinter模块中导入所有类、函数和常量的定义
from tkinter import *
#2.定义一个类来封装事件处理
class MyPackManagerSide:
    #2.1定义一个构造函数来创建窗口、标签
    def __init__(self):
        #2.1.1用Tk类创建一个GUI窗口对象
        myWindow=Tk()
        myWindow.title("使用包管理器")
        #2.1.2在窗口中放置三个标签(选项side可以是LEFT、RIGHT、TOP或BOTTOM，默认为TOP)
        Label(myWindow,text="Blue",bg="blue").pack(side=LEFT)
        Label(myWindow,text="Red",bg="red").pack(side=LEFT,fill=BOTH,expand=1)
        Label(myWindow,text="Green",bg="green").pack(side=LEFT,fill=BOTH)
        #2.1.3 创建一个窗口事件的循环
        myWindow.mainloop()
#3.为类新建对象并自动调用构造函数实现窗口中的事件处理
myObj=MyPackManagerSide()
```

调试以上程序，运行结果如图 9-18 所示。

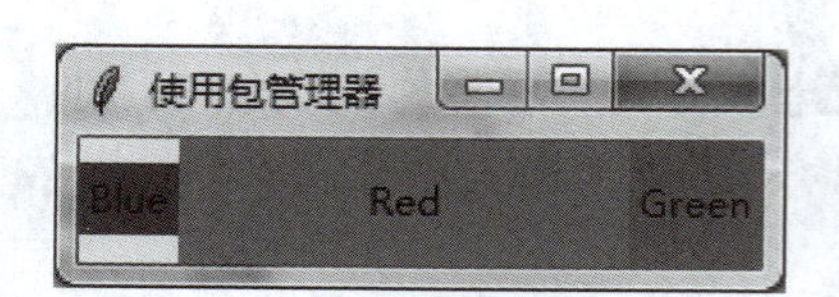

图 9-18　使用包管理器 2

注意：选项side可以是LEFT、RIGHT、TOP或BOTTOM，默认为TOP。

第三步：实现位置管理器。

```
#1.从tkinter模块中导入所有类、函数和常量的定义
from tkinter import *
#2.定义一个类来封装事件处理
class MyPositionManager:
    #2.1定义一个构造函数来创建窗口、标签
    def __init__(self):
        #2.1.1用Tk类创建一个GUI窗口对象
        myWindow=Tk()
        myWindow.title("使用位置管理器将小构件放在绝对位置上")
        #2.1.2在窗口中放置三个标签()
        Label(myWindow,text="我是红灯，请停止！",bg="red").place(x=30,y=30)
        Label(myWindow,text="我是绿灯，请通行！",bg="green").place(x=60,y=60)
        Label(myWindow,text="我是黄灯，请等待！",bg="yellow").place(x=90,y=90)
        #2.1.3 创建一个窗口事件的循环
        myWindow.mainloop()
#3.为类新建对象并自动调用构造函数实现窗口中的事件处理
myObj=MyPositionManager()
```

调试以上程序，运行结果如图 9-19 所示。

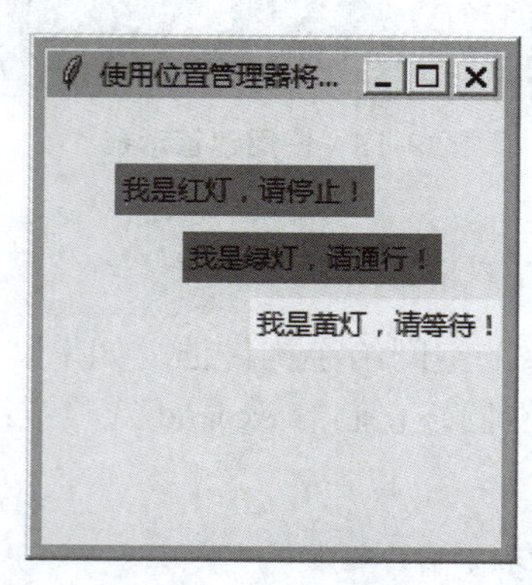

图 9-19　实现位置管理器

注意：位置管理器可以将小构件放在绝对位置上。

第四步：实现贷款计算器。

```
#1.从tkinter模块中导入所有类、函数和常量的定义
from tkinter import *
#2.定义一个类来封装事件处理
class MyLoanCalc:
    #2.1定义一个构造函数来创建窗口、标签
    def __init__(self):
        #2.1.1用Tk类创建一个GUI窗口对象
        myWindow=Tk()
        myWindow.title("贷款计算器")
        #2.1.2在窗口中放置五个标签()
        Label(myWindow,text="年利率").grid(row=1,column=1,sticky=W)
```

```
        Label(myWindow,text="年数").grid(row=2,column=1,sticky=W)
        Label(myWindow,text="贷款额").grid(row=3,column=1,sticky=W)
        Label(myWindow,text="月支付").grid(row=4,column=1,sticky=W)
        Label(myWindow,text="总支付").grid(row=5,column=1,sticky=W)
        #2.1.3在窗口中放置二个文本框、二个标签和一个按钮
        self.yearInterestVar=StringVar()
Entry(myWindow,textvariable=self.yearInterestVar,justify=RIGHT).grid(row=1,column=2)
        self.yearNumberVar=StringVar()
Entry(myWindow,textvariable=self.yearNumberVar,justify=RIGHT).grid(row=2,column=2)
        self.loanAmountVar=StringVar()
Entry(myWindow,textvariable=self.loanAmountVar,justify=RIGHT).grid(row=3,column=2)
        self.monthPayVar=StringVar()
lblMonthPay=Label(myWindow,textvariable=self.monthPayVar).grid(row=4,column=2, sticky=E)
        self.totalPayVar=StringVar()
lblTotalPay=Label(myWindow,textvariable=self.totalPayVar).grid(row=5,column=2, sticky=E)
        btnCalcPay=Button(myWindow,text="计算支付额",command=self.calcPay).grid(row=6,
column=2,sticky=E)
        #2.1.4 创建一个窗口事件的循环
        myWindow.mainloop()
    #2.2定义一个计算支付的函数
    def calcPay(self):
            monthPay=self.getMonthPay(\float(self.loanAmountVar.get()),float(self.
yearInterestVar.get())/1200,  int(self.yearNumberVar.get()))
        self.monthPayVar.set(format(monthPay,"10.2f"))
        totalPayment=float(self.monthPayVar.get())*12*int(self.yearNumberVar.get())
        self.totalPayVar.set(format(totalPayment,"10.2f"))
    def getMonthPay(self,loanAmount,monthInterest,years):
        monthPay=loanAmount*monthInterest/(1-1/(1+monthInterest)**(years*12))
        return monthPay;
#3.为类新建对象并自动调用构造函数实现窗口中的事件处理
myObj=MyLoanCalc()
```

调试以上程序，运行结果如图 9-20 所示。

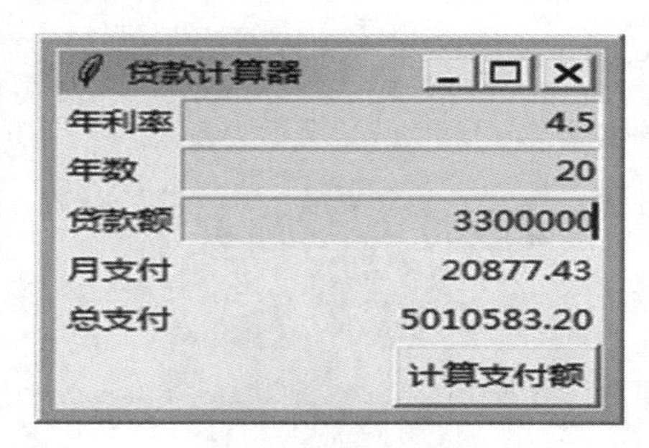

图 9-20　贷款计算器

注意：网格管理器设置了以上五行两列的布局，当单击“计算支付额”按钮时，再调用方法计算每月支付和总支付。

第五步：实现图像的显示。

```
#1.从tkinter模块中导入所有类、函数和常量的定义
from tkinter import *
#2.定义一个类来封装事件处理
class MyPictureDisp:
    #2.1定义一个构造函数来创建窗口、标签
    def __init__(self):
        #2.1.1用Tk类创建一个GUI窗口对象
        myWindow=Tk()
        myWindow.title("显示图像")
```

```
        #2.1.2创建图片对象
        actionPic=PhotoImage(file="action.gif")
        continuePic=PhotoImage(file="continue.gif")
        deletePic=PhotoImage(file="deleteobj.gif")
        disconnectPic=PhotoImage(file="disconnect.gif")
        historyPic=PhotoImage(file="history.gif")
        homePic=PhotoImage(file="home.gif")
        nextPic=PhotoImage(file="next.gif")
        prevPic=PhotoImage(file="prev.gif")
        smilePic=PhotoImage(file="smile.gif")
        #2.1.3在第一个小框架中放置标签和画布
        myFrame=Frame(myWindow)
        myFrame.pack()
        Label(myFrame,image=actionPic).pack(side=LEFT)
        myCanvas=Canvas(myFrame)
        myCanvas.create_image(100,60,image=continuePic)
        myCanvas["width"]=300
        myCanvas["height"]=150
        myCanvas.pack(side=RIGHT)
        #2.1.4在第二个小框架中放置按钮、复选框和单选按钮
        yourFrame=Frame(myWindow)
        yourFrame.pack()
        Button(yourFrame,image=deletePic).pack(side=LEFT)
        Button(yourFrame,image=disconnectPic).pack(side=LEFT)
        Checkbutton(yourFrame,image=historyPic).pack(side=LEFT)
        Checkbutton(yourFrame,image=homePic).pack(side=LEFT)
        Radiobutton(yourFrame,image=nextPic).pack(side=LEFT)
        Radiobutton(yourFrame,image=prevPic).pack(side=LEFT)
        Label(yourFrame,image=smilePic).pack(side=LEFT)
        #2.1.5创建一个窗口事件的循环
        myWindow.mainloop()
#3.为类新建对象并自动调用构造函数实现窗口中的事件处理
myObj=MyPictureDisp()
```

调试以上程序，运行结果如图 9-21 所示。

图 9-21　实现图像的显示

注意：可以向标签、按钮、单选按钮、复选框添加图像，图像文件必须是GIF格式，此外图像不是Canvas的属性，但可以使用create_image()方法在画布上绘制图像，且一块画布上可以显示多张图像。

四、任务小结

（1）Tkinter 支持三种几何管理器：网络管理器、包管理器和位置管理器。

（2）不要对同一容器中的小构件使用多个管理器，可以把不同风格的小构件放入不同的框架中。

（3）网络管理器可以管理特定的行列，也可使用多行多列（用 rowspan 和 columnspan）。

（4）包管理器可以将小构件依次放置（side 可以是 LEFT、RIGHT、TOP、BOTTOM）。

（5）位置管理器将小构件放在绝对位置上。

（6）PhotoImage(file=" 文件名 .gif") 可以创建图像对象，然后添加到标签、按钮、复选框和单选按钮。

五、任务拓展

（1）所有的 Tkinter 组件都包含专用的几何管理方法，这些方法是用来组织和管理整个父配件区中子配件的布局的。Tkinter 提供了截然不同的三种几何管理类：grid()、pack()、和 place()。

（2）pack() 几何管理采用块的方式组织配件，在快速生成界面设计中广泛采用，若干组件简单的布局，采用 pack() 的代码量最少。pack() 几何管理程序根据组件创建生成的顺序将组件添加到父组件中去。通过设置相同的锚点（anchor）可以将一组配件紧挨一个地方放置，如果不指定任何选项，默认在父窗体中自顶向下添加组件。

（3）使用 pack() 布局的通用公式为：

```
WidgetObject.pack(option, …)
```

（4）pack() 方法提供了下列 option 选项，选项可以直接赋值或以字典变量加以修改，见表 9-1。

表 9-1　pack 方法提供的 option 选项

名　称	描　述	取值范围
expand	当值为“yes”时，side 选项无效。组件显示在父配件中心位置；若 fill 选项为“both”，则填充父组件剩余空间	“yes”，自然数，“no”，0（默认值为“no”或 0）
fill	填充 x(y) 方向上的空间，当属性 side=“top”或“bottom”时，填充 x 方向；当属性 side=“left”或“right”时，填充“y”方向；当 expand 选项为“yes”时，填充父组件的剩余空间	“x”“y”“both”（默认值为待选）
ipadx, ipady	组件内部在 x(y) 方向上填充的空间大小，默认单位为像素，可选单位为 c（厘米）、m（毫米）、i（英寸）、p（打印机的点，即 1/27 英寸），用法为在值后加以上一个后缀既可	非负浮点数（默认值为 0.0）
padx, pady	组件外部在 x(y) 方向上填充的空间大小，默认单位为像素，可选单位为 c（厘米）、m（毫米）、i（英寸）、p（打印机的点，即 1/27 英寸），用法为在值后加以上一个后缀既可	非负浮点数（默认值为 0.0）
side	定义停靠在父组件的哪一边上（具体指位置）	“top”“bottom”“left”“right”（默认为“top”）
before	将本组件于所选组建对象之前 pack，类似于先创建本组件再创建选定组件	已经 pack 后的组件对象
after	将本组件于所选组建对象之后 pack，类似于先创建选定组件再本组件	已经 pack 后的组件对象
in_	将本组件作为所选组建对象的子组件，类似于指定本组件的 master 为选定组件	已经 pack 后的组件对象
anchor	对齐方式，左对齐“w”，右对齐“e”，顶对齐“n”，底对齐“s”	“n”“s”“w”“e”“nw”“sw”“se”“ne”“center”（默认为“center”）

（5）典型例子（默认引用为 from Tkinter import *）。

单组件填充满父组件：

```
text = Text(root, …)text.pack(expand=YES, fill="both")
```

Tkinter 模块提供了一系列大写值，其等价于字符型小写值，即 Tkinter,YES == "yes"。多组件布局（从左往右）：默认布局是从上往下。

```
btn = Button(root, …), btn.pack(side=LEFT, padx=<chmetcnv unitname="C" sourcevalue="4" hasspace="False" negative="False" numbertype="1" tcsc="0" w:st="on"></chmetcnv>4c) #x轴左右拓展4厘米, Text(root, …).pack(side=LEFT)
```

（6）pack 类提供了下列函数，见表 9-2。

表 9-2　pack 类提供的函数

函 数 名	描　述
slaves()	以列表方式返回本组件的所有子组件对象
propagate(boolean)	设为 True 表示父组件的几何大小由子组件决定（默认值），反之无关
info()	返回 pack() 提供的选项所对应得值
forget()	Unpack 组件，将组件隐藏并且忽略原有设置，对象依旧存在，可以用 pack(option, …)，将其显示
location(x, y)	x, y 为以像素为单位的点，函数返回此点是否在单元格中，在哪个单元格中。返回单元格行列坐标，(—1,—1) 表示不在其中
size()	返回组件所包含的单元格，揭示组件大小

（7）grid() 几何管理采用类似表格的结构组织配件，使用起来非常灵活，用其设计对话框和带有滚动条的窗体效果最好。grid() 采用行列确定位置，行列交汇处为一个单元格。每一列中，列宽由这一列中最宽的单元格确定。每一行中，行高由这一行中最高的单元格决定。组件并不是充满整个单元格的，可以指定单元格中剩余空间的使用。可以空出这些空间，也可以在水平或竖直或两个方向上填满这些空间。可以连接若干个单元格为一个更大空间，这一操作被称作跨越。创建的单元格必须相邻。

（8）使用 grid() 布局的通用公式为：WidgetObject.grid(option, …)

grid() 方法提供了下列 option 选项，选项可以直接赋值或对字典变量加以修改，见表 9-3。

表 9-3　grid 方法提供的 option 选项

名　称	描　述	取值范围
column	组件所置单元格的列号	自然数（起始默认值为 0，而后累加）
columnspan	从组件所置单元格算起在列方向上的跨度	自然数（起始默认值为 0）
ipadx, ipady	组件内部在 x(y) 方向上填充的空间大小，默认单位为像素，可选单位为 c（厘米）、m（毫米）、i（英寸）、p（打印机的点，即 1/27 英寸），用法为在值后加以上一个后缀既可	非负浮点数（默认值为 0.0）
padx, pady	组件外部在 x(y) 方向上填充的空间大小，默认单位为像素，可选单位为 c（厘米）、m（毫米）、i（英寸）、p（打印机的点，即 1/27 英寸），用法为在值后加以上一个后缀既可	非负浮点数（默认值为 0.0）
row	组件所置单元格的行号	自然数（起始默认值为 0，而后累加）
rowspan	从组件所置单元格算起在行方向上的跨度	自然数（起始默认值为 0）
in_	将本组件作为所选组建对象的子组件，类似于指定本组件的 master 为选定组件	已经 pack 后的组件对象
sticky	组件紧靠所在单元格的某一边角	“n”，“s”，“w”，“e”，“nw”，“sw”，“se”，“ne”，“center”（默认为“center”）

（9）典型例子（默认引用为 from Tkinter import *）。

单组件填充满父组件：

```
text = Text(root, …), root.rowconfigure(0, weight=1)
root.columnconfigure (0, weight=1)    #可以看出，用grid()填充不如pack()方便
```

多组件布局（滚动条）：效果肯定是 3 种布局方式中最好的。

```
text = Text(root, …)
text.grid()                #纵向，sb = Scrollbar(root, …),
sb.grid(row=0, column=1, sticky='ns')
text.configure(yscrollcommand=sb.set)
sb.configure(command=text.yview)
#横向，sb = Scrollbar(root, orient='horizontal', …)
sb.grid(row=1, column=0, sticky='ew')
text.configure(xscrollcommand=sb.set)
sb.configure(command=text.xview)
```

（10）grid 类提供了下列函数，见表 9-4。

表 9-4　grid 类提供的函数

函 数 名	描　述
slaves()	以列表方式返回本组件的所有子组件对象
propagate(boolean)	设置为 True 表示父组件的几何大小由子组件决定（默认值），反之则无关
info()	返回 pack 提供的选项所对应得值
forget()	Unpack 组件，将组件隐藏并且忽略原有设置，对象依旧存在，可以用 pack(option, …)，将其显示
grid_remove ()	用于移除 grid

六、任务思考

（1）Tkinter 提供了哪几种几何管理类？

（2）grid() 方法都有哪些常见的选项？

任务三　实现GUI的高级编程

一、任务描述

上海御恒信息科技有限公司接到一家培训机构的订单，要求使用菜单、事件、动画、滚动条和对话框来完善 GUI 应用程序。公司刚招聘了一名程序员小张，软件开发部经理要求他尽快熟悉 Python 中 GUI 高级编程技能，小张按照经理的要求开始做以下的任务分析。

视 频

实现GUI的高级编程

二、任务分析

Python 中的菜单可以给客户多种不同的选择，事件可以实现当客户单击某个组件调用函数实现相应的功能，滚动条可以表示某些变化的值，对话框可以用图形化形式为客户实现输入与输出。下面通过任务实施综合实现以上这些 GUI 的元素。

三、任务实施

第一步：实现下拉式菜单。

```
#1.从tkinter模块中导入所有类、函数和常量的定义
from tkinter import *
#2.定义一个类来封装事件处理
class MyDropMenu:
    #2.1定义一个构造函数来创建窗口、标签
    def __init__(self):
```

```
        #2.1.1用Tk类创建一个GUI窗口对象
        myWindow=Tk()
        myWindow.title("下拉式菜单")
        #2.1.2创建一个菜单栏
        myMenubar=Menu(myWindow)
        myWindow.config(menu=myMenubar)       #显示菜单栏
        #2.1.3创建一个下拉式菜单并放在菜单栏上
        calcMenu=Menu(myMenubar,tearoff=0)
        myMenubar.add_cascade(label="计算",menu=calcMenu)
        calcMenu.add_command(label="加",command=self.add)
        calcMenu.add_command(label="减",command=self.subtract)
        calcMenu.add_separator()
        calcMenu.add_command(label="乘",command=self.multiply)
        calcMenu.add_command(label="除",command=self.divide)
        quitMenu=Menu(myMenubar,tearoff=0)
        myMenubar.add_cascade(label="Exit",menu=quitMenu)
        quitMenu.add_command(label="Quit",command=myWindow.quit)
        #2.1.4添加一个myFrame框架
        myFrame=Frame(myWindow)
        myFrame.grid(row=1,column=1,sticky=W)
        #2.1.5添加四个带图片的按钮
        picPlus=PhotoImage(file="plusPic.gif")
        picMinus=PhotoImage(file="minusPic.gif")
        picTimes=PhotoImage(file="timesPic.gif")
        picDivide=PhotoImage(file="dividePic.gif")
        Button(myFrame,image=picPlus,command=self.add).grid(row=1,column=1,sticky=W)
        Button(myFrame,image=picMinus,command=self.subtract).grid(row=1,column=2,sticky=W)
        Button(myFrame,image=picTimes,command=self.multiply).grid(row=1,column=3,sticky=W)
        Button(myFrame,image=picDivide,command=self.divide).grid(row=1,column=4,sticky=W)
        #2.1.6添加一个标签和一个文本框到yourFrame框架
        yourFrame=Frame(myWindow)
        yourFrame.grid(row=2,column=1,pady=10)
        Label(yourFrame,text="Number 1:").pack(side=LEFT)
        self.v1=StringVar()
        Entry(yourFrame,width=5,textvariable=self.v1,justify=RIGHT).pack(side=LEFT)
        Label(yourFrame,text="Number 2:").pack(side=LEFT)
        self.v2=StringVar()
        Entry(yourFrame,width=5,textvariable=self.v2,justify=RIGHT).pack(side=LEFT)
        Label(yourFrame,text="Result:").pack(side=LEFT)
        self.v3=StringVar()
        Entry(yourFrame,width=5,textvariable=self.v3,justify=RIGHT).pack(side=LEFT)
        #2.1.7添加四个按钮到一个新的框架theyFrame
        theyFrame=Frame(myWindow)
        theyFrame.grid(row=3,column=1,pady=10,sticky=E)
        Button(theyFrame,text="Add",command=self.add).pack(side=LEFT)
        Button(theyFrame,text="Subtract",command=self.subtract).pack(side=LEFT)
        Button(theyFrame,text="Multiply",command=self.multiply).pack(side=LEFT)
        Button(theyFrame,text="Divide",command=self.divide).pack(side=LEFT)
        #2.1.8创建一个窗口事件的循环
        myWindow.mainloop()
    #2.2定义一个加法函数
    def add(self):
        self.v3.set(eval(self.v1.get())+eval(self.v2.get()))
    #2.3定义一个减法函数
    def subtract(self):
        self.v3.set(eval(self.v1.get())-eval(self.v2.get()))
    #2.4定义一个乘法函数
    def multiply(self):
        self.v3.set(eval(self.v1.get())*eval(self.v2.get()))
    #2.5定义一个除法函数
    def divide(self):
        self.v3.set(eval(self.v1.get())/eval(self.v2.get()))
```

```
#3.为类新建对象并自动调用构造函数实现窗口中的事件处理
myObj=MyDropMenu()
```

调试以上程序，运行结果如图 9-22 所示。

注意：config()方法将菜单栏添加到容器，add_cascade()设置菜单标签，add_command()将条目添加到菜单，tears=0表示菜单一定要放在窗口内，不能移出，用多个不同的框架来组合各种组件。

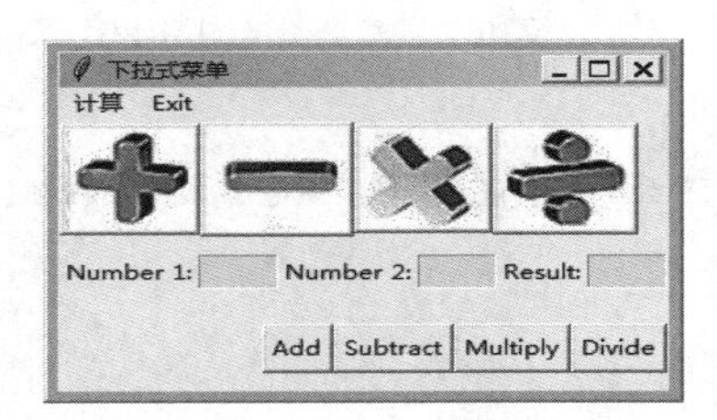

图 9-22　实现下拉式菜单

第二步：实现弹出式菜单

```
#1.从tkinter模块中导入所有类、函数和常量的定义
from tkinter import *
#2.定义一个类来封装事件处理
class MyPopMenu:
    #2.1定义一个构造函数来创建窗口、标签
    def __init__(self):
        #2.1.1用Tk类创建一个GUI窗口对象
        myWindow=Tk()
        myWindow.title("弹出式菜单")
        #2.1.2创建一个弹出式菜单
        self.popMenu=Menu(myWindow,tearoff=0)
        self.popMenu.add_command(label="Paint line",command=self.myLine)
        self.popMenu.add_command(label="Paint oval",command=self.myOval)
        self.popMenu.add_command(label="Paint rectangle",command=self.myRect)
        self.popMenu.add_command(label="Clear canvas",command=self.myClear)
        #2.1.3在窗口上放置一个画布
        self.myCanvas=Canvas(myWindow,width=200,height=100,bg="white")
        self.myCanvas.pack()
        #2.1.4把弹出式菜单绑定到画布
        self.myCanvas.bind("<Button-3>",self.myPopup)
        #2.1.5创建一个窗口事件的循环
        myWindow.mainloop()
    #2.2定义一个绘制直线的函数
    def myLine(self):
        self.myCanvas.create_line(10,10,190,90,tags="thisLine")
        self.myCanvas.create_line(10,90,190,10,tags="thisLine")
    #2.3定义一个绘制圆的函数
    def myOval(self):
        self.myCanvas.create_oval(10,10,190,90,tags="thisOval")
    #2.4定义一个绘制矩形的函数
    def myRect(self):
        self.myCanvas.create_rectangle(10,10,190,90,tags="thisRect")
    #2.5定义一个清除画布的函数
    def myClear(self):
        self.myCanvas.delete("thisLine","thisOval","thisRect")
    #2.6定义一个弹出函数
    def myPopup(self,myEvent):
        self.popMenu.post(myEvent.x_root,myEvent.y_root)
#3.为类新建对象并自动调用构造函数实现窗口中的事件处理
myObj=MyPopMenu()
```

调试以上程序，运行结果如图 9-23 ～图 9-26 所示。

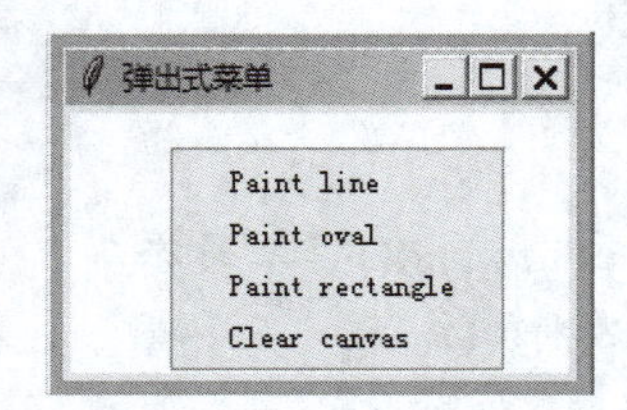

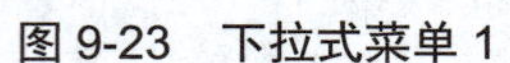
图 9-23　下拉式菜单 1

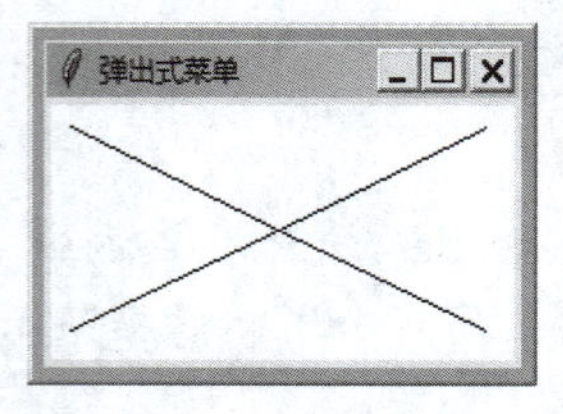

图 9-24　下拉式菜单 2

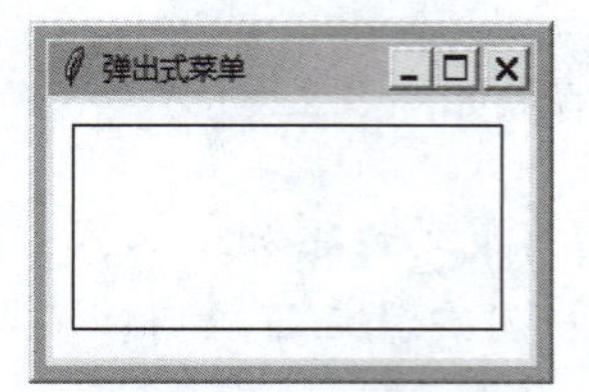

图 9-25　下拉式菜单 3

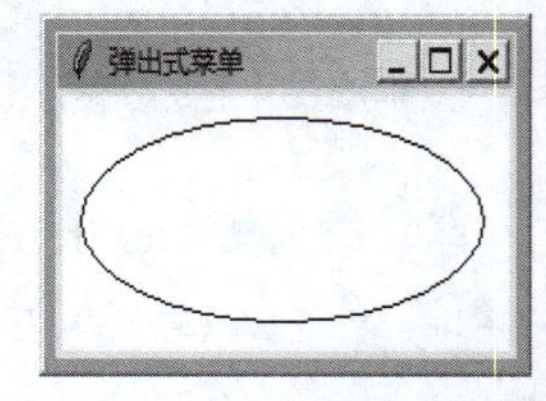

图 9-26　下拉式菜单 4

注意： 在myCanvas上将右击和弹出菜单的函数绑定，这样在被单击的地方就会显示菜单。

第三步：实现鼠标和键盘事件。

```
#1.从tkinter模块中导入所有类、函数和常量的定义
from tkinter import *
#2.定义一个类封装事件处理
class MyMouseEvent:
    #2.1定义一个构造函数来创建窗口、标签
    def __init__(self):
        #2.1.1用Tk类创建一个GUI窗口对象
        myWindow=Tk()
        myWindow.title("鼠标事件演示")
        #2.1.2在窗口上放置一个画布
        myCanvas=Canvas(myWindow,width=200,height=100,bg="white")
        myCanvas.pack()
        #2.1.3把鼠标左键的事件绑定到画布
        myCanvas.bind("<Button-1>",self.myMouseEvent)
        #2.1.4把键盘按键事件绑定到画布
        myCanvas.bind("<Key>",self.myKeyEvent)
        myCanvas.focus_set()
        #2.1.5创建一个窗口事件的循环
        myWindow.mainloop()
    #2.2定义一个处理鼠标事件的函数
    def myMouseEvent(self,myEvent):
        print("鼠标在小构件中以像素为单位的位置是: ",myEvent.x,myEvent.y)
        print("相对屏幕左上角的位置是: ",myEvent.x_root,myEvent.y_root)
        print("被单击的鼠标按钮是: ",myEvent.num)
    #2.3定义一个处理键盘事件的函数
    def myKeyEvent(self,myEvent):
        print("键盘输入和按键事件相关键的代码是: ",myEvent.keysym)
        print("键盘输入和按键事件相关键的字符是: ",myEvent.char)
        print("键盘输入和按键事件相关键的键代码是: ",myEvent.keycode)
#3.为类新建对象并自动调用构造函数实现窗口中的事件处理
myObj=MyMouseEvent()
```

调试以上程序，运行结果如图 9-27 所示。

```
键盘输入和按键事件相关键的代码是： a
键盘输入和按键事件相关键的字符是： a
键盘输入和按键事件相关键的键代码是： 65
鼠标在小构件中以像素为单位的位置是： 101 48
相对屏幕左上角的位置是： 518 250
被单击的鼠标按钮是： 1
键盘输入和按键事件相关键的代码是： Win_L
键盘输入和按键事件相关键的字符是：
键盘输入和按键事件相关键的键代码是： 91
```

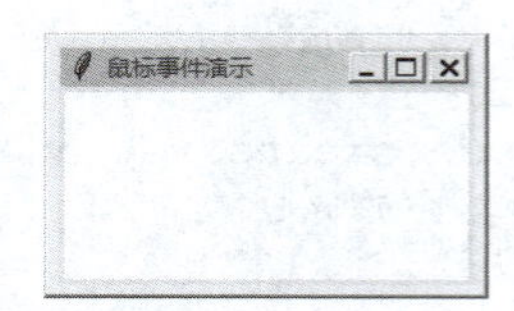

图 9-27　鼠标事件演示

注意：将画布上的鼠标事件Button-1和myMouseEvent函数绑定，当单击画布时，就会创建一个事件。键盘和鼠标的操作都会在IDLE shell中显示当前的位置及相应代码。

第四步：实现事件与绘图。

```
#1.从tkinter模块中导入所有类、函数和常量的定义
from tkinter import *
#2.定义一个类来封装事件处理
class MyCirclePaint:
    #2.1定义一个构造函数来创建窗口、标签
    def __init__(self):
        #2.1.1设置圆的半径
        self.radius=50
        #2.1.2用Tk类创建一个GUI窗口对象
        myWindow=Tk()
        myWindow.title("用鼠标绘制圆形")
        #2.1.3在窗口上放置一个画布
        self.myCanvas=Canvas(myWindow,width=200,height=200,bg="white")
        self.myCanvas.pack()
        #2.1.4在画布上绘制圆
        self.myCanvas.create_oval(90-self.radius,90-self.radius,
                                  90+self.radius,90+self.radius,tags="oval")
        #2.1.5把鼠标左键的事件绑定到画布
        self.myCanvas.bind("<Button-1>",self.myBigCircle)
        self.myCanvas.bind("<Button-3>",self.mySmallCircle)
        #2.1.6创建一个窗口事件的循环
        myWindow.mainloop()
    #2.2定义一个使圆变大的函数
    def myBigCircle(self,myEvent):
        self.myCanvas.delete("oval")
        if self.radius<90:
            self.radius+=2
        self.myCanvas.create_oval(90-self.radius,90-self.radius,
                                  90+self.radius,90+self.radius,tags="oval")
    #2.3定义一个使圆变小的函数
    def mySmallCircle(self,myEvent):
        self.myCanvas.delete("oval")
        if self.radius>2:
            self.radius-=2
        self.myCanvas.create_oval(90-self.radius,90-self.radius,
                                  90+self.radius,90+self.radius,tags="oval")
#3.为类新建对象并自动调用构造函数实现窗口中的事件处理
myObj=MyCirclePaint()
```

调试以上程序，运行结果如图 9-28、图 9-29 所示。

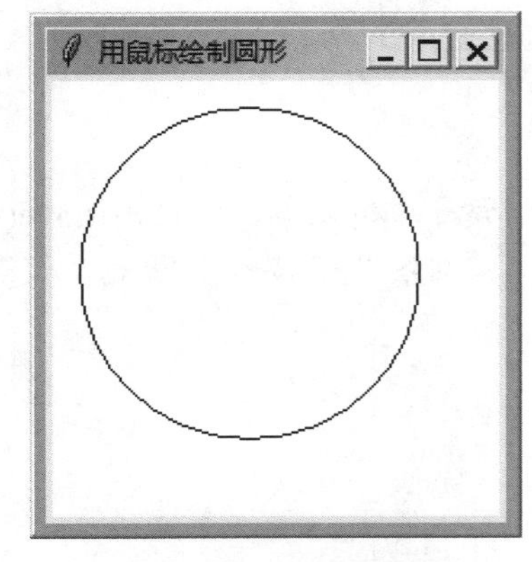

图 9-28　用鼠标绘制圆形 1

图 9-29　用鼠标绘制圆形 2

注意： 先创建画布，然后在画布上放置圆，通过单击绑定事件方法放大圆，通过右击绑定事件方法缩小圆。

第五步：实现动画的创建。

```
#1.从tkinter模块中导入所有类、函数和常量的定义
from tkinter import *
#2.定义一个类来封装事件处理
class MyAnimation:
    #2.1定义一个构造函数来创建窗口、标签
    def __init__(self):
        #2.1.1用Tk类创建一个GUI窗口对象
        myWindow=Tk()
        myWindow.title("我的动画演示1")
        #2.1.2设置画布的宽度
        width=250
        #2.1.3在窗口上放置一个画布
        myCanvas=Canvas(myWindow,width=250,height=50,bg="white")
        myCanvas.pack()
        #2.1.4设置x的起始位置并在画布上绘制文本
        x=0
        myCanvas.create_text(x,30,text="Welcome to Shanghai!",tags="text")
        #2.1.5设置移动的起始位置并用循环控制坐标的变化
        mx=3
        while True:
            myCanvas.move("text",mx,0)                 #移动文本至起始位置
            myCanvas.after(100)                        #休眠100毫秒
            myCanvas.update()                          #更新画布
            if x<width:
                x+=mx                                  #获得当前字符串的位置
            else:
                x=0                                    #重新设置字符串的起始位置
                myCanvas.delete("text")
                #重绘文本
                myCanvas.create_text(x,30,text="Welcome to Shanghai!",tags="text")
        #2.1.6创建一个窗口事件的循环
        myWindow.mainloop()
#3.为类新建对象并自动调用构造函数实现窗口中的事件处理
myObj=MyAnimation()
```

调试以上程序，运行结果如图 9-30 所示。

图 9-30　我的动画演示 1

注意： Canvas类也可以被用来开发动画，可在画布上显示图片和文本，并使用move(tags,dx,dy)方法移动图片。如果dx为正，则图片右移dx像素，如果dy是正值，则图片下移dy个像素。如果dx或dy是负值，图片则向左移或向上移。

第六步：实现按钮事件来控制动画。

```
#1.从tkinter模块中导入所有类、函数和常量的定义
from tkinter import *
#2.定义一个类来封装事件处理
```

```
class MyEventAnimation:
    #2.1定义一个构造函数来创建窗口、标签
    def __init__(self):
        #2.1.1用Tk类创建一个GUI窗口对象
        myWindow=Tk()
        myWindow.title("我的动画演示2--使用按钮事件来控制")
        #2.1.2设置画布的宽度
        self.width=250
        #2.1.3在窗口上放置一个画布
        self.myCanvas=Canvas(myWindow,width=self.width,height=50,bg="white")
        self.myCanvas.pack()
        #2.1.4在窗口上新建一个框架，在框架上放置4个按钮
        myFrame=Frame(myWindow)
        myFrame.pack()
        btnStop=Button(myFrame,text="停止",command=self.myStop)
        btnStop.pack(side=LEFT)
        btnResume=Button(myFrame,text="恢复",command=self.myResume)
        btnResume.pack(side=LEFT)
        btnFaster=Button(myFrame,text="加快",command=self.myFaster)
        btnFaster.pack(side=LEFT)
        btnSlower=Button(myFrame,text="减慢",command=self.mySlower)
        btnSlower.pack(side=LEFT)
        #2.1.5设置x的起始位置并设置休眠时间，然后在画布上绘制文本
        self.x=0
        self.sleepTime=100
        self.myCanvas.create_text(self.x,30,text="Welcome to Shanghai!",tags="text")
        #2.1.6设置移动的起始位置并判断是否停止，然后调用设置动画的方法
        self.mx=3
        self.isStopped=False
        self.myAnimate()
        #2.1.7创建一个窗口事件的循环
        myWindow.mainloop()
    #2.2定义一个停止动画的方法
    def myStop(self):
        self.isStopped=True
    #2.3定义一个恢复动画的方法
    def myResume(self):
        self.isStopped=False
        self.myAnimate()
    #2.4定义一个加快动画的方法
    def myFaster(self):
        if self.sleepTime>5:
            self.sleepTime-=20
    #2.5定义一个减慢动画的方法
    def mySlower(self):
        self.sleepTime+=20
    #2.6定义实现动画的方法
    def myAnimate(self):
        while not self.isStopped:
            self.myCanvas.move("text",self.mx,0)
            self.myCanvas.after(self.sleepTime)
            self.myCanvas.update()
            if self.x<self.width:
                self.x+=self.mx
            else:
                self.x=0
                self.myCanvas.delete("text")
                    self.myCanvas.create_text(self.x,30,text="Welcome to Shanghai!",
                                                            tags="text")
#3.为类新建对象并自动调用构造函数实现窗口中的事件处理
myObj=MyEventAnimation()
```

调试以上程序，运行结果如图 9-31 所示。

图 9-31　我的动画演示 2

注意：变量sleepTime控制动画的速度、变量isStopped决定了动画是否继续移动。

第七步：实现滚动条。

```
#1.从tkinter模块中导入所有类、函数和常量的定义
from tkinter import *
#2.定义一个类来封装事件处理
class MyScrollBar:
    #2.1定义一个构造函数来创建窗口、标签
    def __init__(self):
        #2.1.1用Tk类创建一个GUI窗口对象
        myWindow=Tk()
        myWindow.title("我的可滚动的文本框")
        #2.1.2在窗口上新建一个框架
        myFrame=Frame(myWindow)
        myFrame.pack()
        #2.1.3新建滚动条并放置在框架上
        myScrollBar=Scrollbar(myFrame)
        myScrollBar.pack(side=RIGHT,fill=Y)
        #2.1.4新建文本框并放置在框架上
        myTextArea=Text(myFrame,width=40,height=10,wrap=WORD,yscrollcommand=myScrollBar.set)
        myTextArea.pack()
        #2.1.5配置滚动条在文本框中
        myScrollBar.config(command=myTextArea.yview)
        #2.1.6 创建一个窗口事件的循环
        myWindow.mainloop()
#3.为类新建对象并自动调用构造函数实现窗口中的事件处理
myObj=MyScrollBar()
```

调试以上程序，运行结果如图 9-32 所示。

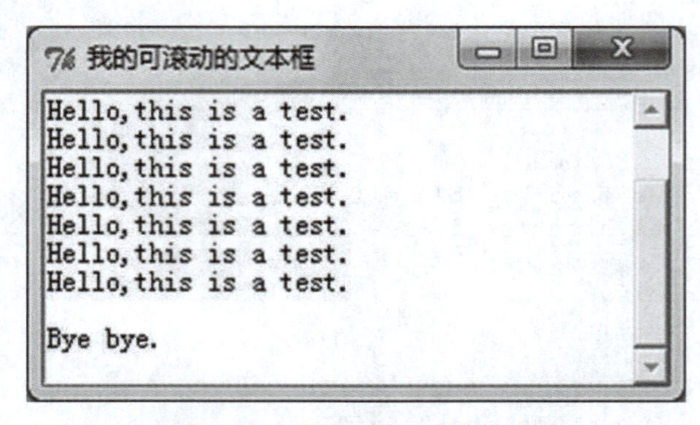

图 9-32　我的可滚动的文本框

注意：首先创建的文本框里的内容要多，这样文本超出显示区域时，滚动条应可以开始工作。

第八步：实现标准对话框。

```
#1.导入tkinter模块中的消息框、简单对话框、颜色选择器类
import tkinter.messagebox
import tkinter.simpledialog
import tkinter.colorchooser
#2.调用显示消息、显示警告、显示错误这三个函数
tkinter.messagebox.showinfo("显示消息","This is a message.")
tkinter.messagebox.showwarning("显示警告","This is a warning information.")
tkinter.messagebox.showerror("显示错误","This is an error.")
#3.判断是、否、确定及取消
isYes=tkinter.messagebox.askyesno("询问是否","您要继续吗？")
print(isYes)
isOk=tkinter.messagebox.askokcancel("询问确定还是取消","您确定吗")print(isOk)

isYesNoCancel=tkinter.messagebox.askyesnocancel("询问是否取消","您选择是，否还是取消？")
print(isYesNoCancel)
myName=tkinter.simpledialog.askstring("询问字符串类型","请输入您的姓名：")
print(myName)
myAge=tkinter.simpledialog.askinteger("询问整数类型","请输入您的年龄：")
print(myAge)
myWeight=tkinter.simpledialog.askfloat("询问浮点数类型","请输入您的体重：")
print(myAge)
```

调试以上程序，运行结果如图 9-33 ～图 9-43 所示。

图 9-33　显示消息

图 9-34　显示警告

图 9-35　显示错误

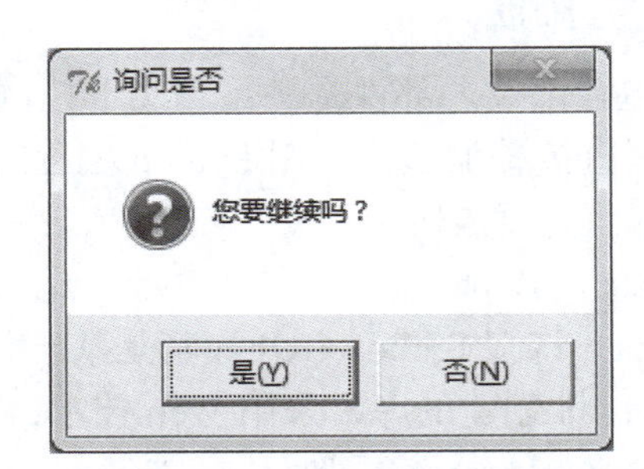

图 9-36　询问是否

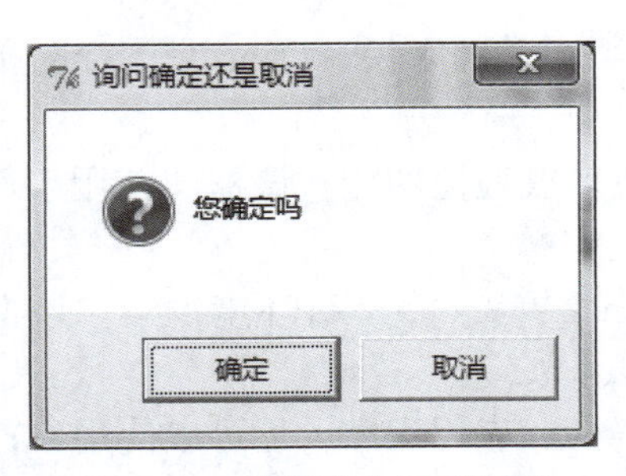

图 9-37　询问确定还是取消

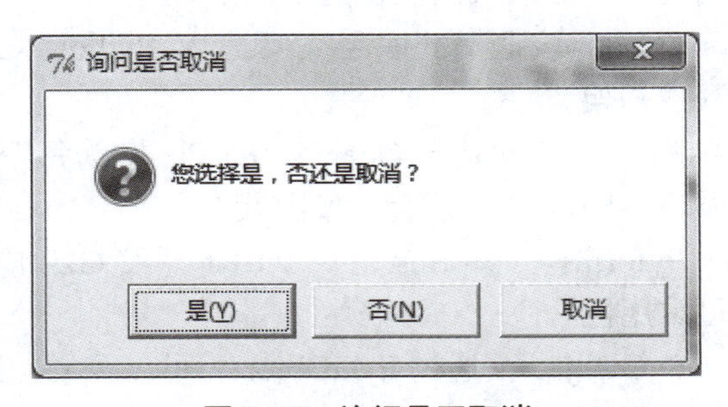

图 9-38　询问是否取消

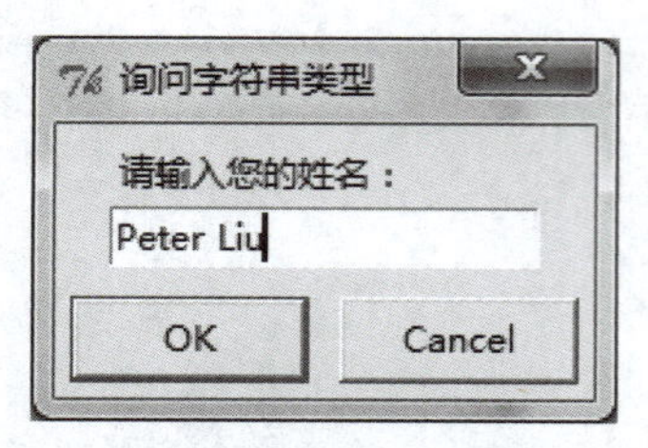

图 9-39　询问字符串类型

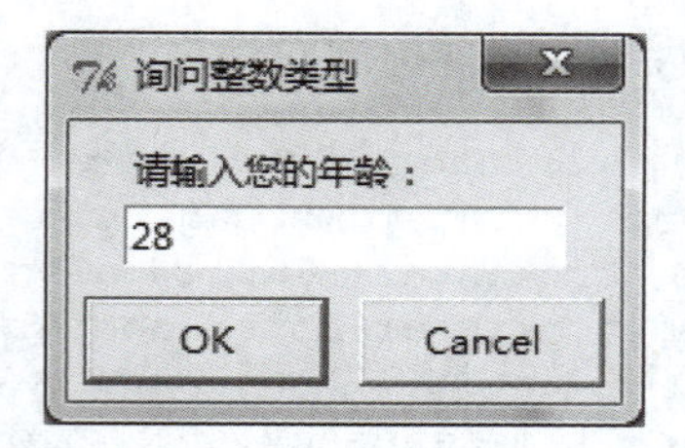

图 9-40　询问整数类型

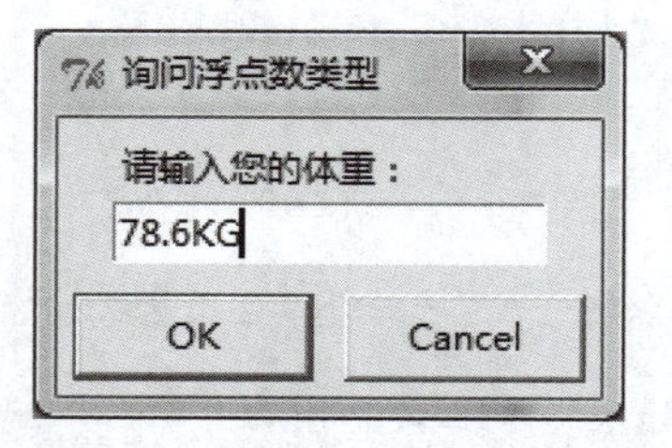

图 9-41　询问浮点数类型 1

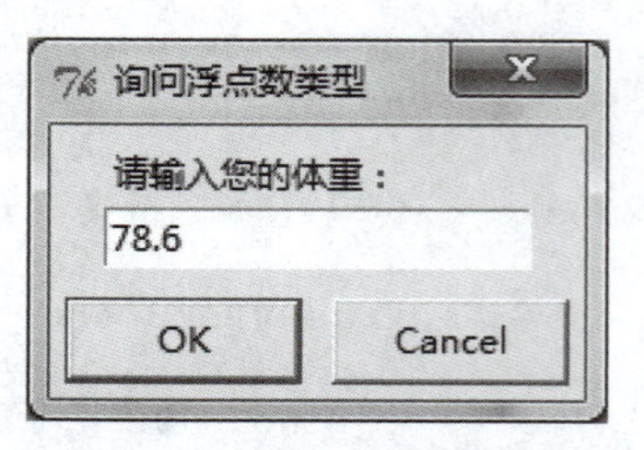

图 9-42　询问浮点数类型 2

True
True
True
Peter Liu
28
28

图 9-43　单击按钮后结果

注意：单击OK返回True，单击Cancel返回False。所有的对话框都是模态窗口，一旦对话框消失，程序将不会继续。

四、任务小结

（1）Menu 是菜单类，add_cascade() 是设置菜单标签，add_command() 可将条目添加到菜单。

（2）self.myCanvas.bind("<Button-3>",self.MyPopup) 将画布绑定到弹出式函数。

（3）myCanvas.bind("<Key>",self.processKeyEvent) 将键盘上的键绑定到相应的事件处理函数。

（4）myCanvas.move()、myCanvas.after(1000)、myCanvas.update() 可以用于设置动画。

（5）Scrollbar 是滚动条类。

（6）messagebox 是消息框类、simpledialog 是简单对话框类。

五、任务拓展

GUI 库包含部件。部件是一系列图形控制元素的集合。在构建 GUI 程序时，通常使用层叠方式。众多图形控制元素直接叠加起来。用 Python 编程时，必须用 GUI 库完成。目前 Python GUI 程序库有 30 多个跨平台框架。下面简要描述：

（1）Tkinter。Tkinter 是一个使用 Python 语言构建的 GUI 工具包。允许采用 GUI 的方式执行 Python 脚本。

（2）Flexx。许多 Python GUI 库都是基于其他语言编写的库，例如“C++”的“wxWidgets”“libavg”库。Flexx 是用 Python 创建的库，采用 Web 技术，只要安装了 Python 和浏览器那么任何地方都可以正常工作。

（3）CEF Python。该框架面向 Windows，Mac OS 和 Linux。它基于 Google Chromium，主要用于在第三方应用程序中嵌入式浏览器的使用上。

（4）Dabo。该框架的底层框架是 WxPython。这是一个三层框架。总的来说，Dabo 是一个跨平台的应用程序开发框架。

（5）Kivy。Kivy 基于 OpenGL ES 2。它为每个平台提供了本地多点触控功能。该框架使用事件驱动，基于主循环。Kivy 非常适合开发游戏。

（6）Pyforms。Pyforms 是一个用于开发 GUI 应用程序的 Python 2.7/ 3.x 多运行环境框架。该框架鼓励代码的可重用性。

（7）PyGObject。通过 PyGObject，可以为 GNOME 项目编写 Python 应用程序，也可以使用 GTK+ 编写 Python 应用程序。

（8）PyQt。PyQt 是一个跨平台框架，使用 C ++ 编写。这是一个非常全面的库。它包含许多工具和

API，被广泛应用于许多行业，并涵盖了众多平台。

（9）PySide。PyQt（cute）是使用“C++”语言编写的应用程序 / 用户界面（UI）框架。“PySide”是“Qt”的封装。与 PySide 的不同之处在于 PyQt 可以商用。

（10）PyGUI。PyGUI 的目标是 Unix，Macintosh 和 Windows 平台。这个 MVC 框架的重点是尽可能轻松地融入 Python 生态系统。

（11）libavg。这是一个第三方库，使用 C++ 编写。现在已经可以用 Python 进行脚本编写。它具有以下特点：以 Python 语言内置变量类型显示元素，事件处理系统，计时器，支持日志。

（12）PyGTK | PyGObject。在 Linux 中常用的“GTK+”是“PyGTK”的“GTK +”封装。与 Kivy 和 PyQt 相比，PyGUI 在 Unix，Macintosh 和 Windows 平台上使用相当容易。新西兰坎特伯雷大学的 Greg Ewing 博士开发的 MVC 框架专注于尽可能轻松地适合 Python 生态系统。

（13）wxPython。“wxWidgets”是使用“C ++”编写的跨平台 GUI 工具包，wxPython 是它的绑定。

六、任务思考

（1）请问事件是怎么实现的?

（2）请问绘图和动画以及事件是如何联系在一起的?

综合部分

项目综合实训
实现计算器的基本功能

视 频

实现计算器的基本功能

一、项目描述

上海御恒信息科技有限公司接到一个订单，需要为某房产中介机构设计求解实现贷款偿还程序。程序员小张根据以上要求进行相关程序的架构设计后，按照项目经理的要求开始做以下的任务分析。

二、项目分析

（1）书写整个程序的总体框架及基本代码。

（2）设计算法。

（3）输入年利率求月利率。

（4）输入贷款的年数和贷款的金额求每月及总还贷金额。

（5）输出每月及总还贷金额。

（6）在程序中添加注释并完善代码。

三、项目实施

第一步：根据要求，设计文件名。

```
#MySimpleCalc.py
```

第二步：根据要求，从 tkinter 模块中导入所有类、函数和常量的定义。

```
from tkinter import *
```

第三步：定义一个类来封装事件处理。

```
class MySimpleCalc:
```

第四步：根据要求，在类中定义一个构造函数创建窗口、标签。

```
def __init__(self):

        myWindow=Tk()
        myWindow.title("简易计算器")
        myWindow.geometry("240x300")
        myWindow.resizable(0,0)
```

第五步：根据要求，在类中建立文本框。

```
self.str1=StringVar()

txtResult=Entry(myWindow,background="white",justify="right",
textvariable=self.str1,font=('','26',''))

txtResult.place(x=25,y=0,width=190,height=50)
self.str1.set("0")
```

第六步：建立存放按钮标签的列表。

```
strList=["7","8","9","/","4","5","6","*","1","2","3","-","0","C","=","+"]
```

第七步：根据要求，设置循环，批量创建按钮，并在循环中调用计算函数 calc()。

```
count=0
for item in strList:
   self.btn=Button(myWindow,text=item,font=('','26',''))
   #根据编号计算按钮的位置
   self.btn.place(x=25+count%4*50,y=80+count//4*50
              ,width=40,height=40)
   self.btn.bind('<Button-1>',self.calc)
   count+=1
```

第八步：根据要求，创建一个窗口事件的循环。

```
myWindow.mainloop()
```

第九步：根据要求，定义计算函数根据按钮内容进行操作。

```
def calc(self,event):
        global num1,num2,op
        myChar=event.widget['text']   #获取按钮上的文本
        if '0' <=myChar<='9':
            self.str1.set(eval(self.str1.get())*10+eval(myChar))
        if myChar =='C':
           self.str1.set('0')
        if myChar=='+' or myChar =='*' or myChar=='/':
            num1=eval(self.str1.get())
            op=myChar
            self.str1.set('0')
        if myChar=='=':
            num2=eval(self.str1.get())
            if op=='+':
                self.str1.set(num1+num2)
            if op=='-':
                self.str1.set(num1-num2)
            if op=='*':
                self.str1.set(num1*num2)
            if op=='/':
                self.str1.set(num1//num2)
            num1=eval(self.str1.get())
```

第十步：根据要求，为类新建对象并自动调用构造函数实现窗口中的事件处理。

```
myObj=MySimpleCalc()
```

第十一步：完善代码并书写注释。

```
#1.从tkinter模块中导入所有类、函数和常量的定义
from tkinter import *

#2.定义一个类来封装事件处理
class MySimpleCalc:

    #2.1定义一个构造函数创建窗口、标签
    def __init__(self):
        #2.1.1用Tk类创建一个GUI窗口对象
        myWindow=Tk()
        myWindow.title("简易计算器")
        myWindow.geometry("240x300")
        myWindow.resizable(0,0)

        #2.1.2建立文本框
        self.str1=StringVar()
        txtResult=Entry(myWindow,background="white",justify="right",textvariable=self.str1,
                        font=(",'26',"))
        txtResult.place(x=25,y=0,width=190,height=50)
        self.str1.set("0")

        #2.1.3建立存放按钮标签的列表
        strList=["7","8","9","/","4","5","6","*","1","2","3","-","0","C","=","+"]

        #2.1.4设置循环，批量创建按钮，并在循环中调用计算函数calc()
        count=0
        for item in strList:
            self.btn=Button(myWindow,text=item,font=('','26',''))
            #根据编号计算按钮的位置
            self.btn.place(x=25+count%4*50,y=80+count//4*50,width=40,height=40)
            self.btn.bind('<Button-1>',self.calc)
            count+=1

        #2.1.5创建一个窗口事件的循环
        myWindow.mainloop()

    #2.2定义计算函数根据按钮内容进行操作
    def calc(self,event):
        global num1,num2,op
        myChar=event.widget['text']  #获取按钮上的文本
        if '0' <=myChar<='9':
            self.str1.set(eval(self.str1.get())*10+eval(myChar))
        if myChar =='C':
           self.str1.set('0')
        if myChar=='+' or myChar =='*' or myChar=='/':
            num1=eval(self.str1.get())
            op=myChar
            self.str1.set('0')
        if myChar=='=':
            num2=eval(self.str1.get())
            if op=='+':
                self.str1.set(num1+num2)
            if op=='-':
                self.str1.set(num1-num2)
            if op=='*':
                self.str1.set(num1*num2)
            if op=='/':
                self.str1.set(num1//num2)
            num1=eval(self.str1.get())

#3.为类新建对象并自动调用构造函数实现窗口中的事件处理
```

```
myObj=MySimpleCalc()
```

运行以上程序，运行结果图 9-44 所示。

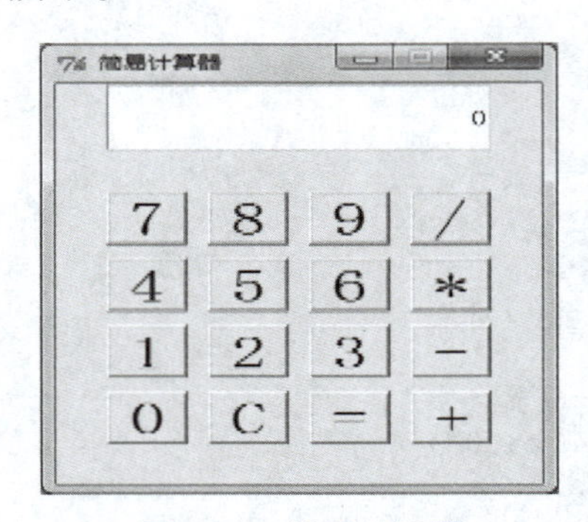

图 9-44　简易计算器

四、项目小结

（1）用注释架构程序，会使编程思路清晰。
（2）用类及构造函数和事件函数来实现程序的初步功能。
（3）优化算法并不断完善程序。

项目实训评价表

项目九　实现 GUI 的编程						
	内　容					
	评 价 项 目	整体架构（20%）	注释（20%）	分支结构（30%）	循环结构（30%）	综合评价（100%）
职业能力	任务一　实现 GUI 的基本编程					
	任务二　运用几何管理器进行编程					
	任务三　实现 GUI 的高级编程					
	项目综合实训　实现计算器的基本功能					
通用能力	阅读代码的能力					
	调试修改代码的能力					

评价等级说明表	
等　级	说　明
90% ~ 100%	能高质、高效地完成此学习目标的全部内容，并能解决遇到的特殊问题
70% ~ 80%	能高质、高效地完成此学习目标的全部内容
50% ~ 60%	能圆满完成此学习目标的全部内容，不需任何帮助和指导

项目十

实现数据库编程与网络爬虫

学习目标

【知识目标】

1. 了解 SQLite 的基本操作
2. 掌握 MySQL 的基本操作
3. 掌握基本的数据库编程方法
4. 掌握网络爬虫的常用技术

【能力目标】

1. 能够根据企业的需求选择 SQLite 进行基本操作
2. 能够运用 SQLite 的综合操作编写简单的 Python 程序
3. 能够使用 MySQL 的基本操作进行简单的数据库编程
4. 能够实现网络爬虫的常用技术

【素质目标】

1. 树立创新意识、创新精神
2. 能够和团队成员协商，共同完成实训任务
3. 能够借助网络平台搜集数据库编程与网络爬虫的相关信息
4. 具备数据思维和使用数据发现问题的能力

思维导图

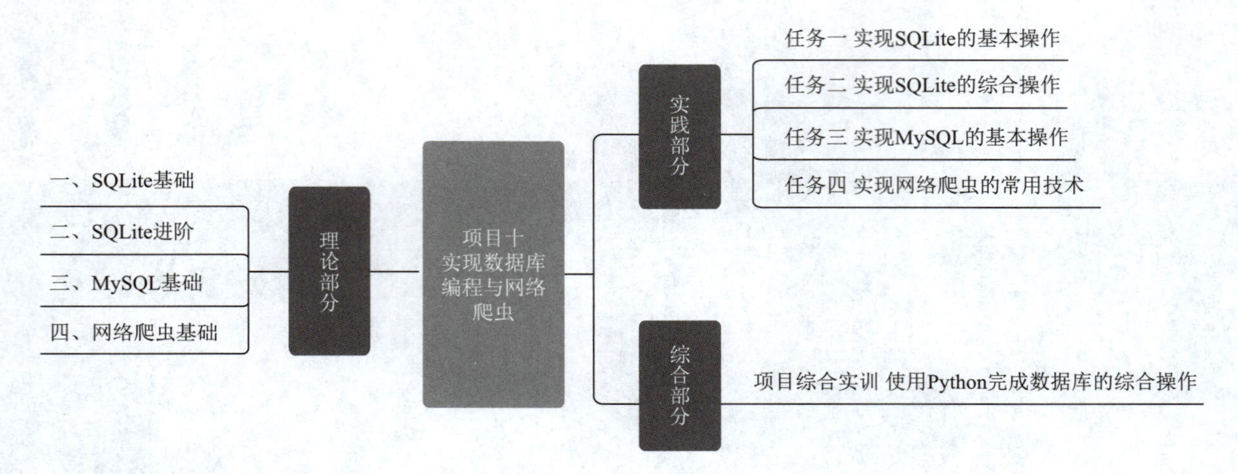

理论部分

一、SQLite 基础

（1）DDL（数据定义语言）。

① CREATE：创建表、视图或者数据库中其他对象。

② ALERT：修改数据库中的某个已有的数据库对象，比如一个表。

③ DROP：删除表、表的视图或者数据库中的其他对象。

（2）DML（数据操纵语言）。

① INSERT：创建一条记录。

② DELETE：删除一条记录。

③ UPDATE：修改一条记录。

④ SELECT：从一张或多张表中检索某些记录。

（3）基本操作。

① 创建数据库：sqlite3 test.db。

② 创建表：CREATE TABLE 语句用于创建数据库中的表，语法格式如下：

```
CREATE TABLE database_name.table_name(
column1 datatype PRIMARY KEY(one or more columns),
……
columnN datatype,
);
```

③ 删除表：DROP TABLE 语句用于删除表（表的结构、属性以及索引也会被删除），语法格式如下：

```
DROP TABLE database_name.table_name;
```

④ 修改表：ALTER TABLE 语句用于在已有的表中添加、修改或删除列。

如需在表中添加列，语法格式如下：

```
ALTER TABLE table_name
ADD column_name datatype
```

修改表的名称，语法格式如下：

```
ALTER TABLE database_name.table_name RENAME TO new_table_name;
```

二、SQLite 进阶

（1）INSERT 语句：SQLite 的 INSERT INTO 语句用于向数据库的某个表中添加新的数据行，语法格式如下：

```
INSERT INTO TABLE_NAME (column1, column2, column3,…columnN)
VALUES (value1, value2, value3,…valueN);
```

（2）DELETE 语句：SQLite 的 DELETE 语句用于删除表中已有的记录。可以使用带有 WHERE 子句的 DELETE 查询来删除选定行，否则所有的记录都会被删除，语法格式如下：

```
DELETE FROM table_name WHERE [condition];
```

（3）SELECT 语句：SQLite 的 SELECT 语句用于在一个或多个表中检索数据。如果想获取所有可用的字段，语法格式如下：

```
SELECT column1, column2, columnN FROM table_name;
SELECT * FROM table_name;
```

（4）UPDATE 语句：SQLite 的 UPDATE 查询用于修改表中已有的记录。可以使用带有 WHERE 子句的 UPDATE 查询来更新选定行，否则所有的行都会被更新。语法格式如下：

```
UPDATE table_name SET column1 = value1, columnN = valueN WHERE [condition];
```

三、MySQL 基础

（1）MySQL 基础逻辑架构，每个客户端连接都会在服务器中拥有一个线程，这个连接的查询只会在这个单独的线程中执行。MySQL 是分层的架构。上层是服务器层的服务和查询执行引擎，下层是存储引擎。虽然有很多不同作用的插件 API，但存储引擎 API 还是重要的。如果能理解 MySQL 在存储引擎和服务层之间处理查询时，如何通过 API 来回交互，就能抓住 MySQL 的核心基础架构的精髓。

（2）使用 MySQL。

mysql —h host —u username —p 与数据库建立连接；

use database_name 选择数据库；

show databases 显示所有的数据库；

show tables 显示当前数据库下所有的表；

show columns from table_name 显示表的列信息，作用和 desc table_name 是一样的。

MySQL 支持的其他 show 语句还有：

show status 显示 MySQL 服务器状态信息；

show create database_name 和 show create table_name 分别显示创建特定数据库和数据表的 MySQL 语句；

show grants 显示授予用户的安全权限；

show errors 和 show warnings 显示服务器错误或警告信息。

（3）检索数据。SQL 中最常用的是 select，它用于在一个或多个表中检索数据，select 使用示例如下：

```
select column_name from table_name#从table_name数据表中检索column_name列，检索单个列
```

（4）排序检索数据主要使用 select 语句的 order by 子句，根据需要排序检索出的数据，select 语句默认返回结果是没有特定顺序的，在排序检索数据时可指定升序或降序，order by 子句默认为升序排列。

（5）select 语句中可以根据 where 子句指定的过滤条件进行过滤数据，where 子句在表名（from 子句）之后给出，比如 select id, name from goods where id = 2，该语句只显示 id 为 2 记录的 id 和 name。注意：如果同时使用 where 和 order by 子句，应该让 order by 子句在 where 之后，否则会产生错误。

四、网络爬虫基础

（1）Python 爬虫环境与简介。

① 爬虫的概念：网络爬虫也被称为网络蜘蛛、网络机器人，是一个自动下载网页的计算机程序或自动

化脚本。网络爬虫就像一只蜘蛛在互联网上沿着 URL 的丝线爬行，下载每一个 URL 所指向的网页，分析页面内容。通用网络爬虫：通用网络爬虫又称为全网爬虫，其爬行对象由一批种子 URL 扩充至整个 Web，该类爬虫比较适合为搜索引擎搜索广泛的主题，主要由搜索引擎或大型 Web 服务提供商使用。聚焦网络爬虫又被称为主题网络爬虫，其最大的特点是只爬行与预设主题相关的页面。增量式网络爬虫只对已下载网页采取增量式更新或只爬行新产生的及已经发生变化的网页，需要通过重新访问网页对本地页面进行更新，从而保持本地集中存储的页面为最新页面。目前多数网站允许将爬虫爬取的数据用于个人使用或者科学研究。但如果将爬取的数据用于其他用途，尤其是转载或者商业用途，严重的将会触犯法律或者引起民事纠纷。

② robots 协议：robots 协议也称作爬虫协议、机器人协议，它的全名称为网络爬虫排除标准（Robots Exclusion Protocol），当使用一个爬虫爬取网站的数据时，需要遵守网站所有者针对所有爬虫所制定的协议。它通常是一个称为 robots.txt 的文本文件，该协议通常存放在网站根目录下，里面规定了此网站哪些内容可以被爬虫获取及哪些网页是不允许被爬虫获取的。

（2）认识反爬虫。

① 通过 User- Agent 校验反爬：浏览器在发送请求的时候，会附带一部分浏览器及当前系统环境的参数给服务器，服务器会通过 User- Agent 的值区分不同的浏览器。

② 通过访问频率反爬：普通用户通过浏览器访问网站的速度相对爬虫而言要慢得多，所以不少网站会利用这一点对访问频度设定一个阈值，如果一个 IP 单位时间内访问频度超过了预设的阈值，将会对该 IP 做出访问限制。通常需要经过验证码验证后才能继续正常访问，严重的甚至会禁止该 IP 访问网站一段时间。

③ 通过验证码校验反爬：有部分网站不论访问频度如何，一定要来访者输入验证码才能继续操作。例如 12306 网站，不管是登录还是购票，全需验证验证码，与访问频度无关。

④ 通过变换网页结构反爬：一些社交网站常常会更换网页结构，而爬虫大部分情况下都需要通过网页结构来解析需要的数据，所以这种做法也能起到反爬虫的作用。在网页结构变换后，爬虫往往无法在原本的网页位置找到原本需要的内容。

⑤ 通过账号权限反爬：部分网站需要登录才能继续操作，这部分网站虽然并不是为了反爬虫才要求登录操作，但确实起到反爬虫的作用。例如微博查看评论就需要登录账号。

⑥ 反爬虫策略制定：针对之前介绍的常见的反爬虫手段，可以制定对应的爬取策略。发送模拟 User-Agent，通过发送模拟 User- Agent 通过检验，将要发送至网站服务器的请求的 User-Agent 值伪装成一般用户登录网站时使用的 User-Agent 值。调整访问频度，通过备用 IP 测试网站的访问频率阈值，然后设置访问频率比阈值略低。

（3）配置 python 爬虫环境。

① Python 爬虫相关库：包含 urllib、requests、urllib 3、scrapy、lxml 和 BeautifulSoup 4 等库，通常需要配套数据库用于存储爬取的数据。

② Python 环境：安装 mysql 和 mongoDB。

（4）认识 HTTP。

① HTTP——Hyper Text Transfer Protocol，超文本传输协议，是一种建立在 TCP 上的无状态连接，整个基本的工作流程是客户端发送一个 HTTP 请求，说明客户端想要访问的资源和请求的动作，服务端收到请求之后，服务端开始处理请求，并根据请求做出相应的动作访问服务器资源，最后通过发送 HTTP 响应把结果返回客户端。

HTTP 请求过程：由 HTTP 客户端向服务器发起一个请求，创建一个到服务器指定端口（默认是 80 端口）的 TCP 连接。HTTP 服务器从该端口监听客户端的请求。一旦收到请求，服务器会向客户端返回一个状态，比如 "HTTP/1.1 200 OK"，以及返回的响应内容，如请求的文件、错误消息或其他信息。

请求与响应：客户端向服务器发送一个请求报文，请求报文包含请求的方法、URL、协议版本、请求头部和请求数据。服务器以一个状态行作为响应，响应的内容包括协议的版本、响应状态、服务器信息、响应头部和响应数据。

② 客户端与服务器间的请求与响应的具体步骤如下。

连接 Web 服务器：由一个 HTTP 客户端发起连接，与 Web 服务器的 HTTP 端口（默认为 80）建立一个 TCP 套接字连接。

发送 HTTP 请求：客户端经 TCP 套接字向 Web 服务器发送一个文本的请求报文。

服务器接受请求并返回 HTTP 响应：Web 服务器解析请求，定位该次的请求资源。之后将资源复本写至 TCP 套接字，由客户端进行读取。

释放连接 TCP 连接：若连接的 connection 模式为 close，则由服务器主动关闭 TCP 连接，客户端将被动关闭连接，释放 TCP 连接；若 connection 模式为 keepalive，则该连接会保持一段时间。

客户端解析 HTML 内容：客户端首先会对状态行进行解析，之后解析每一个响应头，最后读取响应数据。

Request：请求方式，主要有 GET、POST 两种类型，另外还有 HEAD、PUT、DELETE、OPTIONS 等。

Response：响应状态，有多种响应状态，如 200 代表成功、301 跳转、404 找不到页面、502 服务器错误。

五、课前自学自测

（1）请问 SQLite 都有哪些常用操作？

（2）请问 MySQL 都有哪些常用操作？

（3）请问网络爬虫要注意哪些要点？

实践部分

实训准备

【核心概念】

1. SQLite 的基本操作
2. SQLite 的综合操作
3. MySQL 的基本操作
4. 数据库编程
5. 网络爬虫

【实训目标】

1. 了解 SQLite 的基本操作
2. 掌握 SQLite 的综合操作
3. 了解 MySQL 的基本操作
4. 掌握数据库编程
5. 掌握网络爬虫的常用技术

【实训项目描述】

1. 本项目有 4 个任务，从运用 SQLite 的基本操作进行编程开始，引出 SQLite 的综合操作、MySQL 的基本操作、网络爬虫的常用技术等任务
2. 明白编程的基本思维模式，如何从面向过程的编程思路过渡到面向对象编程的思路
3. 学会软件的具体开发流程并学会规范程序设计的风格

【实训步骤】

1. 运用 SQLite 的基本操作进行编程
2. 运用 SQLite 的综合操作进行编程
3. 运用 MySQL 的基本操作进行编程
4. 实现网络爬虫的常用技术

任务一 实现SQLite的基本操作

一、任务描述

上海御恒信息科技有限公司接到一家培训机构的订单，要求使用 SQLite 来开发数据库程序。公司刚招聘了一名程序员小张，软件开发部经理要求他尽快熟悉 SQLite 中的数据库命令，小张按照经理的要求开始做以下的任务分析。

二、任务分析

Python 中对数据库进行统一操作，是通过定义 API 接口的各个部分，如模块接口、连接对象、游标对象、类型对象和构造器、DB API 的可选扩展以及可选的错误处理机制等。下面通过任务实施来分步实现。

三、任务实施

第一步：获取连接对象。

```
#pymysql是模块，connect是其中连接函数，host是主机名，可以用计算机名或IP地址
#user是用户名，password是密码，db是库名，字符集是utf-8，cursorclass是游标类型
conn=pymysql.connect(host="localhost",user="root",password="123456",\
                     db="test",charset="utf-8",cursorclass=pymysql.cursors.DictCursor)
```

第二步：明确连接对象的方法。

```
close()             #关闭
commit()            #提交事务
rollback()          #回滚事务
cursor()            #获取游标对象
```

第三步：了解游标对象 Cursor Object 中的方法。

```
execute()           #执行库操作
fetchone()          #获取下一条记录
fetchall()          #获取所有记录
```

第四步：创建 SQLite 数据库文件。

```
import sqlite3                                  #1.导入sqlite3模块
myConn=sqlite3.connect("test.db")               #2.连接到数据库
myCursor=myConn.cursor()                        #3.创建一个游标myCursor
#4.执行一条SQL语句，创建一个student表
myCursor.execute("create table student(id int(10) primary key,name varchar(20))")
myCursor.close()                                #5.关闭游标myCursor
myConn.close()                                  #6.关闭数据库连接myConn
```

调试以上程序，运行结果如下：

```
sqlite3.OperationalError: table student already exists
```

注意：如果没有输出，说明当前.py文件所在目录下已经有了test.db文件，再次执行会出现以上错误。

第五步：操作 SQLite 新增用户信息。

```
import sqlite3                                  #1.导入Sqlite3模块
myConn=sqlite3.connect("test.db")               #2.连接到数据库
myCursor=myConn.cursor()                        #3.创建一个游标myCursor
```

```
#4.执行一条SQL语句，在student表中插入三条记录
myCursor.execute("insert into student(id,name) values(1,'张三丰')")
myCursor.execute("insert into student(id,name) values(2,'李小龙')")
myCursor.execute("insert into student(id,name) values(3,'霍元甲')")
myCursor.close()                                #5.关闭游标myCursor
myConn.commit()                                 #6.提交事务
myConn.close()                                  #7.关闭数据库连接myConn
```

调试以上程序，运行结果如下：

```
sqlite3.IntegrityError: UNIQUE constraint failed: student.id
```

注意： 如果没有输出，说明当前test.db库中的student表中已经有了三条记录，再次执行会出现以上错误（唯一性约束错误）。

第六步：操作 SQLite 查看用户信息。

```
import sqlite3                                  #1.导入Sqlite3模块
myConn=sqlite3.connect("test.db")               #2.连接到数据库
myCursor=myConn.cursor()                        #3.创建一个游标myCursor
#4.执行一条SQL语句，查询student表中的记录
myCursor.execute("select * from student")       #将指针移到第一条记录之上，然后向下查询
#5.获取查询结果
firstRecord=myCursor.fetchone()                 #查询第一条记录
print("第一条记录是: ",firstRecord)
myCursor.execute("select * from student")       #将指针移回第一条记录之上BOF()
twoRecord=myCursor.fetchmany(2)                 #查询两条记录
print("两条记录是: ",twoRecord)
myCursor.execute("select * from student")       #将指针移回第一条记录之上BOF()
allRecord=myCursor.fetchall()                   #查询所有记录
print("所有记录是: ",allRecord)
myCursor.execute("select * from student where id>?",(1,)) #占位符?可避免SQL注入风险
chooseRecord=myCursor.fetchall()                #查询满足条件的记录
print("所有大于1号的记录是: ",chooseRecord)
myCursor.close()                                #6.关闭游标myCursor
myConn.close()                                  #7.关闭数据库连接myConn
```

调试以上程序，运行结果如下：

```
第一条记录是:  (1, '张三丰')
两条记录是:  [(1, '张三丰'), (2, '李小龙')]
所有记录是:  [(1, '张三丰'), (2, '李小龙'), (3, '霍元甲')]
所有大于1号的记录是:  [(2, '李小龙'), (3, '霍元甲')]
```

注意： 占位符?可以避免SQL注入风险。

四、任务小结

（1）导入 sqlite3 模块、连接数据库、创建一个游标、执行一条 SQL 语句。

（2）关闭游标、关闭数据库连接。

五、任务拓展

（1）Python sqlite3 数据库是一款非常小巧的内置模块，它使用一个文件存储整个数据库，操作十分方便，相比其他大型数据库来说，确实有些差距。但是在性能表现上并不逊色，麻雀虽小，五脏俱全，sqlite3 实现了多少 sql-92 标准，比如说 transaction、trigger 和复杂的查询等。Python 的数据库模块有统一的接口标准，所以数据库操作都有统一的模式（假设数据库模块名为 db）。

（2）用 db.connect 创建数据库连接，假设连接对象为 conn。

（3）如果该数据库操作不需要返回结果，就直接使用 conn.execute() 查询，根据数据库事物隔离级别的不同，可能修改数据库需要 conn.commit()。

（4）如果需要返回查询结果则用 conn.cursor() 创建游标对象 cur, 通过 cur.execute() 查询数据库，cursor() 方法有 fetchall()、fetchone()、fetchmany() 返回查询结果，根据数据库事物隔离级别不同，可能修改数据库需要 coon.commit()。

（5）关闭 cur.close()。

六、任务思考

（1）请问如何创建 SQLite 数据库文件?

（2）请问如何新增用户数据信息?

（3）请问如何查看用户数据信息?

任务二 实现SQLite的综合操作

视频

实现SQLite的综合操作

一、任务描述

上海御恒信息科技有限公司接到一家培训机构的订单，要求使用 SQLite 的综合操作命令来开发数据库程序。公司刚招聘了一名程序员小张，软件开发部经理要求他尽快熟悉 SQLite 中的修改、删除及类封装与调用等综合操作，小张按照经理的要求开始做以下的任务分析。

二、任务分析

Python 通过连接对象、游标对象可以调用执行方法更新或删除数据库中表的内容，此外还可以将相关操作封装在类中的不同方法中，然后在需要的时候通过传参来灵活实现 DML 的常用四种操作，以下通过任务实施来逐步实现。

三、任务实施

第一步：操作 SQLite 修改用户信息。

```
#1.导入sqlite3模块
import sqlite3
#2.连接数据库
myConn=sqlite3.connect("test.db")
#3.创建一个游标myCursor
myCursor=myConn.cursor()
#4.执行一条SQL语句，修改student表
myCursor.execute("update student set name=? where id=?",('吴京',1))
myCursor.execute("select * from student")
myOutput=myCursor.fetchall()
print(myOutput)
#5.关闭游标myCursor
myCursor.close()
#6.提交事务
myConn.commit()
#7.关闭数据库连接myConn
myConn.close()
```

调试以上程序，运行结果如下：

```
[(1, '吴京'), (2, '李小龙'), (3, '霍元甲')]
```

注意：占位符?可以避免SQL注入风险。

第二步：操作 SQLite 删除用户信息。

```
#1.导入sqlite3模块
import sqlite3
#2.连接数据库
myConn=sqlite3.connect("test.db")
#3.创建一个游标myCursor
myCursor=myConn.cursor()
#4.执行一条SQL语句，修改student表
myCursor.execute("delete from student  where id=?",(1,))
myCursor.execute("select * from student")
myOutput=myCursor.fetchall()
print(myOutput)
#5.关闭游标myCursor
myCursor.close()
#6.提交事务
myConn.commit()
#7.关闭数据库连接myConn
myConn.close()
```

调试以上程序，运行结果如下：

```
[(2, '李小龙'), (3, '霍元甲')]
```

注意：要有满足删除条件的记录才能删除。

第三步：整合以上数据库创建，表格创建以及记录的增删改查到一个类中。

```
#1.导入Sqlite3模块
import sqlite3
class MyDB:
    def __init__(self,dbName):
        #1.连接数据库
        self.myConn=sqlite3.connect(dbName)
        #2.创建一个游标myCursor
        self.myCursor=self.myConn.cursor()
    def createTable(self,myCreateTable):
        #3.执行一条SQL语句，创建一个student5表
        self.myCursor.execute(myCreateTable)
    def insertTable(self,myInsertTable):
        #4.执行一条SQL语句，在student5表中插入三条记录
        self.myCursor.execute(myInsertTable)
    def selectTable(self,mySelectTable):
        #5.执行一条SQL语句，查询student5表中的记录
        self.myCursor.execute(mySelectTable)
        self.allRecord=self.myCursor.fetchall()      #查询所有记录
        print("所有记录是: ",self.allRecord)
    def updateTable(self,myUpdateTable,mySelectTable):
        #6.执行一条SQL语句，修改student5表
        self.myCursor.execute(myUpdateTable)
        self.selectTable(mySelectTable)
    def deleteTable(self,myDeleteTable,mySelectTable):
        #7.执行一条SQL语句，删除student5表中满足条件的记录
        self.myCursor.execute(myDeleteTable)
        self.selectTable(mySelectTable)
    def closeCursorConn(self):
        #8.关闭游标myCursor
        self.myCursor.close()
        #9.提交事务
```

```
        self.myConn.commit()
        #10.关闭数据库连接myConn
        self.myConn.close()
dbObj=MyDB("test5.db")
dbObj.createTable("create table student5(id int(10) primary key,name varchar(20))")
dbObj.closeCursorConn()
dbObj=MyDB("test5.db")
dbObj.insertTable("insert into student5(id,name) values(1,'张三丰')")
dbObj.insertTable("insert into student5(id,name) values(2,'李小龙')")
dbObj.insertTable("insert into student5(id,name) values(3,'霍元甲')")
dbObj.closeCursorConn()
dbObj=MyDB("test5.db")
dbObj.selectTable("select * from student5")
dbObj.closeCursorConn()
dbObj=MyDB("test5.db")
dbObj.updateTable("update student5 set name='吴京' where id=1","select * from student5")
dbObj.closeCursorConn()
dbObj=MyDB("test5.db")
dbObj.deleteTable("delete from student5  where id=1","select * from student5")
dbObj.closeCursorConn()
```

调试以上程序，运行结果如下：

```
所有记录是:  [(1, '张三丰'), (2, '李小龙'), (3, '霍元甲')]
所有记录是:  [(1, '吴京'), (2, '李小龙'), (3, '霍元甲')]
所有记录是:  [(2, '李小龙'), (3, '霍元甲')]
```

注意：类中的函数的第一个参数是self，类中的变量和函数要在前面加self。

四、任务小结

（1）修改数据信息使用游标对象 .execute('update 表名 set 列名 =? where 列名 =?',(值 1，值 2))

（2）删除数据信息使用游标对象 .execute('delete from 表名 where 列名 =?',(值 1，))

（3）封装增删改查操作在一个类中的相关方法中，然后在需要时传实参调用。

五、任务拓展

（1）备份和恢复：备份数据使用 .dump 进行备份，恢复数据库使用 .read。

（2）导出数据：从数据库中导出数据，需要用 .output 把数据输出定向到文件 .output file；使用 select 语句确定要导出的内容；将数据输出重定向回屏幕 .output stdout。

（3）导入数据：导入数据到表中，需要指定分隔符 .separator ""；导入文件内容到表中使用 .import file table_name。

六、任务思考

（1）请问在 SQlite 中如何进行备份与恢复？

（2）请问在 SQlite 中如何进行导入与导出？

任务三 实现MySQL的基本操作

视 频

实现MySQL的基本操作

一、任务描述

上海御恒信息科技有限公司接到客户的一份订单，要求用 Python 来设计数据库管理程序。公司刚招聘了一名程序员小张，软件开发部经理要求他尽快熟悉在 Python 中实现 MySQL 的安装与配置，小张按照经理的要求选取了 MySQL 8.0.26 版本来进行安装与配置的任务分析。

二、任务分析

MySQL 是一款开源的免费数据库软件，可以在官网上下载该软件进行安装与配置，但其命令操作提示符对初学者并不友好，可以使用 Navicat 图形化管理工具进行数据库的操作，下面通过任务实施来分步实现。

三、任务实施

第一步：进入 MySQL 的官网下载 64 位版本的 .exe 安装包或 .zip 压缩包。

在主页中选中 DOWNLOADS 进行下载，选中 MySQL Community (GPL) Downloads，选中 MySQL Community Server，选中 MySQL Community Server 8.0.26，选中 Windows(x86,32&64-bit) mySQL Installer MSI（安装包）或 Windows (x86, 64-bit) ZIP Archive（压缩包）。

第二步：比较直接安装 MySQL 和 Zip 压缩安装的区别。

直接安装 MySQL 双击 .msi 文件，选中 Customer(自定义安装)，再选中 MySQL Server 8.0.26-x64，再选中 Development Computer，再选中 Use Legacy Authentication Method（设一般密码：）MySQL Root Password: 123456，再选中 Repeat Passowrd:123456，再选中 DB Admin,123456,12345，再选中 Add User:test,localhost，再选中 Windows service Name 改为 MySQL，再选中 Execute，再选中 Finish，再选中任务管理器中查看服务 MySQL（可以停止服务或重启服务）。

Zip 压缩安装：ZIP 格式安装解压，改名 c:\MySQL8026。

第三步：客户端登录（以下可以四选一）。

安装 MySQL Workbench 或 MySQL 8.0 Command Line Client(MySQL 自带)，输入 root 用户的密码：123456，退出用 exit 命令。

安装 SqliteStudio-3.3.3。

安装 Navicat 第三方客户端软件。

安装 SQLyog 第三方客户端软件。

第四步：导入 sqlite3 和 csv 模块。

```
import sqlite3
import csv
```

第五步：在 C 盘根目录下用 sqlitestudio-3.3.3 创建 addressbooks.db 数据库文件，如图 10-1 所示。

第六步：在 C 盘根目录下用 notepad 创建 addressbook.csv 数据文件，如图 10-2 所示。

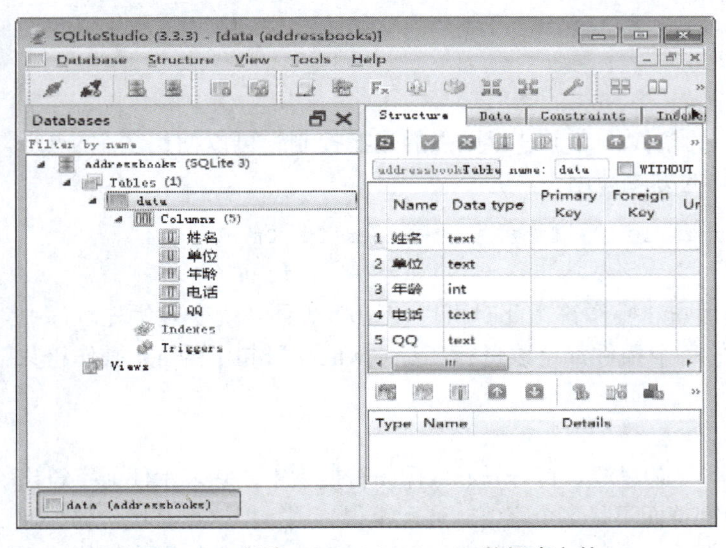

图 10-1　创建 addressbooks.db 数据库文件

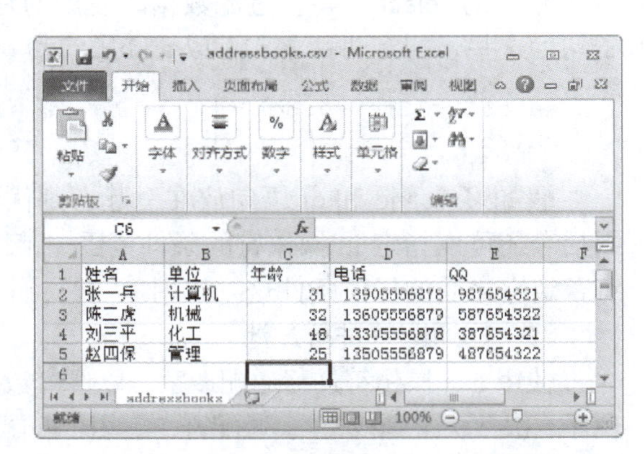

图 10-2　创建 addressbook.csv 数据文件

第七步：连接数据库及表。

```
    cn = sqlite3.connect('c:/addressbook.db')  #连接数据库文件
    #书写创建data表和五个字段的SQL语句
    sql = "create table if not exists data(姓名 text, 单位 text, 年龄 int, 电话 text, QQ
text)"
    cn.execute(sql)    # 执行sql语句
```

第八步：打开 addressbooks.csv 数据文件并将其内容导入 data 表中。

```
    mf = open('D:/addressbook.csv', newline="")
    data = csv.reader(mf, delimiter=",")
```

第九步：将表格 data 中的信息遍历追加到列表 d1 中。

```
    d1= []                                     #新建一个空列表d1
    for a in data:                             #用循环将data中数据依次提取给a
        d1.append(tuple(a))                    #用tuple()函数将列表转换为元组后将信息追加到列表d1中
    del d1[0]                                  #删除列表d1中的第一行信息
    #执行插入语句，将d1列表中的后续内容插入空表data中
    cn.executemany('insert into data values(?, ?, ?, ?, ?)', d1)
    cn.commit()  #提交修改
```

第十步：将 data 表中的信息查询全部提取到 x 中，最后输出 x。

```
    cur = cn.execute('select * from data')
    for x in cur.fetchall():
        print(x)
```

第十一步：关闭库，关闭表。

```
    #关闭数据库
    cn.close()
    #关闭csv数据表
    mf.close()
```

四、任务小结

（1）安装并配置 MySQL 服务器端。

（2）安装并配置 MySQL 客户端管理工具。

（3）书写 Python 代码，完成数据库的常用操作。

五、任务拓展

（1）过滤控制。

常用的 select 子句在过滤数据时使用的是单一的条件，为了进行更强的过滤控制，可以使用多个 where 子句，这些子句有两种方式：以 and 子句和 or 子句的方式使用。

```
    select * from goods where id = 2 and num > 10      #检索id为2并且num大于10的记录
    select * from goods where id = 3 or num > 15       #检索id为3或者num大于15的记录
```

假如多个 and 和 or 语句放在一起，则优先处理 and 操作符，此时可以使用圆括号来改变其优先顺序。圆括号还可以指定 in 操作符的条件范围，范围中的每个条件都可以进行匹配。where 子句中的 not 操作符只有否定它之后的任何条件这一作用。

（2）用通配符进行过滤。

使用 like 操作符进行通配搜索，以便对数据进行复杂过滤。百分号 (%) 操作符搜索中，它表示任何字符出现任意次数。下画线（ _ ）通配符，它用于匹配单个字符而不是多个字符。通配符很有用，但这是有代价的，通配符的搜索处理一般比其他搜索花费时间长，这里有一些技巧，不要过度使用通配符，如果其他操作符能达到同样的目的，就应该使用其他操作符。在确实需要使用通配符时，除非绝对必要，否则不要把它们用在搜索模式的开始处，把通配符放在开始处，搜索起来是最慢的。注意通配符位置，位置不对可能不会返回想要的结果。

（3）正则表达式。

正则表达式的作用是匹配文本，将一个模式（正则表达式）与一个文本串进行比较。mysql 的 where 子句对正则表达式提供了初步支持，允许指定正则表达式，过滤 select 检索出的数据。先看一下表记录：

```
select * from goods where name regexp '香' order by num desc #检索出name中有'香'的所有记录
select * from goods where name regexp'香.'#检索出name中有'香'的所有记录，'.'表示匹配任意一个字符
select * from goods where name regexp '香|瓜' #检索出name中有'香'或者'瓜'的所有记录
```

如果记录匹配正则表达式，则就会被检索出来，使用下面正则表达式重复元字符可以进行更强的控制。

“*”匹配 0 个或多个，“+”匹配 1 个或多个 (等于 {1,})，“?”匹配 0 个或 1 个 (等于 {0,1})，{n} 指定书目的匹配，{n,} 不少于指定数据的匹配，{n,m} 匹配指定数据的范围 (m 不超过 255)，“^”文本的开始，“$”文本的结束，[[:<:]] 词的开始，[[:>:]] 词的结束。

注意：regexp和like作用类似，regexp和like不同之处在于，like匹配整个串而regexp匹配子串，利用定位符，通过“^”开始每个表达式，用“$”结束每个表达式，可以使regexp的作用和like一样。

六、任务思考（作业）

（1）请问 MySQL 安装版与压缩包解压版在使用上有何区别?

（2）请问有哪些常用的客户端连接 MySQL 的工具?

任务四　实现网络爬虫的常用技术

视 频

实现网络爬虫的常用技术

一、任务描述

上海御恒信息科技有限公司接到一家培训机构的订单，要求爬取百度等网站的相关信息。公司刚招聘了一名程序员小张，软件开发部经理要求他尽快熟悉网络爬虫的常用技术，小张按照经理的要求开始做以下的任务分析。

二、任务分析

网络爬虫又称为网络蜘蛛、网络机器人、网页追逐者，它按照指定算法自动浏览或抓取网络中的信息。网络爬虫按照实现的技术和结构可以分为通用、聚焦、增量式、深层网络爬虫等类型。一个通用的网络爬虫的基本工作流程是先获取 URL，再爬取该 URL 对应的网页时，获取新的 URL，将新的 URL 放入 URL 队列中，从 URL 队列中读取新的 URL，再依据新的 URL 爬取网页，同时从新的网页获取新的 URL，重复上述的爬取过程。最后设置停止条件，在满足停止条件时停止爬取。Python 中实现 HTTP 网络请求常见的 3 种方式是：urllib、urllib3 和 requests。下面通过任务实施来了解 requests 这种实现 HTTP 请求的方式。

三、任务实施

安装 Python3.8，因为该版本自带 pip 命令，然后用 pip install requests 安装 requests 模块，安装成功会显示如图 10-3 所示。

第一步：爬取强大的 BD 页面，打印页面信息。

```
import requests #导入爬虫的库，不然调用不了爬虫的函数
response = requests.get("http://www.baidu.com")                    #生成一个response对象
response.encoding = response.apparent_encoding                    #设置编码格式
print("状态码:"+ str( response.status_code ) )                    #状态码
print(response.text)                                               #输出爬取的信息
```

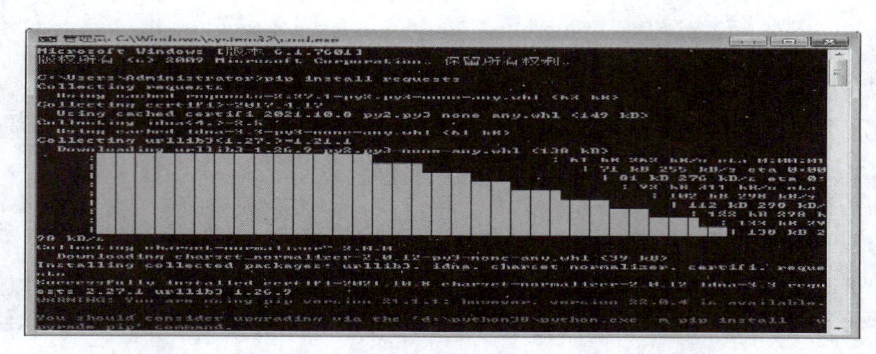

图 10-3　用 pip install requests 安装 requests 模块

调试以上程序，运行结果如图 10-4 所示。

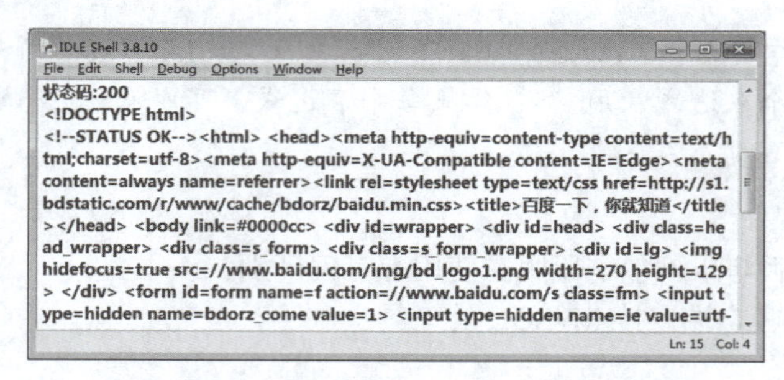

图 10-4　爬取强大的 BD 页面，打印页面信息

第二步：常用方法之 get 方法实例。

```
import  requests
response = requests.get("http://httpbin.org/get")                    #get方法
print( response.status_code )                                         #状态码
print( response.text )
```

调试以上程序，运行结果如图 10-5 所示。

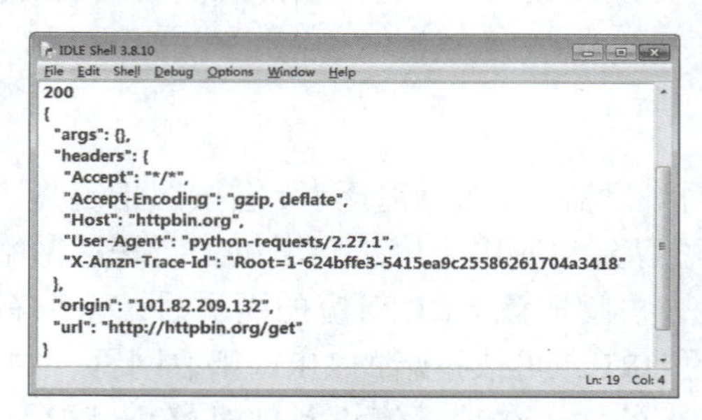

图 10-5　常用方法之 get 方法实例

第三步：常用方法之 post 方法实例 1（下面还有传参实例）。

```
import  requests
response = requests.post("http://httpbin.org/post")                  #post方法访问
print( response.status_code )                                         #状态码
print( response.text )
```

调试以上程序，运行结果如图 10-6 所示。

第四步：常用方法之 put 方法实例。

```
import requests
response = requests.put("http://httpbin.org/put")                    #put方法访问
print( response.status_code )                                         #状态码
print( response.text )
```

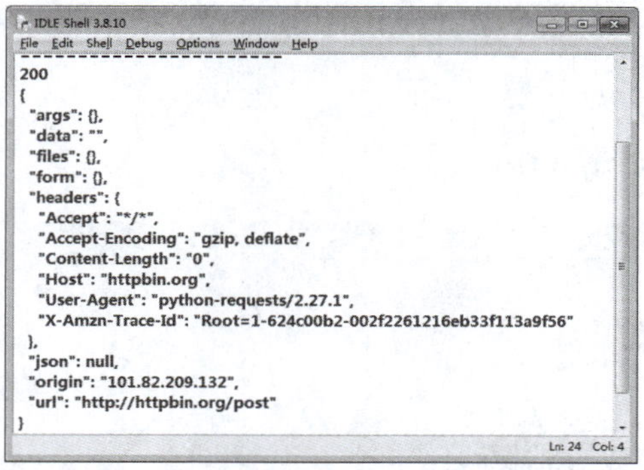

```
200
{
  "args": {},
  "data": "",
  "files": {},
  "form": {},
  "headers": {
    "Accept": "*/*",
    "Accept-Encoding": "gzip, deflate",
    "Content-Length": "0",
    "Host": "httpbin.org",
    "User-Agent": "python-requests/2.27.1",
    "X-Amzn-Trace-Id": "Root=1-624c00b2-002f2261216eb33f113a9f56"
  },
  "json": null,
  "origin": "101.82.209.132",
  "url": "http://httpbin.org/post"
}
```

图 10-6 常用方法之 post 方法实例 1

调试以上程序，运行结果如图 10-7 所示。

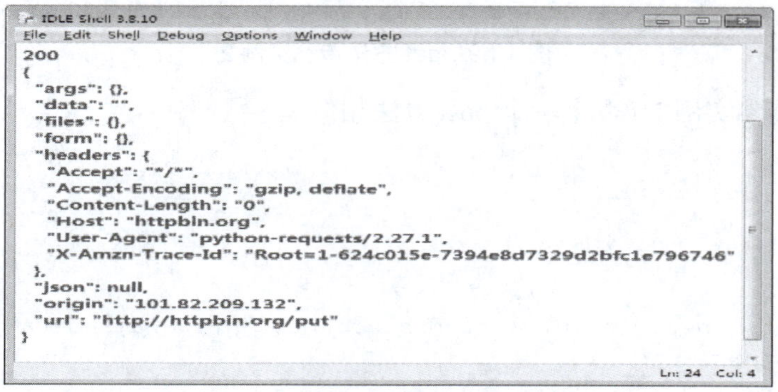

```
200
{
  "args": {},
  "data": "",
  "files": {},
  "form": {},
  "headers": {
    "Accept": "*/*",
    "Accept-Encoding": "gzip, deflate",
    "Content-Length": "0",
    "Host": "httpbin.org",
    "User-Agent": "python-requests/2.27.1",
    "X-Amzn-Trace-Id": "Root=1-624c015e-7394e8d7329d2bfc1e796746"
  },
  "json": null,
  "origin": "101.82.209.132",
  "url": "http://httpbin.org/put"
}
```

图 10-7 put 方法实例

第五步：get 方法传参实例 1（如果需要传多个参数只需要用 & 符号连接即可，代码如下）。

```
import  requests
response = requests.get("http://httpbin.org/get?name=hezhi&age=20")   #get传参
print( response.status_code )                                         #状态码
print( response.text )
```

调试以上程序，运行结果如图 10-8 所示。

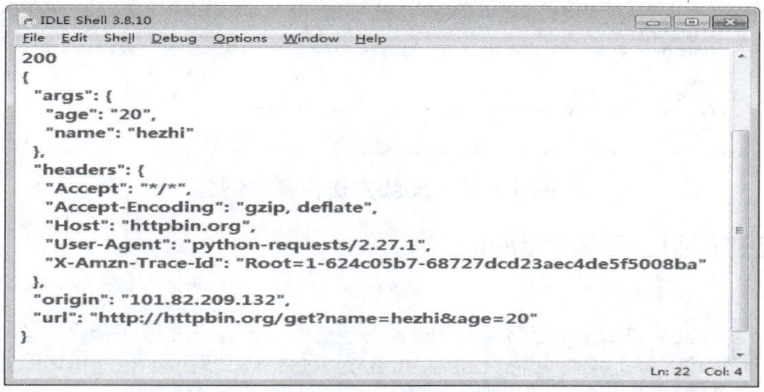

```
200
{
  "args": {
    "age": "20",
    "name": "hezhi"
  },
  "headers": {
    "Accept": "*/*",
    "Accept-Encoding": "gzip, deflate",
    "Host": "httpbin.org",
    "User-Agent": "python-requests/2.27.1",
    "X-Amzn-Trace-Id": "Root=1-624c05b7-68727dcd23aec4de5f5008ba"
  },
  "origin": "101.82.209.132",
  "url": "http://httpbin.org/get?name=hezhi&age=20"
}
```

图 10-8 get 方法传参实例 1

第六步：get 方法传参实例 2（params 用字典可以传多个）。

```
import requests
data = {
"name":"peter",
"age":25
}
```

```
response = requests.get( "http://httpbin.org/get" , params=data )      #get传参
print( response.status_code )                                           #状态码
print( response.text )
```

调试以上程序，运行结果如图 10-9 所示。

```
IDLE Shell 3.8.10
File  Edit  Shell  Debug  Options  Window  Help
200
{
  "args": {
    "age": "25",
    "name": "peter"
  },
  "headers": {
    "Accept": "*/*",
    "Accept-Encoding": "gzip, deflate",
    "Host": "httpbin.org",
    "User-Agent": "python-requests/2.27.1",
    "X-Amzn-Trace-Id": "Root=1-624c0615-1f15c3e51916c9ed0c6580b4"
  },
  "origin": "101.82.209.132",
  "url": "http://httpbin.org/get?name=peter&age=25"
}
                                                        Ln: 41  Col: 4
```

图 10-9　get 方法传参实例 2

第七步：post 方法传参实例 2（和上一个 post 方法相似）。

```
import  requests
data = {
"name":"mary",
"age":23
}
response = requests.post( "http://httpbin.org/post" , params=data )    #post传参
print( response.status_code )                                           #状态码
print( response.text )
```

调试以上程序，运行结果如图 10-10 所示。

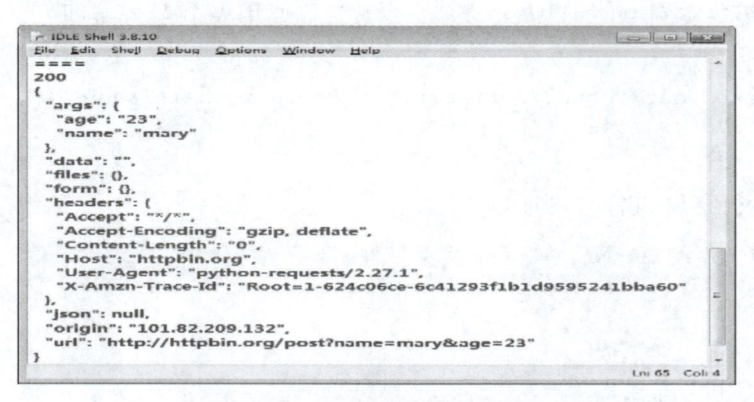

图 10-10　post 方法传参实例 2

第八步：关于绕过反爬机制，以知乎为例。

```
import requests
response = requests.get( "http://www.zhihu.com")  #第一次访问知乎，不设置头部信息
print("第一次，不设头部信息，状态码:"+response.status_code)#没写headers，不能正常爬取，状态码不是 200
#下面是可以正常爬取的区别，更改了User-Agent字段
headers = {
"User-Agent":"Mozilla/5.0 (Windows NT 10.0; Win64; x64) AppleWebKit/537.36 (KHTML, like
Gecko) Chrome/80.0.3987.122 Safari/537.36"
}#设置头部信息，伪装浏览器
response=requests.get("http://www.zhihu.com",headers=headers)  #get方法访问，传入headers参数
print(response.status_code)                                     # 200! 访问成功的状态码
print(response.text)
```

第九步：爬取信息并保存到本地，因为目录关系，在 D 盘建立了一个称为爬虫的文件夹，然后保存信息，

注意文件保存时的 encoding 设置。

```
# 爬取一个html并保存
import requests

url = "http://www.baidu.com"
response = requests.get( url )
response.encoding = "utf-8" #设置接收编码格式
print("r的类型" + str( type(response) ) )
print("状态码是:" + str( response.status_code ) )
print("头部信息:" + str( response.headers ) )
print( "响应内容:" )
print( response.text )

#保存文件
#打开一个文件，w是文件不存在则新建一个文件，这里不用wb是因为不用保存成二进制
file = open("baidu1.htm","w",encoding="utf-8")
file.write( response.text )
file.close()
```

调试以上程序，运行结果如图 10-11 所示。

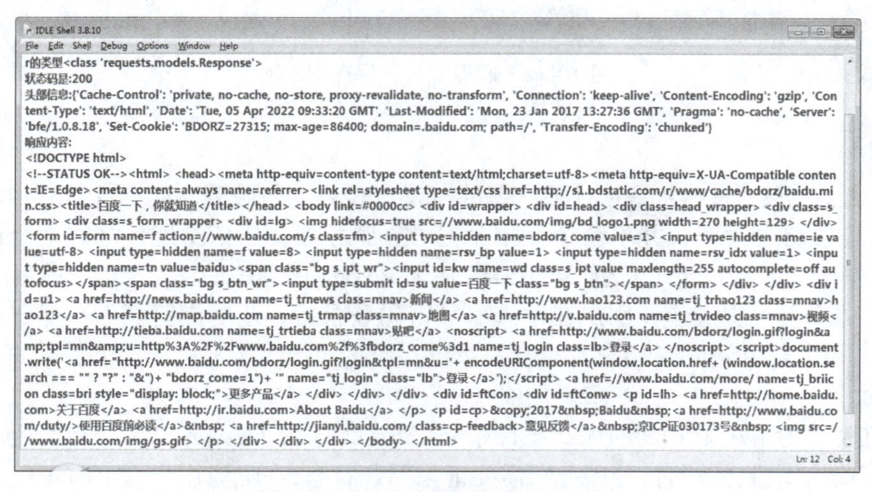

图 10-11　爬取信息并保存到本地

第十步：爬取图片，保存到本地。

```
#先导入爬虫的库，不然调用不了爬虫的函数
import requests

#get方法得到图片响应
response = requests.get("https://www.baidu.com/img/baidu_jgylogo3.gif")

#打开一个文件，wb表示以二进制格式打开一个文件只用于写入
file = open("baidu_logo.gif","wb")

#写入文件
file.write(response.content)

#关闭操作，运行完毕后去目录查看
file.close()
```

调试以上程序，运行结果如图 10-12 所示。

四、任务小结

（1）导入爬虫的库用 import requests。

（2）用 requests.get(" 网址 ") # 生成一个 response 对象。

（3）用 response.apparent_encoding 来设置编码格式。

（4）用 print 函数输出状态码 (str(response.status_code))。

（5）用 print 函数输出爬取的信息 (response.text)。

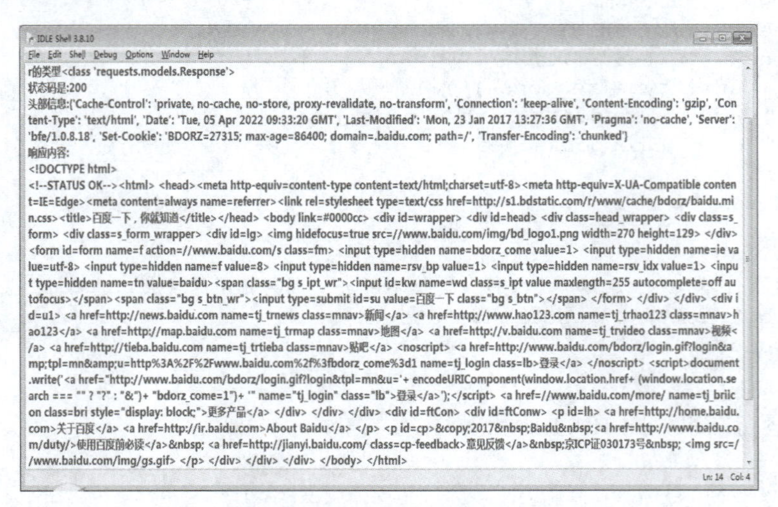

图 10-12　爬取图片，保存到本地

五、任务拓展

（1）HTTP 无状态协议：HTTP 是一种无状态的协议，客户端与服务器建立连接并传输数据，在数据传输完成后，本次的连接将会关闭，并不会留存相关记录。服务器无法依据连接来跟踪会话，也无法从连接上知晓用户的历史操作（无法记录）。这严重阻碍了基于 Web 应用程序的交互，也影响用户的交互体验。某些网站需要用户登录才进一步操作，用户在输入账号密码登录后，才能浏览页面。对于服务器而言，由于 HTTP 的无状态性，服务器并不知道用户有没有登录过，当用户退出当前页面访问其他页面时，又需重新再次输入账号及密码。

（2）Cookie 机制：为解决 HTTP 的无状态性带来的负面作用，Cookie 机制应运而生。Cookie 本质是一段文本信息。当客户端请求服务器时，若服务器需要记录用户状态，在响应用户请求时发送一段 Cookie 信息。客户端浏览器会保存该 Cookie 信息，当用户再次访问该网站时，浏览器会把 Cookie 作为请求信息的一部分提交给服务器。服务器对 Cookie 进行验证，以此来判断用户状态，当且仅当该 Cookie 合法且未过期时，用户才可直接登录网站。

（3）Cookie 的存储方式：Cookie 由用户客户端浏览器进行保存，按其存储位置可分为内存式存储和硬盘式存储。内存式存储将 Cookie 保存在内存中，在浏览器关闭后就会消失，由于其存储时间较短，因此也被称为非持久 Cookie 或会话 Cookie。硬盘式存储将 Cookie 保存在硬盘中，其不会随浏览器的关闭而消失，除非用户手工清理或到了过期时间。由于硬盘式 Cookie 存储时间是长期的，因此也被称为持久 Cookie。

（4）Cookie 的实现过程：客户端与服务器间的 Cookie 实现过程的具体步骤如下。客户端请求服务器，客户端请求网站页面，服务器响应请求，Cookie 是一种字符串，为 key=value 形式，服务器需要记录这个客户端请求的状态，在响应头中增加一个 Set-Cookie 字段。客户端再次请求服务器，客户端会对服务器响应的 Set-Cookie 头信息进行存储。当再次请求时，将会在请求头中包含服务器响应的 Cookie 信息。

（5）可抓取的数据：网页文本，如 HTML 文档、Json 格式文本等。图片获取的是二进制文件，保存为图片格式。视频同为二进制文件，保存为视频格式即可。其他只要是能请求到的，都能获取。

（6）爬虫要点：Socket 库提供多种协议类型和函数，可用于建立 TCP 和 UDP 连接。HTTP 协议基于 TCP 协议进行客户端与服务器间的通讯，由客户端发起请求，服务器进行应答。HTTP 状态码由 3 位数字构成，按首位数字可分为 5 类状态码。HTTP 头部信息为 HTTP 协议的请求与响应消息中的消息头部分，其定义了该次传输事务中的操作参数。Cookie 机制可记录用户状态，服务器可依据 Cookie 对用户状态进行记录识别。

六、任务思考

（1）请问 HTTP 无状态协议的特点是什么？
（2）请问 Cookie 的实现过程是什么？
（3）请问爬虫要点是什么？

综合部分

项目综合实训
使用 Python 完成数据库的综合操作

一、项目描述

视频

使用Python完成数据库的综合操作

上海御恒信息科技有限公司接到一个订单，需要使用 Python 为某留学机构设计留学生信息的数据导入和数据输出功能。程序员小张根据以上要求进行相关程序的架构设计后，按照项目经理的要求开始做以下的任务分析。

二、项目分析

首先将留学生信息保存在数据文件 StudentAbroad.csv 中，其次将该文件中的内容导入 data 表中，再次用循环将 data 中数据依次提取给 x，然后连接 MySQL，在其中创建库、打开库、创建表 data 并与 .cvs 中的列对应，在 data 表中插入数据并执行查询，将 data 表中的信息查询全部提取到 x 中再输出 x，最后关闭数据库和 csv 表。

三、项目实施

第一步：将留学生信息保存在数据文件 StudentAbroad.csv 中。

```
#StudentAbroad.csv的内容如下:
学号,姓名,专业,出生年月,学制,收费标准
202101,mary,computer,2005/01/01,3年,6800
202102,peter,math,2004/11/21,4年,9600
202103,cathy,english,2006/05/19,2年,4300
```

第二步：打开 StudentAbroud.csv 数据文件并将其内容导入 data 表中。

```
mf=open('StudentAbroad.csv',newline='',encoding='utf-8')
import csv #导入csv函数库
data=csv.reader(mf,delimiter=',')
```

第三步：用循环将 data 中数据依次提取给 x。

```
d1=[]

for x in data:
    d1.append(tuple(x))                              #将读入的数转换成元组的列表

del d1[0]                                            #删除标题行
```

第四步：导入 MySQL 连接器模块，并连接 MySQL 数据库 localhost。

```
import mysql.connector as mc                          #导入MySQL连接器模块
cn=mc.connect(user='root',password='******',host='localhost')  #连接MySQL数据库localhost
```

第五步：新建 MySQL 数据库 stuDB, 打开后在其中创建表 data 并与 .csv 中的列对应。

```
cur=cn.cursor()
```

```
    cur.execute('create database stuDB CHARACTER SET gbk COLLATE gbk_chinese_ci;')
    cn.database='stuD'   #将新建的数据库设为当前数据库
    sql='create table data(num varchar(9),name varchar(15),speciality varchar(6),birth varchar(10),\
    xz varchar(4),tuition smallint,CONSTRAINT pk_codeclass PRIMARY KEY(num,speciality))'
    cur.execute(sql)
```

第六步：在 data 表中插入数据并执行查询。

```
    curexecutemany('insert into data values(%s,%s,%s,%s,%s,%s)',dl)  #执行插入语句
    cur.execute('select * from data order by speciality,num')
```

第七步：书写循环将表中记录提取出来给 x，然后输出，最后提交修改。

```
    for x in cur.fetchall():
        print(x)
    cn.commit()                                                        #提交修改
```

第八步：关闭数据库及 csv 表。

```
    cn.close()
    mf.close()
```

四、项目小结

（1）设计数据文件 StudentAbroad.csv 来存放留学生信息。
（2）打开 StudentAbroad.csv 数据文件并将其内容导入 data 表中。
（3）用循环将 data 表中的信息查询全部提取到 x 中，最后输出 x。
（4）关闭数据库。
（5）关闭 csv 表。

项目实训评价表

项目十　实现数据库编程与网络爬虫						
	内　容					
	评 价 项 目	整体架构（20%）	注释（20%）	分支结构（30%）	循环结构（30%）	综合评价（100%）
职业能力	任务一　实现 SQLite 的基本操作					
	任务二　实现 SQLite 的综合操作					
	任务三　实现 MySQL 的基本操作					
	任务四　实现网络爬虫的常用技术					
	项目综合实训　使用 Python 完成数据库的综合操作					
通用能力	阅读代码的能力					
	调试修改代码的能力					

评价等级说明表	
等　级	说　明
90% ~ 100%	能高质、高效地完成此学习目标的全部内容，并能解决遇到的特殊问题
70% ~ 80%	能高质、高效地完成此学习目标的全部内容
50% ~ 60%	能圆满完成此学习目标的全部内容，不需任何帮助和指导

参考文献

[1] 王婷婷，任友群. 人工智能时代的人才战略 :《高等学校人工智能创新行动计划》解读之三 [J]. 远程教育杂志，2018(5)：52-59.

[2] 王丽娟，郝志峰，蔡瑞初，等 . K-means 聚类算法的实例教学研究 [J]. 计算机教育 ,2016(8)：152-157.

[3] 何元烈，汪玲．“Visual C++”在“人工智能”教学中的应用与探讨 [J]. 广东工业大学学报（社会科学版）, 2008, 8（增刊）: 220-222.

[4] 高全泉．Java 语言特点及其对人工智能技术的影响和促进 [J]．计算机科学，2000(5)：14-17，21.

[5] 朱莹芳．Java 技术与人工智能在搜索引擎上的应用 [J]. 硅谷，2009(24)：62-63.

[6] 丁未．将工业与科技世界的运行统一在 Python 语言的开源框架中 [J]．中国仪器仪表，2013(8)：23-25，31.